제2권

食의 문화

[일본의 식사문화]

이시게 나오미치(石毛直道) 감수 · 구마구라 이사오(熊倉功夫) 책임 편집

동아시아식생활학회 연구회 역

光文閣
www.kwangmoonkag.co.kr

감수의 말

국립민족학 박물관 관장 이시게 나오미치(石毛直道)

'먹는 것'을 문화로 생각해가'는 것이 '식의 문화'의 입장이다.

먹는 것에 관한 종래의 연구 주류는, 주로 식료(食料) 생산에 관계되는 농학(農學) 분야, 식품가공을 취급하는 조리 분야, 음식물이 인체에 어떻게 섭취되는가를 조사하는 생리학・영양학 분야에 화제가 집중되었던 것 같다. 거기에는 먹는 사람의 마음의 문제에는 그다지 생각이 미치지 않았던 것은 아닌가.

"일상다반사(日常茶飯事)"라고도 보이는 '식(食)' 안에 문화를 발견하고, 학문 연구의 대상으로 한다.

그러면 그곳에 나타나는 '식의 문화'의 본질은, 음식물이나 식사에 대한 태도를 결정짓는 정신 속에 잠재해 있는 것, 즉 사람들의 식품에 관한 관념이나 가치체계라 할 수 있다. 먹는 것에 관한 물건이나 기술, 인체 매커니즘을 이를테면 하드웨어라고 한다면, 이것은 소프트웨어에 해당하는 것이다.

그 소프트웨어 부분까지도 시야에 포함한, 식의 문화의 여러 학문 영역에 걸친 연구를 목표로 1982년 '식의 문화 포럼'이 발족되었다. 스무 개 이상 분야의 총 120명의 연구자, 실천가, 저널리스트들이 모여, 초심(初心)으로 돌아가 '식의 문화' 연구라는 새로운 과제에 도전하기를 16년, 지금 그 연구를 7항목으로 대별(大別), 집대성하여 세상에 공개한다.

『강좌 식의 문화』의 전 7권이다.

연구가 진행되는 한편으로, 이 분야에 대한 사회 일반의 관심도가 급속도로 높아졌다. 우리들의 성과가, 넓게 식문화 연구에 뜻을 두는 분들 뿐만 아니라, '식(食)'의 저류(底流)에 있는 '문화'에 흥미와 관심을 가진 분들의 새로운 시대의 실상(實狀)을 생각하는 계기가 되기를 바란다.

목 차

감수의 말

서장. 일본 식문화사의 과제 / 13

Ⅰ. 연구사를 뒤돌아보며 ····· 13
Ⅱ. 식(食)과 사회적 환경 ····· 15
Ⅲ. 음식에 있어서 행동과 마음 ····· 17
Ⅳ. 식문화의 자율적 전개 ····· 19

제1부 일본식의 원상(原像) / 23

제1장 일본적 식생활의 형성 ····· 25

Ⅰ. 서론 ····· 25
Ⅱ. 구석기 시대 ····· 26
Ⅲ 죠몬 시대(繩文時代) ····· 27
Ⅳ. 야요이 시대(弥生時代) ····· 30
Ⅴ. 고분시대(古墳時代) ····· 36
Ⅵ. 아스카(飛鳥)・나라(奈良)・헤이안(平安) 시대 ····· 37
Ⅶ. 북(北)과 남(南) 그리고 산간(山間) 사람 ····· 40

제2장 일본인의 주식 ····· 47

Ⅰ. 하루 묵으며 한 끼 밥(一宿一飯), 천 채의 집(一千軒) ····· 47
Ⅱ. 껍질이 붙어있는 멧돼지(이노시시)를 세 접시 더 먹음 ····· 50
Ⅲ. 채소절임(쯔게모노, 漬物) 광에 된장(味噌)통, 소금 뿌려 절인 정어리 ····· 51
Ⅳ. 토란, 두부 된장꼬치구이(でんがく), 피(稗)밥, 팥밥 ····· 53
Ⅴ. 미숫가루를 도시락으로 ····· 55
Ⅵ. 문화는 콤비로 퍼진다. ····· 55
Ⅶ. 무(大根)도 토란도 주식이었다. ····· 58
Ⅷ. 시집갈 때에, 토치나무(トチのき-칠엽수)를 ····· 59

Ⅸ. 대구(タラ-) 밥을, 배불리 …… 61
Ⅹ. 일본인은 잡식 민족이기 때문에 쌀이 상품으로 성립하였다. …… 62
XI. 술의 안주가 반찬을 만들게 하다. …… 63
XII. 염장(鹽藏)과 발효(醱酵)의 기술이 반찬을 발달시켰다. …… 64
XIII. 기름이 적은 독자적인 식생활 …… 65

제3장 어머니의 맛은 살기 위한 지혜 …… 67

Ⅰ. 인간의 음식물의 선택은 식습관에서 …… 67
II. 통혼권(通婚圈)으로 보는 식단 차이 …… 68
III. 식습관의 지역차에는 영양성분적 변화는 없다 …… 72

제2부 일본의 식재료 / 75

제1장 주식문화로서의 곡물 …… 77

I. 벼와 쌀 재배의 기원 …… 77
II. 온대(溫帶)로 인한 제약과 영향 …… 79
III. 잡곡으로의 의존, 쌀의 그리움 …… 80
IV. 안정작(安定作)과 재해(災害) 발생 …… 82
V. 냉해(冷害) 극복과 잉여미(剩餘米)의 발생 …… 85

제2장 민속학에서 본 곡류와 감자류 …… 89

I. 민속 연구의 입장 …… 89
II. 풍토의 개념 …… 90
III. 풍토 유형의 시안(試案) …… 91
IV. 화전 농경의 추이 …… 95
V. 떡이 없는 정월의 관례 …… 95
VI. 신문화에 대한 전통문화의 대응 …… 101

제3장 일본의 콩류 …… 104

I. 일본의 콩의 역사 …… 104
II. 식품으로서 콩의 중요성 …… 106
III. 일본에서 재배된 콩류[豆類] …… 107
IV. 수입하고 있는 콩류 …… 119
V. 기타 특수한 콩류 …… 122

제4장 생선과 일본인 …… 126

I. 이세신궁(伊勢神宮)의 신찬(神饌) …… 126
II. 일 년에 3번 진수성찬 …… 128
III. 엷게 저며서 펴 말린 전복 (노시 아와비) …… 130
IV. 도미와 상어 …… 132
V. 여러 가지 건어(腊) …… 136
VI. 생선으로 구분 지었던 정결함과 더러움 …… 139
VII. 첫 밥상의 생선 …… 140
VIII. 쌍어 무늬(双魚紋) …… 141

제3부 외래 식문화의 정착 / 145

제1장 일본 식문화에서의 외래 음식 …… 147

I. 외래의 음식 수용의 4개의 단계 …… 147
II. 우유와 차 …… 148
III. 적미(赤米)와 적반(赤飯) …… 154
IV. 외래(外來)의 식(食)을 받아들였던 시대 …… 157

제2장 신찬(神饌)에서 보는 일본화된 외래 음식 …… 161

I. 신찬(神饌)의 의미 …… 161
II. 오소메고쿠(御染御供)와 백미(百味, 여러 가지 진귀한 음식)의 온지키(御食) …… 164
III. 당과자(唐菓子) …… 174

제3장 정진(精進) 요리와 일본의 식생활 …… 179

I. 정진이라는 단어 …… 179
II. 동아시아의 정진요리 …… 182
III. 일본의 정진요리 …… 184
IV. 육식(肉食)과 정진요리 …… 186
V. 불교의 위치 …… 189
VI. 불교의 침투와 정진요리 …… 192
VII. 조채인(調菜人)과 포정인(庖丁人) …… 193
VIII. 정진요리의 의의(意義) …… 195

제4부 다시 태어나는 이문화(異文化) 음식 / 197

제1장 문명개화와 서양요리 …… 199

I. 식(食)의 개화(開化) …… 199
II. 메이지 시대 초기의 食의 사건 …… 200
III. 문명 개화와 「육식의 설(說)」 …… 200
IV. 일본과 서양의 절충의 추천 …… 206
V. 조미의 개화 …… 207

제2장 일본화된 중국음식과 요리 …… 212

I. 외래식의 일본화의 범위에 대한 의문 …… 212
II. 수용이 늦어진 중화요리 …… 221
III. 『수원식단(隨園食單)』과 야마다 마사헤이(山田政平) …… 224

제3장 일본화된 한국음식 - 불고기를 중심으로 …… 227

I. 야키니쿠(燒肉)와 김치 …… 227
II. 일본에서 야키니쿠(燒肉) 이전의 한반도 식(食) …… 228
III. 일본의 야키니쿠 …… 230
IV. 일본의 야키니쿠의 시작 …… 231
V. 호르몬 야키(내장 구이) …… 231

VI. 무연 로스터의 개발 …… 234
VII. 민족(에스닉)요리의 보급과 한국요리 …… 236
VIII. 가정에서의 야키니쿠와 가정용 야키니쿠 양념 …… 239

■ 칼라 기획 : 그림과 「물건」으로 보는 식사문화사 …… 245

제5부 음식의 미학 / 279

제1장 음식의 미학 …… 281

I. 넓은 의미의 미학(美學) …… 281
II. 예능으로서의 식의 문화 …… 282
III. 식(食)에 있어서 장식 …… 286
IV. 담는다・쌓는다・세운다・늘어놓는다. …… 289
V. 음식과 취향 …… 297

제2장 요리의 미학, 동서비교론 …… 303

I. 향, 색, 맛으로 보는 요리관 …… 303
II. 맛의 평가의 차이 …… 307
Ⅲ. 일본 요리의 기술 …… 308
Ⅳ. 보기 좋게 담는 미학 …… 311
V. 보기 좋게 담는 법(모리츠케)의 동서(東西) 비교 …… 320

제3장 음식에서의 예술성 …… 324

I. 요리는 예술인가? …… 324
II. 예술의 개념을 찾아서 …… 325
III. 정신성과 육체성 …… 326
IV. 식사의 기호(記號)성 …… 328
V. 예능으로서의 성격 …… 329
VI. 예능(芸能)인과 요리인 …… 331
VII. 요리 만드는 퍼포먼스(performance) …… 332
VIII. 요리의 가라오케 화 …… 334

제6부 세계 속의 일본 / 337

제1장 식생활과 풍토 ······ 339

I. 풍토론의 계보(系譜) ······ 339
II. 풍토의 현재・과거 ······ 343
III. 일본형 식생활론 ······ 345
IV. 풍토로부터의 이탈과 풍토에의 회귀 ······ 348
V. 가치관의 정리(유토피아 SF를 예로 들어) ······ 351

제2장 이문화(異文化)와 식사 시스템 ······ 355

I. 시스템으로서의 식사를 잡다 ······ 355
II. 역사 속에서의 외래 음식 ······ 358

제3장 쇼와 식사의 변천 ······ 366

I. 들어가기에 앞서 ······ 366
II. 요리의 변천 ······ 367
III. 음식물 섭취 패턴의 변천 ······ 380

제4장 일본형 식생활은 일본인이 지킨다 ······ 383

I. 일본 식사의 문화 원점 ······ 383
II. 세계 각국에서 보는 식품 섭취 패턴 ······ 384
III. 조미료의 계통 ······ 388
IV. 세계의 식성 ······ 389
V. 일본의 「음식문화」는 일본인이 지킨다. ······ 395

후기 / 본 권의 구성에 대해서 이시게 나오미치(石毛直道) / 399

初出一覽 ······ 403
집필자 소개 ······ 406
역자의 말 ······ 411
번역자 및 편집위원 ······ 413

범례

- 본 강좌는 아지노모토(味の素) 주식회사 및 사단법인 아지노모토 문화센터가 1980년부터 개최해 온 '음식 문화 심포지움' 및 '음식 문화 포럼'의 성과를 기초로 원문, 제목, 그 후의 식견을 더하여 많은 가필, 수정을 마친 논문에서 편집했다.
- 집필자가 고인인 경우 교정은 책임편집자 및 저작권 계승자가 가진다
- 현재 사용되고 있는 지명, 용어 등도 과거의 역사적 인식을 나타내는 용어로 그대로 사용한 경우가 있다
- 원칙적으로 상용한자를 사용하지만, 역사적 용어 등에 관해서는 구한자를 사용한 경우도 있다.
- 본문 중 들어있는 컬럼은 포럼이나 심포지움에서의 토론을 살리거나, 또는 본문에 확대를 하기 위해 본문에 관계있다고 여겨지는 부분을 발췌, 재구성한 것이다. 인용은 컬럼 옆에 각주 형태로 문헌 및 페이지를 나타냈다. 또한 발언자의 소속 등은 당시의 것이다.

서장 일본 식문화사의 과제

구마구라 이사오(熊倉功夫)

Ⅰ. 연구사를 뒤돌아보며

일본의 식문화 역사에 관한 연구는 의외로 풍부하다. 주(住) 생활, 의(衣) 생활과 함께 식(食) 생활은 인간 생활에서 빼 놓을 수 없는 측면에 있는 만큼, 전전(戰前), 전후(前後)를 통해서 몇 종류의 해설서가 써져 왔다. 그 배경에는 대학교육의 가정학 이외에 '음식물 역사'라는 과목이 있던 적도 있었다. 반대로 그 결과, 교과서로서의 해설서는 있더라도, 전문적인 연구서는 세키네 신류(關根眞隆) 『나라 시대 조식(朝食) 생활의 연구[1)]』와 같은 특수한 보기를 빼고, 대부분 발견되지 않고 있다.

전전(戰前)의 개설서로 주목되는 것은 아다치 이사무(足立 勇)의 『일본 식물사(食物史)[2)]』와 육군성 군납 본창 『일본병 식사(日本兵 食史)[3)]』이다.

전자는 개설서로서 가장 빠른 시기에 지어진 것으로 꽤 특수한 테마에 관해서도 분량을 가진 거대한 서적이다. 그러나 전체적으로 지식이 부족하며, 사료적으로 『古事類苑[4)]』 음식부를 거의 뛰어넘지 못한다는 불만이 있다. 또한 『古事類苑』 음식부는 일

---

1) 『나라 시대 조식생활의 연구』(1969), 吉川弘文館에서 간행. 본서의 특색은 正倉院(奈良의 東大寺 大仏殿의 북서쪽에 있는 목조 창고(奈良 시대의 건축물로 많은 미술 공예품이 간직되어 있음) 문서를 구사한 점에 있으며, 寫経生(나라시대 경전 사서)에 지급된 식품의 종류나 양 등에서 구체적으로 식생활의 복원을 시험하고 있다.

2) 원저는 1934-35년, 개정판은 1942년에 雄山閣에서 간행

3) 1933-34년, 식량협회에서 간행

4) 『古事類苑』 메이지 시대에 편찬된 일본 최대 사료집. 전15권. 일본 고대의 제도부터 유희, 음식 등에까지 장르별로 모든 책에서 해당 사료를 기록한 것으로, 매우 편리한 사료집이다.

본 식생활사의 사료집으로서 메이지시대의 업적으로 매우 뛰어나다. 그러나 오늘날 연구 수준과 비교해 보면 부족한 점이 눈에 띄기 때문에 이후 이것을 능가할 만한 식문화사 사료(회화 자료, 고고학 사료도 포함한 자료집)가 편찬되기를 희망하기도 한다.

후자의 『일본병 식사(日本兵 食史)』는 단순히 역사적 사실의 나열에 그치지 않고, 군대의 식품 수급이 어떤 방식이어야 하는지 명쾌한 문제 의식이 있었으며, 그 역사적 원인을 찾는다는 사상이 있다. 그 점은 개설에서 언급한다.

전후 집필된 개설서에서 비교적 먼저 쓴 사람은 모리스에 요시아키(森末義彰), 기쿠치 유타로(菊地勇太郎)의 『음식 역사 - 일본인의 식생활의 발전[5)]』이다. 두 저자가 모두 도쿄대학 사료편찬소에 적을 둔 연구자답게 그들이 다룬 사료들은 독자적이며 매우 뛰어났으며, 책 전체가 일종의 사료집 성격을 가지고 있었다. 동시대의 유럽 식문화에도 언급하고 있는 점도 색다른 관점이었다. 그러나 너무나 사료 중심이었으며, 그 해석도 적고 체계성이 부족한 아쉬움은 남는다.

히구치 키요유키(樋口清之)의 『일본 음식사 - 식생활의 역사[6)]』는 각 시대에 식생활상의 타이틀을 붙였는데, 예를 들면 「식생활의 형식화(헤이안 시대)」「건강식의 회복(가마쿠라 시대)」라고 짓고 있지만, 저자의 「헤이안 귀족=병적(病的)」「가마쿠라 무사 = 건강」이라는 관념의 반영으로 설득력이 부족하다. 다만 본서는 저자 독자의 고고학적, 풍속학적 식견이 들어 있으며, 또한 서론 중에 「식생활사의 개념」을 논했는데, 식생활사의 확립을 의도하여 다음과 같이 말하고 있다.

식생활사는 음식 관행의 변천을 식품 선택법, 식품 입수법, 조리가공 보존법, 음식방식, 음식작법, 식품 선택과 그 용법, 영양과 육체와 정신으로의 영향, 식품과 식법에 관한 신앙 습관, 음식과 시대 생활과의 상관관계, 계급 직업에 의한 식품 조리의 선택 차, 통과의례 연례 행사와 음식에 관하여 상관적 유기적으로 관찰하여 그 움직임의 모습을 포착, 다른 생활 현상과의 시대 문화와의 필연적 존재 의식을 명확히 하여, 현대 변천의 필연성을 명확히 하고자 하는 연구이다.[7)]

이 총망라적이고 추상적인 의도가 실현되기에는 그 이전에 섬세한 개별 연구가 달성되지 않으면 안 된다.

그 후에 와타나베 미노루(渡辺 實)의 『일본 식생활사[8)]』가 간행되지만, 개별적인 사상이 다루어지고 있을 뿐, 전체를 관통하는 논리를 지니고 있지 않는 점에서 다른 개설사와 비슷하다.

---

5) 초판은 1953년, 개정이 1965년에 제일출판사에서 간행되었다.
6) 1960, 시바타 서점 간행
7) 같은 책, p24, 「식생활사의 방법」
8) 1964, 吉川弘文 간행

역사학자가 식물사(食物史)를 다루는 경우, 어떻게 해서라도 역사 사료 중에서 음식에 관한 사료를 기록한 것으로 끝내버리고 마는 것은 음식 자체에 대한 관심에서 연구가 출발하고 있지 않으며, 「식생활사도 이른바 풍속사학이나 문화사학, 생활사학의 한 분과이다[9]」이라는 보조학의 위치에 머물러 있기 때문일 것이다.

그에 대한 정치학 측면에서의 음식 연구는 매우 명쾌한 문제 의식을 가지고 합리적인 식생활 창조가 요구되는 것은 당연할 것이다. 그러나 그 역사적 연혁을 찾아간다는 발상이 미약하며, 식문화사의 연구는 원래 역사학과 함께하는 일이 적었다.

Ⅱ. 식(食)과 사회적 환경

1970년대까지가 음식사 개설의 시대였다고 하면, 80년대가 되어 드디어 식문화사의 연구가 진행되었다고 할 수 있다. 예전의 대학 교육의 교과서가 아닌 식문화 연구의 전문서가 등장했다.

역사학의 새로운 경향으로는 프랑스 아날 학파[10] 등의 영향도 있었으며, 사회사적 관심이 고조되었던 적도 있었다. 사회경제사 혹은 국가사, 제도사가 주류였던 역사학 속에서 생활사적 관심이 높아져 개별적인 생활 속의 단편 속에서 문자로 말할 수 없는 민중의 의식을 발굴하려고하는 시도가 시작되었다.

음식도 중요한 키워드이다. 경제적 이유 또는 기술, 산업사적인 이유에서 식생활을 설명해온 것에 대해 민중의 의식 속에서 음식이 어떻게 선택되어 왔는지 생각해 보는 것이 가능해졌다.

하라다 노부오(原田信男)의 『역사 속의 쌀과 고기 - 음식과 천황・차별[11]』을, 그러한 연구로 읽는 것도 가능할 것이다.

고대 이래, 일본의 육식 전통은 꽤 강고한 면이 있었다. 고대 살우(殺牛) 신앙에서 그 편린을 볼 수도 있을 것이다. 또한 중세에 이르러서는 육식 사례는 하라다(原田) 씨

9) 樋口『일본 식물사(日本食物史)』 p.37「食生活史と 他の 諸學」

10) L'ecule des Annales d'histoire economique et sociale(사회경제사 연보. 1929년 창간, 1946년 이후 Annales.Economies, Societes, Civilisations [연보-경제, 사회, 문명])을 거점으로 하는 현대 프랑스 역사사회학의 조류. 인간 활동의 총체를 살아있는 모습으로 포착한 시점으로, 인간과 학의 교류에 근거하여, 새로운 역사학 창조를 제창했다.

11) 1993, 平凡社 간행

도 상세하게 인용하고 있으며, 필자도 「중세 장원(莊園)의 생활[12]」에서 15세기의 備中國新見莊 사료를 인용하여 너구리와 토끼가 가끔 식용되고 있는 점을 다뤘다. 산을 배경으로 한 농촌에서는 짐승류를 식용으로 하는 것은 매우 일반적이었을 것이다.

일본이 중세에서 근세 사회로 편성되어가는 과정에서 미국 중심의 가치관과 육식 금지가 체제로서 지배자 측에서 만들어졌다는 점에서 하라다 씨의 주장에서 이해할 수 있다. 말하자면 언제부터 민중들이 쌀을 먹기 시작했는지, 또는 육식 금지가 일본 식문화를 어떻게 특징지었는가 하는 문제 이전에, 식문화가 가지고 있는 국가체제와의 관계를 해명한 점에서 그 업적의 특징이 있었다.

이런 연구 성과를 거쳐 식문화의 변화가 어떻게 이루어졌는지 알아야 한다. 최근 국립역사민속박물관과 공동 연구로 발표된 『중세 식문화의 기초적 연구[13]』는 보다 상세한 고고학과 문헌사학의 공동 연구로서 식기 등의 연구에 새로운 영역을 개척한 중요한 연구지만, 읽고 느낀 것은 음식 그 자체로의 관심은 매우 적었다는 것이다. 예를 들면 음식을 둘러싼 물질 문화, 사회적 환경의 연구이자 식문화 연구로의 연계가 제대로 되었다고 말하기 어렵다.

역사학 시점으로서의 음식, 혹은 하나의 장르로서의 음식 연구가 음식 그 자체의 연구와 연계되기에는 어떤 방법이 있는 걸까?

같은 문제를 둘러싼 다른 장르의 예를 참고로 들어보겠다. 식문화와는 별개이지만 예능사(芸能史)라는 장르가 있다. 예능사 연구가 본격적으로 시작된 것은 제2차 세계대전 후이며, 식문화와 같이 젊은 학문이다.

예능의 연구는 더 오래전부터 이루어지고 있다. 가부키(歌舞伎), 죠루리(浄瑠璃), 노(能) 등 개별 연구는 메이지 시대부터 수많이 존재해 왔는데, 음식 문화 연구 역시 매우 비슷한 상황이다. 전후, 예능사 연구에 노력한 일본사 연구자 한 명인 하야시야 다쓰사브로(林屋辰三郎) 씨가 있었다. 이 분은 예능이 처한 사회적 환경에 주목하여, 예능을 지탱하는 경제적 부담자들이 무엇을 예능에서 얻고, 예능이 어떤 기능을 하는가를 밝히고자 했다. 종래의 예능사 연구에서 빠져있던 관점이며, 그것은 민중 문화의 숨겨졌던 실태를 명확히 하는 훌륭한 성과였다.

이에 대해서 연극사 측에서의 예능사 연구가 있었다. 군지 마사카츠(郡司正勝) 씨에게 그 전형을 볼 수 있는데, 주로 연기된 예능 스타일 연구가 중심이 되고 있다. 예를 들면 가부키극에 자주 등장하는 미치유키(道行)라는 장면이 있다. 미치유키라는 예(藝)의 스타일(예능)을 민속학적으로 보았을 때의 배경이나 역사적 변천을 통해서 가부키

12) 『VESTA』 No.23 : 48-54 아지노모토 음식문화센터 간행
13) 1997, 국립역사민속박물관에서 간행

역사 속에서 필연성을 설명하는 방법이다.

두 연구자의 방법을 대조적으로 다루기 위해 의도적으로 단순화시켜서 전자를 환경론, 후자를 예능론으로 정리한 적이 있다.[14)]

지금 유추해서 생각해 보면 음식의 문화사 속에서 역사 연구자가 연구해 온 방법은 환경론이라고 할 수 있다. 음식을 둘러싼 사회적 환경이며, 그 역할이 중심이다. 한편, 가정학의 입장에서 다룬 연구는 예능론에 가깝다. 조리학과 영양학이 그것이다.

1980년대 이후, 예능사 연구에서는 환경론과 예능론의 종합 연구가 계획되어, 다른 문명권과의 비교가 강하게 의식되어 가고 있다. 그러나 현실적으로는 연구의 종합화보다 세분화되는 것이 현대 아카데미즘 전체의 경향이므로 발표되는 논문은 개개의 사례 연구가 중심이며, 모처럼 계획되기 시작한 종합 방법은 반드시 정착되지는 않는다는 것이 실정이다.

종래의 음식 연구가 식문화 연구로 전개되던 80년대는 이른바 음식의 환경론, 비교론인 음식문화 연구를 무시하기 어려워졌기 때문이라고 할 수 있다. 식문화사 연구 방법은 음식의 변천을 다루는 것은 물론, 동시에 역사적 배경 속에서 어떤 요청에 의해서 독자적인 식문화 변화가 생겼는가 하는 음식 환경 입장에서 다루고 있다.

그러나 여기서도 한편으로는 보다 상세한 연구로 발전되어 뛰어난 개별 연구는 탄생했지만, 종합적인 방향으로의 길은 절대로 평탄하지 않았다는 점도 예능사 연구와 비슷한 상황이라고 생각한다.

Ⅲ. 음식에 있어서 행동과 마음

앞으로의 일본 식문화사 연구는 아직 당분간은 하나하나의 테마에 관해 확실한 근거가 되는 것을 기본으로 충실하게 확정해 가게 될 것이다. 카와카미 코조(川上行藏) 씨의 일련의 작업[15)]은 대표작으로 들 수 있다. 문헌적 연구만으로는 종합은 어렵다. 필드조사를 기초로 하는 비교문화적인 접근법도 중요해서, 이시게 나오미치(石毛直道)· 요시다 슈지(吉田集而) 씨로 대표되는 인류학적 연구도 진전되고 있다. 이러한 여러

---

14) 熊倉功夫「환경론과 예능론」(『일본예능사』 제1권) (1981, 法政대학출판국)을 참조

15) 川上行藏씨의 저서에는『湯吹きと風呂吹き-일본요리사물기원』(1989),『つれづれ일본음식물사』 1-3권 (1992-95) 등이 있다

가지 방법론의 복합이 필요하다. 앞에서 다루었던 예능사적인 방법도 그 중 하나라고 할 수 있다.

일본의 음식문화 중에서 예능적 측면은 무시할 수 없다. 본권 중에서도 '음식의 미학'으로 다루고 있으나, 음식에 있어서 행동 방법은 음식에 대한 일본인의 의식의 반영이라고 할 수 있을 것이다.

식사 예절은 일본의 고대 시대부터 있었는데 특히 엄격하게 규정하고 있던 것은 중세의 선종, 그 중에서도 도겐(道元) 스님의 조동종(曹洞宗) 도래 이후일 것이다. 도겐이 「典座教訓」「赴粥飯法」을 『永平清規16)』으로 제정하여, 식사 준비부터 식사를 마칠 때까지 하나하나 행동법의 체계로 생각하는 것은 매우 중요하다. 먹는 것뿐만 아니라 음식을 만드는 것까지 불교 방식의 표현으로 다루는 도겐의 사상은 식사를 단순한 영양 섭취로 보는 입장에서 매우 멀었다.

왜 도겐은 음식을 만드는 것, 먹는 것에 그토록 구애를 받았던 것일까. 음식에 뿐만 아니라 일본인은 신체의 행동 방식에 항상 주의를 해왔다. 특히 중세에는 무가사회의 예절의 성립에서 보듯이, 서원 만들기 등의 주거 환경의 변화에 따라 매우 가까운 거리에서 바라보는 시선에 견딜 수 있는 행동의 미가 형성되었다. 시츠케(躾)라는 문자는 일본 한자로, 중국에는 없는 한자이다. 이 문자의 원형은 '仕付' 또는 '爲付'인데, 이 의미를 '신체의 아름다움(躾)'이라고 해석하는 것이 일본적이다. 시츠케(仕付)란 외부에서의 강제력을 가지며, 행동에 규율을 전달하는 것으로, '시침질용 실(仕付け糸)'이라는 어원에서 알 수 있듯이 그 용법은 그 전형적인 의미이다. 결국 인간 내부에서 예의의 마음이 저절로 생겨나 외부로 드러나면서 행동 규율이 생기는 것이 아니라, 외부에서 힘을 가하여 먼저 행동 형태를 지켜내게 하는 것이다. 이 형태가 육체화되는 것을 통하여 내면에 있는 마음이 형성되는 것이라는 사상이 일본 사상의 중핵에 있다.

이러한 행동 규율을 의식이나 사교라는 공식적인 자리에서 뿐만 아니라, 일상적인 세부에 까지 걸쳐 규정된 것이 방금 설명한 도겐의 『永平清規』의 「典座教訓」「赴粥飯法」이다.

음식이라는 가장 일상적인 불가결한 장소에서야말로 인간의 행동 규율이 필요하며 일상에서의 행동의 형태가 형성되지 않는 한, 인간의 근본적인 변혁은 불가능하다고 선(禪)에서는 생각하고 있다.

이러한 선(禪)의 사상은 이후에 식사 예절에 적지 않게 영향을 주었다. 다도가 중세 말에 형성되었을 때도, 일반 연회의 비예의가 엄격하게 비난받았다. 6세기의 교훈가의

16) 『永平清規』 도겐(道元)이 지은 사원내 규율집. 「大清規」 라고도 한다. 6권에서 「典座教訓」 「弁道法」 「知事清規」 등의 6부로 구성. 1667년에 智堂光紹에 의해 다시 재편집되었다.

한 예로 「長歌茶湯物語[17]」가 있으며, 당시 연회의 무례(無禮)를 다음과 같이 말하고 있다.

> 또 식사에 대해서는 (중략) 생것의 냄새나는 것을 옮기는 것도 싫어하는 기색 없이 손으로 마구 잡아서 막 먹는 사람, 얌전하게 베어 물어도 입 여기저기 마구 묻어 있고, 턱이 부서져라 입에 잔뜩 머금은 채 말을 한다.....

이와 같이 해서는 안 된다는 의미에서 차의 예법이 형성된 것은 지금 세부적으로 논할 여유는 없지만, 확실히 선종의 영향으로 생긴 것이라고 말할 수 있겠다.

식사 예절에 대한 일본인의 강한 의식은 근대화에 이르러 새롭게 재강화되었다. 그것은 다리가 낮은 밥상이 식탁의 주류가 된 20세기 중기의 식문화였다. 다리가 낮은 밥상은 가정에서 예절의 장이 되었으며, 가장이 아이들의 일거수일투족을 엄격하게 주시하여, 소리 내지 말고 먹어라, 다리 쭉 펴지 마라, (반찬을 향해) 팔을 쭉 펼치지 마라, 밥그릇에서 눈을 떼지 마렴 등의 잔소리를 끊임없이 해대는 식탁의 풍경이 일본 전국에 퍼져가고 있었다.

이런 일상의 음식에서 연회 음식에 이르기까지 예절을 강하게 중시하는 전통을 도겐의 「赴粥飯法」에까지 연결 짓는 것은 너무 경솔한 생각일지도 모르지만, 그 배경에 행동 형태의 육체화가 인간 형성이라는 정신성으로 진화된다는 일본 사상이 있으며, 그 사상이 독특하게 음식이라는 문제와 밀착되었다는 측면은 쉽게 지적할 수 있을 것이다. 또한 음식은 단순한 영양 섭취의 행동이 아니라, 적어도 중세 이후 일본인의 정신론의 일각을 차지하는 문화의 문제라는 것도 부인할 수 없을 것이다.

Ⅳ. 식문화의 자율적 전개

이전에 히구치(樋口) 씨의 말을 인용하여, 식생활 역사가 일본 문화사의 한 분야에 지나지 않는다는 역사가의 발상에 주의를 했다. 절대 말꼬리를 잡는 것은 아니지만, 일

17) 「長歌茶湯物語」 伝相阿弥의 장가체 교훈가. 내용은 다도에 관한 교훈을 여러 측면에서 다루고 있으나, 비슷한 내용이 『児教訓』 등에서도 볼 수 있다. 相阿弥 작품은 전설로 약 16세기 작품으로 예상된다. (『茶湯문화연구』 제1집, 今日庵문고간행, 1974)

본문화사의 한 분야인 이상, 식생활사는 역사 일반을 확실하게 하기 위한 중심에 지나지 않으며, 식생활사 그 자체의 과제는 불명확하게 끝나버린다.

즉 18세기 에도의 도시생활을 명확히 하기 위해서 요리책이 검토되다 보니 요리집의 발달이 이루어졌고, 새로운 요리의 등장이 소개되었다고 하더라도, 그것은 도시생활의 실태를 명확히 하는 것에 흥미가 있었던 것이지, 식문화의 역사적 전개 속에서 어떻게 전해졌는지에 대해서는 불명확하다.

일본 식문화사라는 장르가 성립되기 위해서는 독자적인 문제 의식이 나타나지 않으면 안 된다. 그것은 현대 일본의 식문화에 대한 비판에 서서, 향후 일본 식문화는 어떻게 마땅히 그러해야 하는지 하는 사상에 입각한다. 그러해야 할 모습을 역사적으로 살펴볼 때, 완성된 모습이 반드시 미래에 있는 것은 아니다. 과거에 보다 뛰어났던 음식에 대한 사상과 표현의 요리 양식이나 시스템을 발견할 가능성은 매우 충분하다. 예를 들면 이것을 사상사(思想史)로 바꿔놓고 본다면 잘 이해할 수 있다. 현대 사상이 오늘날 요청에 응해 창출된다고 하더라도 미래의 인류에게 가장 훌륭하다고는 할 수 없을 것이다. 이미 그리스 시대에 탄생된 사상은 오늘날에도 또한 미래에도 불멸이다.

결국 식문화는 기술적 진보에 의해서 항상 '발달'의 역사로 인식되는 경향이 있는데 20세기 말 즈음에 우리는 드디어 식문화가 시간의 경과와 함께 보다 우수한 것으로 항상 '발달'해 온 역사가 아니라, 어느 경우에는 '쇠퇴'의 역사이기도 하다는 것을 깨닫기 시작했다.

일본요리의 역사에 문제를 비틀어보면, 고대 이래 독자적 변천이 있었다는 것을 알 수 있다. 일본에 있어서 요리의 자율적 전개는 항상 해외에서 큰 영향을 받아왔다는 점이 특징이다. 아마도 죠몬, 야요이 시대 때는 현재의 일본이라는 영역에서 음식 문제를 다루는 것이 곤란할 것이다. 서일본은 중국의 강남지방을 잇는 접목지역으로서 히말라야까지 이어지는 조엽수림문화[18] 속에서 음식을 생각할 필요가 있으며, 동일본 이북은 북방문화군[19]의 음식문화로서 고찰해야 한다.

야마토(大和) 조정이 대륙문화를 적극적으로 받아들이기에 이르러, 귀족 연회가 대륙의 것을 모방하기도 했으며, 이미 '당나라 양식의 모방'과 같이 고대의 음식을 정의하는 일이 많아졌다. 역시 성찬요리를 고대 음식이라고 할 수 있는건지 매우 의문스럽다. 아무리 성찬풍의 대륙 식문화를 모방한 양식이 생겨났다고 하더라도, 그 속에 일본적

18) 히말라야 남록(南麓)에서 운남 산지, 중국 서남부를 거쳐 서일본에 이르는 지역은 떡갈나무, 메밀잣밤나무 등의 조엽수림대이며, 이 지역에 거주하는 민족의 생활문화 속에 많은 공통성이 보여진다. 이 공통 문화를 조엽수림문화라고 한다.

19) 최근 시베리아 카라프트를 중심으로 고고학적 연구나 인류학적 연구가 진행되고 있으며, 일본의 동북지방까지 포함한 독자 문화권을 형성하고 있다고 보여진다.

요소가 얼마나 조합되어 있는지 아직 검토는 불충분하다. 일본식과 서양식의 절충이 아닌 일본식과 중국식의 절충은 음식에서 뿐만 아니라, 일본문화사 전체를 관통하는 키워드이다.

일본식의 형성을 밥과 국, 채소, 반찬의 구성으로 보고 있지만, 그 구성이 명확히 나타나는 것은 무로마치 시대의 혼젠요리(本膳料理)이다. 이미 나라, 헤이안 시대에 국이나 간단한 반찬에 해당하는 것은 당연히 생성되어 있었으나, 그것을 요리의 레벨을 표현하는 '~국, ~반찬'이라는 표현방법은 성립되어 있지 않았다. 혼젠요리의 성립은 여러 가지 의미로 가마쿠라 시대 이전의 음식의 개선으로 탄생된 새로운 요리 양식이었다.

식문화 역사는 어느 시대의 식문화가 형성화되어 고정화되었으며, 인간성을 상실하는 중에 그것에 대한 비판이 새로운 양식을 창조하여 전개해간 것이라고 말할 수 있다. 결국 식문화 변천을 추진시켜온 힘은 전대의 식문화에 대한 비판정신이었다고 할 수 있겠다. 외래 음식의 정착, 변용 역시 새로운 식문화로의 사람들의 의욕을 빼놓고서는 생각할 수 없다. 특히 일본인이 외래 음식에 호기심이 왕성했던 것은 외래 문화와 음식에 대한 이중의 강한 호기심이 상승 효과를 발휘한 것이다. 그 결과, 식문화 역사에는 몇 번이나 외래 음식의 영향을 받아 왕래한 음식들이 변용해온 역사를 볼 수 있는데, 그것 역시 그 시대의 사람들의 음식에 대한 의욕의 발로였다.

일본의 요리는 이전에 설명했듯이 비판 정신을 발판으로 그 양식을 재탄생시켜 왔다. 변화의 역사 속에서 중세 말에 탄생한 다도 요리인 가이세키(懐石)는 역사상 위대한 획기적인 변화를 가져왔다. 물론 가이세키라는 용어도 아직 없었던 16세기에 다도(茶道)는 요리사상 하나의 혁명을 전해왔다. 이전 장에서 혼젠요리(本膳料理) 이야기가 있었다. 그 고정화된 요리법을 해결하고자 따뜻한 것은 따뜻한 채로, 차가운 것은 차가운 채로, 먹기 쉽게 충분히 조미하여 바로 먹을 수가 있는 정도의 요리가 손님에게 차려졌다고 하는데[20], 요리에 있어서 커다란 변화가 다회(茶会)에서 전개된 것이다.

단 한 번에 그런 변화가 생긴 것은 아니다. 반세기 이상의 시간을 거쳐 천천히 새로운 양식이 양성되어 온 것이었다. 예를 들면, 가이세키는 적당한 타이밍에서 요리가 차려지는 스타일로, 작은 네모난 쟁반에 요리를 올리는 한계를 생각하면, 그것은 오히려 당연한 서비스라고 생각된다. 그러나 실제로 다인(茶人)들이 작은 네모 쟁반을 사용하게 되기 이전부터, 즉 아직 혼젠(기본 밥상), 니노젠(기본 밥상에 반찬이 더해진 밥상)을 사용하던 시대부터 다도 요리는 이전의 시간 계열을 가진 차림법이라는 혁신성을 가졌다. 그렇다면 그 필연성은 다도 사상에서 이끌어져 나와야 할 것이다.

---

20) 로드리게스 『일본교회사』에 의함. 자세한 것은 본권 p.284 각주 참조

가이세키가 추구하는 요리법은 16세기의 이상(理想)에 머무르지 않고, 오늘날 일본요리의 과제로서도 생명을 잃지 않고 있다. 오히려 문제는 가이세키 자체가 그 창조 정신을 점점 잃어가고 있다고 할 수 있겠다. 가이세키가 창조자 센노 리큐(千利休) 사망 50년이 지나지 않아 그 음식의 정신이 변질되어가는 것이 당시 기록에 남아 있다. 원래 한 번에 다 먹는 양의 요리[21]였던 가이세키가 17세기 중기에는 다 먹을 수 없는 양을 싸가지고 돌아가기 위해 도시락을 다회에 지참하게 되기 시작될 만큼, 양이 증가하고 그만큼 와비(다도의 청렴사상) 요리여야 할 요리가 호화스럽게 변질되고 있었다.

그 후 가이세키는 요리 집의 모임에도 영향을 주어, 근대에 이르러서는 유키 테이이치(湯木貞一)[22]라는 천재에 의해 일본을 대표하는 요리로 전개되었다. 그러나 그 결과는 가이세키의 본래의 혁신 성을 훼손했다는 위구심은 남아있지 않는지, 그 판단은 연구자 문제 의식에 맡겨두고자 한다.

일본요리가 가져야 할 모습을 식문화 전체 안에서 취하여 그 역사적 근원을 찾는 일은 아직 막 시작된 단계이다. 이후, 실증적인 연구는 더욱 거듭되어 연구는 정밀함을 더해야 할 것이다. 그러기 위해서는 연구자 한 사람 한 사람이 스스로의 식문화 사상을 가지는 것만이 종합과 비교의 시점에서의 식문화사의 새로운 전개가 가능해질 것이다.

---

21) 平田萬里遠 씨의 명명에 의한다.『無限大』제57호 (일본 아이비엠, 1973). 또한 제6권의 平田 논문「근세초에 요리관의 변화」를 참조하기 바람

22) 湯木貞一는 요리점 吉兆를 창업, 가이세키 요리의 근대화와 세련화를 더하여 위대한 업적을 남겼다. 문화공로자

제 1 부

일본식의 원상(原像)

제 1 장 일본적 식생활의 형성

사하라 마코토(佐原 眞)

Ⅰ. 서론

예전에 존재했던 다종 다양한 무수한 것들 중, 현재 남아있는 것은 극히 적다. 게다가 지금 발견되어 있는 것은 극히 일부에 지나지 않는다.

고고학은 현재 발견되어 있는 것에 관해서는 자신 있게 존재한다고 말할 수 있다. 그러나 지금 알려지지 않았다고 해서 예전에 없었다고는 할 수 없다. 오늘날 알려져 있지 않은 것의 신발견을, 내일자 신문은 전하고 있을지도 모른다. 고고학은 내일을 알 수 없는 학문이다.

그렇다하더라도, 현재 고고학은 아주 먼 옛날의 음식에 관해 상당한 것들을 해명하고 있다. 문자가 없던 시대를 무시하고 음식의 역사를 말하고자 한다면, 나는 별로 상관하고 싶지 않다. 다만 연구의 지식이 얕아질 뿐이다.

여기서는 본토와 내가 임의로 총칭하는 혼슈, 시코쿠, 규슈 등 일본을 대표하는 식생활 형성을 따라가 본 후, 홋카이도의 아이누족들의 음식, 오키나와 사람들의 음식에 관해서도 다뤄보고자 한다. 또한 고고학에서 식(食)문화를 추구하는 방법에 관해서는 「고고학에서 식문화를 생각한다」(본 강좌 제1권)를 참고 바란다.

식문화에서 뿐만 아니라 모든 시대의 「문화 - 생활양식, 살아가는 법」은 전통, 외래, 독자의 세 요소에서 성립된다. 어느 시대의 외래, 독자적 요소는 다음 시대에는 전통적 요소가 된다. '일본적'인 것도 또한 시대에 따라 각자의 성격을 변해간다.

II. 구석기 시대

2.1 동물에 대한 의존

구석기 시대는 60만 년 전부터 12000, 13000년 전(炭素 14년대)에 해당한다. 이 시대 후반에는 현재와 비교하여 기후가 추웠으며, 코끼리, 야생소, 사슴 등 동물성 식료에 대한 의존도가 컸었다. 새를 먹기 시작했을 가능성도 있다.

2.2 달군 돌에 구워먹는 요리

구석기 시대의 유적에서 돌로 둘러싸인 화로가 발견되었으며, 또한 규슈에서 관동지방에 걸쳐 달군 돌을 모아 둔 형태의 '레키군(礫群)'이라는 잔존물이 남아있다. 도쿄 남쪽지역의 다마시(多摩市) 뉴타운 769 유적의 레키군의 돌에 부착되어 있던 타르류의 광택있는 흑색 물질들에서 동물성 식품의 조리 흔적을 보이는 스테롤(동식물의 지방질 성분)이 검출되었으며, 레키군이 당시의 달군 돌에 구워먹는 요리, 찜요리와 관련되어 있다는 것도 증명되고 있다.

<사진 1> 달군돌에 찜요리, 槍光形尖頭器群文化層礫群出土狀三兄
(新里村教育위원회 제공) 문헌(12)에서

Ⅲ. 죠몬 시대(縄文時代)

3.1 나무 열매가 주요 음식

12000~13000년전부터 2300~2400년 전(炭素 14년대)까지의 죠몬 시대[1] 중에서, 아주 오래전(초창기 및 전기 초반, 약 6천 년 전경까지)는 매우 추웠으며, 그 이후(전기 중순 이후, 중기, 후기, 말기)는 일본의 식생이 기본적으로 지금과 거의 비슷했다.

본토의 죠몬인들은 나무 열매를 주된 식료(食料)로 했다. 다만 이것을 '주식'이라 하기에는 여러 이론(異論)이 있다. 식료의 대부분을 나무 열매가 차지한다고 하는 해석에 관해서는 현재 세계의 식료 채집민과의 비교, 『斐太後風土記』 등 일본의 민속학에서 검토, 죠몬식의 열량 계산으로의 유추 등으로 간접적 연구에 그치고 있었다. 그러나 현재는 탄소13, 질소15 동위체비의 연구로 직접 구체적으로 논할 수 있게 되었다.

지바현(千葉縣) 코사쿠(古作) 패총의 후기 죠몬 인골 20체를 조사한 연구에 의하면, 곡류(C4형 식물)는 먹고 있지 않았으며, 나무열매 등 보통의 식물(C3형 식물)식료와 육지의 초식동물(사슴, 멧돼지)과 생선을 거의 비슷한 양으로 먹고 있었다. 이것은 껍질이나 뼈 등을 발라낸 먹을 수 있는 부분을 건조시킨 중량의 비교에 의한 것이다.

생선은 고단백질이지만 열량에 관해서는 나무열매가 훨씬 효율적이다. 열량 계산에 의하면 고대인의 열량의 80%에나 달한다고 한다. 해변지역의 죠몬인들에게 이 수치는 주목을 끈다. 이 수치는 캘리포니아 원주민들의 결과와 비슷하다. 그리고 홋카이도의 죠몬인, 근세 아이누족들은 바다 동물에 대한 의존도가 커서, 현재의 아이누족들의 육식 애호로 이어지고 있다. 뼈에 포함되는 탄소동위체에서 죠몬인 이래의 음식 연대차, 지방차, 유적차, 남녀차를 논해보고자 하는 시도도 있다.

3.2 토기의 출현

죠몬 시대에 토기가 출현하여 익히고 굽는 것이 조리법으로 확립되었으며, 영양, 건강, 식문화의 획기적인 역할을 하게 되었다. 그러나 동시에 치아의 퇴화를 촉진하는 큰 원인이 되기도 했다.

중부, 관동지방 해안 이서(以西) 지역의 떡갈나무, 메밀잣밤나무, 녹나무 등 상록광엽수(조엽수)림의 도토리는 물에 씻는 것만으로 떫은 맛을 빼낼 수 있는 것에 비해, 중

1) 알기 쉬운 고고학을 지향하기 위해, 나는 紋様·縄紋이라고 쓴다. 舞文토기는 文様이 없는 토기, 라고 설명하는 것 보다, 상용한자의 紋을 사용하여 無紋토기라고 쓰는 편이 명쾌하기 때문이다.

부, 관동지방 산악부 이동(以東) 지방의 졸참나무, 밤나무 등 낙엽광엽수림의 도토리나 칠엽수 열매는 삶지 않으면 떫은 맛을 빼낼 수 없다. 떫은 맛을 빼내기 위해 토기가 출현했다고 하는 해석은 맞을지도 모른다. 가고시마현(鹿兒島縣) 시부시쵸(志布志町) 東黑土田에서는 낙엽성 도토리가 저장구멍에 들어있었다. 시가현(滋賀縣) 아와즈(粟津)패총에서는 죠몬 전기(前期) 시대에 이미 칠엽수 과일을 먹고 있었으며, 열처리가 시작되고 있었다는 것을 나타내고 있다.

물로 씻어내기 위해서도 나무 열매는 으깨지 않으면 안된다. 그러기 위한 도구, 돌그릇은 구석기 시대에도 실례를 볼 수 있으며, 죠몬 시대에 들어와서 중부, 관동지방에서 발달하여 후기 이후 서일본에 보급되고 있다.

죠몬 시대에는 수혈주거(석기시대의 움집)이라는 반지하식 주거의 마루 - 마루는 한 단계 높은 곳을 가리킴에도 불구하고 고고학에서는 이것을 마루라고 부른다 - 에 화로를 만들고 있다. 그러나 관동~규슈지방에서는 초창기~조기(早期)에 옥외에 레키군(달군 돌을 모아 둔 형태)을 남기고도 있으며, 가고시마(早期)와 남관동(早期末)에서는 옥외에 대규모의 화로를 만들고 있었다. 가고시마에서는 훈제용 화로라는 해석이 있다.

「빵과 쿠키」

죠몬 유적에서 햄버그스테이크와 비슷한 형태의 식품, 둥근 쿠키와 비슷한 형태의 식품이 발견된 적이 있으며, 각각 '빵' '쿠키'라는 별칭으로 불리고 있다. 야마가타현(山形縣) 온다시(押出) 유적 죠몬 전기의 '쿠키'에 밤, 호두 등의 지방, 사슴, 멧돼지의 피, 야생 새의 지방과 알, 야생 효모가 포함되었다고 판명되어 복원이 시행되고 있다.

3.3 외래 식물

죠몬 시대의 외래 식물로는 표주박, 들깨, 녹두, 우엉, 메밀 등이 있다.

표주박은 이 시기 정착된 것으로 보인다. 식용인지 아닌지는 잘 모르겠다. 들깨, 녹두는 각각 판별은 쉽지 않은듯하다. 식물을 감정하는 사람들도 적극파와 진중파가 있으며 후자의 한 명은 '정말로 녹두일까요, 진짜일까요'라고 쓰고 있다. 메밀의 꽃가루는 죠몬 말기에 알려져 있으며, 재배가 예측된다. 벼잎 세포의 화석이라고도 할 수 있는 식물규산체(植物珪酸体)가 토기의 흙 속에 들어있었던 것이 확실해지고 있으므로, 약 3~4천 년 전(죠몬 후기) 혹은 4~5천 년 전(죠몬 중기)에 벼를 재배하고 있던 것이 명확해졌다.

플랜트 오팔(plant opal, 벼과 식물 잎에 포함된 규산이 석화한 것)[2]

도요카와(豊川) 플랜트 오팔의 분석에 의해 쌀의 조리법, 즉 구웠는지 삶았는지, 끓였는지 등의 식별이 가능합니까.

사하라(佐原) 플랜트 오팔은 벼 줄기나 잎에 있는 세포이며, 벼곡식에도 별로 들어 있지 않는, 더군다나 쌀알에는 없습니다. 논 유무의 결정에는 큰 역할을 하고 있습니다만, 조리법에 관해서는 뭐라고 말하기 어렵습니다. 플랜트 오팔 자체는 매우 열에 강해서 최근에는 토기 안, 점토 안에서도 발견되고 있습니다만.

스기타(杉田) 항아리에 자주 눌어붙은 자국이 보여지고 있다는 점은 죽 상태의 것이 아니라 현재의 밥에 가까운 물의 가감이 아니었을까 하고 생각하지만.....

이시케(石毛) 사하라(佐原) 씨가 죽을 만든 것은 아닐까 하고 말하는데, 내가 무책임하게 하는 말일수도 있지만, 그 이유는 눌어붙은 것으로 보여지는 항아리는 지름이 작고, 보통의 밥으로는 꺼내기 어렵다는 점 하나와, 초벌 토기로 밥을 짓는 필리핀의 어느 민족의 예에서 볼 수 있듯이, 토기의 아래쪽에 눌러붙음이 생기기 쉬우며, 씻을 때마다 토기벽이 벗겨지는 것을 방지하기 위해 바나나잎을 깔고 쌀을 넣는 장소가 있습니다. 일본에서는 밑바닥에 무언가를 깐 형태의 흔적은 없다고 사하라 씨가 말씀하셨기 때문에 죽이라면 꺼내기 쉽지 않을까 생각했습니다.

3.4 생선과 조개의 기호(嗜好)

죠몬인은 옛날부터 각종 생선, 조개류를 먹었다. 해안의 생선뿐만 아니라, 다랑어, 참치 등 서양 어류도 잡았으며, 해안가의 대합뿐만 아니라 암초 전복, 소라도 캤다. 잠수법도 매우 뛰어났던 듯하며, 외이도골종이 많았던 것도 이와 관련 있다고 볼 수 있다. 북, 동일본에서는 산란을 위해 강으로 거슬로 올라가는 연어, 송어도 중요한 식품 자원이 되었다. 고래의 뼈도 발견되었다. 범고래에 쫓겨 해안 가까이 있던 놈을 잡은 듯하다. 확실한 표경은 홋카이도의 오호츠크 문화에 그것을 알 수 있는 그림(네무로시 벤텐섬 根室市弁天島 사진2)이 있다.

---

2) 田村眞八郎・石毛直道　1984『日本の 風土と食』p.76
豊川裕之(도쿄대학, 보건학), 杉田浩一(쇼와여자대학, 조리학), 石毛直道(국립민족학박물관, 문화인류학)

또한 관동지방(죠몬 후기), 동북지방(말기)에는 토기에 바닷물을 넣어 끓이는 방법에 의한 제염(製塩)을 행했다.

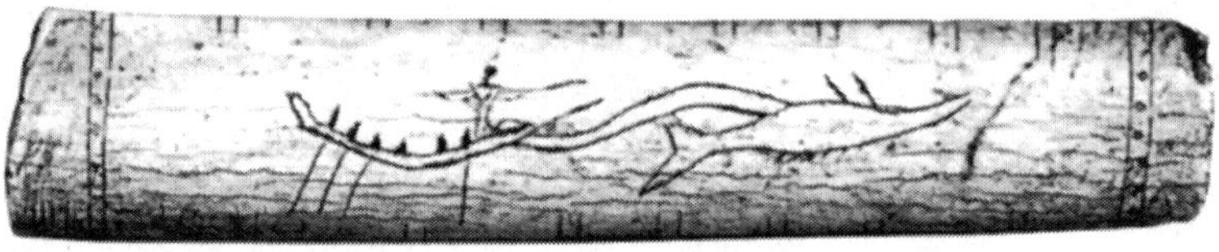

<사진 2> 고래잡이 골제침(骨製針)갑 8세기 오호츠크문화
(北海道根室市弁天島출토)(北構保男제공)

Ⅳ. 야요이 시대(弥生時代)

4.1 본격적인 미식(米食)의 시작

2300~2400년전, 본격적인 벼농사가 북부 규슈(九州)에서 시작되었다. 야요이(弥生) 시대의 시작이다. 이것을 죠몬 시대의 말(末)이라고 하는 사람도 있다.

자포니카(弥生米)는 원립종(圓粒種)의 일본형이다. 장립종(長粒種)도 있다고 이전에 말하였다. 그렇지만 그것은 미숙립(未熟粒)이였고, 원립(圓粒)으로 파악하는 것이 옳다(53). 쌀의 유전학적인 연구가 진행되고 있다.

야요이(弥生) 시대에 쌀을 쪄서 먹었다(强飯 찐밥)고 하는 것은 구설(旧說)이다. 쌀은 밥을 지어서 먹었다(41). 죽이 아니고 밥(姫飯 솥에 지은 여느 밥)이였을 것이다(72). 토기에 의한 취사(炊事)의 연구도 진행 중이다.

쌀의 밥 짓기에 둘러싼 문제3)

오쯔까(大塚) 쌀 밥 짓기 방법인데 야요이(弥生) 시대에는 끓이고, 고분(古墳) 시

3) 熊倉功夫・石毛直道 (편) 1988『외래의 식의 문화』pp.88-89에서 발췌
大塚滋 (武庫川여자대학・식문화론) 島田淳子(오차노미즈 여자대학・조리학) 石毛直道 (국립민족학박물관・문화인류학) 矢野圭司(동경대학・미생물학)

대에는 찌는 것이 많다고 하는 이유는 어떤 이유 때문입니까.

사하라(佐原) 이것은 한반도의 사정과 관계가 있습니다. 일본의 벼는 남부에서 온 것으로 그 당시는 한반도에도 일본에도 아직 시루가 없었습니다. 일찍이는 밑에 구멍이 뚫린 토기를 구멍이 없는 토기에 짜 맞추어서 시루로 사용했다고 생각합니다. 최근에는 유적에서 나온 토기의 종류와 형태를 전부 수를 세게 됨으로써, 그 결과 구멍이 없는 것이 예를 들면 200개 출토되었으면 구멍이 뚫린 것이 두 개 정도로 시루를 일상적으로 사용했다고 생각할 수 없을 만큼 절대량이 적었음을 알고 있습니다. 그리고 구멍이 없는 토기에 쌀알이 타 붙은 것이 그대로 남아 있는 것도 있어서, 야오이(弥生) 시대에는 밥을 지었다는 것이 틀림없다고 생각하고 있습니다. 그런데 4~5세기 되어 한반도에서 시루를 사용하게 되어 일본도 5세기가 되면서 확실하게 찌기 시작했습니다. 하지만 기내(畿内)에서는 시루가 얼마 안 되어 심하게 감소하고, 한 편 동일본에서는 어떤 주거지(住居址)에도 시루가 있는 상태로 변하였습니다. 사토(佐藤敏也)씨는 「고대 쌀 중에서 동일본에서 볼 수 있는 둥근 쌀알(一寸丸っぽい粒)은 같은 일본형(자포니카)에서도 어쩌면 찹쌀일지도 모른다」라고 말합니다. 결론지으면 동일본에서는 늘 찹쌀을 찌고, 서일본에서는 보통은 멥쌀로 짓고, 축제에만 찹쌀을 쪘다고 하면 우스꽝스럽습니까.

오쯔까(大塚) 실제로 찐다고 하는 작업은 참 귀찮은 일입니다. 맵쌀은 찌는 것만으로는 부슬부슬 떨어져 상당히 먹기 힘듭니다.

시마타(島田) 조리학의 입장에서 보면 멥쌀을 먹었다고 하면 역시 찌는 것보다 지었다고 생각합니다. 찹쌀은 흡수량도 많고 조직이 부드러워 찌는 것이 적합합니다.

이시게(石毛) 당시의 동일본에서 어떠했는가는 제쳐 놓고 찹쌀의 상식(常食)은 인도네시아반도의 북부 산악지대에서 운남에 걸쳐 행하고 있습니다. 그리고 나서 시루(찜기)와 멥쌀이 만나서 밥 짓기가 되었습니다. 중국이나 동남아시아의, 일반적으로 부슬한 밥을 좋아하는 지역의 예입니다만 우선 대량의 물로 쌀을 끓이고 나서 찜기에 옮겨 찌는 방법을 하고 있습니다.

우시노(失野) 쌀알에 관련해서 토기에 압흔(壓痕)이 남아 있는 이유는 무엇 때문입니까.

사하라(佐原) 탈곡 작업은 여성의 일입니다. 이것은 동택(銅鐸)의 그림에서 증명됩니다. 토기의 제작도 여자의 일로 아마 작업장이 접근하고 있다고 생각합니다. 압흔(壓痕)도 여러 가지 종류가 있는데 점토 중에 나락(籾)이 들어가 그대로의 형태가 남아있는 것도 있고, 표면에 가까운 열로 날아가서 압흔(壓痕)으로 남아 있을 수도 있고, 나락위에 건조되지 않은 토기를 놓아서 밑바닥에 압흔(壓痕)이

> 된 것도 있습니다. 그렇지만 시기에 따라 지방에 따라서는 전연 이런 것이 나오지 않는 일도 있습니다. 이것은 물론 작업장을 구별하였든지, 정리 좋아하는 사람이 있었는지 모르지만 야요이(弥生) 시대에서는 상당히 빈번히 나옵니다.

다이쇼(大正)・메이지(明治)・에도(江戸)와 전국 각지의 식량을 조사하여 일본인(본토사람들)은 과연 쌀을 주식으로 하였는지 의심하는 사람이[2][55] 있다면, 일본인은 「미식민족(米食民族)」이라기보다는 「미식비원민족(米食悲願民族)」이었다고 생각하는 사람도 있다[76]. 이시게(石毛直道) 씨는 아시아 각 지역의 미식민족(米食民族)과 비교하여 역시 일본인은 미식민족(米食民族)이라고 한다[9]. 나 자신은 먹을 수 있는 형편이라면 매일이라도 먹고 싶다. 먹는 사람들이라는 의미에서 육식민족(肉食民族)・미식민족(米食民族)을 사용하고, 서양이나 중국 사람들을 육식민족(肉食民族)이라하고, 야오이인(弥生人) 이래, 본토의 대부분 사람들은 미식민족(米食民族)이었다고 생각한다.

야요이(弥生) 시대의 벼의 생산고는 적게 견적(見積)하는 사람이 많았다. 하지만 장야현교원(長野縣橋原) 유적에서는 종혈(縱穴) 주거의 밑바닥(底面)에 쌀이나 잡곡이 남아 있고, 그 제59호 주거(住居) 흔적에서는 약 쌀 35만 톨, 조・피 2100 톨이 있었다. 산(山) 오지(奥地)의 야요이(弥生) 촌에는 쌀이 많이 있었다는 실례이다[67].

야요이(弥生) 유적에서 출토한 식물유존체(植物遺存体)를 집계하면 도토리 출토 유적(出土遺跡)의 수 쪽이 쌀 출토 유적(出土遺跡)의 수를 상회하였다[62][63].

야오이인(弥生人)이 쌀보다 도토리를 많이 먹지 않았을까 하는 인상을 주고 있다. 그러나 쌀을 먹을 수 있게 되고 나서 구황용 도토리는 먹지 않고 저장혈(貯藏穴) 속에 남아있게 된 것인지도 모른다. 한편 쌀알과 도토리와는 크기가 다르니까 찾아내기에는 도토리가 유리하고 쌀은 불리한 조건이다. 숫자(數字)에서는 아무것도 말할 수 없다. 아니오 뭐라도 말할 수 있다. 야요이(弥生) 시대의 조・피・기장도 지금 실제보다 과소 평가하고 있는 것이 틀림없다.

나는 많은 연구자와는 달리 야요이(弥生) 시대의 쌀 생산량은 결코 적지 않았다고 상상하고 있다. 고분시대(古墳時代) 이후의 유적에서 도토리 등의 견과의 저장혈이 보이지 않는 것은 지상의 건물 속에 비축한 결과라고 본다.

세계 각지에서 농업 개시부터 대왕묘(大王墓)의 출현까지는 몇천 년이 걸렸는데 대해 일본에서는 6~800년이라는 단기간에서 대왕묘(大王墓)가 출현하였다. 아무리 중국・한반도의 글씨본이 옆에 있다고 해도 야요이미(弥生米)가 적으면 「고대화」의 신속함을 설명할 수 없는 것이 아닌가. 그러나 여기에는 비판이 있다.

조・피・기장에 대해서는 최근 주사(走査)현미경으로 가능하게 되었다[25]. 피(稷)는 일본에서 재배가 시작했다는 설이 제시되고 있다[51].

도작(稻作) 이전의 농경4)

이시게(石毛) 츠보이(坪井洋文) 선생은 도작이전 소전(燒畑)에서 잡곡이나 감자류의 재배가 있었던 것은 아닌가 상정(想定)하고 있습니다만 이것에 관련해서 우화가 있습니다. 혹시 도작 이전에 외래의 재배식물이 이입(移入)되어 농경이 죠몬시대의 언제부터인가 시작되였다고 한다면, 수렵・채집에서 농경사회로 변화한 것은 고고학적 유적이나 유물에도 반영하는 강렬한 사회 변화가 생겼을 것으로 상상합니다. 이러한 가능성을 나타내는 증거가 고고학적으로 발견되고 있습니까.

사하라(佐原) 아주 중요한 질문입니다만, 나로서는 죠몬 시대의 그러한 변혁이 인정되지 않았다고 생각합니다.

일본에서 쌀이 줄곳 주식(主食)이었는지는 많은 사람이 의문을 가지고 있으며, 민속학의 세가와(瀨川淸子)씨와 작물학의 이치부(都部忠世) 씨도 그렇습니다. 그렇지만 나는 야오이(弥生) 시대의 쌀은 역시 주식이었다고 말하는 것은 2300년 전에 도래해서 100~300년 정도 지났고, 청동기의 주조(鑄造) 등에 뒤따르는 전문기술자가 등장하여 500~600년에 계급이 성립되고, 700~800년에 피라미드의 5배나 되는 대고분을 만드는 한국에도 출병하였다. 도작이 시작한지 800년 정도에 이와 같이 사회가 변하여 국가가 성립하기에 이르렀다. 이것은 아마 쌀의 잉여가 모든 것의 원동력으로 작용 한 것임을 나타내고 있습니다. 이와 같은 큰 변화는 죠몬 시대 중에는 나타나지 않았다. 물론 죠몬의 토기도 오랜 시대부터 점점 변해 왔습니다만 큰 사회 변동이나 식생활의 변화를 나타내는 것은 보이지 않았습니다. 결국 죠몬 시대는 어디까지나 채집이 기본으로 농경적인 것이 있다고 해도 보조적인 정도였다고 생각합니다.

---

4) 田村眞八郎・石毛直道 (編) 1984『日本の 風土食』pp.77-78에서 발췌 石毛直道(國立民族學博物館・文化人類學)

야요이(弥生) 사람도 사냥을 하고, 생선을 잡고 조개를 캤다. 새롭게 문어항아리로 문어잡이가 시작된 것이 주의를 끌었다. 또 토기 제염(製鹽)이 본격화하였다[59]. 조리·보존에 소금을 사용하게 된 것, 우물 있는 집(井戸)이 도래, 출현하여 음료수를 확보하기 시작한 것도 모두 중요하다.

4.2 식용 가축(食用家畜)의 결여(缺如)

서아시아·유럽·아프리카·인도·중국·한반도 북부에서는 곡물 재배 전후해서 소·돼지·양·염소 등의 〈식용 (肉用, 乳用) 가축〉 을 사육하기 시작하였다. 유럽에서는 가을 마지막 풀이 없어 질 무렵, 겨울을 넘기지 않는 가축을 다수 도살하여 보존식료(食料)로 한 것, 거세하여 다수의 가축을 유지 관리한 것이 신석기 시대 이후였음이 골학적(骨學的)으로 증명되었다(44ィ).

4.3 돼지·닭·개

야요이(弥生) 시대는 식용 가축이 도래하는 기회였다. 돼지가 도래하고[34], 닭을 키우기 시작했다.

문헌상으로는 나라(奈良) 시대로 되면서 돼지는 일단 사라졌다[43]. 그러나 고고자료(考古資料)에서는 그 이후에도 돼지는 있다고 (西本豊弘) 말한다. 다만 농민들의 대다수가 돼지를 키우지는 않았다.

닭은 오랫동안 신성(神聖)시되어 시간을 알리는 새였다. 천무 천왕(天武天皇)이 먹어서는 안 된다고 수를 세어 올리는 새와 짐승(天武紀 4년4월)에는 닭도 들어 있다. 그러나 닭도 알도 보통 먹을 수 있는 것에는 절대로 없었다(47ィ·ロ). 나라(奈良) 시대 이래의 문헌에는 각종의 들새를 본다. 하지만 닭은 귀하다. 에도(江戶) 시대에 들어서 함부로 마구 잡아 들새가 감소하여 닭이 식용으로써 일반화된[24] 것이다.

죠몬인은 개를 묘에 장사(葬)지냈다. 그러나 야요이(弥生) 시대 이래, 본토에서는 개를 먹기 시작했다. 장기현일지원(長崎縣壹岐原)의 네거리에는 50마리분의 개 뼈가 흩어진 상태로 발각되고, 해체 흔적을 남기고 있다.

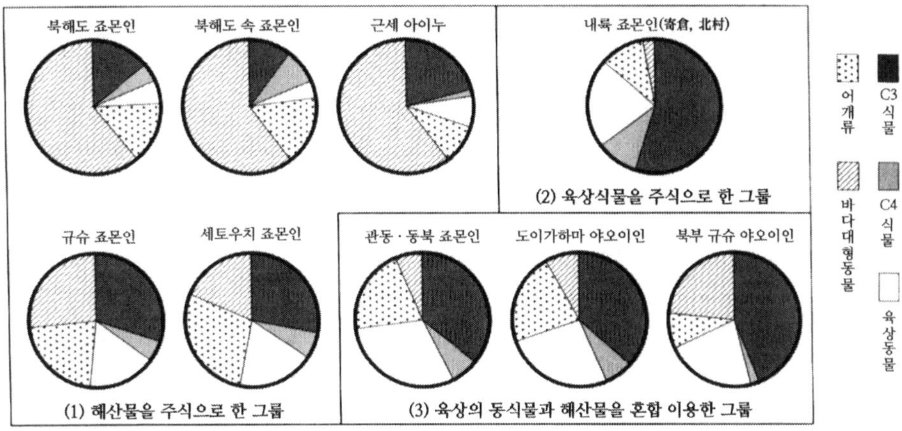

<그림 1> 각지의 유적집단이 복원된 선사인의 식물(食物) 이용 구성
(단백질 섭취율로 표시)[문헌(29)]

4.4 술(酒)의 등장

꾸지나무 · 부들 등의 종자의 압흔(壓痕)을 토기에서 발견하여 술의 존재를 상상하고, 토병 · 주전자형의 토기를 주기(酒器)로 보는 사람도 있다. 이에 대해서 동아시아에 과실주의 전통이 없다고 한 시노다(篠田統) 씨의 주장을 수용하여, 술은 쌀로 만들고 야요이(弥生) 시대부터라고 말하는 의견도 있다[(9)(74)]. 최근에는 넓은 잎딱총나무의 열매를 짠 상황의 실례에 주목해서 조주(造酒)를 실증하기 위해 곰팡이(黴)를 추구하는 연구를 츠지(辻成一郎)씨 등이 진행하고 있다[(10)].

4.5 식기(食器)의 출현

현재, 우리는 몇 명이서 함께 식사를 할 때 찌개나 샐러드를 담은 큰 주발, 큰 접시 등을 공용하고, 밥공기(飯茶碗) · 소접시 · 젓가락 · 찻잔(湯呑茶碗) · 컵 등을 제각기 사용하고 있다. 이것을 「공용기(共用器)」 · 「개인기(銘銘器)」라고 부른다.

일상의 공용기는 죠몬 토기로 거슬러 올라간다. 하지만 개인기는 서일본에서는 말기에 가까운 야요이(弥生) 토기부터, 동일본에서는 고분 시대부터인 것 같다. 외부로부터의 영향인지 독자의 발전인지?

V. 고분시대(古墳 時代)

5.1 왕자(王者) 사냥하는 헌트

1700년전 경, 유력자(有力者)가 출현하여 죽으면 사람이 흙을 높게 쌓아 올려서 만든 무덤(墓丘), 즉 고분에 장사를 지내게 된다. 유력자(有力者)는 사냥을 스포츠로서 애호한다. 이 바람(風)은 기기(記紀)에도 보인다. 하지만 세계 고대 왕의 실례와 비교하면 사냥놀이 정도다[39]. 6세기 매(鷹) 사냥의 시작은 매구(鷹丘)의 식륜(埴輪 사진 3)에서, 제사(鵜飼)의 시작은 수혜기(須恵器)의 장식[68]에서 알 수 있다.

<사진 3> 식륜(埴輪)* 매(鷹)사냥하는 남자상(重文)
군마현(群馬縣) 출토 고분시대)(大和文華館제공)
* 옛날 고분 주위에 세워둔 흙으로 만든 인형

5세기, 기마(騎馬) 풍습이 가져온 유력자(有力者)들은 말에 타기 시작하였다. 6세기에는 소가 들어 온 것이 군마현흑정봉(群馬縣黑井峯)의 가축 작은집 흔적(小屋跡)의 지방산 분석에서 판명하고 있다. 그러나 소를 식용으로 사육하는 것은 아니었다.

또 메이지(明治) 이래 죠몬(繩文)・야오이(弥生) 유적에서 발견되었던 소・말의 뼈(骨)에는 후세에 새로운 것이 있음이 불소・우라늄 분석에서 판명 중이다[26]. 위지왜인전(魏志倭人傳)은 「牛馬無し」라고 쓰여 있다. 사람과 소・말과의 관계는 5, 6세기부터라고 보아도 지나침이 없다[40].

5.2 부뚜막과 찜기(蒸器)의 등장

5세기에 서일본에서 종혈(縱穴) 주거의 벽에 부뚜막을 만들어 붙이는 것이 시작되었다. 6, 7세기의 동일본에서는 특히 어른 키만(頑丈)한 부뚜막을 만들어 붙인 종혈(縱穴) 주거가 잘 보인다. 토기로서의 부뚜막, 즉 운반 가능의 부뚜막도 5세기에 출현하였다.

확실한 시루(甑)의 출현은 5세기, 서일본에서 수혜기(須惠器)의 그릇 종류였다. 하지만 그 후 보통의 냄비[고고학에서 독(옹(甕)이라고 부르는 器種 포함)]가 절대 다수를 차지한다. 불에 얹어 놓은 흔적도 뚜렷하다. 이에 대해서 동일본에서는 일상 쌀을 쪄서 먹고, 서일본에서는 일상에는 짓고 잔치에는 찐 가능성도 있다[41].

VI. 아스카(飛鳥)·나라(奈良)·헤이안(平安) 시대

6.1 외래의 식문화

7세기에 처음으로 장립종(長粒種)의 인도형(인디카) 쌀이 등장한다. 좌하현(佐賀縣) 기이성(基肄城) 등 서일본뿐만 아니고 천엽현일수서(千葉縣日秀西) 등 동일본에도 있으며[53], 가마구라(鎌倉) 시대의 대당미(大唐米)의 유입에 앞섰다. 동일본에서는 찐 밥이 헤이안(平安) 시대 후반까지 계속하였다고 한다[49].

등원궁(藤原宮)에는 젓가락이 보이지 않고, 평성궁(平城宮)에는 젓가락이 보인다. 평성경(平城京)에는 젓가락이 많지 않고, 평안경(平安京)에는 젓가락이 많다. 젓가락의 「일본화」 과정을 본다[47]. 정창원(正倉院) 보물에는 젓가락 외에 중국·한국 풍의 수저가 있고 핀셋형의 협자(挾子)가 있다[56]. 함께 보급되지 않고 끝났다.

전해져 한참 유행하다가 얼마 안 되어 없어진 식품으로 유제품과 참기름이 있다. 본래 우유를 마시는 습관이 없는 중국 한민족도 세계 제국 당(唐) 시대에는 서쪽이나 북쪽으로부터의 풍습을 도입하여 우유를 채용하였다. 이것이 일본에 도래하고, 나라(奈良)·헤이안(平安)의 천황가가 「차조기(蘇)[64]」를 즐기고, 귀족들은 기름을 섭취하게 되었다. 그러나 얼마 되지 않아 우유 제품도 기름도 잊어버렸다. 식용 가축이 없는 나라에 초래되었던 차물(借物) 문화의 숙명일 것이다.

또 대륙계의 새로운 기술을 빌려서 나라(奈良) 시대에는 어름의 저장·이용이 시작되었다[47].

6.2 전통과 고유의 식문화

나라평성궁(奈良平城宮)에는 '자신의 그릇(器)이니까 사용한다' 라고 묵서(墨書)한 토기가 있다. 개인기(銘銘器) 중 특정의 사람만이 사용하는 것(屬人器)의 출현은 전국(戰國) 말~에도(江戶) 초기부터이지만 그 정신의 유래를 여기에서 본다[38].

나라(奈良) 시대의 나무접시(木皿), 곡물[(曲物 노송나무・삼목 등의 얇은 판자를 구부려 만든 기물(器物)]의 뚜껑・밑받침(底板)에는 칼날로 찔린 상처가 표면(一面)에 남아 있는 것이 많다[19]. 도마 그것은 병고현길전남(兵庫縣吉田南), 정강현이장(靜岡縣伊場)에 실례가 있다[19][48].

나라(奈良) 시대에는 속이 깊은(長手) 냄비[고고학에서는 옹(甕)이라 부름]도 있다. 나가타(永田信一) 씨의 교시(敎示)에 의하면 평안경(平安京)에서는 9세기 말에서 12세기 초까지 이 깊은 냄비어구 아래에 칼날(악 鍔)을 회전시켜 놓은 것이 출현한다. 그렇게 하여 11세기 말에서 12세기 초에 전이 달린 솥(우부 羽釜)이 등장한다. 이것이야말로 우리들이 아는 쇠솥에까지 연이어 있는 솥의 원형이다[41].

6.3 본토 일본(日本)의 식(食)

구석기시대 이래 일본 열도의 사람들은 동물의 고기를 먹어 왔다. 불교가 금지했다고 말한다. 중세에도 상당히 먹었다. 하지만 빈도가 적고, 손님이나 잔치 등에 즈음하여 이따금 먹는 것에 지나지 않는다. 그러니까 산간(山間) 사람들을 제외하고 본토 사람들은 대다수 나이가 들면 맛이 담백해진다. 이것은 나이가 들어도 매일 고기를 좋아하는 「육식 민족」과 크게 다른 특징이다.

본토 일본식을 특징짓는 「식물형식체계(植物型食体系」는 죠몬(繩紋) 시대에 출발하여, 식용 가축을 조금만 하게 한 것으로 확립되었다. 내장식(內臟食)・혈식(血食) 등 세계에 두루 미친(通有) 식(食)이 본토에서는 보급되지 않고 끝낸 채 현재에 허우적거리고 있다.

「육식 민족」의 식(食)에서는 선도가 떨어진 고기를 속이기 위해서 후추를 대표로하는 향신료가 중요하며, 또 장시간 끓여서 재료의 맛을 변화시켜 버리는 것이 조리의 진수(眞髓)이다.

본토의 일본식에서는 주어진 재료가 가진 맛을 어떻게 살릴 것인가가 중요하여 생(生)으로 혹은 살짝 데쳐서 먹는 것을 좋아하고 있다[44]. 노른자・흰자를 함께 먹는 생계란(生卵)도 일본 고유의 먹는 방법으로 개발된 것이다.

몇천 년에 걸려서 도달한 이 본토의 일본식 형태는 그렇게 단기간에 변하지 않을 것이다. 재료의 맛을 살려서 조리하고, 조미료와 맛있는 조미료 약간으로 좋아하는 맛으로 완성한다고 하는 식(食)은 장래 적어도 몇백 년은 계속될 것이다.

식물(食物)의 가치관을 순력(巡歷)하다[5]

고노스(鴻巣) 사하라(佐原) 씨도 일본의 식(食)형태에 대해서 긴 안목에서 보면 변하지 않았다는 의견이지만 현재의 식생활은 전전(戰前)에 비교해서 많이 변하여 왔습니다. 이 현상이 앞으로도 계속하는 것입니까, 어쩌면 전전형(戰前型)으로 되돌아가는 것입니까.

사하라(佐原) 확실하게 우리들의 식사는 전후(戰後)에 크게 변하였습니다. 10년 전 즈음에는 1인 1일 고기의 소비량이 20g 였던 것이 현재는 50g 정도 됐다는 것이지요.

그래서 어리(魚離), 미리(米離)가 진행하고 있다고 말하고 있습니다. 그러나 일본인은 기본적으로는 담백한 맛을 좋아하지만, 때로는 진한 맛의 고기요리를 먹는다는 것이 일반적입니다. 그렇게 간단하게 식생활이 구미형(歐米型)으로 되었다고 생각하지 않습니다. 예를 들면 유럽에서 재해가 일어나면 빵과 동시에 고기와 기름의 확보가 문제가 됩니다. 폴란드에서도 정청불온(政淸不穩)의 슬로건 하나는 「고기를 준다」이지요. 일본에서는 일단 유사시 밥을 지어서 주먹밥을 만든다. 이런 모습은 당분간 변하지 않는다고 생각합니다.

요시무라(吉村) 이시게(石毛) 씨는 먹거리는 풍토에서 빠져나갈 수 없는 것이라고 말하고 있습니다만 그 점 사하라(佐原) 씨는 어떻게 생각하십니까.

사하라(佐原) 나도 축산민(畜産民)과 비축산민(非畜産民)과는 근본적으로 다르기 때문에 간단하게 세계 공통의 식생활 시대가 온다고 생각하지 않습니다. 일본 중에서 오키나와(沖繩)만은 옛날 축산 민족으로서 한국이나 유럽과 공통된 식습관을 가지고 있습니다. 축산민은 고기의 내장이랑 혈액(血液)을 먹고, 통구이도 태연합니다만, 우리들은 이러한 것에 불결(不潔)한 느낌을 가지고 있습니다. 한편 생선 머리나 내장, 알은 오히려 진중(珍重)하고, 도미 머리를 소금으로 간한 맑은 국이라든지 도미회(산 생선의 머리 · 뼈 · 꼬리는 두고 살만 회로 쳐서 다시 본디 대로 꾸며 내놓는 요리), 아귀의 간 등은 맛있는 요리(馳走)입니다. 나는 「도살

5) 田村眞八郎 · 石毛直道 (編) 1984『日本の 風土食』pp.69-70에서 발췌
鴻巣章二(東京大學 · 水産學部) 吉村典夫(東京農業大學 · 博物館學)

(屠殺)은 탈곡(脫穀)」이라는 말을 발명한 것입니다만 그들에 있어서 소·돼지·양의 도살은 우리들의 탈곡·정미(精米)에 해당합니다. 이러한 차이는 1000~2000년쯤에도 간단하게 변하지 않는다고 생각합니다.

Ⅶ. 북(北)과 남(南) 그리고 산간(山間) 사람

7.1 홋카이도(北海道)와 오키나와(沖繩)

죠몬(繩紋) 시대에 본토와 같이 죠몬 문화에 속하여 있던 홋카이도·오키나와에서는 본토가 야요이(弥生) 시대에 들어 도작미식(稻作米食)이 생활의 기초로 전해졌어도 오랫동안 식료 채집(食料採集)을 기반으로 하는 생활은 계속되었다.

홋카이도에서는 찰문(擦紋) 시대에 농산물도 알려졌고, 농경이 생활 속에서 비중을 차지하기 시작했을 것이다[70]. 찰문(擦紋) 문화를 받아 계속 근세 아이누 사람들도 사냥(狩)과 생선잡이에 보태어 조·피 등을 재배하고 있음을 알 수 있다. 하지만 본토 사람들과 비교해서 아이누 사람들은 육식을 애호한다.

또 찰문(擦紋) 시대에는 홋카이도의 오호츠크해(海) 연안이나 례문(礼文)·리고도(利尻島) 등에는 북아시아계의 어로민(漁撈民 靺鞨이라고도 함)이 건너와 와서 오호츠크해 문화를 형성했다.

그들은 고래 등의 바다짐승이나 생선을 잡고, 사슴·곰을 사냥하는 한편 돼지랑 개를 키워서 이것을 먹었다.

오키나와(沖繩)에서 도작(稻作)이 시작한 것은 10세기 이후인 것 같다. 돼지는 14~15세기경에 중국에서 들어왔다. 그리고 메이지(明治) 시대에 농가에는 꼭 돼지 한 마리는 있었다.

오키나와(沖繩) 사람들은 육식에 대한 기호가 강하고, 나이가 들어도 담백한 음식을 좋아하는 사람이 적은 점에서 본토 사람들의 음식 기호와 다소 다르다. 구운 생선이나 볕에 말린 것을 먹는 습관은 없고 부엌 도구로서 구이생선용의 망도 가지고 있지 않았다는 것, 본토풍의 떡은 없고 시도기떡(신전에 바치는 쌀가루를 반죽하여 달걀 모양으로 빚은 떡)을 먹는 것, 내장・피(血)를 먹는 것, 각자의 젓가락・찻잔등의 「속인기(屬人器)」가 일반적이지 아니 한 것, 젓가락 받침을 사용하지 않는 것 등등 중국의 식습관이 결합되어 있다.

7.2 산간(山間) 사람

일본 본토 각지의 마타기(マタギ, 지방의 산간에 사는 사냥꾼)라고 부르는 사람들을 포함하여 산간(山間) 사람, 수렵인들의 식습관은 평지의 촌이나 마을 사람들의 그것과는 크게 다르다. 획득물의 피(血)를 마시고 내장도 먹는다. 식습관뿐만 아니고 내장점(內臟占)을 치기도 하고, 획득물의 머리를 신(神)에게 바친다.

<사진 4> 고기가 엽사(獵師)의 상식(常食)이었다.
큰 도마 위에서 멧돼지나 사슴의 고기를 잘게 썰고 있다. 옆에서 어린아이가 꼬챙이에 꿴 고기를 볼이 미어지게 입에 넣고 있다. 뜰의 저쪽 끝에는 고기를 말리고 있는 것이 보인다. [『粉河寺緣起』에서] (粉河寺藏)

【문헌】

(1) 安達厚三 1983「石皿」『縄文文化の研究』第7卷 雄山閣出版 pp.129-139
(2) 綱野善彦 1985「中世民衆生活の様相」『千葉史學』第7号: 129-149
(3) 千葉德爾 1971『續狩獵傳承の研究』風間書房
(4) 千葉德爾 1975『狩獵傳承』(ものと人間の文化史14) 法政大學出版局
(5) 千葉德爾・加藤晋平・佐原眞 1985「日本狩獵の生態をさぐる」『歷史公論』第2卷 第5号(通卷114号): 10-39
(6) 原田信男 1983『歷史なかの米と肉-食物と天皇・差別』(平凡社選書147) 平凡社
(7) 比田井克人 1988「南關東五世紀土器考『史館』第20号：52-75
(8) 石毛直道 1986「食卓風景の變遷」佐原眞(編)『豊饒の大地』(日本古代史 第5卷) 集英社 pp. 49-82
(9) 石毛直道 1986「米食の民族比較からみた日本人の食生活」中發正美(編著)『生活學の方法』ドメズ pp.10-26
(10) 石毛直道・奥村彪生・熊倉功夫・佐原眞 1997「座談會『食』の日本史〈主食篇〉『現代』第31卷 第11号：178-197 講談社
(11) 石毛直道・奥村彪生・熊倉功夫・佐原眞 1997「座談會『食』の日本史〈甘辛篇〉『現代』第31卷 第12号：212-230 講談社
(12) 加部二生 1996「武井遺跡『群馬發掘最前線』郡馬縣教育委員會 p.7
(13) 金山喜昭 1988「礫群の機能と用度」『古代文化』第40卷 第8号：141-152
(14) 金子浩昌 1988「狩獵『弥生文化の研究』第2卷 雄山閣出版 pp.141-152
(15) 加藤晋平 1981「旧石器人の鳥類捕獲『どるめん』第29号：11-26
(16) 加藤晋平 1981「旧石器時代の漁撈活動-先土 1982器時代の經濟活動を考える上で『信濃』第33卷 第4号：273-284
(17) 小宮孟 1983「魚類『縄文文化の研究』第2卷 雄山閣出版 pp.194-210
(18) 小山修三・五島淑子 1985「日本人の主食の歷史」石毛直道(編)『論集東アジアの食事文化』平凡社
(19) 町田章 1985『木器集成圖錄』一 近畿古代編解說 奈良國立文化財研究所
(20) 前田和美 1987『マメと人間-その一万年の歷史(作物・食物・文化選書9) 古今書院
(21) 松井章 1985「動物遺存体から何がわかるか『全面改正新しい研究方法は

考古學になにをもたらしか』クバプロ pp.144-191
(22) 松井章 1985「『サケ・マス論』の評價と展望」『考古學研究』第31卷 第4号：39-67
(23) 松井章 1986「ヒヨウタンからコマ-ヒヨウタン栽培植物説をめぐつて」『考古學研究』第33卷 第10号：70-80
(24) 松下幸子 1982『江戶料理讀本』柴田書店
(25) 松谷曉子 1988「電子顯微鏡でみる繩文時代栽培植物」佐佐木高明・松山利夫(編)『畑作文化の誕生』日本放送出版協會 pp.91-117
(26) 松浦秀治 1983「堆積層における骨遺殘の共時性を調べる-骨の年代決定・時代判別法」『考古學ジャ-ナル』第23：20-24
(27) 南川雅男 1995「炭素・窒素同位体に基つく古代人の食生態の復元」『全面改正新しい研究方法は考古學になにをもたらしか』クバプ pp.168-177
(28) 南川雅男 1995「骨から食物を讀む」第9回「大學と科學」公開シンポジウム組織委員會(編)『古代に挑戰する自然科學』クバプロ pp.156-170
(29) 南川雅男 1997「古代の食生活を科學する-骨の同位体分析からわかること」『Ajico News』No.186 :14
(30) 中村愼一 1991「江南の稻作文化-その起源と進化」『日中文化研究』二：6-160 日中文化研究會
(31) 中村愼一 1995「世界の中の弥生文化」『文明學原論-江上波夫先生米壽記念論集』山川出版社 pp.381-400
(32) 中野益男 1995「殘留脂肪酸による古代復元」『全面改正 新しい研究方法は考古學になにをもたらしか』クバプロ pp.148-177
(33) 那須孝悌・飯田洋 1975「青森縣石龜遺跡(繩文晩期)の花粉分析」『青森縣田子町石龜遺跡第二・三次發掘調査概報』平安博物館 pp.6-10
(34) 西本豊弘 1993「弥生時代のブタの形態について」『國立歷史民俗博物館研究報告』第50集：126-128
(35) 佐原眞 1975「海の幸と山の幸」『日本生活文化史』第1卷 河出書房新社
(36) 佐原眞 1975「農業開始と階級社會の形成」『岩波講座 日本歷史』第1卷 pp.113-182
(37) 佐原眞 1978『圖說 日本文化の歷史』第1卷 小學館 pp.328-329
(38) 佐原眞 1983「食器における共用器・屬人器・銘銘器」『文化財論叢 奈良國立文化財研究所二十周年記念論文集』同明舍 pp.1143-1162

(39) 佐原眞 1985「王者狩るべし『歴史公論』第114卷 第5号：126

(40) 佐原眞 1985「古代の食生活『食生活研究』第6卷 第5号：26-37

(41) 佐原眞 1987「煮るか蒸すか『飲食史林』第7号：1-20 飲食史林刊行會 (1996『食の考古學』pp.82-103 載錄)

(42) 佐原眞 1987『日本人の誕生』(大系日本の歴史 第一卷) 小學館 〈ィ〉164〈ロ〉328-329 (1992 小學館ライブラリ-1001)

(43) 佐原眞 1993「ニワトリとブタ」佐佐木高明(編)『農耕の技術と文化』集英社 pp.352-360 (1996『食の考古學』pp.18-35 載錄)

(44) 佐原眞 1993『騎馬民族は來なつた』(NHKブツクス658) 日本放送出版協會 〈ィ〉128

(45) 佐原眞 1995「日本文化を論じるために『文明學原論-江上波夫先生米壽記念論集』山川出版社 pp.425-434

(46) 佐原眞 1995「米と日本人『國立歴史民俗博物館研究報告』第六十集：107-131

(47) 佐原眞 1996『食の考古學』東京大學出版會〈ィ〉31 〈ロ〉329 〈ハ〉68

(48) 齊藤忠・平野吾郎 1992「歴史時代の重要遺物」『静岡縣史』資料編三 考古三 p.961, p.973

(49) 坂井秀弥 1988「古代のごはんは蒸した『飯』でした」『新潟考古學談話會會報』第2号

(50) 阪本寧男 1985「コムギの起源と傳播の考古學」『遺傳』第39卷第1号：71-79

(51) 阪本寧男 1988「雜穀の來た道- ユ-ラシア民族博物誌から」日本放送出版協會

(52) 佐佐木高明 1991『日本史誕生』日本の歴史 第1卷 集英社

(53) 佐藤敏也 1988「弥生のイネ」『弥生文化の研究』第二卷 雄山閣出版 p.97-111

(54) 佐藤洋一郎 1992「稲の來た道」裳華房

(55) 瀬川青子 1968『食生活の歴史』講談社

(56) 關根眞隆 1969『奈良朝食生活の研究』吉川弘文館

(57) 新東晃一 1997「縄文時代早期の爐穴の復元」『南九州縄文通信』第50卷 第1号：33-60

(58) 新東晃一 1997「火山灰に消えた早咲の縄文」第十一會「大學と科學」公

開シンポジウム組織委員會(編)『縄文と弥生』クバプロ pp.40-50
(59) 白石太一郎 1988「製鹽『弥生文化の研究』第10卷 雄山閣出版 pp.214-222
(60) 鈴木公雄 1985「縄文人の食べ物」埴原和郎(編)」『縄文人の知恵』(創造選書七四) 小學館 pp.123-156
(61) 寺門義範 1983「製鹽『縄文文化の研究』第二卷 雄山閣出版 pp.239-281
(62) 寺澤薫 1986「稻作技術と弥生の農業」森浩一(編)『日本の古代4-縄文・弥生の生活』中央公論社
(63) 寺澤薫・寺澤和子 1981「弥生時代植物質食料の基礎研究」『考古學論功』(壇原考古學研究所紀要第五冊) : 1-141
(64) 東野治之・池山紀之 1981「日本古代の蘇と酪」『奈良大學紀要』第10号 (東野治之 1996『長屋王家木簡の研究』塙書房に載錄)
(65) 都出比呂志 1984「個人別食器の成立」『日本農耕社會の成立過程』岩波書店
(66) 辻靜雄 1979『フランス料理の學び方』三洋貿易出版
(67) 氏原暉男・川合撤 1981「橋原遺跡における植物遺体からみた古代の農耕について」『橋原遺跡-中部山岳地の弥生時代後期集落址』長野縣岡谷市敎育委員會 pp.332-346
(68) 梅原末治 1964「鵜飼を表わした子待台付須恵器弥」『考古學雜誌』第50卷 第1号 : 口繪 74-75
(69) 宇野隆夫 1982「井戸」『弥生文化の研究』第七卷 雄山閣出版 pp.25-37
(70) 山田悟郎 1998「日本列島北端で展開された雜穀農耕の實態」『北海道開拓記念館研究紀要の研究』第260号 : 1-22
(71) 山口敏 1982「古病理學・古人口學『縄文文化の研究』第一卷 雄山閣出版 pp.77-88
(72) 柳頼昭彦 1988「米の調理法と食べ方『弥生文化の研究』第二卷 雄山閣出版 pp.84-95
(73) 安田喜憲 1980『環境考古學事始-日本列島一萬年』(NHKブツクス365)日本放送出版協會
(74) 吉田集而 1993『東方アジアの酒の起源』ドメス出版
(75) 和田晴吾 1988「漁撈『弥生文化の研究』第2卷 雄山閣出版 pp.153-161
(76) 渡部忠世 1974「シンポジウム 原始・古代の農耕をめぐつて 」中での發言『古代學研究』第74号 : 21

(77) 渡部忠世 1985「アジアの古代稻作と日本」『登呂遺跡と弥生文化-いま問直す倭人の社會』小學館 pp.91-110

(78) 渡辺成 1983『繩文時代の知恵』(考古學シリーズ四) 東京美術

제2장 일본인의 주식

미야모토 츠네이치(宮本常一)

Ⅰ. 하루 묵으며 한 끼 밥(一宿一飯), 천 채의 집(一千軒)6)

일본인의 주식이라 하면 우리들은 바로 쌀을 생각하지만, 쌀이 주식으로 되었던 것은 정말로 대단히 새로운 일이며, 원래는 잡식을 하고 있었습니다. 그래서 그 잡식을 하였던 체험으로부터 이야기를 해보려고 합니다.

저는 1932~33년경부터 여행을 하게 되었습니다만, 특별히 많은 여행을 하게 되었던 것은 1939년경부터입니다. 그래서 1945년경까지는 자신의 집에 있는 일수보다는 여행을 하고 있는 시간이 길었던 것입니다. 그것도 여러분처럼 돈을 많이 가지고 있던 것은 아니기 때문에 여관에서 묵는 일은 거의 없었던 것입니다. 대부분 민가에 부탁해서 잠을 잤습니다. 게다가 제 옷차림이란 구깃구깃한 점퍼를 입고, 각반을 감고, 배낭을 등에 메고 있는 것이기 때문에 가장 착각되었던 것은 토야마(富山)의 약국입니다. 「안녕하세요.」라고 말하면 「아, 일 없어요.」라는 대답을 자주 들었습니다. 배낭 옆에 양산을 항상 매달고 있었기 때문에 더욱더 잘못 보였던 것이 저의 여행이었던 것입니다.

---

6) 1980년 12월 10일 『식의 문화』경연회에서
이시게 나오미치(石毛直道) (편) 『식 문화 심포지엄 '81 동아시아의 식 문화』 수재(收載)의 것을 재 수록했다. 또 지명의 표기 등도 포함시키고 원문 그대로 했다.
이번 회의 수록에 해당하고, 미야모토 츠네이치(宮本常一) 씨의 문하생, 마시마 슌이치(眞島俊一) 씨에게서 중요한 사진을 제공받고 합쳐서 설명문도 집필했다.

지금 뒤돌아보면 그 같이 해서 농민의 집에 재워 줌을 받았던 수가 대강 천 집(千軒)에 이르고 있습니다. 천 집이란 것은 대략 삼 년에 해당하는 일수입니다. 타인의 집에서 식사를 대접받았다라고 하는 것이 천 회라고 하는 것입니다. 그런데 쌀밥을 내왔던 곳은 거의 인상에 남아 있지 않는 것입니다. 사실 쌀밥을 내왔던 쪽이 많지만 쌀밥 이외를 내왔던 쪽이 인상에 남아 있는 것입니다. 맛이 없었기 때문에 인상에 남았던 것은 아닙니다. 마음이 담겨 있었기 때문에 인상에 남았던 것입니다.

이것은 어떤 말을 하는 것일까요? 체험을 이야기하는 것이 제일 쉽게 이해되겠지요. 1935~1955년까지 일본인들이 특히 벽지, 산 안에 있다든지, 섬에 있다든지, 혹은 해안가에 있다든지, 갑(岬)에 있다든지, 그러한 곳에서 생활을 하고 있던 사람들이 먹고 있던 것에 대해서 생각해보면, 예를 들면 남쪽으로부터 순차적으로 말씀드리면, 상당히 남쪽인 아마미오오섬(奄美大島) 근처에 가면 어디에 가도 소주(燒酎)만 마실 수 있어서 그것이 대단히 기억에 남아 있습니다. 소주(燒酎)를 마실 때에 술안주로 나오는 것이 된장돼지고기(味噌ブタ)입니다. 이것은 두껍게 자른 돼지고기를 된장(味噌) 안에 절여 둔 것입니다. 그것이 접시에 한 장이나 두 장 나옵니다. 이것으로 소주(燒酎)를 마시면 그것만으로 배속이 빵빵해집니다.

저는 지금은 거의 술을 마시지 않지만, 어느 기간 소주를 한 되를 마시게 된 것은 사실 아마미오오섬(奄美大島)에 가서 수업했던 덕분입니다. 그 결과 위궤양에 걸렸습니다. 그것으로 술을 마시는 것을 그만두었습니다. 그 정도로 맛있었던 것입니다. 맛이 없다면 그다지 마시지 않았다.…… 라는 것이 됩니다.

이것은 손님으로서 초청될 때입니다. 그 외의 경우에는 고구마와 보리를 정확히 반반 정도 섞은 밥을 먹고 있었습니다. 아마미오오섬(奄美大島)을 걷고 있던 동안은 키카이케섬(喜界ヶ島)까지 건넜었지만, 쌀밥을 먹었다는 기억은 거의 없습니다. 그것은 1940년의 이야기입니다. 야쿠섬(屋久島)에서도 저는 섬을 일주했던 적이 있지만, 여기도 보리와 고구마입니다. 고구마를 꽤 크게 자른 것을 보리 위에 놓습니다. 고구마(이모-감자, 고구마 통칭)가 부드럽게 익으면 빙빙 휘저어 뒤섞어서 먹는 것입니다. 따뜻할 때는 대단히 맛있는 것입니다. 그러나 식었을 때는 도무지 먹을 수 있는 것이 아닙니다. 식으면 이렇게 맛없는 것은 없는 것입니다. 그래서 따뜻할 때 먹어야 합니다. 그 근처에서는 가다랑어가 잡힙니다. 그 가다랑어 니지루(煮汁-끓인 국물), 이것은 굉장히 맛있는 것이지만 그 근처에 있는 야생의 풀을 넣어서 니지루를 마시면서 먹으면 정말로 이것은 제호(醍醐: 우유나 양젖으로 만든 걸고 달콤한 액체)처럼 매우 좋은 맛입니다.

저는 나중에 위궤양에 걸렸던 때 생각났던 것은 그 같은 된장돼지고기(味噌ブタ)라든지, 혹은 가다랑어 이로리(いろり-끓여 우린 물)라든지 그런 것이었습니다. 건강해지면 그곳에 가서 그것을 다시 한 번 먹어야겠다라고. 보리이기 때문에 맛없는 것은 아닙니다. 보리도 맛있는 것입니다. 맛있게 해서 먹고 있고, 그것에 저는 대단한 감동을 받았던 것입니다.

그리고, 그다음은 규슈(九州)의 본토로 넘어가서 오오스미반도(大隅半島)의 동해안을 걸었던 적이 있습니다. 그 근처는 역시 고구마가 많은 것입니다. 가난한 집에 가면 고구마 이외는 나오지 않습니다. 그러나 그 고구마가 대단히 맛있는 것입니다. 왜인가 하면, 정어리의 소금(소금을 뿌려 짭짤한 맛)에서부터 예상되는 것입니다. 정어리를 자신의 집에 보존해 둡니다. 보존하기위해서 소금을 뿌려 둡니다. 그것을 굽습니다. 그것을 베어 먹고 고구마를 먹고, 단지 그것만이지만 양쪽의 맛이 맛있게 어울려서, 지금도 혀에 맛이 남아 있습니다.

<사진 5> 1975년경 사도(佐渡) 하모치(羽茂)마을의 여관에서
미야모토(宮本) 선생님은 여행을 떠나면 아침 일찍부터 원고를 쓴 적이 많다.
수행비서로 동행하고 잠에서 깨자 「나는 쓰기를 마쳤다.」라고 건넨 원고는
정서(精書)를 끝낸 것 같은 마무리로 소생(小生)에게 있어서 개운치 못한 여행이었다.
사진은 부탁으로 색지를 쓰고 있는 모습.

Ⅱ. 껍질이 붙어있는 멧돼지(이노시시)를 세 접시 더 먹음

오오스미반도(大隅半島)의 동측 해안 정확히 한가운데에 오오우라(大浦)라는 곳이 있습니다. 그곳에서 두 밤인지 세 밤인지 재워줌을 받았습니다. 알맞게 큰 멧돼지(이노시시)가 두 마리인지, 세 마리인지 한 번에 잡혔습니다. 그래서「당신, 멧돼지를 먹은 적이 있습니까?」「그럼요, 먹은 적은 있습니다.」「여기 근처의 멧돼지는 맛있기 때문에, 멧돼지를 먹을 만해」「고맙습니다.」라고. 그쪽에서는 멧돼지는 껍질을 벗기지 않고, 내장을 꺼내고 그것을 불에 약간 구워서 털을 태워 버린다. 그리고 냅다 쳐서 자른다. 껍질이 붙어 있다. 처음 먹었을 때는 그것이 목구멍을 긁어내서,「이런 것을 먹어서」라고 생각했던 것이지만, 한 접시 먹어 보자 의외로 맛있는 것입니다.「맛있지 않습니까?」「하아, 맛있습니다.」「또 한 접시 먹을까?」 또 한 접시 먹었다. 맛있습니다. 뒤에 소주가 나온다. 그것 때문에 또「먹는 김에 또 한 접시 먹을까?」「당신 대단해, 여기서 멧돼지를 세 접시 먹었어.」라고 칭찬받았지만, 다음 날부터 설사를 했습니다. 그것은 그다지 많이 먹을 것이 아니었습니다.

그런데 곤란한 것은 내가 멧돼지가 맛있다고 말했던 덕분에 다음날에도 멧돼지입니다. 그 또 다음날에도 멧돼지입니다. 매일 멧돼지입니다. 삼 일 정도 멧돼지를 먹었습니다. 밥은 나오지 않는 것입니다. 그것뿐입니다. 나흘째가 되자 소금이 뿌려 있습니다. 부패되지 않게 하기 위한 처리입니다. 그 강렬한 인상은 지금도 머리에서 떠나지 않고 있습니다.

그리고 쭉 여행을 계속했으며, 미야자키현(宮崎縣)에 메라(米良)라는 곳이 있습니다. 시이바(椎葉-미야자키현 북서부에 위치한 마을)의 히에츠키부시(ひえつき節-미야자키현의 민요)는 모든 분이 잘 알고 계시겠지만, 그 남쪽이 됩니다. 여기서는 여관에서 묵었습니다. 소학교의 교장선생이「일반 민가에서 묵으면 밤에 방문하러 가기 어려우니까 여관에서 묵으면 내가 밤에 이야기하러 가주겠다.」라고 하여 그러자고 한 것으로 여관에서 묵었던 것입니다. 거기에서도 실은 멧돼지가 나왔던 것입니다. 그때 여관 사람이「껍질 붙은 것이 좋으십니까? 살만인 것이 좋으십니까?」라고 물었습니다. 저는 그 목구멍을 긁어낼 것 같은 그다지 좋아하지 않기 때문에 살만을 청구해서 먹었던 것입니다. 그때에는 밥이 나왔습니다. 이것은 피(稗)가 섞인 보리밥으로 굉장히 맛있어서 잘 먹게 되었습니다. 이번에는 섣불리 해서는 안 되기 때문에 한 접시로 끝내고 따라서 배는 아프지 않았습니다. 그런데 다음날이 되어서「또 멧돼지가 잡혀 있습니다만, 멧돼지를 먹겠습니까?」라고.「네, 먹겠습니다.」「어느 쪽으로 하겠습니까?」「껍질 붙은 것으로 하겠습니다.」라고. 그래서 껍질 붙은 것을 먹었던 것입니다. 그렇게 하자

밥이 나오지 않는 것입니다. 그쪽이 배가 더 부른 것입니다. 즉 멧돼지 고기가 주식이 된 것이었습니다. 멧돼지 고기가 아닌 때에는 피(稗)와 보리를 섞은 것 같은 것을 먹습니다. 그리고 저는 메라(米良)로부터 북쪽의 마을로 고개를 넘어가자, 뒤에서부터 따라온 남자가 말했습니다. 「당신은 멧돼지를 저녁에 먹었데이. 내가 여관에 묵더라도 멧돼지는 작은 접시로 한 접시씩만 나왔데이. 당신은 그것을 두 접시 먹은 것이데이.」라고. 두 접시 먹으면 그것은 이제 그것으로 끝으로, 주식은 나오지 않는 것입니다. 즉 그 정도로 먹으면 또 하루를 견딘다는 생활인 것입니다.

오오스미반도(大隅半島)부터 쭉 구마모토현(熊本縣)의 구마(球磨) 지방, 미야자키현(宮崎縣)의 메라(米良), 시이바(椎葉)지방에 걸쳐서는 지금도 멧돼지가 대단히 많고, 지금도 메라(米良)만큼은 일 년에 삼천 마리 정도 잡고 있다고 생각합니다. 제가 갔던 시기는 그것보다도 아득히 멀었던 시간입니다. 이처럼 멧돼지가 많이 잡히는 곳에서는 멧돼지가 주식인 것입니다.

Ⅲ. 채소절임(쯔게모노, 漬物) 광에 된장(味噌)통, 소금 뿌려 절인 정어리……

또 하나, 오오스미반도(大隅半島)에 생각이 미쳤던 것입니다. 오오스미반도(大隅半島)의 센겐(船間)은 지금의 오오우라(大浦)부터 딱 하루 걸었던 곳으로 그곳에서 하룻밤 재움을 받았습니다. 그곳에 오기히라(荻平)라는 96세 된 할아버지가 있었습니다. 비상하게 기억력이 좋았던 사람으로, 그곳에 일방적으로 찾아가서 「재워주세요.」라고 부탁했습니다. 「재워는 주겠지만 너희들에게 먹여줄 건 없다.」 「저에게 먹여주실 것은 없어도 할아버지가 드실 것은 있겠지요?」 「그것은 있다.」 「그것을 먹여주시면 괜찮습니다.」라고 이야기를 주고받으며 나온 것은 조우스이(雜炊-채소나 어패류 등을 잘게 썰어 넣고 된장이나 간장으로 간을 맞추어 끓인 죽)입니다. 여러분, 조우스이(雜炊)란 쌀이 들어 있는 조우스이(雜炊)를 생각하시겠지만 여기서는 무의 잎사귀를 말려서 가늘고 잘게 썰고, 된장(味噌)과 보리, 그 같은 조우스이(雜炊)이었습니다. 대단치 않은 조식(粗食, 변변치 않은 음식)으로 보인 것이지만, 그것을 큰 사발(どんぶり)에 한 가득, 맛있는 음식이 되었습니다. 정말로 맛있는 것입니다. 이 맛이란 것은 대체 어디서부터 온 것일까요 하고 묻자 그 집의 주부가 「된장(味噌)에 있습니다.」라고 말하였습니다. 그러면 하고, 밤중에 손전등을 켜고, 쯔게모노(漬物) 광을 보여주었습니다. 하나의

광에 통이 많이 늘어서 있습니다. 이것은 쯔케모노(漬物)통, 이것은 된장(味噌)통, 이것은 간장(醬油)통, 게다가 큰 된장통이 세 개나 늘어서 있는 것입니다. 「이것은 함께 만든 것입니다. 된장이란 많이 만들면 대단히 맛이 좋게 됩니다.」라며, 지금 먹고 있는 된장은 삼 년 된 미소이고, 세 개 중 가장 오래된 것이라고 해서 굉장히 감격했습니다.

그 같이 규슈(九州)의 남부를 여행하고 있을 때에 여관에서 묵으면 쌀밥을 맛있게 먹게 되겠지만, 민가에 묵으면서 쌀밥을 얻어 먹은 기억을 가지고 있지 않습니다. 그것이 적어도 가고시마(鹿兒島), 구마모토(熊本), 미야자키(宮崎)의 해안지방 혹은 산속 일상의 식생활이었다 말해도 좋지 않을까 하고 생각했습니다.

그리고 그 여행의 끝에 — 잠시 2개월 정도 여행했던 것이지만 — 오오이타현(大分縣)의 후카다(深田-진흙이 많아서 발이 깊이 빠지는 논)의 돌부처에게 참배라도 할까 라는 생각이었습니다. 그러나 갑자기 가기보다는 어딘가 어촌에 묵어 보고 싶었기 때문에 느긋하게 역에서 내려 산의 능선 길을 걷고 있자 아래쪽에 마을이 보였습니다. 그곳에 내려가서 「재워 줄 집은 없습니까?」라고 말하자 「여기에는 여관은 없습니다.」라고 대답해서, 「곤란한데」라고 하자 할머니가 나와서 「우리 집이라도 괜찮으면 재워 주지요.」라고 하여 그곳에서 재워 주심을 받았습니다. 「먹을 것은 없어요.」라고 할머니가 말씀하셨기 때문에 「먹을 것은 없어도 할머니는 살고 있지 않습니까? 할머니가 살아갈 정도의 먹을 것은 있겠지요.」「그럼 먹을 건 있지. 하지만 보리밥이야.」「보리밥이라도 좋지 않습니까?」「반찬은 없어」「반찬이 없으면 소금을 맛보며 먹지요.」라고. 그래서 푸성귀 쯔케모노가 나온 것입니다. 그 푸성귀 쯔케모노로, 그럼에도 불구하고 밥이 차가운 것이어서 — 보리(밥)의 차가움이란 것은 부슬부슬해서 아무래도 먹을 수 있는 것이 아닌 것입니다 — 오차쯔케(お茶漬け, 밥에 뜨거운 엽차를 부어 말아먹는 것)로 해서 술술 입안에 그러넣었습니다. 그때의 쯔케나(漬菜, 절인 푸성귀)의 맛은 역시 지금까지도 잊혀지지 않습니다. 그때 할머니에게 「할머니, 쯔케모노를 절이는 솜씨가 좋아요.」라고 말하자 「이 정도의 쯔케모노는 여기에서는 모두 절이고 있어요.」「정말입니까?」「할머니도 쯔케모노 광이 있어요?」「있어요.」「보여주세요.」. 그래서 밤에 쯔케모노 광을 보러 갔습니다. 이것은 무를 절여놓은 것이며, 이것은 푸성귀 풀을 절여 놓은 것이며, 그 같은 쯔케모노통이 몇 개씩이나 줄지어 있었습니다. 또 하나 감탄했던 것은 큰 4말들이 나무통에 정어리를 한가득 절여 놓고 있는 것입니다. 정어리를 소금에 절여 놓은 것입니다. 그래서 「할머니, 오늘밤 정어리가 나오지 않았습니다.」「굽기 번거로웠다.」「내일 아침은 소금에 절인 정어리를 먹여 주시지 않겠습니까?」「그것도 괜찮겠지.」란 것으로 다음날 아침은 소금에 절인 정어리를 대접 받았습니다.

그 정경은 지금까지도 눈에 떠오릅니다. 언뜻 봐서는 맛없어 보인다고 생각되지만,

먹어보자 정말로 굉장히 맛있는 것입니다. 맛있다는 것은, 즉 나의 식욕을 돋운 것이라는 것입니다.

그래서 일본의 촌이란 것은 모두 이런 상태일 것인가 하고 생각을 했던 것이지만, 토지에 따라서 조금씩 변해 온 것입니다.

Ⅳ. 토란, 두부 된장꼬치구이(でんがく), 피(稗)밥, 팥밥

제가 1941년에 시코쿠(四國)를 두 번 정도 여행했습니다. 에히메현(愛媛縣)에서 고치현(高知縣)으로 들어가서 도쿠시마현(德島縣)로 빠져갔습니다. 유스하라(檮原)라는 마을에서 재워 줌을 받았을 때, 그곳에서 나온 것은 토란인 것입니다. (엄지와 집게손가락으로 원을 만들어서) 이 정도의 크기의 새끼 토란을 큰 냄비에 한 가득 데쳐서 이것을 꼬치로 만들어 이로리(囲爐裏-농가 등에서 방바닥의 일부를 네모나게 파서, 그곳에 재를 깔아 취사용・난방용으로 불을 피우는 장치)에 쭉 기대어 세워놓습니다. 노릇노릇 웬만큼 구워져 나오면 그 위에 된장(味噌)을 바르는 것입니다. 또 조금 타서 나왔을 때는 털어내서 먹는 것입니다. 토란만 먹어도 금방 배가 불러옵니다. 하는 김에 두부 된장꼬치를 만들어 주셔서 그것도 같은 식으로 구워서 먹었습니다. 그런데 또 이 두부란 것이 내동댕이치면 부셔질 것 같은 두부가 아니었습니다. 시골 농가에서 만든 두부란 누름돌이 무거운 것이기 때문에 완성된 두부는 정말로 단단합니다. 그 단단한 두부를 잘라서 된장(味噌)을 발라서 구우면 그야말로 바삭바삭 소리가 날 것 같은 두부인 것입니다. 「이건~ 단단하다」「부드러운 것이 좋습니까?」「이 정도로 단단하면……」이라고 말이 나왔던 것이 얼린두부(凍豆腐)입니다. 두부를 얼리면 퍼석퍼석하게 됩니다. 이것에 물을 적시면, 꽤 부드럽게 먹을 수 있습니다. 즉 두부를 하나 먹는다고 해도, 충분히 고려하고 있는 것입니다. 그래서 이 이상 다른 것은 먹지 않는 것입니다.

애써서 여기까지 왔기 때문에 「여기는 모두 피(稗)밥을 먹고 있겠군요.」「피(稗)밥을 먹고 있어요.」「먹여주시면 좋을 것 같군요.」「놀라지 마요.」이렇게 이야기하면서, 피(稗)밥을 지어 주신 것입니다. 먹어보면 대단히 맛있지만, 이것도 식으면 좀처럼 삼킬 수 없습니다. 뜨거운 물에 말면 삼킬 수 있습니다.

재워 줌을 받았던 집에서 토란이 맛있다고 말하자, 매일매일 토란인 것입니다. 일주일 정도 묵었기 때문에 일주일 동안 토란을 먹었습니다. 토란과 두부 된장꼬치입니다. 이것에는 이제 질려버렸습니다. 그리고 마지막에 「정말로 맛있었지만, 일주일이나 먹자 이것은 역시 뱃속에서도 질려버렸습니다.」라고 말하자 「어째서 빨리 그렇게 말하지 않았습니까? 속에 좋은 것을 주는 것인데」。 속에 좋다는 것은 어떤 것인지 묻자 팥밥이라고 합니다. 팥밥이라 말하면 모두 맛있다고 생각되지만 보리에 팥을 넣고 쌀을 넣지 않은 것입니다. 그것을 먹으면 삼키기가 쉽지 않습니다. 그래서 그냥 먹는다고 그러는 것입니다.

고향에 돌아와서 고치(高知) 산 중에서 일하고 있던 사람에게 말을 하자 「그런대로 당신은 토란을 먹어서 다행이다. 나는 팥밥이 맛있다고 말하자 팥밥을 일주일이나 주었다. 처음에는 맛있었지만, 마지막에는 설사를 해서 어쩔 수 없었다.」라고 말했습니다. 이것은 누구라도 경험이 있다고 생각하지만, 한두 번은 맛있는 것입니다. 팥밥은 좋은 것입니다. 그것이 보리와 팥이 반반 정도인 것을 일주일간 먹게 되면 어쩔 수 없게 되는 것이라고 합니다. 그러나 그것이 사이에 이따금 들어가는 것은 괜찮습니다. 그러한 식사 방법을 취해온 것입니다.

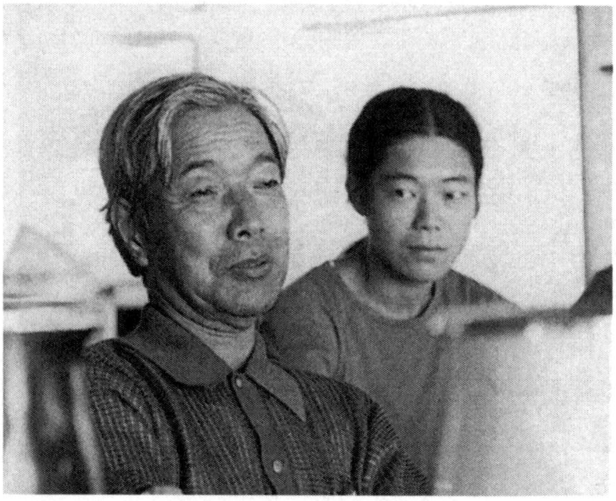

<사진 6> 1971년 여름. 사도(佐渡) 초창기의 오니다이코 모임((鬼太鼓座)에서 미야모토(宮本)선생님의 미소는 젊은이를 향해서, 눈은 조금 먼 미래를 응시하면서 이야기한다. 이 미소에 포로가 된 젊은이들은 많았다. 청년은 현재 타악기 연주자, 하야시 에이테츠(林 英哲) 씨의 꿈 많은 때.

V. 미숫가루를 도시락으로……

시코쿠(四國)의 산중을 쭉 걷고 있었는데「당신 도시락이 필요할 것이다.」「아아. 도시락이 있으면 좋지만……」이렇게 말한 후에 나왔던 것이 전부, 옥수수를 볶아서 그것을 절구로 빻아서 가루로 만든 것, 소위 미숫가루입니다. 어딘가의 개천 아래에서 물을 마시면서 그것을 먹자 바로 배가 빵빵하게 불러져서 대단히 기분이 좋았습니다. 저는 그것에 맛을 들여서 옥수수 가루를 많이 얻어가서 동북 지방으로 가져갔습니다. 아키타현(秋田縣) 근처를 여행하고 있을 때에 저도 먹고 그리고 다른 사람들에게도, 재워준 집의 사람들에게도 대접하자 이렇게 좋은 것이라면 — 향이 좋기 때문에 — 꼭 옥수수를 재배하고 싶다는 농민이 몇 명이나 나타난 것입니다. 저는 씨를 기지고 있지 않았기 때문에 시코쿠(四國)의 이런 마을에 편지를 보내면 씨가 될 정도의 것을 보내 줄 것이라고 가르쳐 주었습니다. 옛날부터 작물은 그처럼 해서 널리 펴져 간 것이 많았을 것이라고 생각합니다.

VI. 문화는 콤비로 퍼진다.

그런데 쥬고쿠(中國) 지방을 다녀보자 쥬고쿠(中國) 지방에서도 쌀이 있는 곳은 쌀(밥)을 내옵니다만, 이와미(石見)인지 이즈모(出雲)인지의 산 중부에 있는 마을에서는 거의 수전(논)이 없기 때문에 거기에서는 정한 듯이 보리밥을 대접해 주었습니다. 그것이 따뜻하면 괜찮지만, 차가우면 앞에서 말했듯이 차를 붓지 않고는 먹을 수 없습니다. 보리밥을 먹어서 그것이 정말로 맛있다고 생각했던 것은 미역 덕분입니다. 미역의 주요 산지는 이와미(石見)의 하마다(浜田)의 해안입니다. 그 주위에서 수확된 미역이 하마다(浜田)로부터 산 안에 들어와서 히로시마현(廣島縣)의 오오아사(大朝)라는 마을 근처까지 와서 그 주위에서 상인이 여기저기로 배분합니다. 이 미역을 불에 구워 비비면 가루가 됩니다. 그것을 보리밥 위에 뿌려서 먹으면 보리밥이 상당히 맛있는 것입니다.

<사진 7> 1971년 여름 사도(佐渡)
오니다이코 모임(鬼太鼓座)의 사람들과 앞 열 중앙의 고양이를 손으로 들고 있는 타스키(田耕)씨는 사도(佐渡)와 일본의 북(太鼓)을 세계 제일로 하는 것을 목표로 모임(단체)을 설립했다. 이 뜻을 미야모토(宮本) 선생님은 일본의 미래를 만들 중요한 운동이라고 평가하고 모인 젊은이들에게 일본의 다양한 문화 특성을 계속 이야기했다.

또 하나, 이 보리밥에 잘 맞는 것이 상어를 뽀얗게 끓인 국물입니다. 이즈모(出雲)에서 이와미(石見)에 걸친 앞바다에서는 가장 최근까지 많은 상어가 잡혔습니다. 그 근처에서는 와니(ワニ-상어)라고 말하고 있습니다. 그 상어의 고기가 쥬고쿠 산지로 팔려서 보급되고 있습니다. 대부분은 여자가 가지고서 행상을 하는 것입니다. 그리고 그것이 세토(瀨戶)내해 근처까지 팔리고 있는 것입니다.

이 상어고기란 축제 때에 없어서는 안 되는 것입니다. 이 상어고기를 초된장에 무친 것과 보리밥을 먹으면 보리(밥)가 굉장히 맛있어집니다.

이것은 대단히 재미있는 문제라고 생각해서 사메(サメ-상어)의 고기를 — 사메(サメ)도 후카(フカ)도 같은 것이지만 — 먹고 있는 지대에서 이야기를 듣고 다녔던 적이 있습니다. 쥬고쿠(中國) 산지의 정확히 히로시마현(廣島縣)과 시마네현(島根縣)의 경계 정도까지는 여자 행상이 가지고 가고, 그리고 앞서 더 쭉 남쪽까지 상어고기가 퍼져 가고 있다는 것은 어떤 것을 말하는 것일까? 정확히 해안 동쪽 근처에 고우노카와(江川)라는 강이 있습니다. 그 근처가 이른바 이와미야키(石見燒)라고 불리는 도자기의 주요 산지입니다. 규슈(九州)의 히젠(肥前)의 직인이 그 주변에 자리 잡고 도자기를 굽도록 된 것이지만 이 사람들은 도자기를 굽는 것만이 아니고 붉은 기와도 구웠던 것입니다. 이 붉은 기와를 굽는 기술을 가진 사람들이 점점 쥬고쿠(中國) 산지 안으로 들어

왔습니다. 어째서 들어가게 되었는지 말씀드리죠. 쥬고쿠(中國) 산지의 가장 높은 곳은 대강 800미터 정도의 고원입니다. 그곳에서는 겨울이 되면 기와에 수분이 스며들어서 그것이 얼면 기와의 표면이 모두 바래져 갑니다. 그것을 막기 위해서는 유약을 바른 붉은 기와를 사용하지 않으면 안 됩니다. 그것으로 쥬고쿠 산지는 쭉 남쪽의 경사면까지 붉은 기와가 퍼져간 것입니다. 오늘날에는 오노미치(尾道)라든지 미하라(三原)에서도 붉은 기와집이 보이게 되었지만 전쟁 전은 그것보다 조금 깊게 들어간 곳에 붉은 기와의 제일선이 있고, 세토(瀬戶)내해는 검은 기와였습니다. 그 제일선을 지나고 있는 곳과 상어고기를 먹는 곳이 일치하는 것입니다. 바꿔 말하면 기와를 굽는 사람들의 먹을거리의 기호가 상어고기를 널리 퍼트려가고 있다는 느낌이 들고, 굉장히 깊은 감개를 느꼈던 것입니다.

문화란 것은 단지 단독으로 퍼져가는 것이 아니고, 여러 가지 것과 콤비가 되어 퍼져간다는 하나의 좋은 예가 이것이 아닐까라고 생각합니다.

사실 저는 지금의 미역에 다시 한 번 흥미를 가지고 있습니다. 히로시마현(廣島縣)의 오오아사(大朝)라는 곳에 제 친척이 있습니다. 겨울이 되면 특별히 오오아사(大朝)에서 미역을 보내주십니다. 오오아사(大朝)의 미역이라고 하며 보내준 것이지만, 산 안에서 미역을 수확한다는 것은 신경 쓰지 않습니다. 이와미(石見)의 미역이지만, 그러나 오오아사(大朝)로부터 보내지면 우리들은 오오아사(大朝)의 미역이라는 기분이 들게 됩니다.

마츠모토(松本) 근처에 가면 소금을 뿌려서 바로 먹기 좋은 상태의 방어를 히다(飛驒)방어라고 하고 있습니다. 히다(飛驒-산지임)에서 방어를 잡는다는 것은 신경 쓰지 않습니다. 이것도 엣츄(越中)와 노토(能登)의 해안에서 잡힌 방어가 말의 등, 혹은 사람 등에 짊어져서 다카야마(高山)까지 와서 다카야마(高山)로부터 북알프스를 넘어서 마츠모토(松本)로 오게 되자 마츠모토(松本)의 사람들은 히다(飛驒)로부터 방어가 왔다라고 생각하기 때문입니다. 먹을거리가 퍼져나가는 것 중에는 그 같은 것이 있지 않을까요? 즉 어느 하나의 거점이 생기는 것에 의해서 퍼지는 그런 느낌을 깊게 느끼게 했습니다.

이제 지금은 그렇지는 않을 것이라고 생각하지만, 이즈모(出雲)에서 이와미(石見)에 걸쳐서 농가에서 재워 줌을 받으면 방금 전 말씀드렸듯이 미역을 구워서 가루를 낸 것을 보리(밥)에 뿌려서 먹는 그것이 일반적인 식사 방법이었던 것 같습니다. 만약 밥이 차가우면 그 위에 뜨거운 물을 붓고, 약간의 먹을 정도의 소금 간을 하고 그것을 후루룩 목으로 넘기는 것입니다.

Ⅶ. 무(大根)도 토란도 주식이었다.

앞에서 말씀드렸듯이 히로시마(廣島)에서 쭉 서쪽 국경 해안으로 걸어가면 그 근처에 지금은 게이호쿠쵸(芸北町)라는 마을이 있습니다. 옛날에는 메가와라(雌鹿原)라든지 타루토코(樽床)라든지 야마노마와리(山之廻)라든가 하는 촌이 있습니다. 대단히 한적한 곳입니다. 그곳에는 이상하게 이와미(石見)의 미역이 오지 않습니다. 무엇을 가장 많이 먹고 있는 가하면 보리와 무를 섞은 무밥인 것입니다. 무를 2, 3일 말려서 상당히 수분을 뺀 것을 잘게 썰어서 보리에 섞어서 밥을 지은 것입니다. 이것을 무밥이라고 하고 그다지 맛있는 것은 아닙니다. 그 고장 사람들은 무밥을 먹고 있습니다만, 묘하게 된장을 반찬으로 먹으면 제법 먹을 수 있습니다.

그때부터 무에 흥미를 가지고 무에 대해서 줄곧 조사하고 있습니다. 도야마(富山)현에서 북쪽, 아키타(秋田)현 일대에 걸쳐서 화전 — 산을 태워서 작물을 재배하다 — 의 작물 중에서 전쟁 전 가장 큰 비중을 차지하고 있었던 것이 사실은 무였습니다. 이것을 말려서 쯔케모노(漬物)로도 만듭니다. 무말랭이로도 만듭니다. 다소 덜(꼬들꼬들의 의미 정도로 해석) 마른 것을 밥 안에 잘게 썰어 넣어서 무밥으로도 만듭니다. 무가 중요한 주식이었다는 점이 꽤 광범위하게 걸쳐서 보이는 것입니다.

전쟁이 끝났기 때문에 화전 연구를 하시고 계신 사사키코우메이(佐々木高名) 씨의 이야기에 따르면, 그분은 이 무의 화전은 거의 보지 못한 것입니다. 그 전쟁을 경계로 하여서 그런 식사 방법이란 것이 한 번에 사라져버렸다는 것을 잘 알 수 있습니다.

무는 매운맛이 있지만 그것을 화전에서 재배하면 매운 맛이 없어지고 단맛이 납니다. 현재도 무를 화전에서 재배하는 곳으로는 사도(佐渡)가 있습니다. 사도(佐渡)에서는 보리를 재배합니다. 그것을 수확한 후에 아무것도 심지 않고 둡니다. 그러면 잡초가 무성해집니다. 8월이 되면 그것을 태워 버립니다. 잡초를 태운 곳에 무씨를 뿌리면 수확된 무의 매운맛이 없어진다고 말하고 있습니다. 칼리 성분이 많아지기 때문일 것이라고 이야기되고 있고 지금도 여름에 사도 산지를 걷고 있으면 여기저기에서 연기가 피어오르는 것을 보기 시작하지만 그것은 모두 무를 재배하기 위한 화전을 준비하는 것입니다.

무가 중요한 주식물의 하나였다는 시대가 있습니다. 무가 지금처럼 크게 되었던 것은 옛날 일이고, 『고지키(古事記-현존하는 일본 최고의 역사서)』 안에 무를 읊은 노래가 있습니다. 옛날은 다이콘(大根—ダイコン)이라고 이야기하지 않고 오오네(大根-オオネ)라고 말하고 있었습니다. 여자의 하얀 팔이 무 같다고 하는 의미의 노래인 것입니다. 그때부터 매우 살찐 젊은 여자의 팔정도 크기의 무가 수확되었다는 것을 알 수 있습니다.

토란을 많이 먹는 곳은 시코쿠(四國)의 산중에서 야마토(大和)의 오오미네(大峰)산, 거기서부터 북쪽 골짜기들, 쭉 이세(伊勢)까지에 이르고 있습니다. 더 나아가 바다를 건너서 아이치(愛知)현의 미카와(三河) 산중에서 시즈오카(静岡)현의 텐류(天龍)강 유역까지 토란을 많이 재배하고 있습니다. 새끼 토란을 전부 한꺼번에 삶습니다. 삶아서 양지에 말려서 가마니에 채워 넣는 것입니다. 그렇게 하면 상하지 않습니다. 먹을 때에는 그것을 절구에 찧습니다. 껍질이 떨어져나가기 때문에 알맹이만이 남습니다. 이것을 다시 한 번 삶으면 껍질이 없는 토란을 먹을 수 있습니다. 제가 찾아 갔던 집에서는 대체로 이것을 10가마니에서 15가마니 정도 비축하고 있었습니다. 벌레가 생기지 않도록 이로리 위에 선반을 짜서 그것을 얹어 놓습니다. 그 근처에서는 토란이 1955년경까지 매우 중요한 음식이었다는 것을 알 수 있습니다.

Ⅷ. 시집갈 때에, 토치나무(トチのき-칠엽수)를

지금은 기후(岐阜)현에 들어가 있습니다만, 이토시로(石徹白)라는 촌이 있습니다. 하쿠(白)산의 남쪽 마을입니다. 그곳에서 여러 가지 신세를 졌습니다. 지방자치단체의 사무소에 가서 「어딘가 재워줄 집은 없을 까요?」라고 말하자 「우리 집에서 묵게」라고 촌장이 말해주었습니다. 촌장의 집이 여관이었던 것입니다.

그래서 보통의 가정에서 묵는 것은 할 수 없었습니다. 그곳에서 「당신 집에 가면 쌀밥을 먹을 수 있을까요?」「그야 당연하지 않습니까, 손님에게 보리밥을 먹게 합니까.」「그러나 여기서 수확되고 있는 것을 한 번 정도는 먹어도 괜찮을 듯합니다.」「좋죠.」라고 이야기가 되어서 토치 떡을 만들어 대접해 주었습니다.

토치의 열매는 떫은맛이 강하기 때문에 우선 떫은맛을 처리하지 않으면 안 됩니다. 이것이 하루 정도 걸립니다. 토치 열매를 절구에 빻아서 쪼갭니다. 껍질을 처리하고 나무 잿물로 삶아서 떫은맛을 처리합니다. 그것만으로는 충분히 없어지지 않기 때문에 군데군데 날개가 만들어져 있는 둥근 통 같은 도구 안에 넣어서 시냇물에 걸어 둡니다. 흐르는 물이 그것을 빙글빙글, 빙글빙글 돌려줍니다. 돌려주는 것으로 처리하는 것입니다. 충분히 떫은맛을 처리했기 때문에, 그것을 쪄서 토치 떡을 만드는 것이지만 토치만으로는 찰기가 부족하기 때문에 좁쌀을 넣습니다. 그것을 대접받게 되고, 맛있었기 때문에 도쿄(東京)에 가지고 돌아가서 모두에게 대접하자고 생각하고 그 마을을 나온 것입니다.

이토시로(石徹白)의 남쪽에 아나우마(穴馬)라는 곳이 있어서 그곳에서 묵었습니다. 「토치라면 있습니다만 토치를 먹겠습니까?」「그럼 고맙습니다만, 실은 이토시로(石徹白)에서 그것을 먹고 왔습니다.」라고 이야기하고, 바로 만들어 준 것이 같은 토치 떡이었습니다.

그때에 마음에 와 닿는 이야기를 들었습니다. 그 주변에서는 먹을 것이 나빠도 기근을 경험하고 있지 않다. 어째서냐고 묻자 토치 나무가 있기 때문이라고 말하는 것입니다. 딸이 시집을 갈 때에 반드시 토치 나무를 한 그루 준다는 것입니다. 준다고 한 것으로 큰 나무를 가지고 갈 수 없기 때문에 그것을 자신의 마을에 두고 갑니다. 토치가 익을 때에 자신의 마을로 돌아와서 토치의 열매를 주워 가마니에 채워 넣어서 시집에 가지고 갑니다. 기근 때에는 그것을 조금씩 아껴 먹으며 연명을 하는 것입니다. 산중이기 때문에 축제 때에도 쌀떡을 만든다는 것은 거의 없고 토치 떡을 만들어서 제사를 지낸다는 이야기인 것입니다.

그것은 대단히 흥미 있는 이야기였기 때문에 그러면 그러한 습관이 도대체 어느 정도의 범위로 널리 분포되어 있는 것일까를 물어 보았습니다. 그곳의 주인은 지금은 오사카(大阪)에서 일하고 있지만 원래는 산에서 일을 했다는 것으로, 그 주인으로부터의 이야기로써 할머니와 며느리가 이야기를 해준 것이지만 히다(飛驒)에서도 미노(美濃)에서도, 에치젠(越前)의 남부에서도 그리고 신슈(信州)의 기소(木曾) 골짜기에서도 그렇다는 것이었습니다. 상당히 넓은 범위에 걸쳐서 토치를 중요시해 오고, 시집 갈 때에는 토치를 챙겨주고, 그것이 그 험한 산중의 생활에 견뎌 갈 중요한 힘이 되었다는 것을 가르쳐주는 것입니다.

지금에는 토치 떡은 각지의 명물처럼 되어서 팔려지고 있지만 그것에는 토치는 거의 들어 있지 않습니다. 그러나 옛날에는 우리들의 목숨을 연명해 간 중요한 음식이었다는 것을 그때 가르쳐주는 것입니다.

그다음에 소바(메밀국수)가 주식으로 된 곳도 상당히 넓은 분포를 보이고 있습니다.

Ⅸ. 대구(タラ) 밥을, 배불리

이제 조금 색다른 것으로 이야기하겠습니다. 이시카와(石川)현의 노토(能登)반도에 우호(鵜蒲-가마우지포)라는 곳이 있습니다. 노토(能登)의 하나의 궁에는 우마츠리(鵜祭り-가마우지 축제)라는 축제가 있고, 신에게 여러 가지 공물을 올리는 것이지만, 그 곳의 계단에 가마우지를 올려놓고 그 공물을 가마우지가 꼭꼭 찍어먹으면 그 해는 행운이 있게 된다는 것입니다. 그 가마우지를 잡는 곳이 우호(鵜蒲)입니다.

저는 이 가마우지를 잡는 것을 보고 싶었지만 볼 수 없었습니다. 여기를 내려오면 마을사람들이 「가마우지님을 잡자, 가마우지님을 잡자」라고 소리를 내며 마을을 걷기 시작했습니다. 그러자 갑자기 마을 안이 활기를 띠었습니다. 저는 야마구치(山口) 씨라는 분의 집에서 재워 줌을 받고 있던 것이지만, 그 집의 주인은 그날 앞바다에 다이아미[台網, 규모가 큰 정치망(定置網)]라는 그물을 끌고 나갔습니다. 이로리(いろり) 옆에서 불을 쬐고 있자, 이윽고 돌아와서 「어이, 대구가 잡혔어」라고 하는 것입니다. 「그럼 오늘밤은 대구 밥을 하죠.」라고 하면서 바로 대구의 머리, 지느러미, 뒷지느러미를 잘라버리고, 그것을 큰 냄비에 넣어서 삶기 시작했습니다. 대구라는 생선은 대단히 뼈가 잘 발리기 때문에 살이 하얗게 되면 뼈를 모두 발라 버립니다. 껍질이 조금 옅은 먹색을 하고 있기 때문에 새하얗지는 않지만 보리보다는 하얗지요. 그것이 냄비 한가득 만들어졌던 것이지만 그것만을 먹는 것입니다. 그것이 대구 밥인 것입니다. 배불리 먹는다는 것은 이런 것이 아닐까라고 생각할 정도로, 저는 대구 밥을 많이 먹었습니다. 잡은 녀석을 바로 먹자 거의 비린내가 나지 않는 것입니다. 대구를 잡는 시기가 되면 대구만 먹는다고 하는 것입니다.

1950년에 츠시마(對馬)에 가서 어느 농가를 방문했습니다. 츠시마(對馬)는 거의 보리밥인 것이지만 그 집에서 나온 것이 사발 한 가득이 오징어(イカ)인 것입니다. 저는 그것을 정중히 대접받았습니다. 차를 마시면서, 그것이 전부인 것입니다. 여기에서는 오징어가 잡힐 때에는 오징어만 먹고 있습니다. 「그렇게 많이 먹으면 설사를 하지 않습니까?」라고 말을 하자 「싱싱한 것을 먹을 때에는 설사를 하지 않죠. 비린내가 나는 것을 먹을 때에 설사를 합니다.」라고 가르쳐 주었습니다.

그날 저녁, 저는 히타카츠(比田勝)라는 마을의 여관에서 묵었습니다. 그날 밤 늦게, 함께 조사하러 갔었던 나가사키(長崎)대학 교수들이 돌아와서 학생과 함께 모기장 안에서 이야기를 하고 있는 것입니다. 그 사람들은 식사를 조사하러 나가 아지로(網代)라는 마을을 조사하러 갔었습니다. 점심 때는 일이 있기 때문이라고 하여 저녁에 나가서 밤 11시쯤에 조사를 끝내고 돌아온 것입니다. 25가구의 집이 이 일주일간 곡류를 먹지 않고 오징어만 먹고 있다고 말하며 놀라고 있었습니다. 그런 식생활이 1950년, 전쟁이 끝난 후 아직까지도 있었다는 것입니다. 이것은 충분히 나도 생각할 수 있었습니다. 전쟁 중이기 때문에 배급제도라고 하는 것이 가능하여 어느 산중의 사람도 쌀을 먹도록 되었으나 그 단계에도 쌀을 먹는 것이 안 되는 재래의 식사법을 하고 있는 사람들이 있었기 때문입니다.

Ⅹ. 일본인은 잡식 민족이기 때문에 쌀이 상품으로 성립하였다.

이러한 이야기를 하여 가면 끝이 없지만 큰일은 평지에서 쌀을 생산하고 있는 사람은 별도로 하고 그 이외의 장소의 사람들이 쌀만 먹고 있었기 때문이 아니고 일본의 식량 구조는 전부 식물성 잡식으로부터 성립하고 있었다는 것입니다.

그래서 그것을 먹은 것이 저의 인상에 남을 정도, 여러 가지 독특한 맛과 풍미를 갖고 있었다는 것입니다. 겉으로 보기에는 거칠기 때문에 조식(粗食)이라고 말할 수 없는 느낌을 지금도 깊이 하고 있습니다.

잡식을 허용한다고 하는 것이 한편으로는 쌀이라고 하는 것을 크게 부상하게 된 것이라고 생각합니다. 원래는 일본에서는 쌀을 생산하여 왔습니다. 그리고 일반인들은 쌀을 먹었을까? 쌀을 먹었다는 것은 도회의 사람들이었고 쌀을 생산하지 않는 사람들이 있었다고 하는 것이 좋겠지요.

언제쯤부터 그렇게 되었는지, 그것은 에도 시대에 들어가서부터인 것 같습니다. 에도 시대 이전의 운송 관계의 자료를 여러 가지로 보아도 쌀은 거의 나오지 않습니다. 지방에 있는 무사는 백성을 시켜서 쌀을 생산하고 그것을 먹었겠지요. 그리고 당시 쌀을 사지 않으면 먹을 수 없는 사람들은 기껏해야 교토나 사카이(堺)가 아닐까요. 규슈(九州)에서는 하카다(博多)가 있겠지요. 교토의 인구라면 십만이 체 못 됩니다. 사카이(堺)가 5만 정도, 하까다가 3만 정도, 거기로 기이하게 모인 쌀의 양이 알려진 것은 없습니다. 그러니까 운송 상품에도 있기 어렵겠지요.

그리고 에도 시대에 들어와서 성하(城下) 마을이 발달합니다. 항구 마을이 발달합니다. 특히 에도의 경우는 인구 100만이라고 하는 큰 도시가 되었습니다. 오사카가 30만, 교토 20만이라고 하는 커다란 도시가 되었습니다. 거기에 살고 있는 사람들은 쌀을 생산하지 않습니다. 그러니 처음으로 쌀이 상품으로서 움직이게 됩니다.

거기에는 당시 쌀이 1단보(段步)에서 어느 정도 가능할까요? 밭에는 신용평가가 있습니다. 일석(一石) 5두(斗) 얻어지면 상전(上田), 중전(中田)이면 일석 2두, 하전(下田)이면 일석입니다. 그러므로 200만 평(坪) 마을의 일본 수전(水田)에서 얻는 쌀은 겨우 2,000만 석입니다. 기근(饑饉)이 되면 그것이 반 정도가 된다고 합니다. 일본의 당시 인구로 보면 막부 말기 정도에는 3,500만입니다. 처음부터 쌀로 생활하기 시작한 것은 아니었다고 하는 것을 알 수 있습니다. 쌀로 생활을 시작한 것은 메이지가 되어서부터였습니다. 개전(改田)이 시작되고, 경지 정리가 진행되어 쌀의 수확이 증가하였습니다. 일반 사람들이 옛날처럼 쌀을 먹도록 된 것은 전쟁 중 배급 쌀의 제도가 발달하고부터입니다.

그렇게 하여 일본인이라고 하는 것은 잡식 민족이고 쌀을 생산하는 사람은 쌀을 먹지 않고 그것을 무사 또는 도회인에게 공급하고 거기에서 처음으로 쌀이 상품으로 커다랗게 부상하게 되었다는, 이렇게 보는 것이 좋다고 생각합니다.

XI. 술의 안주가 반찬을 만들게 하다.

일본에서는 주식과 부식물이 나뉘어져 있지 않다고 하는 것이 좋습니다.. 일본에서 부식물이 어떻게 발달하였을까 하면 일본에서 부식을 발달시킨 것은 두 가지의 코스(道筋)가 있었다고 생각합니다. 일본인은 술을 잘 마셨습니다. 지금은 청주를 마십니다만 중세 말까지는 탁주를 마셨습니다. 말하자면 막걸리(粒酒)입니다. 이것은 마시면 배가 불러집니다. 그래서 마실 때는 거기에 필히 안주가 곁들여집니다. 옛날 의식적인 주연(酒宴)이라고 하는 것은 잔 하나를 올려서 쭉 아래까지 돌려서 가고, 그것이 끝나면 다음 잔이 돌려져서 보통 삼헌이라고 하는 의식이었다고 합니다만 무로마치(室町) 시대의 주연상을 보면 13헌(獻)이라고 하는 것이 있었습니다. 13헌의 술을 마시는 것은 어느 정도의 시간이 걸리느냐 하면 아침 9시경부터 시작하여 밤 10시 지나서까지 입니다. 그 사이에 술을 마시는 것입니다. 그래서 한 번에 한 개씩의 술안주가 부쳐집니다. 그 사이에는 차즈께(茶漬け)도 먹습니다. 놀기도 합니다.

일본에서는 그러한 주연을 하고 있었다는 것이나 그 즈음의 중국 이야기를 한다면 중국에서는 주연(酒宴)이 3일 정도 걸렸고, 기는 놈 위에 나는 놈이 있다고 생각하여 놀랬습니다.

다만 문제는 술안주입니다. 일회 일회에 나오는 것이 다른 것입니다. 나온 것을 보면 마른 것이거나 절인 것이거나 제대로 된 것을 먹지 않는다면 그것에 의해 술 맛이 바뀔 수 있습니다. 그러한 마시는 방법을 하였다는 것입니다.

이것으로 반찬이라고 하는 것이 어떻게 발달했는가를 알 수 있는 것이라고 생각합니다. 오늘도 모든 사람들이 연회에 오실 때 처음에는 술이 나오고 그리고 작은 그릇에 담은 것이 다음다음으로 나오고, 그것을 먹습니다. 그것을 반찬이라고 말합니까? 주식을 위한 것이 아니고 술을 마시기 위해서 한 개의 매체로서 그것이 존재하고 있는 것이라고 생각합니다. 즉 작은 그릇이라고 하는 것은 그렇게 하여 발달한 것입니다.

<사진 8> 1976년 여름 佐渡 宿根 木公會堂 일본생활학회 여름 세미나에서
학회는 동학(同學)의 마음이 즐거운 연찬(硏鑽) 장소이고, 가르치는 아이들을 교육장으로 한 마야모토(宮本) 선생. 연회가 한창일 때 모습을 고요히 즐긴다.

XII. 염장(鹽藏)과 발효(醱酵)의 기술이 반찬을 발달시켰다.

그런데 또 하나의 코스가 있습니다. 일본에는 식물성 음식이 대단히 많아서 이것을 보존하여 놓는다는 것- 동물성 식품도 있지만 - 어떻게 하면 좋을까 하는 것입니다. 우선 말린다는 것이 제일 좋은 방법이라고 생각합니다. 다음은 염장입니다. 동북을 걸어 다녀본 즉 소금만으로 절인 채소(잎을 먹는 푸성귀)가 있고 그것을 반찬으로 할 때 일단 소금기를 빼고 나서 조리를 합니다.

간단한 음식은 소금을 쳐서 저장하기 때문에 식물성 음식은 많은 것이 주식으로 하지 않고 첨가하는 식품으로서 먹어지는 경향을 갖고 왔습니다.

이것이 말하자면 반찬이라고 하는 것을 발달시킨 근본이 되었다고 생각합니다만 어떻게 그것이 일본에서 발달했는가 말하자면 여기에 발효와 양조가 있었다는 것입니다. 푸성귀 그대로 절이면 시어지게만 되므로 만일 거기에 약간의 쌀 입자를 넣으면 약간 신맛이 있는 쯔께모노가 됩니다. 무로 하여도 같습니다. 소금만으로 쯔께를 만든 것 보다 쌀겨를 넣어서 절이면 독특한 풍미가 납니다.

단지 염장하는 것만 하지 않고 소금 이외에 전분을 가하여 발효시키는 그러한 기술이 발달한 것에 의해 그런 자체가 맛있는 맛을 갖도록 되었습니다. 그것만이 아니고 술에 담는 것이나 된장에 담는 것, 간장에 담는 것, 식초에 담는 것, 초에 절인 생선(스시)에 담는 것, 또는 어장(魚醬)에 담는 것, 대단히 많은 발효식품을 갖게 되었습니다. 그 발효를 돕는 것에는 많은 소금이 사용되고 여기에 소위 부식물이라고 하는 것이 주식으로부터 분리되어 독립적인 형태로 존재하도록 되었다고 생각합니다.

XIII. 기름이 적은 독자적인 식생활

이것이 유럽이라면 기름이 많이 사용됩니다. 일본에서는 일반적으로 요리에는 거의 기름을 사용하지 않습니다. 일본에서 기름을 사용하는 요리라는 것은 오히려 불교에 동반하는 정진(精進)요리입니다. 그 기름은 동물성이 아니고 식물성입니다. 채종유나 동백유나 대두유, 그러한 것이 많이 사용되고 있습니다. 그러한 기름으로 전체를 볶아서 먹는다고 하고, 그러한 것도 적었다는 것입니다.

이것은 문화상으로 대단히 달라진 형태의 것이라고 해서 지장이 없기 때문이 아닐까고 생각합니다. 물론 거기에는 도달하는 과정 중에 여러 가지의 수속이 있을 것입니다.

예를 들면 일본 이외의 나라에서는 식물을 끓이기 보다는 볶거나 굽거나 하여 먹습니다. 볶거나 굽는 것에는 기름이 대단히 중요한 의미를 갖고 있습니다. 일본에서는 끓이는 것이 중심이 되고 있습니다. 밥을 짓는 것엔 기름을 넣을 필요가 없습니다. 기름은 식생활의 중심에서 거의 분리되어 오늘날과 같은 식생활이 일어나고 있습니다. 그와 달리 먹을 수 있는 것이면 무어라도 먹는다고 하는 먹는 방법이 발달하여 왔습니다. 분량이 적으면 적게 먹습니다.

오야쯔라고 하는 것을 보면, 지금은 과자(오꼬시)가 오야쯔입니다. 농가에서는 쯔께모노(漬物)와 차(茶)입니다. 밥을 먹을 때에는 쯔께모노는 반찬입니다. 그러나 차와 같이 먹을 때에는 그것은 오차의 꼬[子]입니다. 그것이 일본의 요리라고 하는 것을 복잡하게 한 원인이 된 것이 아닐까요.

일본인처럼 때 없이 음식을 먹는 민족은 없지 않을까 생각합니다. 정기적으로 3식을 지키고 그 이외에는 음식을 먹지 않는다고 하는 구미류(歐米流)의 생활이 아니고 되는 대로 먹고, 그래서 일상의 3회의 식사 때에는 그다지 반찬은 먹지 않습니다. 이것이 언제 가도 끽다점이 활기차고 있다는 문화를 생기게 한 것이 아닐까요. 그것은 새로운 문화에는 없는 우리들이 과거에서 갖고 온 음식에 대한 대응이 그대로 오늘날에 받아들여져 계속되어져 온 모습입니다. 그 덕분에 도쿄의 음식점은 번성하여 모든 분들은 그 사람들의 품을 따뜻하게 하고, 동시에 모든 분도 그것을 먹는 것에 의해 품이 따뜻하여지는 것이 아닐까 생각합니다.

그러나 그냥 한 가지 신경 쓰이는 것은 오늘날 일본의 식량자급률이라고 하는 것은 37%로 떨어져 있습니다. 이것으로부터 우선, 이것을 어떻게 하여 갈까 하는 것은 생각하지 않으면 안 되는 커다란 문제라고 생각합니다.

더 한번 우리들의 주위, 우리들이 걸어온 식생활이라고 하는 것을 다시 생각하여 보면 거기서부터 더 약간 맛있는 것 - 요사이는 맛이 없네요. 모두 비닐하우스에서 재배하고, 마요네즈나 무언가 첨부하지 않으면 먹을 수 없을 것 같은 정도가 되었다 - 을 먹을 수 있는 식량 구조를 유지하도록 하면 대단히 고맙다고 하는 느낌을 깊게 합니다.

제3장 「어머니의 맛」은 살기 위한 지혜

가와카미 고조(川上行藏)

Ⅰ. 인간의 음식물의 선택은 식습관에서[7)]

저자는 음식물로서 훌륭한 것에 의문을 갖고 있어서, 지금까지의 말과 상당한 방향과 차이가 있지만 조금 수다를 떨었다고 생각한다. 그 하나는 옛날 사람은 누구라도 한 사람으로서 영양학을 알지 못했음에도 관계없이 매우 건강했다고 생각한다.

나는 패총에서 나온 인골을 채집하는 선생의 제공으로 다행히도 우연히 인골을 본 일이 있다. 그 인골은 선생의 말에 의하면 매우 나이 많은 사람이었다. 그 증거에는 제3대구치(어금니)가 전부 남아 있었던 것이다. 그것은 발치한 적은 없었으나 좋은 이빨이었다. 두개골 안쪽을 더듬어 보면 매끈매끈하다. 젊은 사람은 까칠까칠하지만, 이것은 매끈하므로 대개 70세 정도라고 하였다. 그러나 인골은 매우 건강하고 빈틈없는 뼈였다.

이후 나는 죠몬토기시대의 사람도 매우 건강하지 않았을까 생각합니다. 옛날 사람은 영양학을 알지 못했는데 어떻게 건강하였을까?

또 하나, 내가 의문으로 생각하고 있는 것은 내가 젊었을 때 영양학 연구를 하고 있었는데, 쥐를 충분히 사용했었다고 해도 당시의 최고 영양 지식을 모아서 사료를 반죽하여 쥐에게 먹였을 때 그 쥐는 겨우 320g밖에 크지 않았다는 것이다. 그런데 새끼 쥐

---

7) 이시게 나오미치(石毛直道(편) 1981 『식의 문화 심포지움 '81 동아시아의 식의문화』 수록된 것을 원문그대로 재수록하였음

의 무게를 측정한다고 하면 꽤 장난이 심하다. 원래는 온순한데 꼼짝 않고 가만히 있지 않고 저울에서 뛰어내려 도망가는 것이다. 그것이 점점 바닥에서 성장한다. 그 쥐가 때때로 졸졸 밖으로 나온다. 나온 것을 보면 어떻게 좀 크다. 모르모트 정도로 크다. 저런 쥐는 어떻게 해서 저렇게 크게 된 것일까. 우리들이 고심해도 어떻게도 저렇게 되지 않을 것이라고 생각되었다. 지금의 말은 다이쇼 시대의 말이다(웃음).

쇼와 초엽이 되어서부터 영양학도 진보하여 우리들도 빈틈없이 쥐를 사육해서 4백수십g까지 성장시킬 수 있게 되었던 것이다.

그런데 저자는 그 영양만점의 쥐의 먹이를 먹어 보고 싶은 적이 있다. 어느 정도 맛이 있는 것일까. 첫 번째 이상적인 먹이를 먹어 보고 싶었으나 조금도 맛이 없었다. 두 번 다시 시식해 보고 싶다는 생각이 없을 것 같은 맛이었다.

그래서 저자가 생각한 것은 인간이라는 것은 음식물을 선택하는 힘이 없다는 것이다. 조금 전 요시가와(吉川誠次) 선생도 말씀하셨읍니다만[8] 생활의 지혜에 의해 여러 가지 음식물을 먹게 되었다는 것이다. 생활의 지혜라는 것은 후천적이라는 것이다. 우리들의 음식물을 선택하는 힘은 후천적인 것으로 태어날 때부터 음식물을 선택하는 힘은 없는 것이다.

우리들은 여러 가지를 먹어보고, 경험에 의해 먹은 후 매우 기분이 좋다는 것 등을 안다. 우리들은 종전 후 아침도 고구마, 점심도 고구마라는 시대를 살았으나 그 즈음은 조금 생선 구운 것이라도 먹어 보고 싶다고 하는 기분이 나게 된다. 그 기분은 경험에 의해 얻는 힘이다. 단백질이 부족하므로 우리들은 자연히, 정어리 소금구이라도 좋으니까 먹어보고 싶다고 하는 기분을 일으킨다. 그것은 어릴 때부터의 식습관에 의해 그것이 없는 곳이기 때문에 옛날의 식습관으로 돌아가고 싶다는 마음으로부터 일어난 것이다라고 생각된다.

II. 통혼권(通婚圈)으로 보는 식단 차이

그 식습관은 누가 가르쳤을까? 어떻게 해서 우리들은 그 식습관을 몸에 베이게 되었을까? 생각해 보면 어릴 때 갓난아기 때부터 어머니가 여러 가지를 먹였던 것이 그 어머니의 맛이다. 결국 「어머니의 맛」이라는 것이 우리들의 근저에 기본적으로 되어서 거기에 어긋난 것으로 되면 원래의 기본적인 상태로 돌아가고자 하는 생각이 아닐까요?

8) 본권 403쪽, 요시가와(吉川)논문 「일본형 식생활은 일본인이 지킨다」를 참조바람

그러한 것이 있기 때문이 아닐까하고 생각하여 「어머니의 맛」이라는 것에 대하여 여러 가지로 생각해보는 것이다. 어머니의 식칼 사용 방법, 요리하는 방식, 재료의 선택방법은 원래 어디에서 온 것일까? 저자가 여러 가지로 생각한 결과 그것은 두 가지가 있다. 하나는 생가(친정)의 어머니를 도우면서 몸에 베인 기술이다. 또 하나는 시가에서 온 것이다. 시가의 시어머니의 지도에 의해 얻어진 지식이나 어쨌든 선배의 지식을 획득한 지식이다.

그래서 며느리가 갖게 된 지식이라는 것은 어디서, 어느 정도의 범위에 있는 것인지 조금 조사한 것이 있다. 저자는 농촌의 경우밖에 알 수 없지만 농촌에 있어서 통혼권이라는 것은 여러분이 상상하고 있는 이상으로 매우 좁은 것으로서 많은 경우는 대개 일 리 정도의 범위에서 며느리가 오는 것이다. 에도(江戶) 가도(街道)나 가와고에(川越)가도라든가 무슨 가도라는 것이 있으면 그 가도에 따라서 조금 가늘고 길게 되는 사실은 있다더라도, 통혼권은 매우 좁은 것이다. 그 좁은 범위 내에서 며느리에게 주거니 받거니 하고 있으므로, 며느리가 갖고 있는 식습관도 그 지방에서는 같게 된다. 그 식습관에 따라 우리들은 음식물 선택 지식을 얻었던 것이 아닐까라고 생각했다.

어느 반골(反骨) Chemist의 궤적(軌跡)

가와가미(川上) 모리오카(盛岡) 고등농림이란 것은 속관(屬官)의 양성소이므로 예를 들면 농림성에 오래 근무해도 사직 시에 겨우 1일, 2일 고등관(주임관)으로 받아서 주임관의 최저 연금을 받을 수 있게 하여 받습니다. 그것이 최후의 즐거움인 것입니다.

저자는 집에 다소 돈에 여유가 있고 해서 연구직이 되고 싶다고 말해서 갑자기 도쿄대학 농예화학교실에 근무한 것입니다.

대학이라는 곳은 지식통의 교수가 제일 뛰어나고, 부교수, 강사, 조수로 조수까지가 정규직원입니다. 그 다음의 신분은 공무원은 아니지만 부수((副手)가 있는데 저자는 부수 또는 차수, 소사(小使)하고 부수 사이를 근무한 것입니다. 당연히 무보수이나, 동대의 농예화학은 전문학교를 나온 자에게는 월급을 주었습니다. 1922년에 졸업했으니까, 그때 월급이 30엔이었습니다.

이노우에(井上) 그것은 꽤 좋은 월급이었군요.

가와가미(川上) 네, 점심 도시락이며 3끼 먹는데도 하숙비가 10엔 정도였으니까. 까페나 빠에서도 다소 마셨습니다. 30엔으로.

이노우에(井上) 일은 어떤 것입니까?

가와가미(川上) 동물실험 계통입니다. 동물실험실에는 선배가 역시 저와 같이 도쿄대학을 나오지 않은 오래된 사람이었는데 선생의 지시에 따라서 동물(쥐)을 사육하고 있었습니다. 저는 그 아래의 잔심부름꾼으로 대개는 쥐 사료의 재료를 만듭니다.

당시 스즈끼(鈴木梅太郎) 선생이 연구한 것은 단백질 중에 어떤 단백질이 가장 영양이 될까, 동물실험으로 결정하는 것입니다. 그 단백질을 실제로 만드는 것「보조(介補)」라 불리는 직무로, 고참(古參)의 일입니다.

대담「시험관과 식칼」1990「VESTA」No.5 : 33-34에서발췌」

gest 가와카미 고조(川上行藏) (요리서 원전 연구회 주재(主宰))

host 이노우에 히토시(井上如) (학술정보센터 교수)

<사진 9> 모리오카(盛岡) 고등농림학교 시대의 가와카미 고조(川上行藏) 씨

그런데 식단의 지역 차가 나오는 것은, 통혼권이라는 것은 큰 강이 있으면 건너지 않는 것이므로, 강 건너편과는 며느리가 좀체 간다거나 온다거나 하지 않는 것이므로, 강 건너편과 이쪽, 산 건너편과 이쪽에서는 음식물이 다르다는 것입니다.「어머니의 맛」도 산을 넘는다는 것은 좀체 곤란해서 건너편까지는 오고가지 않는다.

지역에 따라서 상당히 음식물 pattern이 차이가 난다. 같은 일본 말이었으므로 이렇다 할 정도의 것은 아니었을 것으로 생각했으나 자도에서 보면 상당한 차이가 인정된다. 그것은 농림성의 조사 결과인 것으로 농가의 말이지만 , 예를 들면 눈에 띄기 쉬운 것을 두 예만 들어본다. 된장 소비량으로서 1년간 1인당 몇 kg 먹는가를 본 그림 1과 찌꾸와(竹輪) 어묵을 1년에 1인당 몇 g 먹는가를 그림 2에서 현(縣)으로 나타낸 것이다. 이것은 농림성 농민영양조사보고에 의한 것으로, 숫자는 1958년도의 것입니다.

그러면, 된장부터 말씀드립니다. 된장은 농가의 것으로서, 3번 3번 대체로 된장국이 있다고 생각하고 있는 편도 있고 해서, 된장이라고 말하는 것은 그렇게 매일매일 먹는 것일까, 마시는 것일까라고 생각하고 있는 지방도 있다. 제일 된장이 적은 지방은 오까야마현과 히로시마현이다. 여러분 중에도 히로시마현이나 오까야마현 쪽에 간다고 생각할 지라도 된장국을 만드는 기회가 매우 적고, 그 된장국도 된장 사용량이 적고 묽다. 이 주변이 중심이 되어 있어서 이 주변의 된장을 싫어하는 며느리는 저쪽으로 가고, 많은 딸들을 낳고 된장을 싫어하는 습관을 여기 저기 퍼트려서 이러한 지도가 되지 않았을까라고 생각합니다(웃음). 오까야마에서 멀면 멀수록 된장을 한층 더 먹고 있고 가고시마 (鹿兒島) 부근도 꽤 된장을 먹고 관동에서 동북 지방은 조금 많이 먹고 있습니다. 북해도는 blank로 되어 있습니다만 그것은 162란 숫자이므로 16.2 kg 정도가 됩니다. 그러니까 동북 지방의 group에 속합니다. 오까야마에서 멀수록 된장 소비가 점점 많아진다는 경향입니다.

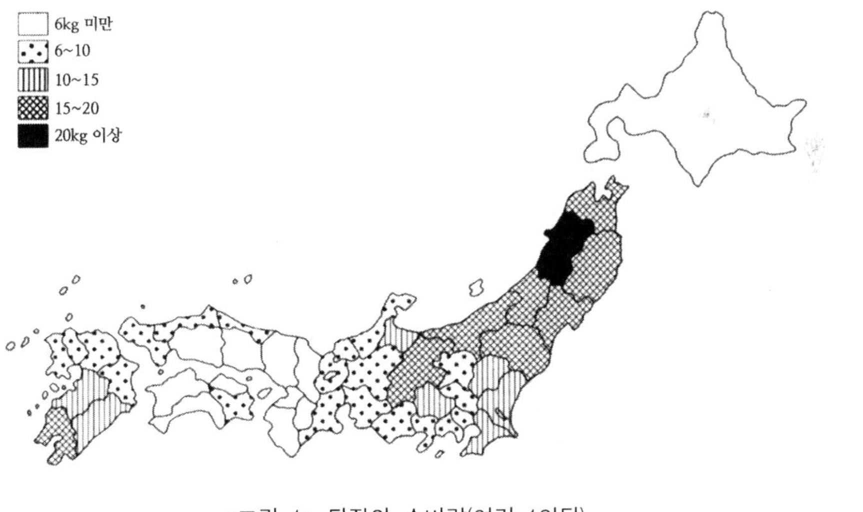

<그림 1> 된장의 소비량(연간 1인당)
(농림성 농민 영양조사보고(1958년)에 의함)

이번에는 찌꾸와에 대해서 설명하겠습니다. 아와지시마(淡路島)의 며느리는 글쎄 오늘 저녁엔 무엇을 맛있는 요리로 할까 하고 생각할 때 우선 머리에 핑 오는 것은 찌꾸와!가 된다(웃음). 이 습관이 도쿠시마(德島)현에 전해지고, 혹은 효고(兵庫)현 전반에 전해져서 그 주변 일대는 마구 찌꾸와를 먹습니다(웃음). 그 습관이 조금조금 가까운 현에 깊이 스며들어간 끝이 마침내 나가야현 부근까지 살아가고 있는 것입니다. 그런데 나가야현에서 관동에는 상당히 깊이 스며들지 않은 것 같습니다. 군마현 부근은 조금 확빙상(碓氷峠)을 넘어서 미도리꾸미(綠組)가 있습니다. 나가야현에서 찌꾸와를 좋아하는 며느리가 군마(群馬)현에 오는 일이 있는 것 같고, 다소 영향을 끼치고 있다. 그 영향은 이와테(岩手)현만은 조금 설명하는데 사정이 나쁜데요(웃음). 이것은 나가노(長野)현의 딸이 이와데현으로 시집간 일이 있을지도 모르겠습니다.

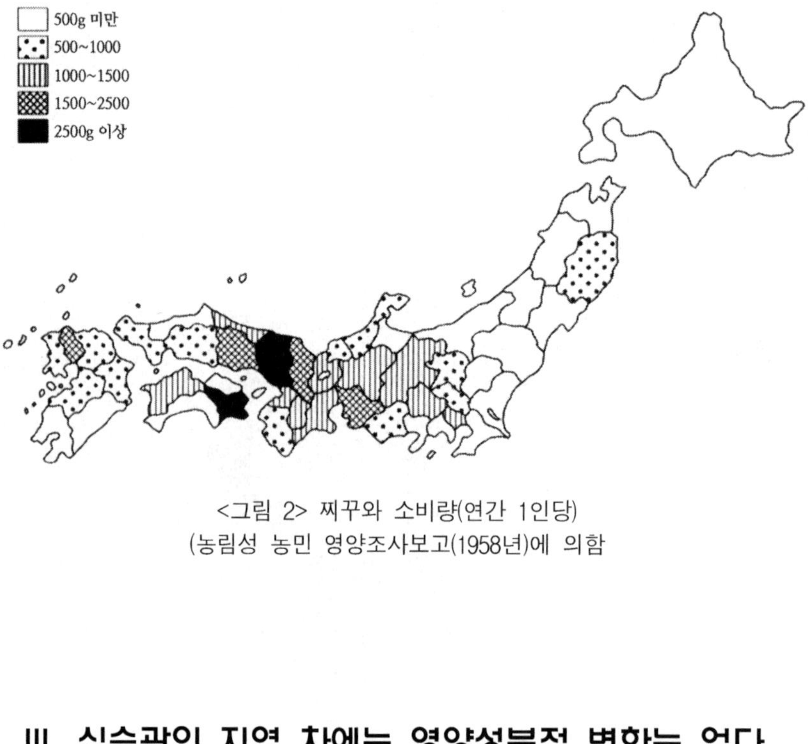

<그림 2> 찌꾸와 소비량(연간 1인당)
(농림성 농민 영양조사보고(1958년)에 의함

III. 식습관의 지역 차에는 영양성분적 변화는 없다.

도쿄의 여러 market에 가면 핫죠(八丁)된장[아이치(愛知)현 오까자끼(岡崎)지방의 특산의 검붉고 짠 된장]이라는 것을 팔고 있다. 그것은 독특한 된장으로, 꽤 먹기 어렵고 된장국으로 해서도 마시기 어려우나, 그것을 어엿하게 도쿄에서 팔고 있는 것이다.

결국 핫죠된장을 찾는 사람이 꽤 있다는 것이겠지요.

그러한 집을 조금 조사해 보면 나는 동경에서 태어났습니다. 라고 그곳의 어머니는 말씀하신다. 그러면 본가의 어머니는 어디에서 시집왔습니까? 라고 물으면 역시 동경에서 자랐다고 말한다. 그러면 그 전에는? 이라고 하면 대개 미카와(三河 : 지금의 아이치현의 동쪽 반) 사람입니다. 미가와(三河) 사람은 핫죠된장을 좋아합니다. 그 좋아하는 핫죠된장을 동경에 가지고 온 그 딸, 그 다음 손녀도 핫죠된장을 구매한다고 말하게 되었다.

그러니까, 이와데현 지도상에 찌꾸와(생선살로 만든 관 모양 음식)를 먹는 풍습이 통하고 불통이 튀어버려져도 그렇다는 것일지도 모릅니다.

저자는 이러한 생각이 있었던 것입니다. 그럴싸한 생각을 할 수있다 해도 필히 맞을까 어떨가 조금 저도 의문이라 생각합니다(웃음). 라고 말씀드리는 것은 일본 농가의 음식물을 조사해 보면 이렇게 지역 차가 있어도 단백질을 몇 g 먹는가, 지방을 어느 정도 먹는 가라는 영양성분으로 집계한 것을 보면 여기도 저기도 모두 같게 되어 있습니다. 음식물의 선택 방법은 차이가 있어도 성분적으로는 별 변화가 없다는 것이 사실인 것입니다.

후생성 실시로 되어 있는 영양조사보고 열람에서도 알 수 있고 농림성 조사표 열람에서도 알 수 있듯이 선택하는 식품은 차이가 있어도 그것을 성분으로 나타내어 보면 같이 되어 있습니다. 요시가와(吉川誠次) 선생이 여러 가지 도표를 그려서, 동아시아 각지의 식품 섭취량을 설명하였습니다만 도면으로 그리면 어느 정도로 되겠다고 생각하나, 영양성분으로 환산하여 보면 거의 같게 되는 것은 아닐까 라고 저자는 생각하고 있습니다.

그것은 인간은 살지 않으면 안 되고, 살기 위해 모은 식품의 combination이므로, 이것은 영양상 결함이 없도록 되어 있을 것입니다. 여러 가지 그림으로 그리면 충분히 차이가 있으나, 앞으로 한번 그 점에 대해서 조사할 생각입니다.

다만 지금 말한 된장으로 하여도 생각해 보면 문제는 없습니다. 일본인이 먹지 않으면 안 되는 1일 열량은 사람에 따라서도 다르나 2000kcal에서 2200kcal 정도 됩니다. 2000kcal에서 1700kcal 정도까지는 쌀로 취하고 있었습니다. 후일 400kcal 정도는 ---. 400kcal는 말이 되지 않습니다(웃음). 반찬에서 취하는 열량이라고 하는 것이 이해가 쉽습니다만, 우리들도 여러 가지 조사를 합니다만 대개 집의 반찬 열량을 총계를 해도 대체로 300kcal에서 400kcal입니다. 청취조사를 하여 어머니쪽에서 들으면 그것도 먹고 있고, 이것도 먹고 있다고, 반찬이 있는 것 같이 말씀하셔도, 잘 조사해보면 그러한 반찬은 없는 것입니다(웃음). 어머님쪽에서 말씀하시는 것을 모두 진실이라 해서,

일단 계산해도 500kcal 밖에 되지 않습니다. 그러니까 2000kcal에서 500kcal을 빼고 난 후의 1500kcal라는 것은 쌀에서 취하고 있는 것입니다.

그러한 상태이기 때문에 일본인의 경우는 반찬의 범위로 여러 가지의 것을 교체해 보아도 영양성분상에서는 별 변화가 없는 것은 당연한 말입니다. 다만 여러 외국, 필리핀이라든가 앞의 도표에 나타낸 것과 비교하면 어떻게 되어 있습니까? 그러나 영양성분상에서는 영양상으로 다른 점은 없다고 생각됩니다.

제 2 부

일본의 식재료

제 1 장 주식문화로서의 곡물

츠크바 히사하루(筑波常治)

I. 벼와 쌀 재배의 기원

일본의 주 작물(作物)이 벼(稻)이고 주식이 쌀인 이유에는 일본의 농학・작물학에 있어서 가장 발달하고 있는 영역이 벼에 관련된 분야인 것도 당연하다. 벼에 관한 학술적 연구가 세계에서 최고 수준에 달하고 있는 나라는 일본이다. 그러나 그럼에도 불구하고 일본에서의 쌀 재배의 기원에 대해서는 의외로 많은 것을 아직 알지 못하고 있다.

얼마 전까지 반대로 알고 있었다고 생각한다. 벼의 원산지는 인도의 열대 늪지이며, 기원전 4000년경에 최초로 재배가 시작되었고, 지금부터 약 2000년 전쯤 일본에 도래하였다. 그때까지 일본 열도의 주민은 농업을 알지 못하고 오로지 채집 생활만 하고 있었다. 일본인은 벼와 함께 농업을 알게 되었고, 따라서 최초부터 일관한 주 작물은 벼(稻)였다. 농업으로 바꾸면서 모두 주식도 쌀로 이행하였다. 유사(有史) 이전의 일본의 역사는 농업이 없었던 죠몬(縄文) 시대와 농업이 행하여진 이후의 야요이(弥生) 시대와는 확실하게 구분된다. 모르는 것이 있다면 어떠한 코스를 밟아서 벼가 일본에 도달한 것인가이다. 이점에 관해서 몇 개의 설이 대립하였다. 더욱더 관련해서 벼가 최초에 도착한 곳은 일본열도의 어디였는가, 복수의 설이 주장되였다.

그러나 그 후 연구, 특히 생물학과 고고학의 발달과 함께 알았다고 생각한 것의 많은 것을 알지 못하게 되어버렸다. 해외의 벼의 원산지에 대해서도 중국 운남 지방이라든가 장강(長江) 하류의 연안지대라든가, 몇 개의 새로운 설(說)이 제창되고, 년대도 일 만 년 가까이 먼 옛날로 말하고 있다. 일본으로의 도래의 시기도 거슬러 올라가 3000년 이상의 옛날이라고 주장되고 있다. 예전에도 현재도 변함없이 정설로 계속하고 있는 것은 벼의 조상인 야생식물이 일본에는 자생하지 않았고, 해외로부터의 도래작물이라는 것 하나 정도일 것이다. 벼에 앞서서 죠몬 중기경부터 일본에 화전(火田) 농업이 있었던 사실이 유력시 된 것이다. 더욱 더 쌀 재배도 죠몬 말기에는 모두 시작하고 있었다는 설도 나오고 있다. 농업의 유무에 따라서 죠몬과 야요이를 확실하게 구분했던 종래의 기준이 모호하게 되었다[(13)(14)].

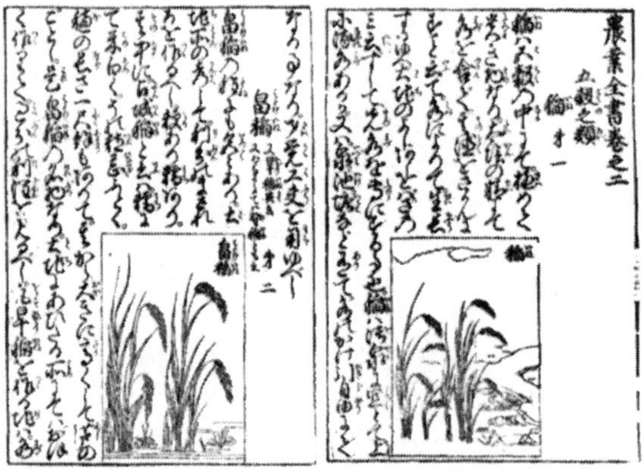

〔그림 마야자키 야스사다(宮崎安貞) 『농업전서(農業全書)』(元綠年間)에서〕

벼에 앞서서 화전(火田) 작물로서 토란과 콩이 지금 또 유력시되고 있다. 당연하지만 미식(米食)보다도 전에 그것들을 주요 식료(食料)로 한 생활이 상당히 계속된 것이다. 그러한 것은 일본에서 농업이 시작된 후에 토란에서 쌀로 주식의 전환이 일어나게 되었다는 것이다. 인간은 식생활에 관해서 상당히 보수적인 것이다. 일단 정착한 주식이 다른 것으로 변한다고 한다면 그 새로운 주식이 그때까지의 주식을 구축(驅逐)하는데 만족할만한 절대의 매력이 없으면 되기 어려운 것이다. 쌀의 그 매력이란 도대체 무엇일까? 이 수수께기는 용이하게 풀리지 않는다.

쌀의 매력으로서 자주 맛있는 맛이 지적된다. 또 토지 면적당 수량이 많음을 들 수 있다. 따라서 이들은 결과론이라고 말할 수는 없다. 맛있는 맛에는 길들여진 것이 큰 조건이 된다. 더욱더 쌀이 주식이 되었기 때문에 그것을 어떻게 맛이 있게 먹을까, 부식물이나 조미 방법에 공부가 필요하였다. 벼가 도래한 당초부터 그때까지의 주식을 추방해버릴 정도의 맛있는 맛을 느꼈을까? 의심은 없었는가. 수확량도 다름없고 주 작물로 되었기에 다른 작물을 멀리하고 재배 기술의 연구가 행하여져서 생산력이 높아졌다. 최초부터 많은 수확이 가능했을까? 이 또한 의문을 말하지 않을 수 없다. 일설(一說)에는 쌀알의 매력보다도 볏짚의 다용도에서 보는 유리함이 벼를 주 작물의 자리에 올려놓았다고 하는 해석도 하고 있다[1].

학문이란 대국적(大局的)으로 보면 몰랐던 수수께끼를 풀어 증명하여가는 과정밖에 되지 않는다. 그러나 세목(細目)에 대해서 보면 해결하지 못했던 회답의 신빙성(信憑性)이 의심스럽게 되고 그렇다고 해서 새로운 회답은 좀처럼 보이지 않고 학문의 발달과 함께 반대로 사태를 혼미하게 하는 경우도 있을 수 있다. 벼, 그리고 쌀 재배 기원의 문제는 그것의 전형(典型)의 예(例)라고 말할지도 모른다.

II. 온대(溫帶)로 인한 제약과 영향

어떠한 내막이 있었다고 하자. 어느 시기 이후 벼는 주 작물로서 일본에 정착하였다. 여기에 대해서 벼야말로 일본의 환경에 최적이며 일본인의 조상은 실로 훌륭하게 그러한 작물을 골랐다고 하는 지적도 자주하고 있다. 다만 그것이 과대평가라고 말할 수만은 없다.

벼의 두드러진 특성으로서 대량의 물, 그리고 고온을 필요로 한다. 일본열도는 비가 많고 습윤(濕潤)으로, 이점에서는 벼에 자연 그대로이다. 문제는 습도이다. 벼의 원산지는 어디였는가, 현재의 벼는 열대에 적응하고 있다. 생물은 종류마다 생육을 위한 최적 온도가 정해져 있는데, 이것을 성장 적온(成長適溫)이라고 한다. 벼의 성장 적온은 약 32℃이다. 즉 온대의 일본은 평균적으로 벼에게는 싸늘한 것이다. 그러나 그런 일본에도 「30℃를 넘는 더위」라는 말이 있다. 한 여름의 맹서(猛暑)를 나타내는 표현으로, 즉 여름의 수개월만은 열대와 같은 환경이 되는 것이다. 거기에 성장기를 맞추는 것으로 쌀 만들기가 가능하였다. 벼는 어디까지나 여름작물로서만 재배되어 그 외의 계절에는 만들 수 없다. 이것은 본래 열대이기에 가능성이 없는 제약이다.

일본의 경우, 쌀 재배에는 특별의 배려가 필요하였다. 그 배려가 자상하게 마음 쓴 결과, 벼(稻)가 주 작물로 된 것이다. 여름에 앞서 장마가 있어 대량의 물이 세차게 쏟아진다. 그것을 저수(貯水)하여 여름이 되면 모두 논에 끌어들인다. 이렇게 해서 벼에 필요한 두 개의 조건이 충족되어진다. 만약 장마와 여름의 순서가 거꾸로 되었다면 어

1) 민속학자 宮本常一씨의 가설이다.

떠했을까? 물과 달라서 온도는 비축할 수 없다. 나중의 장마에 모두 "저온(貯溫)"해 놓은 기온을 논에 방열(放熱)할 수밖에 없다. 일본 열도는 벼에 있어서 최적은 아니지만 그런대로 가능한 조건은 갖추게 된 것이다. 그 가능성을 어떻게 발휘시켰는가, 열대를 매우 참고 견디어 내는 공부가 필요하였다.

예를 들면 성장기와 여름을 합치시키기 위하여 초기의 농작업(農作業) 하나하나가 엄격하게 적기(適期)의 속박(束縛)을 받는다. 무엇인가의 착오로 작업의 어떤 것 하나는 십수 일(十數日) 늦어지기도 한다. 열대라면 연간 같은 더위이니까 다음의 예정이 십수 일씩 늦어져도, 수확은 틀림없이 얻어진다. 그런데 일본만은 벼가 성장하기 전에 여름이 끝나버린다. 수확할 수 없는 채 고사시키는 것이 부득이하다. 치명적인 타격이 되는 것이다. 그런고로 작업 예정일을 엄수하지 않으면 안 되었다.

그러면 무엇을 기준으로 적기를 알까. 현재는 달력의 날짜에 무엇보다도 의뢰하게 된다. 그것은 태양력 날짜의 결정 방법이 비상하게 잘 만들어져서 매년 같은 날짜에 같은 계절이 틀림없이 순환이 일치하기 때문이다. 하지만 옛날에는 없었다. 태양력 이전 소위 음력 날짜를 붙이는 방법은 매년 같은 날짜에 같은 계절이 맞지 않을 뿐만 아니라 년도에 따라 흔들림이 컸다. 더욱 확실한 농작업의 기준을 찾아야 했다.[2)]

결국 자연 그것이 기준으로 사용되었다. 자연 풍경의 조그마한 변화를 재빨리 발견해서 계절이 다음 시기로 옮기기 시작하고 있음을 알아 작업의 준비가 늦어지지 않도록 끝낸다. 예민한 계절 감각이 양성되고 그 영향은 농업 뿐 만이 아니고 문학, 그리고 예술을 포함한 일본인의 생활만반에 미치고 있다.

III. 잡곡으로의 의존, 쌀의 그리움

이상은 단순한 일례(一例)이고, 그 외에도 여러 가지 면에서 적지(適地)의 열대라면 필요 없을 노력과 공부를 하지 않아도 되었다. 그렇게 하여 벼의 생산과 수확이 실현되었지만, 일본인 전체가 바라는 쌀의 소비를 충족시킬 만큼의 생산은 용이하게 달성할 수 없었다. 쌀 부족의 상태가 만성적으로 계속되었던 것이다.

이것을 보완하기 위해 각종의 잡곡이 재배되었다. 「잡곡(雜穀)」의 호칭은 중국에서 시작된 것인가, 그렇지 않으면 일본에서의 조어(造語)인가, 나 자신 아직 조사하지 않

---

2) 『自然暦』의 예로서는 佐頼与次右衛門 『會津歌農書』 (宝永初期)와 川口孫治郎 『自然暦』 (昭和 18년) 등이 있다.

았다. 어찌되었든 간에 이 부르는 방법에는 하찮은 것으로 경멸하는 느낌이 늘 붙어 다닌다. 벼만은 곡물 중에서 별격적(別格的)인 존재이며, 벼 이외는 모두 한데 싸잡아 깎아 내린 인상이다. 단 곡물 중 보리와 밀은 벼에 이어 가치를 갖고 있다는 관념도 옛날부터 있어 기타 잡곡과는 구별되는 경우도 있다.[3] 에누리 없이 잡곡으로 취급받는 종류는 조, 기장, 피, 메밀이라고 말하지만 수수(모로고시), 옥수수(도우모로고시)는 외국을 의미하는 「唐(모로고시・옛날 일본에서 중국을 이르던 말)」을 명칭으로 하고 있는 것에서도 밝히고 있어 일본에서의 재배 역사는 비교적 오래지 않다.

잡곡의 조건은 재배가 용이한 것이었다. 농가의 노력의 대부분은 벼에 소비하였다. 노력을 많이 들여서 증수(增收)는 꾀할 수 있었다. 잡곡은 벼 옆에서 재배된 것이고 노력을 충분하게 주는 여유는 처음부터 없었다. 조방(粗放) 재배로 그 나름 수량(收量)을 거둘 수 있는 것이 값어치였다. 에도(江戶) 시대 후반에 이르러 고구마가 보급되기 시작하고, 종래 잡곡의 일부로 취급되었다. 고구마는 잡곡 이상으로 토지면적당 수량이 많고 게다가 수확 후 처리가 훨씬 간단하였다. 벼와 잡곡과의 차이는 벼가 일본 전국으로 퍼져서 뿌리를 내린 것에 반하여 잡곡은 지역마다 상당히 종류의 차이가 두드러졌다. 벼에 대해서는 환경 풍토의 차이를 극복하려는 노력 공부가 행해지는 것에 비하여, 노력을 하지 않는 조건의 잡곡에서는 공부하지 않고 기존의 환경에 순응한 재배에 마음 쓴 결과라고 말할까요. 고구마도 이점에서는 같은 것으로 주산지는 관동 이남이고 북쪽 한계는 동북지방의 중남부까지였다.

그와 같이 잡곡과 고구마에 의존한 생활이 일본의 각지에 있었던 것은 할 수 있다면 차라리 생각을 접고 벼를 단념하여 잡곡 또는 고구마를 명실(名實) 공(共)이 주 작물 또는 주식의 자리에 앉혀 놓고 그것들의 더욱 많은 수확과 한층 맛이 좋은 먹는 방법을 공부하는 방향으로 돌리려고 한 것이 오히려 바꾸어 놓았다. 잡곡과 고구마에 의존할 수밖에 없었던 것이 변하여 점점 쌀밥으로의 동경을 오히려 강하게 했다고 말할 수 있다. 쌀만을 주식으로 할 수 있는 생활, 더욱더 쌀을 먹고 싶은 만큼 먹고 또 보유미(保有米)로 여유가 있는 상황이 이상향(理想鄕)으로서 생각하였다. 그 목표를 지향하여 쌀을 만드는 기술은 하찮은 부분까지 세밀하게 노력을 기우려 소위 집약농법(集約

3) 宮崎安貞『農業全書』(元祿年間)「麥」(オオムギ) 페이지 오른편의 그림과 같이「벼 다음으로 오곡 중에서 귀한 것. 이러므로 성인처럼 존중시....」라고 있다.

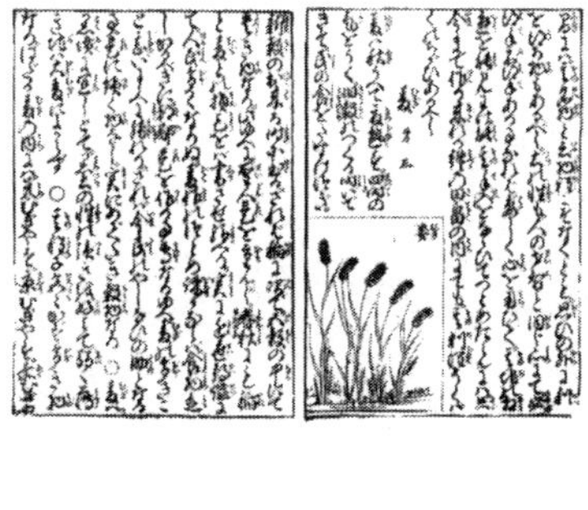

農法)의 정도를 깊게 하였다. 대체로 토지 면적당 수량(收量)을 조금씩이라도 늘어나도록 하는 노력이 가볍지 않았다.

다만 일찍이 일본인의 식생활에서 쌀과 잡곡의 비율에 대해서는 꼭 확실하지 않다. 일본인은 쌀을 문자(文字)처럼 쭉 주식으로 하여 영양적으로 치우침이 심할 정도로 많이 먹어 왔다는 의견이 한쪽에서는 있다. 반면 쌀을 주식으로 할 수 있는 계층은 상류계급뿐만으로 민중의 현실의 주식은 잡곡 혹은 고구마이었다는 주장도 있다. 그 증거의 하나로 에도 시대의 다음과 같은 속요(俗謠)가 인용되기도 한다.

일본 밭벌판 좋은 쌀벌판

쌀을 수확하고 또 해도 나는 먹을 수 없네

즉 일본 인구의 대부분을 차지한 농민은 미작(米作) 민족이었지만 미식(米食) 민족은 아니었다. 그리고 제례(祭禮)나 경축 행사 등 때때로 공적인 자리에서 쌀을 먹는 것을 무엇보다도 즐기고 있다고 말한다. 혹은 임종이 가까워질 때 이 세상의 최후의 추억으로 쌀죽을 먹인다는 전승도 있다. 한편 그럼에도 불구하고 일상에서 쌀에 대한 애착을 그만두지 못하고, 죽통(竹筒)에 손가락으로 한줌의 쌀알 넣은 것을, 아침에 일어나면 귀 옆에서 흔들어서 소리를 듣고 나서야 그날 일을 시작했다고 하는 습관도 이야기로 전해지고 있다.

다만 이러한 주장에 대해서 이것들은 2차 대전 후에 유력(有力)해진 마르크스(Marx)주의 사관(唯物史觀)의 무리한 견해임이 틀림없으며, 일본의 농민이 얼마나 착취에 헐떡거리고, 비참한 생활을 강하게 견디어내는지를 강조한 것에 지나지 않는다. 농촌생활의 실태를 왜곡시키고 있다는 비판도 있다. 그리고 통계자료를 바탕으로 적어도 에도 시대 후반 이후는 일본인 전체의 섭취 열량 중 60% 이상이 쌀이 차지하였다는 설(說)도 발표되고 있다. 결국 통일된 견해가 없는 것이다. 실제는 상당한 지방 차이가 있다는 것도 생각해야 되는 것이 아닌가. 좌우지간 쌀에 대해서 마저 이러한 상황의 현시점에서 잡곡은 보다 더 자료가 빠져 모르는 것이 오히려 당연한 것이 아닌가.

IV. 안정작(安定作)과 재해(災害) 발생

다수확을 실현하는 데는 우선 토지면적당 수확량을 늘리지 않으면 안 된다. 이것은 특별히 말할 것까지는 없다. 그러나 이 외에 더 하나 필요한 것은 안정작(安定作). 연도마다 풍흉작의 차이를 없게 하고, 매년 계속해서 일정(一定) 이상의 수확량을 확보하는 것이다. 이것이 따르지 않으면 금년은 기후 덕분에 수확량을 많게 하였다가 다음

해에는 악천후로 수확량이 적어지면 평균하여 증수(增收)하지 못한 결과가 되어 버린다. 결국 매년 풍작을 실현하지 않으면 안 되는 것이다.

이것을 방해하는, 해마다의 수확량을 불안정하게 하는 원인이 각종의 재해이다. 연년 풍작이라는 것은 이들의 재해를 방제(防除)하는 것뿐이다. 재해에는 여러 가지 종류가 있고 피해를 막기 위해서 수단도 당연히 여러 가지로 알고 있다.

과학 이전, 재해는 거의 전부 천재(天災)로서 인간의 힘으로는 그 자체를 어떻게 할 수도 없었다(과학 기술이 발달한 현재에도 많은 자연 재해는 여전히 인간의 손으로는 어쩔 수 없다). 인간에게 가능한 것은 일어나버린 재해의 원인에, 어떻게든 해서 그 피해를 최소한도로 저지할까 여러 가지로 궁리하는 것뿐이다. 그리고 그 궁리라면 여러 가지가 가능하다.

「이 기록을 깨는 자 없음」 단보당 현미 수확량 8석 4말 1홉의 기록을 만든 시마네현(島根縣) 니시다촌(西田村)의 사사키 이타로(佐佐本伊太郎) 씨. (『家の光』 1934년 1월호에서)

예를 들면 에도 시대의 농서(農書)를 보면 수확량과 품질 등의 점에서 변명의 여지가 없는 품종이 있었을 경우 자칫하면 그 품종만 선발하여 재배하는 경향이 많으나 이것은 몹시 위험하다고 경고하고 있다. 마침 그 해에 그 품종이 특히 다루기 힘들어서 재해가 발생하였다면 수확 전무(全無)라는 최악의 사태에 빠질지도 모른다. 그렇게 되지 않게 하기 위해서 복수(複數)의 품종을 재배한다. 그렇게 하면 재해가 발생하여도 「5품종은 재해에 걸려도 5품은 피해간다고[4]」 하는 결과로 되어 최악의 사태를 피할

4) 宮永正運 『私家農業談』(寬政元年[1789]). 더구나 전에 나온 『會津歌農書』에도 같은 취지의 와

수 있다. 물론 복수의--그것도 될수록 많은 - 품종을 선택한다면, 그 중에서 수확량과 품종이 좋지 않은 것도 포함될 수 있다. 변명의 여지가 없는 품종 하나만 선발하여 재배한 경우와 비교하여 재해 발생이 없었다면 오히려 손해를 보게 되겠지요. 그러나 그러한 손해가 있어도 양해하고 위험을 전제로 하여 안전책을 자진하여 구한다고 하는 발상은 현재 보험을 걸어 놓는 것과 아주 동일한 생각이라고 말할 수 있겠지요, 그래서 이 방법은 어떠한 재해가 닥친 경우라도 유효하다. 모든 재해가 천재(天災)이고 어떤 일이 일어나도 미리 예측할 수 없는 상황 하에서는 이러한 방법을 선택하는 것 밖에는 없다는 것이다.

메이지 이후 과학의 발달과 더불어, 재해의 종류에 따라 다른 대책이 고안되었다. 그 재해의 종류가 벼에 대해서 보면, 물 부족(旱害), 집중 호우, 수해, 풍해, 병충해 등을 들 수 있다. 이 안에 물 부족은 관개용수시설의 정비와 더불어 경감될 수 있었다. 수해와 풍해는 일시적, 국지적으로 발생하는 것이다. 이들에 비하면 훨씬 넓은 지역에 걸친 장기적인 피해를 가져오는 것은 냉해였다.

일본은 온대임에도 불구하고 여름만은 열대와 같이 된다. 게다가 「열대야」라고 하는 단어가 가리키는 것 같이 낮과 밤을 알 수 없을 정도로 된다. 그래서 그 열대성의 작물인 벼가 정착할 수 있었다. 벼는 매력이 있었다고 해도 이 환경이 쌀을 재배하는 대전제에는 틀림이 없다.[5] 그러나 해에 따라 여름이 열대로 되지 않는 일이 일어난다. 우천과 구름 낀 하늘[담천(曇天)]이 계속되어 기온이 오르지 않는다. 그러한 여름을 냉하(冷夏)라고 부른다.

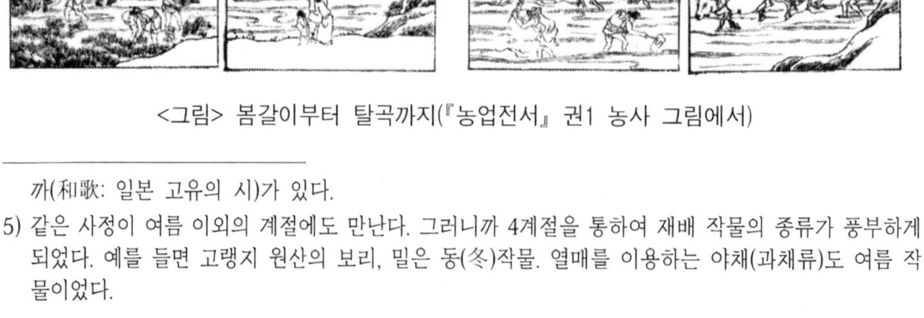

<그림> 봄갈이부터 탈곡까지(『농업전서』 권1 농사 그림에서)

까(和歌: 일본 고유의 시)가 있다.

5) 같은 사정이 여름 이외의 계절에도 만난다. 그러니까 4계절을 통하여 재배 작물의 종류가 풍부하게 되었다. 예를 들면 고랭지 원산의 보리, 밀은 동(冬)작물. 열매를 이용하는 야채(과채류)도 여름 작물이었다.

냉하가 발생하는 원인은 현대의 과학을 갖고도 밝혀낼 수 없다. 태양의 흑점과 관계가 있을까, 최근에는 엘리뇨 현상 때문이다 라고 말하여지고는 있으나. 화산의 분화와 관련이 있다는 설도 있다. 불어 온 화산재가 공중을 떠돌아 그래서 아연산(亞鉛酸) 가스가 방출되어 공기 중의 수증기와 결합하여 유산(硫酸) 미스트(연무)를 만들어 내어 이들이 태양광선을 막는다고 하는 것이다. 확실히 화산 대폭발이 계속하여 냉하가 발생하였다는 사례는 적지 않다. 그러나 이 설(說)의 약점은 분화한 화산과 냉하로 보여지는 지역이 멀리 떨어져 있는 경우가 많다는 것이다. 하여간 진인(眞因)은 알 수 없다. 온대이기 때문에 숙명적 천재(天災)라고 말하여지는 것을 어쩔 수 없다. 그래서 어떠한 이유에 의해서라고 해도 냉하의 발생은 쌀농사의 대전제를 붕괴시키는 것이 된다. 그 결과로서 생겨난 피해가 「냉해」 바로 그것이다.

V. 냉해(冷害) 극복과 잉여미(剩餘米)의 발생

에도 시대의 후반기, 미작(米作) 기술은 진보하였으나 얄궂게도 이것이 냉해가 심했다. 기술이 덜 발달한 단계에서는 벼에 적응하는 토지밖에 수전(水田)을 할 수 없다. 기술의 고도화와 더불어 부적당한 토지까지가 수전화되도록 되었다. 그것은 말하자면 무리하게 발돋움하여 미작을 일으키는 것으로 기후가 정상이면 좋으나 이변이 생기면 갑자기 무리하게 되어 피해가 크게 온다. 이것에 해당하는 토지는 원래 냉냉한 동북지방에서 많이 보였다. 에도 시대의 큰 재해로서 알려진 「덴메이(天明)의 대기근」 및 「덴포(天保)의 대기근」은 같은 냉해로서, 동북 지방을 중심으로 대참사를 일으켰다. 비교적 근년에도 「1934년 동북 대냉해」의 참사는 사회 문제화하여 농업 관계자 사이에서 심각한 충격을 남기고 있다.

냉하(冷夏)의 원인을 알지 못하는 한 그것을 방지하는 것도 불가능하다. 인간이 할 수 있는 것은 냉하가 원인이라도 무언가 벼가 생육하는 방법, 즉 냉해성 기술을 개발하는 이외에는 없다. 그래서 저온은 어떻게 하여 벼의 흉작에 연결될까? 벼 자체의 생육이 늦어져 허약하게 된다. 특히 이삭 또는 꽃가루가 만들어지는 초기에 마주치면 그들의 형성이 방해받아 여물지 않게 된다. 그 위에 더하여 도열병(稻熱病)(이모찌병)이 크게 발생하여 이중의 충격이 된 경우가 많다.

도열병은 도열병균이라고 하는 곰팡이의 일종이 기생하여 발증(發症)한다. 병이 들은 식물체는 변색을 하고 고사(枯死)하여 버린다. 도열병균의 성장 적온은 약 섭씨 28도이다. 기온 30도를 초과하는 맹서(猛暑)에 벼는 강건하게 자라고 도열병균은 더위를 넘기고 활발하지 않게 된다. 그러나 30도 이하로 떨어져 20도대의 냉하가 되면 벼는 약하고 도열병균은 도리혀 활동력을 강하게 하고, 피해심대(被害甚大)라고 하는 결과를 불러온다. 따라서 내 냉성 기술에서 커다란 비중을 차지하는 것은 내병성 기술에 있음이 틀림없다.

그렇게 말하는 기술 안에서도 최대의 성과를 올린 것은, 품종 개량이었다. 동북 지방을 주 무대로 내 냉성 품종의 육성이 목적이었다. 그래서 「리쿠우(陸羽) 131호」를 효시(嚆矢)로서 제2차 대전 후 「후지사까(藤坂) 5호」「후지미노리」 등의 신품종이 등장하고, 냉하의 기후에서도 벼의 수확량이 일정한 수준을 유지할 수 있게 되었다. 즉 다년의 비원(悲願)이었던 안정작이 실현되어 그 후 연년 풍작으로 이어져왔다. 한동안, 마침내 냉해를 극복할 수 있었다고 하는 안심감이 농업계에 널리 퍼졌다. 쌀의 생산과 수요가 역사상 처음으로 거의 합치한 것은 1965년이었다. 따라서 1967년 이후, 생산이 수요를 상회하였다. 이것은 수천 년 이래의 민족적 원망(願望)이 겨우 실현한 것을 의미하고 있다.

그러나 이 사태가 일반 소비자가 품은 쌀에의 관심과 지식을 크게 변질시켰다는 것이다. 쌀이 만성적으로 부족하였던 시대, 소비자에게는 선택의 여지가 없고, 모두가 「쌀」에 똑같이 감사합니다였다. 맛이 좋고 나쁨을 결정하는 것은 밥 짓는 방법, 즉 물 가감과 불 가감의 미묘한 차이에서 소비자 자신의 책임이었다. 그러므로 그 요령을 둘러싸고 「처음엔 쵸로쵸로, 중간 빳파, 좌좌 할 때 불을 빼내고 빨간 추가 울어도 뚜껑을 한다. 거기에 할미가 뛰어 오고, 볏집의 새꽤기 하나를 지피면, 다음은 쪄지기만을 기다리기만 한다.」라는 이야기가 있다. 그러나 잉여미가 출현하고, 쌀의 단계로 소비자에게 선택하는 여유가 생겼다. 선택한다고 하는 것은 무언가 기준에 의거한 대상을 구분하는 것이다.

그래서 - 소비자로서는 무리 없는 것으로 - 맛이 그 기준이 되었다. 한편, 자동취반기가 발명되어 급속도로 퍼지고, 밥 짓는 방법의 미묘한 물 가감을 성취한 한복판에 서게 되었다. 맛의 차이가 쌀 자체의 성질에서 찾게 되었다. 벼의 선천적 형질의 차이, 즉 품종에 대한 소비자의 관심이 느닷없이 높아져서 좋은 맛인 양질의 쌀에의 지향이 급속히 높아졌다. 그러나 후지사까(藤坂) 5호와 후지미노리로 대표되는 내냉성 품종은 이 점에서 열등한 것이다. 무어라 해도 냉하에 견디는 것, 그것만을 지상 목표로 육성된 품종이고, 맛에까지 마음을 쓰는 등은 필요 없었기 때문이다. 따라서 잉여 쌀의 출현은 당연한 귀결로서 고미(古米), 고고미(古古米)--- 를 발생시켜 이것이 또한 맛을 저하시켰다. 또 여분의 쌀을 보관하기에는 창고가 필요하게 된다. 창고대, 즉 보관료의 비용을 저하시키기 위해서는 쌀의 용적이 적은 것이 유리하다. 벼 저장보다 뉘를 벗긴 현미 저장으로 하는 것이 용적이 반이 된다. 이렇게 하여 현미 저장이 일반화하였으나 벼에 비하여 수분의 증발이 심하여 품질이 한층 더 떨어진다. 이러한 차제에 쌀을 맛없게 하는 조건이 2중 3중으로 모여 버려 소비자로부터 불만이 높아졌다. 말하자면 소비자 단체 등이 목소리를 높여 그것을 외치도록 되었으나 일본의 쌀농사가 어느 정도 냉해로 계속하여 괴로움을 당했다는 역사를 다소라도 분별하여 말한다면 그러한 소리는 방자함의 정도가 지나치다고 하는 인상을 어떻게도 지워 없어지지 않는 것이다.

하여간 그러한 요망(要望)에 타협하는 형태로 품종의 교대가 있었다. 「사사니지끼」 「고시히카리」로 시작하는 맛 좋은 양질미가 주류로 되고, 품종을 보지 않고 산지에 따라 격차, 말하자면 유명한 상품을 설정하게 되었다. 그러나 이것은 극복된 냉해를 두 번 다시 되돌아오는 도화선이 되었다. 벼에 한한 것은 아니나 강건(强健)은 야생적 씩씩한 것 밖에 없어서 인간이 보아 개량이 진전된 양질의 품종이라고 하는 것은 재해에 저항력을 결여한 것이 일반적 경향이었다. 거기에 병충해를 막기 위해서 농약을 많이 사용하지 않으면 안 된다. 이것이 또한 소비자의 반발을 야기(惹起)하고 있다. 품종에 따라 맛이 다르다고 하는 정보가 소비자에게는 전해지고 있다. 한편, 농약이 건강에 나쁘다고 하는 정보도 전해지고 있다. 그런데 그들의 상호 관련에 관한 정보는 전하여 지지 않는다. 이 때문에 모순된 요구가 모순 의식이 없는 채로 다음다음으로 밀어내어온다. 정보화 사회라고 하면서 어떻게 불공평한 정보만 범람하고 있을까 하는 상징적 사례이다.

원래 일본에서는 쌀의 증수만을 상명제(上命題)로 하고 여유가 생겼을 때 어떻게 할까를 전혀 생각하지 않았다. 남을 만큼 수확할 수 있는 것은 얼마나 행복할까! 그러한 믿음으로 의심하지 않은 것이다. 그것이 정말로 여유있게 보여 잉여 쌀을 책임지는 것이 이렇게 곤란할 줄이야. 민족 모두가 머리를 감싸고 있다. 이것이 현상이라고 하는 것이다.

[문헌]

1. 安藤廣太郎 1951『日本古代稻作雜考』地球出版
2. 林信彰 1980『コメは證言する』家の光協會
3. 川口孫治郎 1943『自然歷』日新書院
4. 木村茂光 1996『ハタケと日本人』(中公新書) 中央公論社
5. 小柳輝一 1971『日本人の食生活』紫田書店
6. 倉光俊夫 1968『冷べたい水の村』家の光協會
7. 松尾孝嶺 1953『日本の稻』(少國民のために) 岩波書店
8. 松尾孝嶺 1976『お米とともに』(玉川選書) 玉川大學出版局
9. 祉宏史 1972『米と日本文化』評言社
10. 森雅央 1974『コメを見直そう』エール出版社
11. 守田志郎 1966『米の百年』御茶の水書房
12. 奥田穰 (編) 1957『日本の冷害』東洋經濟新報社
13. 佐佐木高明 1971『稻作以前』(NHKブックス１４７) 日本放送出版協會
14. 佐藤洋一郎 1995『稻とはどんな植物か』(31新書) 31書房
15. 澤田德藏 1969『うまい米』家の光協會
16. 菅洋 1998『稻』(ものと人間の文化史86) 法政大學出版局
17. 田中稔 1970『北の稻と40年』家の光協會
18. 戶刈義治・菅六郎 1956『食用作物』養賢堂

제2장 민속학에서 본 곡류와 감자류

츠보이 히로후미(坪井洋文)

I. 민속 연구의 입장

지금까지 세 사람의 이야기를 하였는데[6] 민속학의 입장은 상당히 비합리적인 세계를 대상으로 하고 있다는 느낌입니다. 그러나 전설과 신화 혹은 신앙까지도 하나의 사회 집단이 성립하기 위한 질서의 유지에 도움이 되었다는 것 또는 그것을 기준으로 하여 인간이 물질을 생각하여 행동한다고 하는 사실이 있는 이상은 이것이 민속학의 대상이 되기 때문입니다.

그런데 일본을 하나의 테두리로 받아들이기 전에, 그 풍토, 환경에 적응해 나가면서 살아온 농민적, 어민적 또는 산민(山民)적인 생활양식에 주목하여 그들이 이상으로 한 생활 목적이 각각 달랐던 것은 무얼까 하는 것을 전제로 일본의 민속을 생각하여 보고 싶습니다. 일본의 농경문화 또는 식생활을 기준으로 하여 알아본 즉 역시 얼마간의 유형이 나옵니다. 민속이라고 하는 것은 시간 축으로는 잡기가 어려운 측면을 갖고 있기 때문이나 공간적으로 넓게 한다던가 유형성(類型性)이라는 점에서는 대단히 학제적인

6) 田村眞八郎 · 石毛直道 (編) 1984 『일본의 풍토와 식』에 수록되어 있는 것을 원문 그대로 재수록하였음.
이것은 1983년 7월 14일 개최한 「식문화로부터 본 잡곡·감자류」를 테마로 한 포럼에서의 강연에 의한 것이다. 이 강연에 먼저 田村眞八郎 「식생활과 풍토론」(기조강연), 筑波常治 「농업사적으로 본 주식문화」, 佐原眞 「고고학에서 본 식문화」의 강연이 열렸다.

면을 갖고 있다고 생각합니다. 이 점이 장점도 있고 또는 단점으로서도 비판되는 면도 있지만 오늘은 민속학의 테두리를 갖고 넓혀서 다른 영역과도 협업할 수 있는 하나의 틀을 짜는 것을 설정하여 보고 싶습니다.

II. 풍토의 개념

우선 민속학에 있어서 풍토를 어떻게 이해해야할까에 대하여 받아들여 보고 싶습니다. 예를 들면 『고사기(古事記)』와 『일본서기』에 「풍속」이라고 쓴 한자가 나와 있습니다. 여기에는 하나하나 이것의 문맥에는 훈과 음이 있습니다. 하나는 「오호미다가라노아리가다」입니다. 오호미는 천황, 신 등의 절대자의 점유물에 쓰는 존칭, 다가라는 그 절대자가 점유하는 물건이기 때문에 인민(人民)이라고 하는 것입니다. 아리가다는 이상적인 생활양식이라는 의미입니다. 또 하나의 읽는 방법은 구니부리 또는 구니와자로 그 토지마다의 사람이 만들어낸 역사적 환경과 관습이라는 의미입니다. 이와 같이 두 가지로 구별하여 읽혀지고 있습니다. 고대 중국에서도 이 「풍속」을 사용하여 토지의 관습의 의미와 「풍(風)」은 천황(조정)이 만들어낸 문화, 「속(俗)」은 아래 계층의 사람이 그것을 배웠다고 하는 두 가지의 의미를 갖고 있어서 일본의 풍속도 여기에 따라서 하였을 것이라고 생각합니다.

「풍토」라고 하는 단어에 대하여도 나라(奈良) 시대의 법문(法文)을 해석한 『영 의해(令 義解)』라고 하는 것이 있습니다. 이 중에 도시에서 공무원이 모내기와 벼 베기를 위해서 향리에 돌아가고 싶다고 하는 휴가원(休暇願))이 있습니다. 정확히 현재의 출가(出稼 일정시간 타관에 가서 일 벌이를 함)인들이 농번기에 귀향하는 경우와 유사하지만 이 중에 「풍토의 성질이 다르고 씨를 받는 것이 같지 않다」라는 말이 있습니다. 즉 지방에 따라서 파종과 수확의 시기가 다르기 때문에 그들에 알맞은 휴가가 좋다는 것입니다. 따라서 「풍토」의 주석(注釋)에 「물질을 양육하는 공로가 되는 것을 풍(風)이라고 하고, 토(土)는 있는 채로 하여 만물이 성장한다고 말한다.」라고 설명하고 있습니다. 인간이 손을 대지 않고 자연이 베풀어주는 만물이 토(土)에 있고 그 만물 중에서 인간이 선별하여 기른 것을 풍(風)이라고 합니다. 이 풍토의 개념은 자연과 문화, 신과 사람과의 관계를 확실히 나타내고 있습니다. 본인은 이 위대한 선인(先人)의 생각에 따라 일본의 풍토를 유형화하여 생각하여 보았습니다.

III. 풍토 유형의 시안(試案)

표1을 보면서 설명합니다.

①「자연적 풍토」는 자연에서 인간이 생태계의 일원으로서 생활하고 있는 경우이다. ②「선택적 풍토」는 인간이 주체가 되어 물질을 선별하고 얼마간 손을 대어 가는 생활양식이다. ③「관리적 풍토」는 벼가 들어가서 수전경작이 행하여지게 된 시기를 경계로 하여 전기(前期)를 신화적 관리 풍토, 후기(後期)를 역사적 관리 풍토로 나누어도 좋다고 생각한다. ④「조성적 풍토」는 현재의 도시 상황에서 과거 3가지의 각각의 풍토가 형성한 내용이 전부 누적된 위에 공장 생산을 중심으로 시장, 상점이 그들을 유통시킨다고 하는 풍토이다.

표2는 이렇게 한 풍토 유형을 농경의 유형과 대응된 것이나, 이러한 것을 참고로 표시하여 보았습니다.

<표 1> 일본 농경문화의 중층(重層) 구조

풍토 유형과의 대응	자연적 풍토	——	채집, 수렵, 어로
	선택적 풍토	——	화전, 채집, 수렵, 어로
	관리적 풍토	신화적 역사적 —	수전도작, 정전(定畑), 화전, 채집, 수렵, 어로, 가공, 제직(諸職), 제도(諸道), 교역
	조성적 풍토	——	공장, 시장, 상점, 수전도작, 정전, 화전, 채집, 수렵, 어로, 가공

<표 2> 풍토와 농경과의 대응

농경문화 단계	① 화전, 전작 단계	채집, 수렵, 어로와의 세트
	② 반수전도작 단계	①과의 세트
	③ 수전도작 프로파 단계	①과의 부분적 세트

이와 같은 유형(類型)화가 가능하다고 하면 식생활 차원과 어떻게 대응하여 올까요?. 우선 자연적 풍토와 대응하여 가기에는 일종의 로테이숀(ROTATION)이 있습니다. 그림 1에 표시한 복도현(福島縣)의 예에서는 1967년 당시는 아직 화전이 행해지고 있었습니다. 원의 중심에 좁쌀, 피, 수수 등의 밥, 말린 무가 연간 베이스가 되고 다른 식품은 적기에 채집한 산채와 민물고기, 수확기의 채소를 차례로 조합하여 섞었습

니다. 여기에는 주식이라고 하는 개념은 갖고 있지 않았습니다.

이러한 형식은 식생활과의 대응표(표3)에 맞추어 끼우면 일단 전부 함유하고 있는 것 같으나 어느 쪽인가 하면 ①의 「순환형」과 ②의 「혼합형」에 강하게 무게를 준 식생활이라고 말할 수 있다고 생각합니다.

표1의 풍토 유형과 표3의 식생활과의 대응을 관련하여 보면 「자연적 풍토」에 대응하는 것은 「순환형」. 「선택적 풍토」와 「관리적 풍토」의 전반, 즉 신화 차원의 세계는 「혼식형」에 끼우고 비빔밥과 잡곡밥에 해당합니다. 다음으로 「관리적 풍토」의 후반, 역사차원은 「주식형」, 즉 쌀이 주식이 됩니다. 「조성적 풍토」는 여러 세계적인 식품 재료로부터 소비자가 선정하여 먹기에 좋은, 즉 「선택형」 바꾸어 말하면 「외래식형」이라고 대응하여 보는 것이 가능합니다.

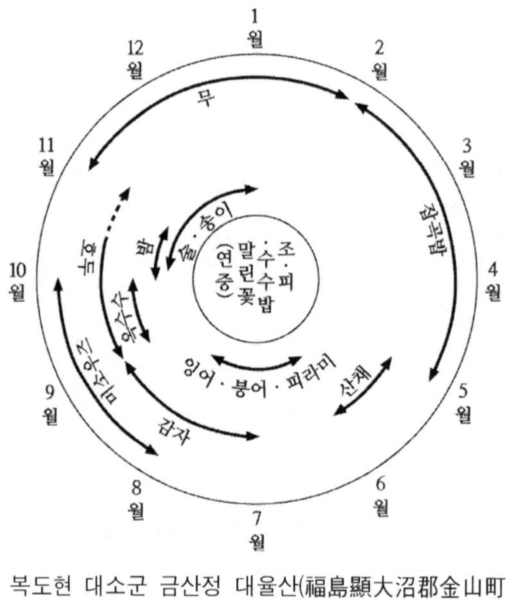

<그림 1> 복도현 대소군 금산정 대율산(福島顯大沼郡金山町大栗山)의
연간 식생활 로테이션(Rotation)

1973년 만추, 필자는 복도현 대소군 금산정을 방문하였다. (중략) 마을 사람들의 이야기에는 옛날부터 수전도작보다도 화전이 주된 농업이었다고 전하고 있고 그 밭과는 별도로 '가노'라고 부르는 화전농경을 하여 밤, 피, 메밀, 팥, 무, 토란 등을 재배하고 1955년대까지 계속하고 있었다는 것이다. 따라서 일상의 식품은 상기와 같은 잡곡에 무를 이용한 혼반이 주이었으나 토란은 정전(定畑)에서 만든 것이 많았다. 토란은 각 집 모두 2이랑(畝) 정도는 재배하고 40~50관(貫)의 수확은 하고 있으나 이것은 고급채소이기 때문에 일상에서도 손님 등 격식을 차릴 때에 삶거나 국으로 내 놓고, 좋은 품종의 토란은 도교 등 도시로 나가 있는 자녀를 위해서 매년 말이 되면 철도편으로 보내고 있다.

이 금산마을의 신년 의례식은 어떻게 해서라도 구력 12월 27일이나 28일 에는 떡을 만드나 설을 맞는 밤에는 떡은 먹지 않고 흰밥이었다. 그리고 정월 1일 아침에 먹는 것은 반드시 구운떡으로 메밀가루를 뜨거운 물로 반죽하여 막대로 만들고 크기가 5cm-8cm정도의 장방형으로 잘라서 꼬치에 끼어 된장을 발라서, 이로리에서 구워먹는다.

여기에도 특별히 떡을 금기하고 있기 때문에는 아니고, 잡곡이나 근재류가 벼에 우선하고 손님이나 제례 시에 자랑으로 내는 토란으로 만들 수 있는 것이 생활의 이상(理想)이었다고 확신할 수 있다. 문화적 차원에서의 쌀과 토란은 가치가 달라서 토란이 우선하고 있는 것은 두 가지의 문화접촉과정의 단면을 보여준다.

坪井洋文 1982『稻를 선택한 日本人』pp. 100-104에서 인용

고고학적인 구분과 역사적인 시대 구분에 따라 식생활 내용이 싹 변화하는 것은 없기 때문에, 이와 같이 틀을 짜서 공통의 토표(土俵)를 만들어 놓으면 학제적인 논의, 연구를 그 위에 탐구하여 가는 방향이 가능하게 되는 것은 아닐까 하여 미숙한 제안을 내어본 것입니다. 이것은 하나의 제안이고 동시에 「풍토와 식생활」의 관계를 본인은 이와 같이 이해하고 있다는 주장의 일단입니다.

현재는 「조성적 풍토」에 있는 것뿐만 아니고 지금에도 「선택적 풍토」, 「관리적 풍토」의 단계에 머물러 있는 지역이 얼마간 있고, 일본 문화의 깊이와 다원성이 한편으로 엄숙히 존재하고, 이것이 근대적인 문화와 제도에 대하여 비판 또는 저항의 축이 되어 있다고 생각합니다.

<표 3> 풍토와 식생활과의 대응

식생활과의 대응	① 순환형	자연식형
	② 혼식형	혼반형
	③ 주식형	쌀주식형
	④ 선택형	외래식형

일본 농경문화의 구조[7]

이시게(石毛) 표2에 있는 「반수전 도작 단계(半水田稻作段階)」에 대해서 구체적으로 말씀드리고 싶습니다. 동남아시아의 민족 예를 보면 육도 재배와 채집·수렵, 어로는 세트가 되어 있습니다만 수전 도작을 시작한 사람들과 어로가 셑트가 되었을까 어떨까. 담수(淡水) 어업에 한한다면 생업으로서 세트로 맺어졌다고 생각합니다만 이 표에 있는 반수전 도작과 같은 예는 없을 듯한 느낌이 듭니다. 또는 과도적인 한 시기의 것으로 소멸한 것일까요.

츠보이(坪井) 확실히 일본의 경우 어로와의 세트, 혹은 화전과의 세트는 있습니다만, 수렵과의 세트는 일종의 유희의 요소가 더해져서 있습니다. 예를 들면 오오스미(大隅) 반도에서 실제로 긴 대나무장대의 한편에 참마를 파는 도구를 또 하나는 생선을 잡는 도구를 걸어 놓는, 허리에 망을 걸치고 걷고 있는 사람에게 잘 맞습니다. 참마를 캐고 해변에 나가면 작살을 던지고, 토끼를 보면 망으로 잡는다는

7) 田村眞八郞 · 石毛直道 (編) 1984 『일본의 풍토와 식』 pp79-81에서 발췌
石毛直道 (국립민족학박물관 · 문화인류학) 豊川裕之 (동경대학 · 보건학)
渡辺誠 (나고야대학 · 고고학)

것입니다. 또한 최근에도 커다란 산불이 나서 구지(久慈)시에서 행방불명도 죽은 자도 제로였다고 하는 사실이 있습니다만 그것은 예전부터 화전 산촌에서 불에 대한 준비가 평상시부터 있기 때문입니다. 만일의 경우 귀중한 물건을 갖고 가족을 데리고 해안으로 나가는 루트를 한 집 한 집이 갖고 있습니다. 이러한 것을 그 결과로부터 알았던 것이나 아직 우리들이 발견하지 못한 일본의 보이지 않는 문화가 여러 가지 있기 때문은 아닌가, 여기까지 없는 것과 되어 있는 것을 보이는 것으로 끌어올린다고 -- 라는 의미의 도전에서부터 가설의 단계이나 설정하여 본 것입니다.

도요가와(豊川) 「풍토 유형론」은 대단히 흥미 깊은 참고가 되었습니다만 용어를 사용하는 방법의 표1의 3의 「관리적 풍토」와 4의 「조성적 풍토」에 대하여 관리 사회는 오히려 조성 후에 오기 때문에는 아닐가 생각합니다만.

츠보이(坪井) 저 자신은 생산 기술, 사회 구조, 종교 등의 여러 가지의 레벨의 유형을 체계화하여 보고 싶다고 생각하고 있기 때문에 용어를 바꾸어 넣는 것은 조금도 염려할 것 없습니다. 「조성적 풍토」를 「제2차 관리적 풍토」 혹은 「유통 관리적 풍토」로 하여도 좋습니다. 다만 이러한 시간적 공간적인 틀을 만들고 넓은 학문을 갖고 정성을 들이고 싶은, 테두리를 설정하고 싶다고 하는 자세로 유형화를 시도한 것입니다.

도요가와(豊川) 이 유형 속에 계속 화전이 나오고 있습니다만 화전 그것도 내용적으로 변화가 있겠지요. 그 성질은 어떻게 변화하고 있을까요?

츠보이(坪井) 화전에서 만든 것은 차츰차츰 물논(水田)과 정전(定畑)으로 이행하였다고 생각합니다만 제2차 대전 후의 식량난을 구한 것은 남아 있던 화전이었습니다. 그러나 식량이 남는 시대로 되어 화전은 그만두었어도 화전에서 일구었던 같은 작물이 계속 경작되고 있습니다. 필드 조사에서 보면 피와 조는 식용이 되지 않고 종자를 보존하기 위해 경작하고 있다는 하나의 역할 문화라고 할까, 역시 화전의 전통은 없어지지 않습니다. 전후의 화전의 조사에서도 피와 조는 전쟁 전의 절반은 경작하고 있습니다. (표4, 5를 참조) 그러나 듣기 조사에서는 그것은 소와 말의 먹이로 하려는 것이라고 답하고 있습니다만 실제로는 자기들이 먹고 있는 경우가 많습니다. 저는 「사람에게 듣는 것보다 토지에게 듣는다」라고 하고, 1-2회의 면접 조사로는 진정한 답은 기대하기 어렵다고 생각합니다. 잡곡에 관해서는 특히 본 마음을 듣기가 어렵기 때문입니다.

와타나베(渡辺) 확실히 그렇습니다. 오히려 그렇게 말하는 그대로 쌀이 먹여지도록 된 것은 배급제도 이후라고 할 수 있겠지요.

이시게(石毛) 잡곡의 보급에 대해서는 민속학과 민족학에서는 조금씩 입장이 다르다고 생각합니다. 제가 관여하고 있는 민족학 쪽에서 받아 들인다면 일종의 비교론이 됩니다. 세부(細部)를 무시하고 일본은 도작 민족이라고 말할 수 없고 그렇지 않으면 일본 문화의 커다란 흐름을 보는 것은 어렵기 때문입니다.

Ⅳ. 화전 농경의 추이

이 포럼에서 대상으로 하고 있는 것은 「선택적 풍토」와 「관리적 풍토」의 전반에 있다고 설정하여도, 절대적인 연대와 시간에 따라 헤아릴 수 없으나 이것을 그냥 구체적으로 보여 온 것은 화전 농경을 축으로 한 생활 양식이라고 생각합니다(그림2). 전쟁 전 후의 비교를 표4·5에서 보면 메밀국수로부터 감자까지는 대개 공통이고, 그 이하는 조금 변화하고 있습니다. 주목하고 싶은 것은 화전에서는 육도(陸稻)가 잡곡의 하나로서 경작하는 것으로 이것은 규슈(九州)의 산지에 많고 따라서 오오스미(大隅), 다네가시마(種子島), 류쿠(琉球)에 이르기까지 화전에서 벼도 보리도 경작하고 있고, 어느 쪽을 우선으로 하는 것 없이 어디까지나 잡곡의 일종으로서, 정전이나 수전을 할 수 있으면 화전으로부터 탈락하여 낮은 땅으로 내려간다. 현재, 화전에서 짓는 것은 쌀 이외의 잡곡과 근재류라고 이해하고 있는 것은 실은 벼가 상당히 수전(水田)으로 이동하여버렸다는 결과일 뿐이다.

Ⅴ. 떡이 없는 정월의 관례

잡곡과 근재류의 시대는 상당히 오래 지속되었다고 생각하지만 거기에 급작이 벼가 들어가서 결국 제일차 컬쳐・쇼크이나 벼를 중심으로 한 농경문화를 이의 없이 받아들이는 것이 부득이하였을 때 그때까지의 전통적인 식생활과 문화가 어떻게 변화를 했을가를 생각하여 보고 싶다.

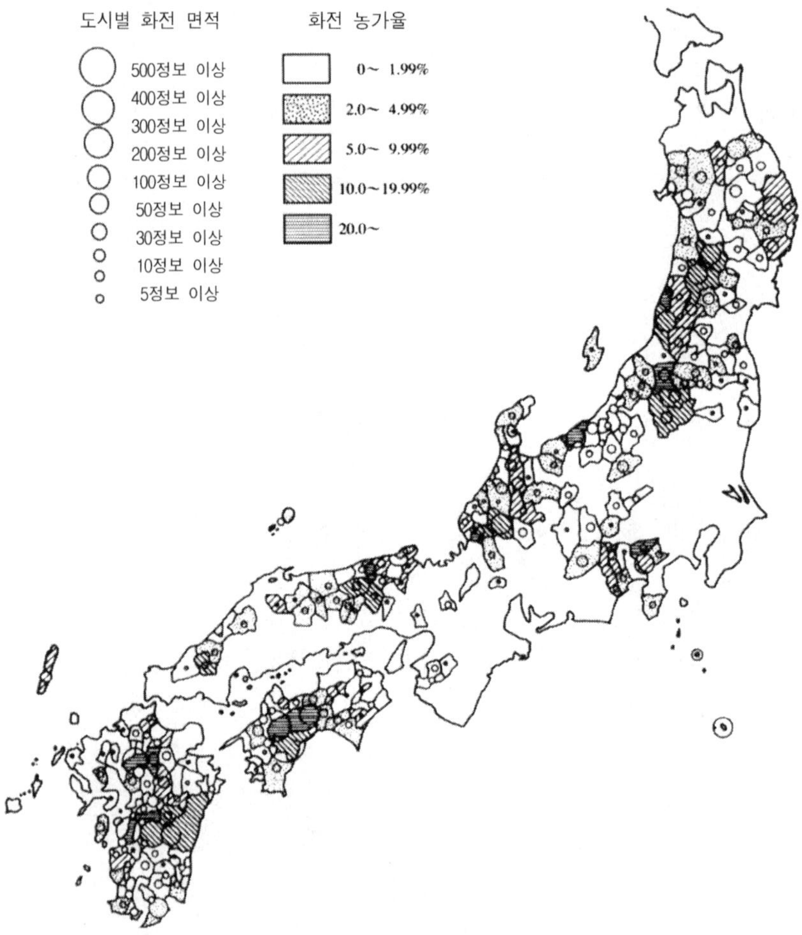

<그림 2> 일본의 화전 분포[8] (문헌1)

8) 이것은 「1950년 센서스」 중에서 하나의 시· 군에 5정보(町步) 이상의 화전이 있는 것을 뽑아내고 그 분포도를 묘사한 것이다. 5정보 이상이라고 하는 한정하여 설계하고 있기 때문에 공백 지역이 눈에 띄나 (중략) 1950년이라고 하면, 아직 화전은 소규모이면서 전통적 양식으로 각지에서 행해지고 있고 특히 관동, 중부, 동해, 쥬코쿠(中國) 지방에서는 현재에도 옛일을 아는 노인으로부터 그 실태를 들을 수가 있다.

坪井洋文 1982 『벼(稻)를 선택한 日本人』 pp.139에서 인용

<그림 3> 떡이 없는 정월(감자 정월) 분포[9)]

9) 그림2에서 보는 사사키(佐佐木)의 화전 분포와 필자의 그림3의 떡이 없는 정월 분포와를 비교하였을 때 화전 분포의 공백부분에 떡이 없는 정월이 분포하여 있다고 하는 중요한 일치점을 찾아내었다는 것이다. 떡의 금기는 도작과 화전작이 접촉한 경우 화전민측이 일방적으로 거부할 계기가 된 것이 아닐까 하고 필자는 추측하였으나 이 문제는 원고를 개정하기에는 길게 써야하는 필요가 있다.

坪井洋文 1982『벼(稻)를 선택한 日本人』pp.141에서 인용

<표 4> 전쟁 전의 화전 작물의 종류와 분포

문헌(1)에서

	北上山地	奧羽·出羽山地	上越·頸城山地	飛濃越山地	赤石·丹澤山地	山陰山地	四國山地	九州山地	計	作付村率[2]	八丈沖繩
윤작(輪作) 사례 마을 수	5	10	4	9	14	3	11	16(8)[1]	72		3
메밀	5	8	4	7	10	2	9	14(8)	59	80.5%	3
피	5	2	1	9	8		10	7(7)	42	56.9	
조	5	7	4	9	13	2	9	12(7)	61	83.3	1
대두	5	8	4	7	10	2	9	10(8)	55	76.4	
소두	1	10	2	9	9	2	10	12(8)	55	76.4	
옥수수					1		8	5(5)	14	19.4	
보리	2						5	8(6)	15	20.8	
육도(陸稻)					1			2	3	4.2	
시고꾸(四國)피				2					2	2.8	
고구마				1			1	9(6)	11	15.3	3
토란					4			10(7)	14	19.4	3
순무		4	1						5	6.9	
무				1				1	2	2.8	
유채씨								3	3	4.2	
감자		1							1	1.4	
들깨				3		2			5	5.6	
삼지 닥나무					1	1	9		11	15.3	
야채		1						1	2	2.8	
수수		1			1				2	2.8	
분도우마메					1				1	1.4	

1) ( )는 九州山地 중부의 作付村數를 표시함

2) 作付村數라는 것은 윤작의 사례를 수집한 전(全) 촌수(전쟁 전의 예에서는 72촌)에 대하여 당해 작물을 심은 마을의 수의 비율(%)을 말함.

<표 5> 전쟁후의 화전 작물의 종류와 분포

문헌(1)에서

	北上山地	奧羽·出羽山地	上越·頸城山地	飛濃越山地	赤石·丹澤山地	山陰山地	四國山地	九州山地	計	作付村率
윤작(輪作) 사례 마을 수	5	4	4	10	6	5	13	12	59	
메밀	3	3	3	9	5	2	8	7	40	67.8%
피	3			6	2		6	3	20	33.9
조	3	1	1	8	4	2	6	6	31	52.5
대두	5	3	2	5	5	1	10	6	37	62.7
소두	2	4	2	10	5	4	12	10	49	83.0
옥수수		1			1		7	2	11	18.6
보리	2				1		5	5	13	22.0
육도(陸稻)					1			5	6	10.2
시고꾸(四國)피				1					1	1.7
고구마				1	1		1	4	7	11.9
토란					1			7	8	13.6
순무		3	1				1		5	8.5
무		3	1	5		2	1	2	14	23.7
유채씨	2	2	2	2		3	1	4	16	27.1
감자	1	1	1				1		4	6.8
들깨			1						1	1.7
삼지 닥나무						1	8		9	15.3
야채		1	1	1			1	1	5	8.5
목초(牧草)				1				1	2	3.4
수수				2	1			1	4	6.8
과수(果樹)				1					1	1.7
곤냑						1			1	1.7

떡이 없는 정월(正月)이라는 것은 정월에 떡을 절대로 만들지 않고, 신불(神佛)에 바칠 수 없으며, 축하하는 데에 주고받지 않는다고 하는 집단적 터부(금기)를 말하는 것이나 그림 3과 같이 집 단위, 일가족 단위, 마을 단위로 전국적으로 분포되어 있다. 그러나 규슈의 일부에서는 터부가 없다. 즉 정월에 떡을 만들어서 축하하는 것이 보통이 아니고 떡 이외에 주로 토란이나 산마를 올려놓고 축하하는 지역이다. 이 분포도는 현재의 단계에서 모은 자료의 분포로서 보고 싶은 것이다. 20~30년 걸려서 모은 것이나 아직 어느 정도는 발견할 수 있다. 예를 들면 현재 9학회연합의 학회에서 일본의 풍토 연구를 3년 동안 계속해서 열리고 있지만 여기에서 불과 200 정도의 장소에 대해서 하고 있는 조사에 의해서도 새롭게 발견할 수 있는 것이 20 이상이나 나오고 있다. 더욱 자세한 조사를 한다면 새로이 나올 가능성이 있다.

떡이 없는 정월(正月)의 분포는 일종의 도너츠형을 나타내고 있어 고대, 중세에 걸쳐 정치의 중심에 있던 긴끼(近畿) 지방에는 터부의 존재가 지극히 적고 이것을 중심으로 주변에 이어진 대개 북관동, 쥬코쿠(中國), 시코쿠(四國)의 대부분을 뒤덮고 있다. 중앙부는 공백이고 중앙의 정치적, 문화적 권력이 침투해가고 동반해서 떡의 터부가 나오고, 침투가 늦어지거나 약해진 남과 북에는 터부가 없다고 하는 현상이다. 이것은 일본 조정의 성립 이후 스이고(出擧)(고대에 이자를 부처 벼슬이나 재물을 빌려주던 제도)와 같은 형태로 특정의 종인(種籾 볍씨)을 빌려주어 벼를 경작하게하여 그 수확미를 납세하도록 하기 위한 당시 선택적 풍토도 기본으로 유지하고 있었던 전통적인 문화에 대한 보수 기능이 리액숀으로 움직였다고 생각한다. 즉 권력에 굴하지 않는 민중의 혼이나 신앙이 신년에 떡의 금기라고 하는 형태로 저항하였다고 하는 것은 아닐까 하고 생각한다.

확실히 현재에도 가고시마(鹿兒島)와 오끼나와(沖繩)는 아주 일찌기 휴경전(休耕田) 정책에 협력하고 있었고 곡창 지대인 동북 지방에도 북상(北上) 산지 근방에서는 벼 보다 피, 수수 쪽이 맛이 있다고 하여 붙박이로 재배하고 있다. 또한 작년 산불이 있었던 구지시(久慈市)에서도 10년 정도 전에 물 논을 연 집이 이른 편이어서 이때까지 넓은 산지에 많은 잡곡을 재배하고 있는 사실에 맞딱드릴 수 있다.

정월 떡을 금기로 하는 집단의 의례 분포[10]----- 일본인은 정월에 벼의 심볼로서 떡을 신불에 바치고, 사람들이 먹고 축하하는 것이 상식이 되고 있으나 이것은 그 해의 벼의 풍작을 기원하고 생명을 갱신하고 새로운 출발의 의식을 의미

10) 坪井洋文 1979 『감자와 日本人』 pp.46-48에서 인용

한다고 생각하여 왔다. 일본인이면 그 해석을 상식으로서 의문을 갖는 자는 없었다.(중략)

상식이라고 하는 것은 특정 집단의 대다수가 "지식의 보따리"에 간직하고 있는 생활상의 여러 가지 판단의 기준이다. 그러나 정월에 떡을 의례식으로 한다든가 벼의 풍작을 기원한다든가 하는 상식으로는 전혀 용납되지 않는 상식을 갖고 계속되어 온 일본인도 소수파에는 존재하고 있기 때문이다. 말하자면 벼경작 문화 거부파인 일본인의 존재이다. (중략) 거기에 일본인으로서 부(富)와 행복의 상징인 삶의 보람의 지표인 벼를 거부하는 사람들이 벼에 우선하는 작물은 무었일까? 라고 하는 것이 문제가 된다. 여기까지의 조사와 분석에 의해서 판명한 것은 밤, 피, 메밀, 수수, 보리, 콩, 팥, 무, 연, 토란, 산마라고 하는 잡곡, 근재작물로 이것이 떡을 금기하는 집단에 의해 절대적 가치를 갖는 것이고 조리, 가공하여 공물로서 절식의 주요 요리의 주역이 되고 있다. 그러나 이들의 작물은 논에 의하지 않는 밭 내지 화전 작물이라는 점을 공통으로 하고 있다는 것이다.

따라서 주목해야 하는 것은 정월의 공물과 의례식으로서의 쌀떡과 잡곡, 근재류 식품과의 관계는 (1) 잡곡, 근재류 식품을 유일 절대적 가치로서, 쌀떡을 금기로 하는 형, (2) 양자가 등가치로 위치하여 패러랠한 관계가 되는 형, (3) 쌀떡이 잡곡, 근재류 식품보다 위에 있는 형, 이 세 가지 형이 (1) -> (2) -> (3) 으로의 변화, 이행 과정은 인지할 수 있으나 그 반대는 아닐까 하는 점이 있다. 즉 정월의 공물, 예식으로서의 잡곡, 근재류 식품은 쌀떡에 수렴된 과정을 더듬어가면서 전국 각지에서는 그것을 거부하는 가족, 동족, 촌락 집단이 존재하고 그것이 정월 떡의 금기 집단이다. 특히 근대 이후 교육과 종교 정책을 수단으로 하여 국가가 보강하여 계속하여 온 사관(史觀)에 의해서 일본 사상의 국민 차원에의 침투에도 관계없이, 그것을 초월하여 현대에 도달한 집단의 의지, 문화적 자율 성과는 무엇이 있었을까, 일본인을 생각하는 경우에 이 소수파로부터의 문제의 발상은 중요한 의미를 갖는 것이겠지요.

VI. 신문화에 대한 전통문화의 대응

일본인이 벼와 조우(遭遇)하고부터 생활양식상에 어떠한 변화를 보였을까? 아마 그것은 일률적이지 않은 각각일 것이라고 생각됩니다. 예를 들면 현대에 있어서 하나의 새로운 식품이 외국에서 들어왔을 때 곧 거기에 달려드는 사람, 그냥 시간을 들여서 받아드리는 사람, 절대 거부하는 사람, 묵살하는 사람, 비판하는 사람 등 여러 가지 타입이 있습니다.

일본 문화 중에 첫 번째의 컬쳐 쇼크는 도작(벼)의 도래(渡來)이나, 두 번째는 산업혁명이 일어난 때라고 생각합니다. 이때 사람들은 어떠한 선택을 할까요? 이 혼돈의 방향이 민속적 세계에 있어 국풍(國風)이 의식화되는 때입니다. '오호미다가라노아리가다'뿐만이 아닙니다. 떡이 없는 정월은 관리화에 대응하는 한 방면의 극(極)으로 보는 것이 가능합니다. 반대로 바로 달려들어도 한쪽의 극이 있겠지요.

새로운 문화에 대응했을 때 어떤 접촉 모양새가 있을까 표6에 정리하여 보았습니다. A는 신문화(쌀 문화), B는 전통적 문화(잡곡・근재류 문화)로 하고 A, B접촉의 결과는 6종류로 생각할 수 있습니다. 1은 동화(同化, 정치적으로 복종), 2능 거부(떡이 없는 정월과 같이 거부 혹은 금기), 3은 우호적 융합(A일까 B일까에 의해 동화 또는 융합하여 새로운 관계를 만들기), 4는 병존(併存, 접촉을 금기로 한 교섭 않음의 관계), 5는 교류(상호 장단을 보합한 공존하기) 6은 우열(優劣) 관계(진화론적으로 나아가는 쪽이 그렇지 않은 쪽을 열위(劣位)로 놓습니다.

다른 문화와의 접촉에 대해서 이러한 타입의 무엇을 선택할까이나 일본인은 전통적인 농경을 주축으로 하여 생활하고 새로운 문화에 대해서는 하나나 둘이 아니고 다원적인 선택 기준을 갖게 되었다는 것입니다. 이러한 것으로부터 단일, 일의(一義)적으로 생각하는 방식을 갖는 민족이라고 보면 일본인은 애매(曖昧)한 붙잡음이 아니고 비겁(卑怯)하고 상대에 따라 태도를 바꾸는 등 비판 되어 마땅하나 이런 다양성이 저절로 일본인의 가치선택의 넓이를 형성하여온 것이 아닐까 생각합니다.

본인이 지금 절실히 요망하고 있다고 생각하는 것은 5의 교류라고 하는 시점, 이들이 인간관계에 있어서도 문화면에 있어서도 우리들이 우선하지 않으면 안 되는 21세기를 향한 과제라고 생각합니다.

<표 6> 신문화에 대한 전통문화의 대응

① A+B=A or B	동화	
② A+B= A # B	거부	
③ A+B=C	융합	A … 신문화(벼문화)
④ A+B=A, B	병존	B … 전통적 문화 (잡곡 · 근재류 문화)
⑤ A+B=A' + B'	교류	
⑥ A+B=A← B or A→ B	진화	

신구(新舊) 문화의 접촉11)

하야시(林) 표6에 생활문화와 신문화가 접촉할 때의 문화 마찰을 여섯 가지로 분류시켰습니다만 1의 「동화」는 6의 「진화」의 의미로 같은 것 같이 생각합니다만?

츠보이(坪井) 이것은 일본인의 민속적 사고의 다양성 혹은 다원성에 유래하고 지역적인 면에도 바리에숀이 있습니다. 1의 「동화」라고 하는 것은 일방적이거나 다른 방향으로 완전히 복종하여 버리는 과정입니다. 6의 「진화」쪽은 어느 시대에도 새로운 것과 옛것으로 분류하나 일본인이 생각하는 방식의 기반이고 나아가고 있음과 지연하고 있다고 하는 의식, 이것은 포함하여 보고 싶은 생각뿐입니다. 민속학은 과거의 문화를 복원하여 그 변천을 포착하는 모양으로 진전하고 또한 이해될 수도 있습니다만 그 뿐만이 아니고 현재 살아가고 있는 사람들의 미래에 관계되는 문제를 대상으로 하는 것이 대단히 중요하여 나는 특정의 가치관에 고집하려고 생각하지 않고 그러한 것을 초월하여 새로운 체계를 만들어야 하지 않을까 생각합니다.

토요가와(豊川) 하야시 씨의 질문과 관련된 것입니다만 표6의 2 「거부」에 대하여 이것은 프로세스를 지시하는 것인지 혹은 결과에 있는 것인지를 묻고 싶습니다만.

츠보이(坪井) 이것은 집단 레벨의 문제이나, 가족 단위에 그러한 거부 상황을 갖고 있는 경우는 지극히 애매하여 붙잡기 어려운 것입니다. 이것이 일족이나 마을 전체에 있었던 경우는 확실히 나옵니다. 그러기 때문에 이것은 프로세스가 아니고 결과입니다. 6의 「진화」의 화살표시인 우열 관계는 프로세스를 나타냅니다.

요시가와(吉川) 「떡 없는 정월」의 습속을 남기고 있는 지역의 환경에는 무언가 특색이 있는 것입니까? 예를 들면 산촌(山村)의 고립지라든가 혹은 평가(平家 : 평

11) 田村眞八郎 · 石毛直道 (편) 1984 『日本의 風土와 食』 pp. 81-82에서 발췌
林左馬衛 (궁내청서릉부 · 중일비교문화사) 豊川裕之(동경대학 · 보건학)
吉川誠次 (공립여자대학 · 식품학)

성을 가진 족벌)의 낙인(落人 : 사람의 눈을 피해 도망가는 사람) 전설과 더불어 있다던가.

츠보이(坪井) 소수파인지 다수파인지에 따라서 다릅니다. 소수파(집단위)라면 설명하기 위하여 유래를 만듭니다. 그러니까 평가(平家)의 낙인(落人)으로 선조는 적에게 쫓겨서 정월을 할 수 없었던 그것을 기려서 떡을 만들지 않습니다, 그러나 다수파에서는 지역 전체가 떡 없는 정월은 당연한 것으로 유래는 필요 없습니다. 누군가가 금기를 깨뜨린다면 제재, 보복하는 것으로 지켜왔습니다. 그러나 일반적으로 말해서 떡 없는 정월의 지역은 수전(水田) 도작(稻作)으로 이행한 화전 지역에 많다고 생각합니다.

인용문헌

1. 佐佐木高明 1972『日本の燒畑』古今書院
2. 坪井洋文 1979『イモと日本人 —- 民俗文化論の課題』未來社
3. 坪井洋文 1982『稻を選んだ日本人 —- 民俗的思考の世界』未來社

제3장 일본의 콩류

호시가와 기요찌까(星川清親)[12)]

I. 일본의 콩의 역사

작물(作物)은 거의 모두가 지구상의 특정의 한 지역을 기원(起源)한 것으로, 동일 작물이 떨어진 지역에서 별개로 기원한다고 하는 것은 드물다. 작물은 그 기원 지역에서 재배되어 머지않아 별개의 지역으로 종자 혹은 모종이 전하여져서 재배지가 넓어진다.

일본열도에서는 옛날에 농경이 발상(發祥)되지 않았고 농경문화, 특히 도작(쌀농사)을 하고 있는 민족이 건너와서 그것이 전하여져 농경이 시작되었다고 생각되어진다. 도작 이전에도 조, 피 등의 화전 재배가 있었다고 보고 있으나 이들도 중국 또는 남방에서부터 건너온 사람들이 갖고 온 것이라고 생각된다. 농경을 알고부터도 일본이 고유하게 성립시킨 작물은 지극히 적다. 일본에는 산채라고 불리는 것은 실로 많아서 식용 버섯, 해조류도 세계에서 종류가 없이 많으나 작물화된 것은 없고 국외로부터 들여온 것들을 오로지 작물화하였다. 일본이 세계 몇 개의 작물 기원 중심지로부터 아주 멀리 떨어져서 기후 풍토에 적응하면서 일본열도에 작물로 하기에 마땅한 식물이 극히 적기 때문이다. 이것은 일본인의 문화에 외국 문화의 섭취 동화라고 하는 특성을 구비한 근본적인 기반이 되었기 때문이 아닐까.

여기에서 논하고자 하는 콩류도 모두가 국외에서 전래된 것이다. 일본의 콩 이용을

12) 본 장의 콩의 그림과 사진은 星川和子 씨의 제공임

역사적으로 보면(그림 4) 대두가 가장 오래되었다. 죠몬 시대의 유적에서 대두가 출토되고 있으나 재배하였는지는 명확하지 않고 아마 야생 쯔루마메(돌콩)가 채집되어 먹고 있었다고 생각된다. 작물로서는 야요이 초기에 중국에서 전래되었을 것이다. 야요이(彌生) 시대에는 벼는 규슈 지방으로부터 긴키를 경유하여 동해 지방으로 보급되고 있었으나 일반적으로는 조와 피(稗)와 더불어 대두가 주식으로서 화전에서 재배되고 약간의 도래(渡來) 채소와 산채를 반찬으로 해서 먹고 있었던 것으로 추측된다.

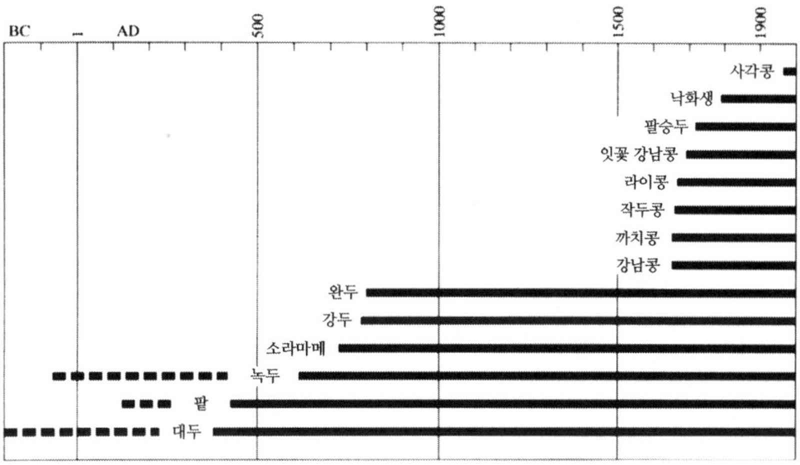

<그림 4> 일본의 콩류의 이용・재배의 역사

팥도 중국으로부터 도래했다고 생각되나 1~2세기경부터 먹었다는 것은 확인할 수 있다. 녹두는 기록으로는 17세기부터이나 죠몬 유적으로부터 출토되고 있으므로 역사시대보다 전에 전래되어 서일본에서는 옛적부터 사용되어 왔던 콩으로 보여진다.

야마토(大和) 조정이 성립한 후부터 중국・조선과 접촉하여 문화의 도입이 활발해져서 그 지역의 작물이 의욕적으로 수입되었기 때문에 야마토(大和)・나라(奈良)・헤이안(平安) 시대에는 대단히 많은 작물이 들어오고 재배가 시작되었다. 사사게(大角豆)・소라마메・완두 등이 그 가운데 있었다. 도입된 작물은 바로 일본식의 이름이 붙여지고 각지에 보급되었다. 12세기 말까지 일본으로 작물 전파에 커다란 파도가 일단 일어나고, 콩의 신종의 전래는 끊어졌다가 16세기 후반이 되어서 서구 제국과의 접촉이 성행하게 되어 유럽의 문화와 더불어 진기한 채소와 과일도 다음 다음으로 도입되었다. 그러는 중에 아메리카 대륙 원산의 강낭콩, 낙화생, 호밀콩, 잇꽃인겐 등이 있고, 호밀콩은 1856년 간행한 『초목도설(草木圖說)』에 아후히마메라는 이름으로 기재되어 있으나 거의 보급되지 않았다. 또한 그것과 더불어 남아시아계의 후지마메(까치콩)・핫쇼우마메(팔승두)가 도래하였다. 극히 새로운 콩이 사각콩라고 하는 것이다.

이와 같이 일본인은 시대와 더불어 식용 콩의 종류를 늘려서 지금에는 30~40종으로 늘어났다. 그러나 최초에 쌀과 거의 때를 같이하여 대두라고 하는 훌륭한 콩을 손에 넣었다는 것이 일본 민족의 번영과 독특한 식문화를 구축한 기본이 되었다고 말할 수 있겠지요.

II. 식품으로서 콩의 중요성

콩류는 예로부터 곡류와 나란히 인류에 있어서 중요한 식품이었다. 특히 세계 각지에서 주식으로 하는 전분질의 곡류와 짝을 이루어 단백질과 지방의 공급원의 준주식으로 하고 있는 것에 특징이 있다. 즉 유럽에서 보리와 완두 · 소라마메 등, 아메리카 대륙에서 옥수수와 강남콩 · 낙화생 등 그리고 아시아에서는 쌀과 대두 등이 있다.

특히 일본은 역사적으로 동물성 식품의 섭취가 적었었기 때문에 쌀, 잡곡과의 조합(fare)에 대두가 단백질과 지방의 보급원으로서 그 중에서도 특히 중요한 가치를 갖고 있었다. 대두는 그 밖의 콩류와 비교하여 특히 단백질과 지방의 함유율이 많은 것이 주목할 만한 가치이다. 콩류의 한 가지 어려움은 삶기 어렵고 그리고 소화하기 어렵다는 것이다. 거기에 가공법으로서 발달한 것이 된장, 간장과 낫도 등의 발효 제품이 있고 두부를 시작으로 일련의 대두 가공품이 있다. 그 위에 볶은 콩, 그것을 가루로 하여 콩가루를 만들었다.

콩은 과자로서도 사용되고 있으나 일본의 특징적인 것은 화과자(和菓子)의 재료, 즉 「앙」으로서 상당량의 팥, 그 외 콩이 사용되고 있다는 것이다.

두류는 완숙콩을 먹는 것뿐만 아니라 미숙콩을 식용으로 하는 등 어린콩깍지를 야채로 먹는다. 일본의 풋콩도 그렇게 한다든가 그린피스, 소라마메, 껍질강남콩, 껍질완두 등이 외국에서도 사용되고 있다.

다음에 옛것부터 순서대로 사진으로 소개한다.

1. 차콩 2. 구라가께 3. 평콩(불림 콩용) 4. 검은콩(雁喰豆) 5. 붉은 중립 6. 불명(不明)(長野縣産) 7. 푸른콩(기나꼬용) 8. 검은환(長野産) 9. 동산94호 10. 농림2호 11. 다찌즈즈나리 12. 낫또용의 품종

<사진 1> 대두의 종자 여러 가지

III. 일본에서 재배된 콩류[豆類]

3.1 다이즈(대두) 〔별명 대두(大豆)〕 *Glycine max(L.) Merrill*

대두는 아주 옛날부터 먹었다. 시베리아의 아무르(amour)강 유역에서부터 중국 동북부(만주)를 거쳐 일본까지가 원산지이다. 성분은 전분이 거의 들어 있지 않고 단백질·지방이 풍부하고, 가공원료로서 된장, 간장, 식용유, 두부 그 외에 여러 가지 식품이 만들어진다. 색은 황(黃), 차(茶), 녹(綠), 흑(黑), 백흑(白黑)으로 물들어 있는 것이 있다(사진1). 형태도 구형(球形), 편형구형(扁形球形), 타원형 등 가지가지로 품종도 많고, 용도에도 적성이 있어 삶음 용, 볶음 용, 콩가루 용, 가지째 꺽은 풋콩 전용 등으로 나누고 있다.

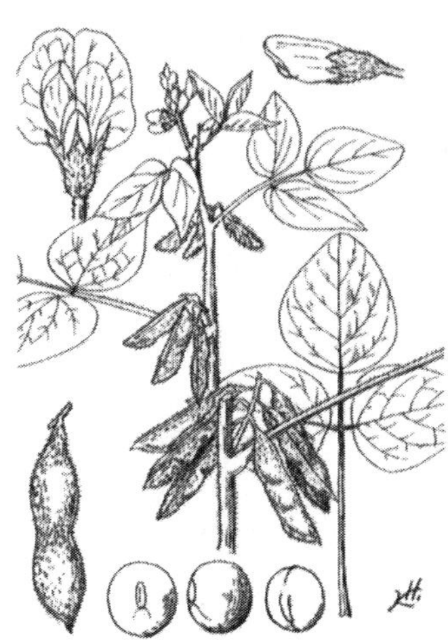

<그림 5> 다이즈(대두)

대두는 18~19세기에 일본에서 유럽, 아메리카에 알려졌다. 제2차 대전경까지는 중국이 세계 제일 생

산국으로 일본은 소위 만주 콩을 수입해서 수요를 조달하였다. 하지만 제2차 대전 후는 아메리카에서 대대적으로 재배하게 되어 세계 제일의 산지가 됐기 때문에 일본은 지금까지 아메리카에 완전히 의존하고 있다.

대두의 원종(原種)이라고 말하는 것은 그림 8에 나타낸 「덩굴콩」(노마메(들콩) G. ussuriensis Regel et Maack)이다. 일본에서도 각 지역의 들에 자생하고 있다. 덩쿨성(蔓性)으로 대두보다는 잎도 꼬투리도 콩도 훨씬 작지만 모조리 콩으로 먹을 수 있다. 죠몬(繩文)·야요이(弥生) 시대의 유적에서 탄화한 덩굴 콩이 나오면서 고대인이 이것을 취하여 먹었음이 밝혀지게 되었다. 현재의 콩은 중국 북부에서 작물화(作物化)된 것이 「작물」로서 죠몬(繩文) 시대 말경에 전래된 것으로 생각한다.

3.2 팥 〔소두(小豆)〕 *Vigna angularis(Willd) Ohwviet et Ohashi*

팥은 콩과 같이 중국 북부가 원산지로 현재의 팥은 중국 북부에서 작물화된 것이 「작물」로서 죠몬(繩文) 시대 말경에 전래되었다고 생각한다. 오늘날에는 중국 대륙이나 한국에서는 그다지 사용하지 않지만 일본만이 특히 이용하는 콩으로서 특이적이다. 대부분이 앙금, 아마낫토우(甘納豆)*, 양갱 등 화과자(和菓子)의 재료로, 빵 속에 넣어서 팥빵을 발명하는 등 일본인이 매우 좋아하는 콩으로 알려지게 된 것이다. 많은 품종이 있고 색도 팥색 외에 차(茶), 회색, 지저분한 색의 콩이라고 하는 것도 있다. 대표 품종은 「대납언(大納言)」으로 색도 예쁜 대립(大粒)으로 적두(赤豆)라고도 한다. 주산지는 홋카이도(北海道)와 동북 지방으로 냉해를 입은 해에는 부족하여 3~4만 톤 수입하고 있다. 팥의 중간으로 「덩굴 팥」이라고 하는 새우 눈 모습을 한 콩도 있었지만 수량이 적어 지금은 자연 소멸하였다.(* 아마낫토우 : 삶은 팥을 꿀물에 조려 설탕에 버무린 과자)

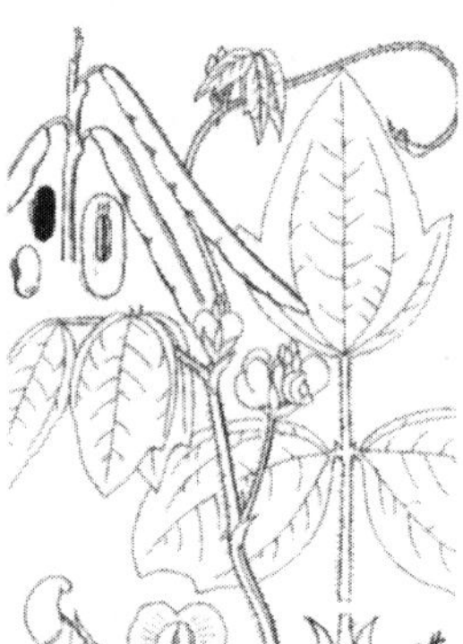
<그림 6> 덩굴팥

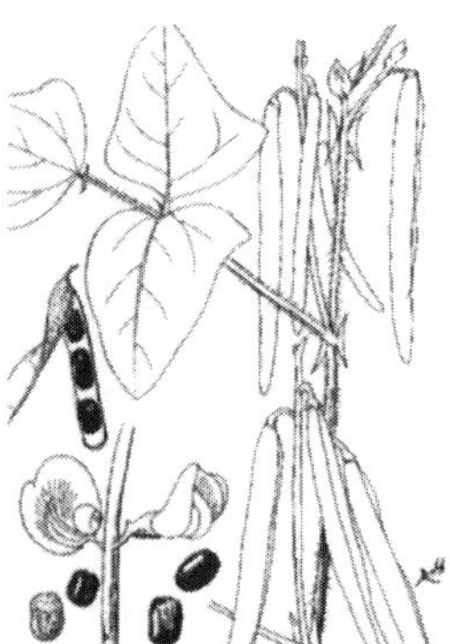
<그림 7> 팥

<그림 8> 덩굴콩

3.3 녹두〔별명 분도우 · 야에나리(ヤエナリ) · 청팥(アオアズキ) · 綠豆 · 文豆〕 *Vigna radiata(L.). R. Wilczek*

원산지는 인도, 버마 지역. 일본으로의 도래는 문서 기록에 17세기 이전이라고 하지만 몇해 전 조빈패총(鳥浜貝塚) [조취현(鳥取縣)]에서 죠몬(繩文) 시대의 녹두가 발견되고 나서 역사는 고쳐서 기록될 것으로 생각한다. 분도우(文豆)라고 하는 것은 콩 입자가 일정하여 인도에서 금이나 진주를 계산할 때 분동(分銅)으로 사용하기 때문이다. 모양은 팥과 똑같지만 현재는 흑갈색의 쥐 똥 같은 콩이 수입되고 있다. 전후 한참 동안은 일본의 각지에서 문자대로 예쁜 녹색의 녹두가 재배되어 녹두밥 등에 사용되었으나 현재는 모습이 없어지고 말았다. 1982년 오키나와(沖繩)에서 예쁜 녹색의 콩을 보고 즐겁게 생각한 일이 있었다. 중국에서는 녹두 전분으로 당면을 만들지만 현재 일본의 중요한 용도는 「숙주나물」의 제조이다. 녹두는 고온, 다습한 어두운 곳에서 발아시키면 쌍엽 아래로 줄기가 쭉 뻗는 성질이 있어 숙주나물에 이용된 것이다(사진2).

대두도 비슷한 성질이 있어 콩나물을 만든다. 그러나 녹두와 가장 근연(近緣)의 팥은 같은 조건에서도 쌍엽 아래로 뻗지 않고 위로 뻗는 성질 때문에 싹을 내기에 적당하지 않다.

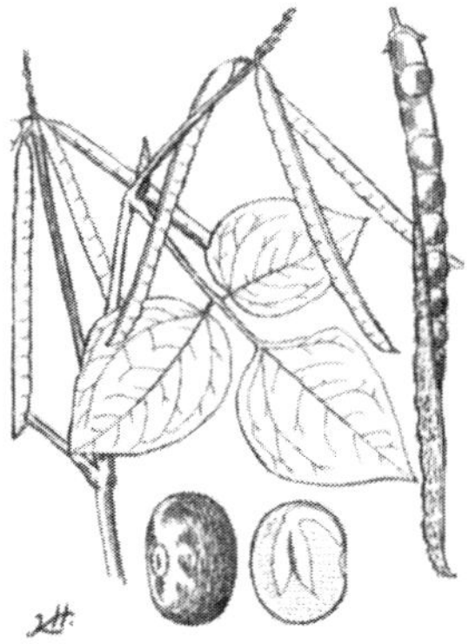

<그림 9> 녹두

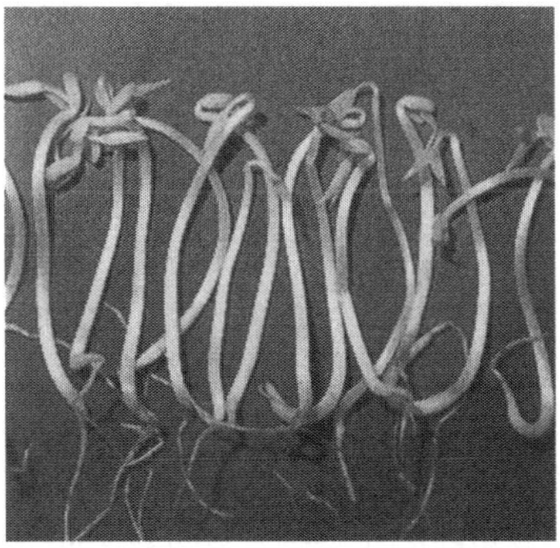

<사진 2> 녹두의 싹 (숙주나물)

대두를 둘러싼 문제[13)]

사하라(佐野) 콩류의 재배 역사에서 대두가 가장 오래되고, 녹두가 3번째라고 하지만 이것은 역으로 말할 수는 없는 것일까요. 녹두가 많이 발견된 조빈패총(鳥浜貝塚)의 연대는 죠몬(繩文) 시대 전기의 중반, 방사성탄소의 연대로 말하면 지금부터 4~5000년 전으로 거슬러 올라갑니다. 그런 현상(現狀)에서는 녹두를 일본 최고(最古)의 식용두(食用豆)로 생각해도 좋다고 생각합니다. 대두의 확실한 출토는 산구현 능라목(山口縣 綾羅木)의 향(鄕) 유적에서 야요이(弥生) 시대 전기 후반입니다. 노마메(ノマメ 야생콩)가 죠몬(繩文) 시대이었다고 말하지만 이 노마메(ノマメ)가 재배종으로 되었다고 생각하지 않습니다. 콩은 결국 벼와 함께 멀어도 기원전 2~3세기 이후에 재배하게 되었다고 생각합니다만.

호시가와(星川) 대두를 가장 먼저라고 내놓는 것은 루트가 되는 조빈패총(鳥浜貝塚) 덩굴콩이 일본에 야생하고 있기 때문입니다. 죠몬(繩文), 야요이(弥生) 시대의 사람들은 아마도 덩굴콩을 먹었다고 생각합니다. 나는 이전에 리근천제(利根川堤)의 덩굴콩의 대군락에서 콩을 한 되(升) 정도 채집한 일이 있었습니다. 콩알을 조사하니까 색, 형태, 크기도 몹시 변이(變異)가 있고, 큰 것은 콩의 작은 것과 구별할 수 없을 정도였습니다. 탄화물에서 재배 콩과 노마메(ノマメ)를 구별하는 것은 어렵다고 생각합니다. 하지만 물론 나도 재배 작물로서의 콩은 일본의 덩굴 콩에서 창출된 것이 아니고 중국에서 작물로 전래한 것이라고 생각합니다. 지금으로서는 녹두가 조빈패총(鳥浜貝塚 鳥取縣)에서 발견된 한 예(例)로, 이것은 우연히 녹두를 가진 사람들이 조빈(鳥浜)에 표착(漂着)해서 재배한 것이라고 상상할 수도 있기 때문에 현재로서는 역사상 3위 정도로 랭크하고 있는 것입니다.

수산(須山) 같은 대두에서도 만주 대두, 일본 대두, 아메리카 대두에서 각각 성격이 다른 것은 풍토와 품종 개량에 의한 것입니까.

호시가와(星川) 아메리카 대두는 주로 기름과 단백질을 목적으로 하고 있으며, 대규모 기계화 조방재배(機械化粗放栽培)로 생산량을 높이는 것을 생각해 형태나, 맛은 그다지 문제되지 않습니다. 그런데 일본의 대두는 옛날부터 대립(大粒)으로 아름답고, 광택도 있으며, 배꼽이 하얗지 않으면 안 된다든가 여러 가지 주문이 따라붙어 있고, 그리고 감미가 있어 맛이 좋은 것이 재배되었습니다. 이것은 품

---

13) 田村眞八郎·石毛直道 (編) 1984 『日本の風土食』 pp.135-136에서 발췌. 佐原眞 (奈良國立文化財硏究所·考古學) 須山三千三 (東京水産大學·水産食品學) 渡辺篤二 (共立女子大學·食品化學)

종이 다른 것입니다, 또 콩은 기후, 토질, 비료 등의 조건에서 아주 변화되기 쉬운 성질을 가지고 있습니다. 예를 들면 소립 대두를 사용한 명산(名産)의 「수호납두(水戶納豆)」, 이 대두를 나가노현(長野縣)이나 도치기현(栃木縣)에서 대량 생산하고자 하면 대립(大粒)으로 되어버렸다고 하는 예도 있습니다. 옛날의 만주 대두를 일본으로의 수출을 전제로 품종도 택하였기 때문에 어느 편인가 하면 일본의 대두에 가까운 품질의 것이었다고 말할 수 있지요.

와다나베(渡辺) 풋콩(枝豆)용 품종은 특별히 있는 것입니까.

호시가와(星川) 본래는 대두와 같은 작물의 미숙두(未熟豆)이기 때문에 어느 것이고 괜찮지만 예를 들면 도쿄(東京) 교외의 동경 조생지두(東京早生枝豆)라든가, 지방에서는 유명한 장내(庄內)의 「다다챠마메(ダダチャマメ)」 등 풋콩(枝豆) 전용의 종류는 각지에 상당히 있습니다. 미숙두(未熟豆)에 당분이 많이 쌓이는 특성의 품종이지요.

3.4 누에콩(소라마메) 〔蠶豆 잠두〕 *Vicia faba L.*

누에콩은 서아시아와 아프리카 북부의 두 장소가 루트이고, 일본의 누에콩이 어느 쪽인가는 알 수 없지만 일본에서 「어다복두(御多福豆) 가면처럼 생긴 여자, 둥근 얼굴에 이마와 광대뼈가 불거지고 코가 납작한 여자. 추녀의 표본으로 일컬어짐」라고 말하는 대립(大粒)인 것은 아프리카계인 것 같다. 736년에 중국을 거쳐 인도 승려가 전했다(아시아계)는 기록도 있고, 두 장소로부터 계통이 다른 것이 들어 왔는지는 흥미 있는 일이다. 누에콩의 꽃에는 중심에 눈(目) 같은 흑색의 반점이 있는데, 대개 식물의 꽃에 아주 까만 것이 있다는 것은 틀림없이 특수하다. 미숙두(未熟豆)는 맥주 안주나 삶은 음식으로 하거나 초여름의 미각으로 즐긴다. 꼬투리가 익어서 검게 될 때까지 놓아두면 매우 많은 완숙두(完熟豆)가 되어 삶음 콩, 콩자반, 볶은 콩, 감납두(甘納豆), 앙금 등으로 가공한다. 히말라야 지역에는 콩알정도의 작은 품종도 있다. 이것도 수입하여 작은 새의 먹이에 혼입하고 있다.

<그림 10> 누에콩(소라 마메)

3.5 강두 〔豇豆(사사게) · 大角豆〕 *Vigna sinensis Endlicher*

꼬투리가 붙은 쪽이 양손으로 헌상물(獻上物)을 바치는 듯한 형태에서 이름이 붙어진 것이다. 대각두라고 하는 것도 꼬투리가 소의 뿔 같다고 하는 설과 콩이 팥보다 좀 크고 조금 각져 있기 때문이라고 하는 설도 있다. 원산지는 아프리카로 옛날에 인도에서 세계로 퍼져나갔다. 강두에는 만성(蔓性, 덩굴성))과 왜성(矮性, 키가 크지 않는 종)[14]이 있고, 꼬투리는 10~30㎝로 콩은 적, 차색(茶色)이 대부분이고, 백, 흑색도 있으며 품종에 따라 여러 가지이다.

강두의 품종에는 3종류가 있다. 강두와 많이 비슷한 노강두(奴豇豆 V. unguiculata (L.) Walp.)는 왜성종(矮性種)으로 꼬투리는 전형적으로 물건을 들고 있는 형태를 하고 있다. 콩은 강두와 거의 비슷해서 용도는 강두와 구별하지 않고, 양자 모두 팥과 같이 이용한다. 적반(赤飯)에 넣는 콩으로는 팥보다 강두를 좋아한다. 이것은 강두 쪽이 껍질이 깨지지 않고 깔끔하게 밥을 지을 수 있기 때문이지만, 옛날부터 배를 가르지 않는다고 하는 무사(武士) 기원의 활기(活氣), 그것이 현재까지 전승되고 있는 것이다.

제3의 강두는 16강두(十六豇豆 三尺豇豆 V.sesquipedalis (L.) Fruw.)이다. 꼬투리가 50㎝에서 1m까지도 뻗고, 어린 꼬투리를 채소로 먹는 종류이다. 형태나 맛이 마치 아스파라가스 같은 것으로 영어로는 아스파라가스 빈이라고 부른다. 숙두(熟豆)는 맛이 나빠서 보통 먹지 않는다.

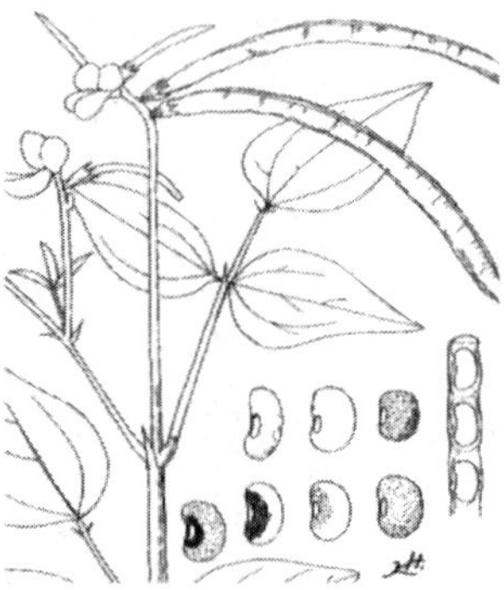
<그림 11> 강두(豇豆)

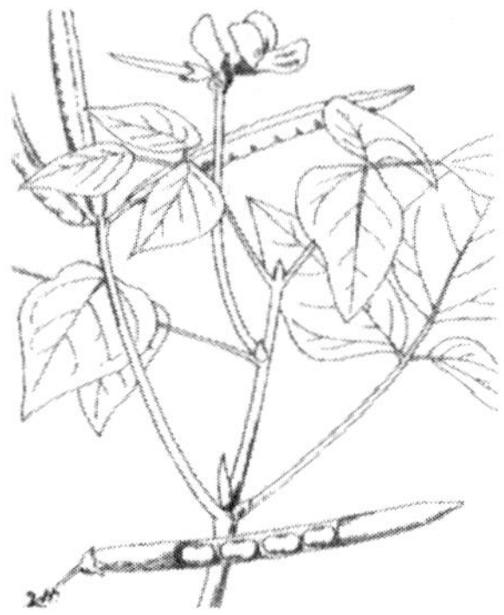
<그림 12> 노강두(奴豇豆)

<그림 13> 16강두(十六豇豆)

14) 콩과식물은 기본적으로 만성(蔓性 덩굴성)이라고 생각해도 된다. 그 중에서 생장점이 어떤 것의 관계로 정지한 것이 왜성으로 된 품종. 왜화(矮化) 품종에 이상한 상황을 제공(방사선조사, 일조시간 제한 등)하면 덩굴로 되기도 한다. 중간(中間)형은 모조리 덩굴성 콩이다. 왜성은 재배 상 편리하기 때문에 작물로서 진화한 것이다.

3.6 완두 〔豌豆〕 *Pisum sattivum L.*

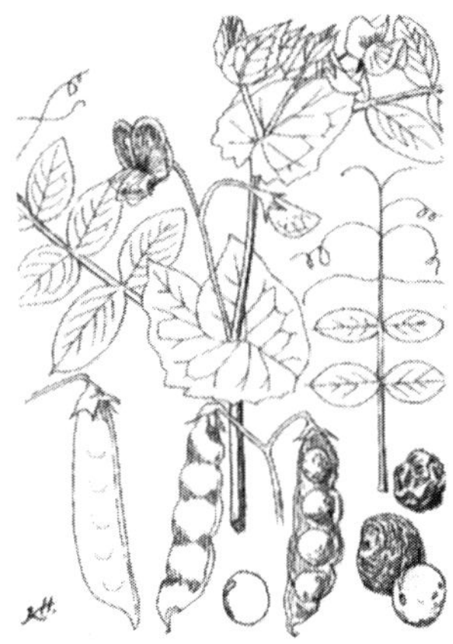

<그림 14> 완두(豌豆)

서아시아의 지중해부터의 지역이 원산지이지만 유럽에서 옛날부터 보리와 짝으로 함께 먹어 온 중요한 콩이다.

일본에는 중국을 거쳐 8세기에 들어왔지만 당시는 그다지 좋아하지 않은 것 같다. 꼬투리완두로 어린꼬투리를 먹게 된 것은 에도(江戶) 시대에 네덜란드에서 다시 도입된 것으로 그 이전은 건조한 완숙두(完熟豆)를 먹었다. 그린피스를 먹게 된 것은 메이지(明治) 이후이다.

꽃에는 흰색과 빨간색이 있고, 꼬투리완두로서의 어린꼬투리용, 그린피스용, 완숙두(完熟豆)로 품종이 분화하고 있다. 콩은 볶음콩, 삶음콩(휘파람새콩), 화과자에 이용하고 흑갈색이나 갈색의 콩(빨간꽃의 콩)은 밀두(蜜豆 삶은 완두콩에 과일과 한천을 네모지게 썰어 넣고 당밀을 친 식품)에도 사용한다.

3.7 강낭콩(인겐마메) 〔별명 오월강두(五月豇豆) · 채두(菜豆) · 은원두(隱元豆)〕 *Phaseolus vulgaris L.*

강남콩은 중앙아메리카 원산으로 멕시코에서는 기원전 5000년 정도부터 재배된 역사가 오래된 콩으로 신대륙 발견 후 유럽에 들어가 아주 좋아하게 되면서 삽시간에 세계로 퍼져나갔다.

일본에는 은원(隱元) 선사가 17세기에 가져온 것이기에 이름이 지어졌다고 전하고 있지만, 선사가 가지고 온 것은 이 콩이 아니고 후지(富士)콩이 아닐까 말하고 있다. 관서(關西)의 사람은 이 콩을 은원(隱元)이라 하지 않고 오월강두, 삼도두(三度豆)라고 부르고 후지(富士)콩을 〔은원〕 이라 부른다.

덩굴이 뻗는 것과 덩굴이 뻗지 않는 것이 있고 완숙두 용 품종은 메추라기, 금시(金時), 호두(虎豆), 수망(手芒) 등 다수 있으며, 콩의 색은 흑, 차, 백, 적색, 그리고 여러가지 문양이 있는 것 등 변화가 많다.

강남콩은 삶음 콩, 하얀 앙금, 감납두(甘納豆), 금단(金團 설탕를 넣고 조려서 으깬 고구마에 콩, 밤 등을 넣어 만든 음식) 외에 스프나 푹 끓인 요리, 샐러드 등 서양요리에도 사용한다.

강남콩의 어린꼬투리를 채소로 먹는 전용 품종으로서는 만성(蔓性)의 켄터키-완다

(ケンタッキ-ワンダ-) [泥鰌 도죠(미꾸라지 인겐) 강남콩의 한 품종] 가 대표이고, 이외 덩굴 없는 품종도 많이 있다. 유럽에서는 미숙두(未熟豆)를 좋아해 먹는 전용 품종도 있지만 일본에 이런 습관이 없는 것은 재미있는 일이다.

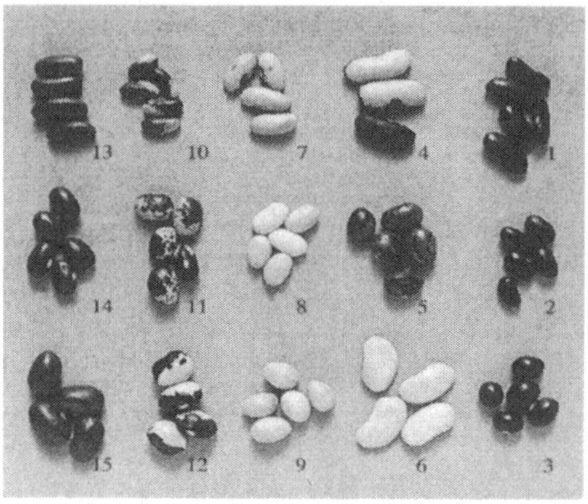

1. 불명(長野産) 2. 흑대립(黑大粒) 3. 흑금시(黑金時) 4. 불명(독일산) 5. 패각두(貝殼豆) 6. 대복두(大福豆) 7. 마계(馬系) 4호 8. 대수망(大手芒) 9. 백환우즈라 10. 우즈라계 11. 홍문우즈라 12. 호두 13. 마스타피스 14. 홍금시(紅金時) 15. 대정금시(大正金時)

<사진 3> 강남콩(인겐마메)의 여러 가지

3.8 후지콩(フジマメ) [별명 센고꾸마메 · 인겐마메 · 아지마메 · 작두(鵲豆) · 변두(藊豆)] *Lablab niger Medikus*

원산지는 아시아의 열대 지역. 강남콩(인겐마메)과 거의 같은 시대에 들어왔다. 전술한 바와 같이 관서(關西)에서는 강남콩(인겐마메)이라고 말하지만 도쿄의 시장에서는 거의 보이지 않고, 동북 지방에서는 거의 알려지지 않았다. 동북에서 수전전작(水田轉作)용으로 재배했을 때 시장에서 사는 사람이 없었다고 한다. 꼬투리는 하얀빛을 띠는 편형으로 폭이 넓고 어린꼬투리는 강남콩(인겐마메)과 비슷하게 요리한다.

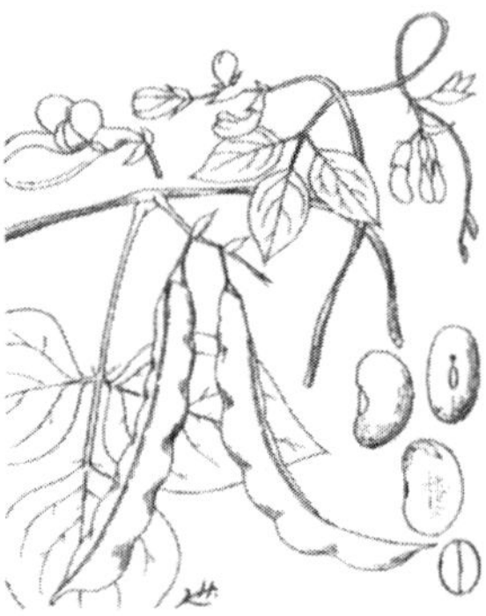

<그림 15> 강남콩

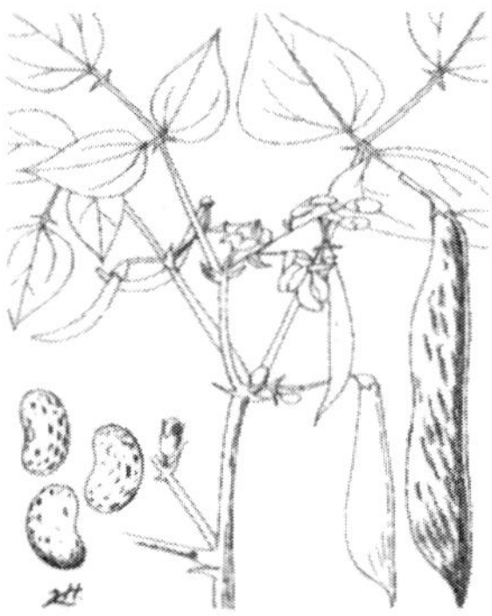

<그림 16> 덩굴 없는 강남콩

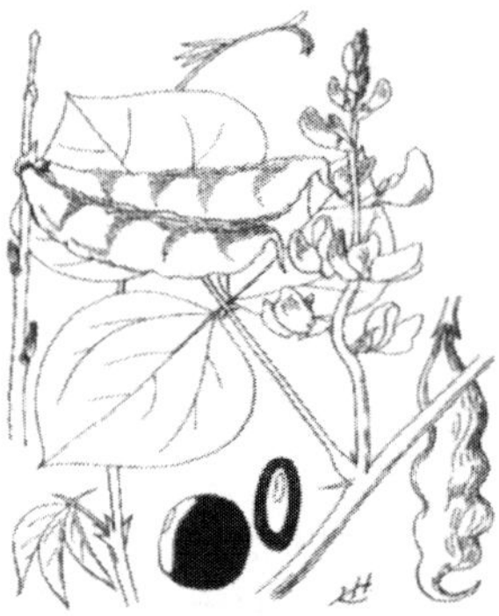

<그림 17> 후지콩(フジマメ)

콩의 분류[15]

하야시(林) 중국과 일본의 식(食)관계의 책을 읽으면서 서로 대조하여 교정할 때 식물명(植物名)이 각기 어찌하여 이름에 어울리는가 결정을 내리지 못한 일이 있습니다만, 이야기에 나온 대답은 후지콩(フジマメ)이 좋은지 어떤지, 적어도 육조(六朝) 이래의 옛날 콩류의 이름이지만 형상의 기술이 자세하게 나온 것은 송대(宋代) 이후가 되기 때문에 작물이 변하지 않았을까 우려됩니다.

호시가와(星川) 후지콩(フジマメ)에는 흰꽃과 등색(藤色)꽃이 있고, 「흰꽃후지콩을 변두(藊豆)라고 함」 이라고 기록된 책도 있고 식물학자 간에는 지금까지의 설을 취하고 있습니다. 등색의 꽃은 작두(까치콩)이라는 글자에 해당합니다. 하지만 「백변두」라고 하는 기재도 있어서 엄밀하게 구별은 할 수 없다고 생각합니다. 덩굴부분은 농업상으로 사료나 녹비(綠肥)로 쓰입니다.

도요가와(豊川) 식생활을 조사할 때 콩의 식별이 필요할 때가 많이 있습니다만 구체적인 방법이 있습니까.

호시가와(星川) 물론 콩의 외형으로 나누지만 주의할 것은 배꼽의 형태와 위치, 그 옆에 흡수구라고 하는 혈(穴)이 있습니다만 그 위치와 형태, 혈의 주위가 나와 있는가 들어가 있는가 등이 결정적 방법입니다. 현미경이 있으면 표피를 잘라서 껍질 속 조직의 시계접시 형 세포(時計皿型細胞) 등의 모양을 조사합니다. 이 방법은 고고학에서도 오래 된 콩의 감정에 중요한 표적이 됩니다.

3.9 잇꽃 강남콩(베니바나 인겐) 〔별명 하나사사게 · 하나마메(花豆) 홍화은원콩(紅花隱元豆)〕 *Phaseolus coccineus L.*

홍색의 꽃이 피는 아름다운 콩이지만 하얀 꽃이 피는 것도 있다. 중·남아메리카가 원산지. 고지대의 콩으로 시원한 기후를 좋아하고, 일본에서는 나가노(長野), 이와데(岩出), 아오모리(青森), 홋카이도(北海道)에 있고, 센다이(仙台)에서도 시원한 여름에는 잘 자란다. 도쿄 서쪽에서는 꽃은 피어도 결실은 없다.

---

15) 田村眞八郎 · 石毛直道 (編) 1984『日本の風土と食』pp.137-138에서 발췌
林左馬衛 (宮內廳書陵部 · 中日比較文化史) 豊川裕之 (東京大學 · 保健學)

일본에서는 일년생이지만 원산지에서는 다년생으로 뿌리가 남아 굵은 괴근(塊根)에서 전분을 얻는다. 홍화의 품종에는 적자(赤紫)색의 콩, 백화의 품종에는 하얀콩이 나오고, 동시에 나다마메에 관해서는 두 번째로 큰 콩으로 백색, 보라색으로 갖추어서 바둑돌로 하기도 하고 모리오까(盛岡)에서는 공기메밀국수를 한 공기 먹을 때마다 한 알씩 얹어놓고 숫자를 세기도 한다. 삶음콩, 감납두(甘納豆)로 하면 근사하고 맛도 좋다. 어린꼬투리도 삶아 먹는다.

<그림 18> 잇꽃 강남콩

3.10 라이콩 〔별명 아오이 마메 · 고시기 마메 월두(月豆)〕

Paseolus lunatus L.

중앙아메리카 남부(소립종) 및 남아메리카의 북부 안데스지역(대립종) 2개소에 뿌리가 있다고 말하여지고 있다. 16세기에 남미의 리마 항구에서 유럽으로 전해진 리마의 콩, 이것을 영어로 읽어서 라이 마마메라고 말하여지고, 그것이 세월이 지나면서 라이 마메라고 불리어진 것 같다. 초승달 모양의 꼬투리 모양으로부터 월두(月豆)라고도 한다.

일본에서는 에도 시대에 들어와서 1856년 간행한『초목도설(草木圖說)』에 모두 아후히 마메의 이름으로 기재되어 있다. 그러나 그다지 인기가 없어서, 거의 재배되지 않았다. 최근에는 인겐마메(강남콩)의 대용으로 수입되고 있다.

<그림 19> 라이마메

어린콩깍지, 미숙 콩, 완숙 콩 어느 것이고 먹지만, 완숙 콩은 전분질로 삶은 콩, 팥소 등에 사용하나, 청산을 갖고 있어 중독성이 있다. 충분히 삶아서 그물을 따라 버리지 않고 가공하면 위험하다. 꼬투리는 후지 마메와 아주 흡사하기 때문에 이것을 온실 재배하여 후지 마메라고 시장에 내놓고 있는 것 같다.

3.11 핫쇼우 마메(팔승두)『별명 오샤라꾸 마메 팔승두(八升豆) 검은콩(黎豆)』
Stizolobium hasjoo PIPER et TRACY

팔승두라고도 쓰이나 에도 시대에 하찌죠우도(八丈島)를 지나 들어왔기 때문에 하찌조우도(八丈豆)의 사투리 같다. 지금은 거의 보이지 않으나 열대아시아에서는 재배되고 있는 곳도 있다. 꽃은 흑자색이고 콩깍지는 은색의 배냇머리로 크게 벌어지고 영어로는 벨벧 빈이라고도 한다. 콩은 베이지색이고 배꼽은 솟아올라있다. 이것도 콩에 독이 있기 때문에 충분히 삶아 내지 않으면 중독된다.

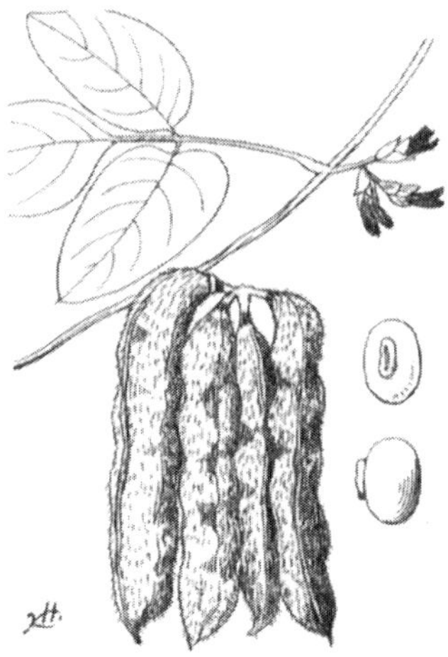

<그림 20> 핫쇼우마메

3.12 작두콩(나다마메)〔刀豆〕
Canavalia gladiata (Jacq.) DC.

열대아시아 원산이고, 일본에는 에도 시대 초기에 들어왔다. 일본에서 이용하고 있는 콩 중에서 가장 크나 콩을 그다지 먹지 않는다. 오로지 어린 콩깍지를 얇게 썰어서 후꾸진쯔케(무, 가지, 작두콩 조림)와 그 밖의 쯔께모노 재료로 사용되고 있다. 홍색의 꽃을 소금에 절여서 초쯔께 등의 장식에 사용된다. 콩도 먹지만 약한 독성이 있다.

가까운 종(種)인 다찌나다 마메(立刀豆, 洋刀豆 C.ensiformis (L.) DC.)도 사용되고 있으나 이것은 중앙아메리카가 고향이다. 나다마메보다 늦게 전래했다고 생각된다.

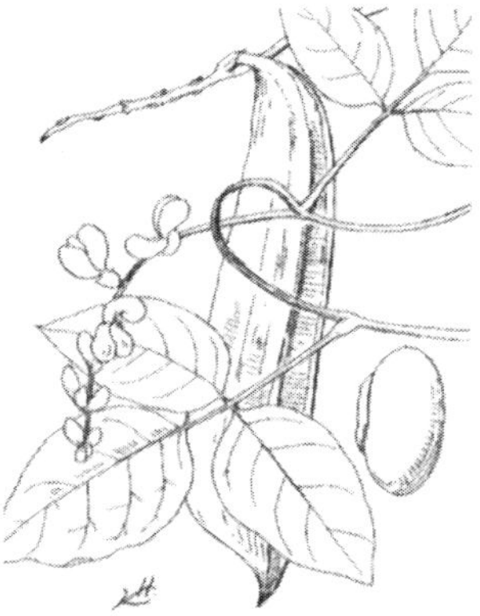

<그림 21> 나다마메

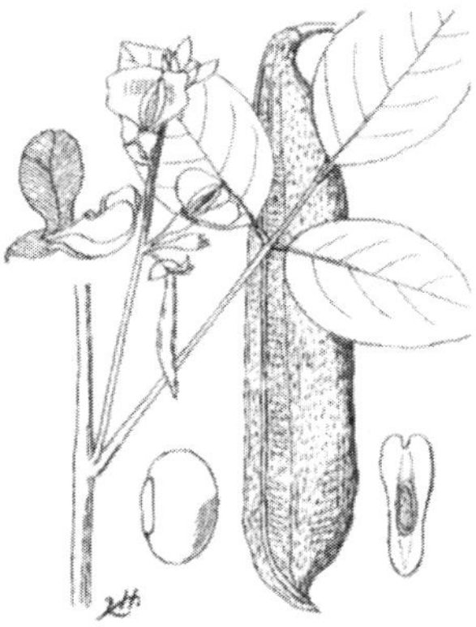

<그림 22> 다찌나다마메

3.13 낙화생 〔별명 난킨 마메 · 지마메　落花生 · 南京豆〕
Arachis hypogaea L.

남아메리카 원산이지만 18세기에 중국으로 건너가고 에도 시대에 남경 근처에서 들어왔다는 것 때문에 남경두라고 부른다. 그런데 에도 시대에는 전혀 이용되지 않고 메이지 시대에 다시 도입되어 주로 관동 이남에서 널리 재배된것 같다. 주산지는 치바(千葉)현, 이바라끼(茨城)현.

이 콩은 꽃이 핀 후 꽃자루(花柄)가 늘어나 땅으로 들어가 결실하여, 문자(文字)대로 낙화생, 지(地)마메(땅콩)라고 부른다. 입자의 대소(大小)로 두 가지 타입이 있고, 일본에서는 큰 것이 맛이 좋아서 볶는 콩으로 한다. 작은 콩은 주로 피너츠 버터와 식용유의 원료로 사용하나 이것은 전부 수입한다. 연간 5~6만 톤이나 수입한다.

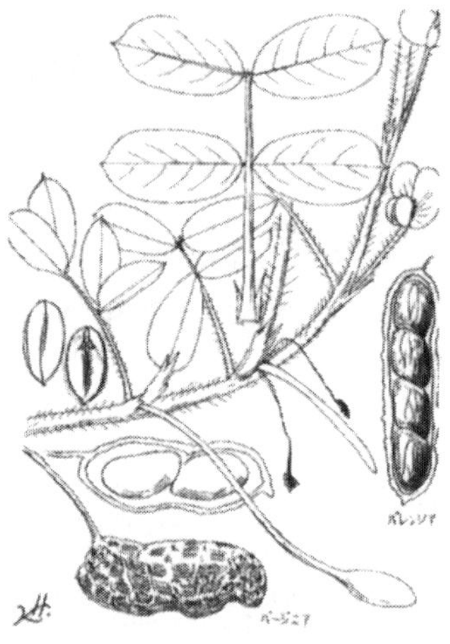

<그림 23> 낙화생

3.14 시가쿠 마메 〔별명 도우사이 사각두(四角豆)〕
Psophocarpus tetragonolobus(L.) DC

인도양의 섬들이 원산지이고 십수 년 전부터 오키나와, 아마미(奄美)군도, 가고시마 근처에서 재배되어 온 신종이다. 콩깍지에 네 개의 날개가 나오고 있어 꼬투리의 단면이 사각으로 보인다. 콩은 둥글고 어린 싹과 잎, 미숙콩을 삶기도 하고 볶기도 하여 먹는다. 콩은 콩자반으로 한다. 일본에서는 일년생이나 열대에서는 다년생으로 퉁퉁한 뿌리의 눈(根芽)에서 전분을 얻는다.

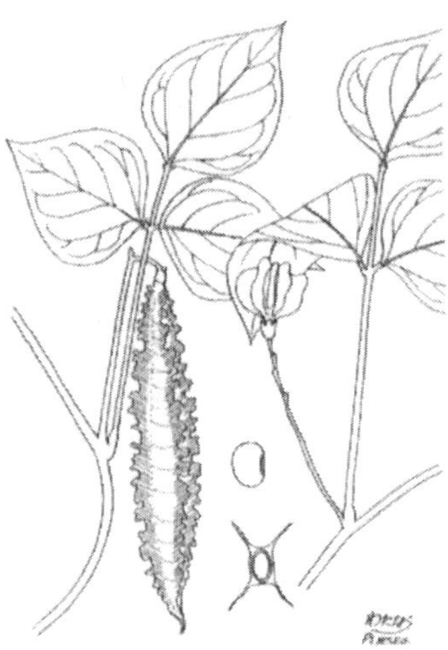

<그림 24> 시가쿠 마메

IV. 수입하고 있는 콩류

4.1 다케 아즈끼 (별명 시마츠루 아즈끼 竹小豆)
Vigna umbellta(THUNB) OHWT et OHASHI

콩의 형태는 팥(아즈끼)보다 약간 길지만 매우 닮은 모양으로 그대로 말해도 좋다. 더구나 그 뿌리는 벼의 원산지와 같은 미얀마, 인도, 중국의 운남 지방이다. 영어로는 라이스 빈(쌀의 콩)이라고 하고 현지에서는 쌀과 같이 밥을 지어 먹는다. 그것은 일본의 팥밥과 매우 닮았다. 일본의 뿌리도 이 원산지 근처라고 말하고도 있어 일본에서 팥을 넣어 지은 적반(赤飯)과도 관련하고 있기 때문이 아닌가 하는 등의 상상도 하는, 흥미 있는 콩이라고 생각한다. 단지 일본에서는 재배가 곤란한 것 같다. 수입품은 팥고물의 증량제 등으로 하고, 오키나와에서는 팥과 같은 용도로 이용하고 있다.

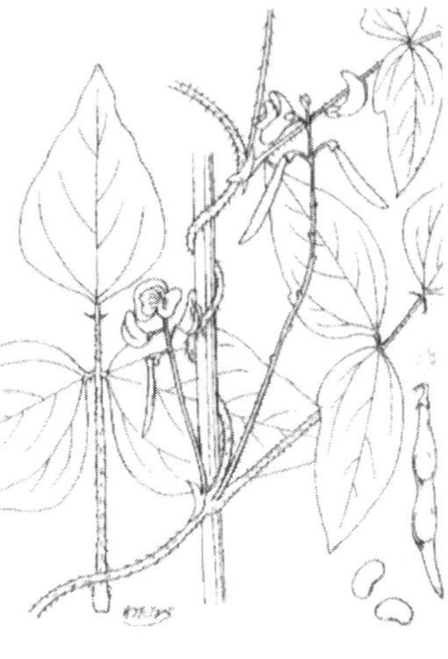

<그림 25> 다케 아즈끼(시마츠루 아즈끼)

4.2 효코 마메(병아리 콩) 〔鷄兒豆・鷹嘴豆〕
Cicer arietinum L.

한 개의 콩깍지에 콩은 1-2립. 콩의 형태가 새부리상의 돌기를 가지고 있고, 병아리의 머리 모양이기 때문에 치크・피라고도 불린다. 중앙아시아가 원산지이고 현재는 세계에서 열대지역에서 재배되고 있다.

일본에서는 전후, 주로 멕시코에서 수입하고 있기 때문에 시장에서는 멕시코어로 「가루방조」로 유통하고 있다. 용도는 볶아서 믹스 너트에 넣거나 삶아서 고물을 만들고, 고물의 증량재로서 값싼 모나카와 찐빵에 사용하고 있다.

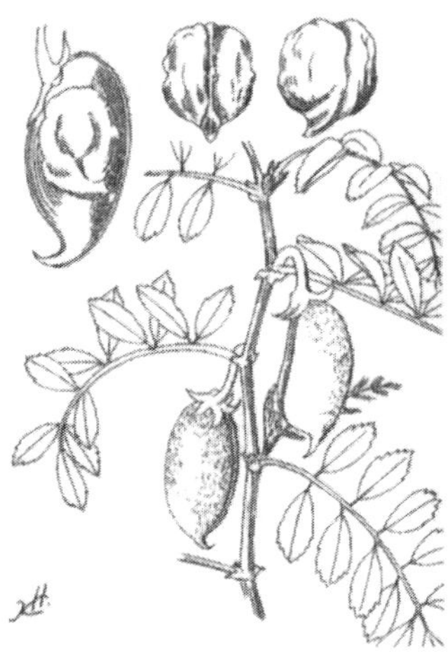

<그림 26> 효코 마메

4.3 헨도우 (별명 렌즈 콩·히라 콩 扁豆·兵豆)
Lens esculenta MOENCH

1-2cm의 작은 콩깍지에 직경 5mm 정도의 둥글고 평평한 콩이 들어가 있다. 콩의 껍질을 벗겨서 눌러 부스면 자엽이 두 개로 나뉘어져 얇은 핑크 콘택트 렌즈상으로 된다. 렌즈 콩이라고 하는 별명도 여기에서 유래한다. 이것을 그대로 또는 얇게 켜거나, 가루로 하여 푹 끓이고 스프로 사용한다. 또한 커피에 섞어서 사용하기도 한다. 중근동이 원산지이고 유대인이 수천년 전부터 식재료로 사용하였고 현재 에티오피아인과 이집트인이 먹고 있다. 특히 부활제의 육식을 금하는 기간은 이 콩이 단백원으로 중요한 역할을 한다. 소량이지만 수입되고 있다.

<그림 27> 헨도우 (렌즈 콩)

4.4 밤바라 콩 (별명 후타고 콩)
Voandzeia subterrana THOUARS

꽃이 핀 후에 꽃줄기가 지하로 들어가서 결실하는 낙화생과 아주 유사한 성질의 콩으로 뿌리는 아프리카에 있다. 예부터 이용되고 있으나 아프리카 이외에서는 재배하지 않는다. 생산성은 낮기 때문에 아프리카에서는 새로 들어온 낙화생에 압도되어 재배가 감소하고 있다. 피넛츠와 달리 성분은 전분질이 주이고 지방은 약 20%, 단백질 6% 정도이고 영양 발란스를 갖춘 콩이다. 일본에도 [잡두(雜豆)]의 하나로서 소량 들어오고 있으나 어떻게 사용되고 있는지는 확실하지 않다. 고물의 증량재로 쓰이는 것 같다.

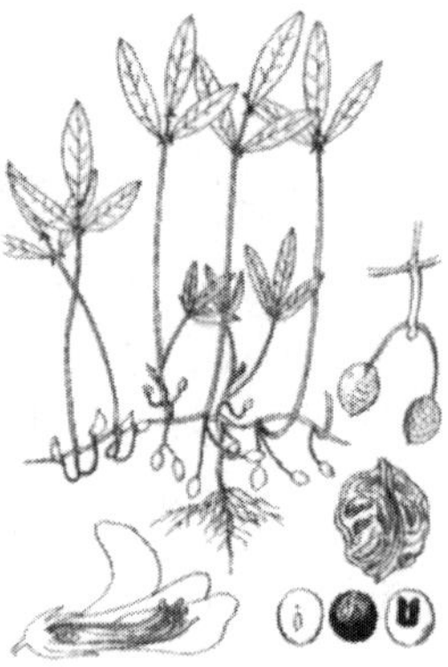

<그림 28> 밤바라 콩

4.5 기 마메(나무 콩) (별명 류우규우 콩 수두(樹豆))
Cajanus cajan (L.) MILISP

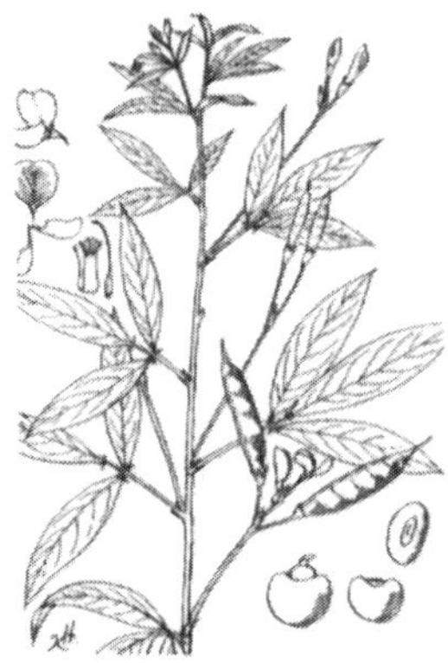

<그림 29> 기 마메

에치오피아의 나일강 상류 부근이 원산지이고 아주 옛날부터 재배되어 현재는 인도로부터 열대지역에 걸쳐서 상당히 재배되고 있다. 콩을 스프에 이용한다.

4.6 글라스 피
Lathyrus sativus L

<그림 30> 글라스 피

꽃도 잎도 스위트 피와 유사하고 완두를 작게 만든 것 같은 빈약한 열매가 열린다. 남유럽, 서아시아가 원산지이고 지중해 연안으로부터 인도 근처까지의 지역에서 먹고 있다. 아주 값이 싸서 "가난한 사람의 콩"이라고 말하고 있다. 일본에서도 수입 잡두 속에 이 콩이 보이나 많이 먹으면 유독하기 때문에 용도가 걱정된다.

이 외에도 항구에서 현장을 보면 또한 여러 가지의 수입 콩이 보인다. 수출품의 담보로서 상사가 늘 사기 때문이나, 그들이 알지 못하는 사이에 우리들의 식물 중에도 몰려 들어오고 있는 것을 생각하면 등한시할 수 없다.

V. 기타 특수한 콩류

5.1 가와라 께츠메이 〔河原決明〕

Cassia mimosoides L. var. nomame MAKINO

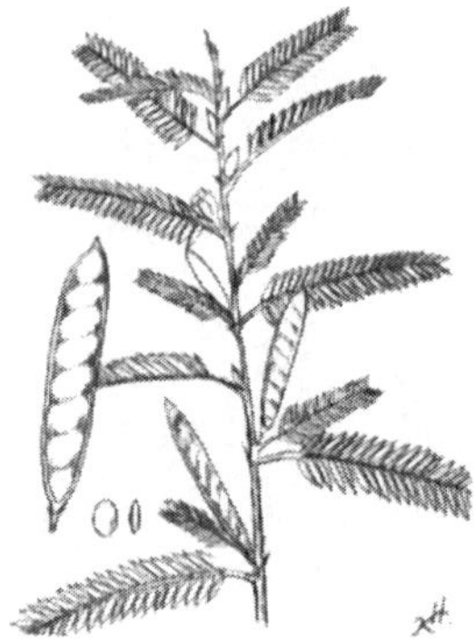
<그림 31> 가와라 께츠메이

일본에서 야생하고 있고 어린 싻, 잎, 줄기, 콩으로 차를 만들어 콩차, 수면(睡眠)차, 홍법(弘法)차 등으로 칭하고 예부터 민간약으로 사용하여 왔다.

5.2 하브소우 〔결명(決明) · 망강남(望江南)〕

Cassia torosa CAV.

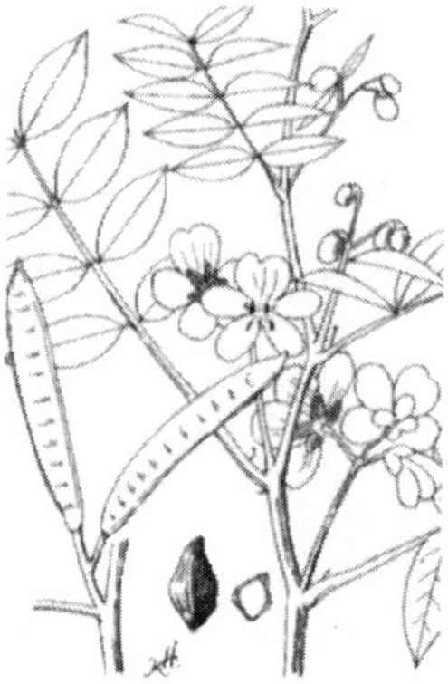
<그림 32> 하브소우

중국 남서부 원산이고, 에도 시대에 들어와 일본에서도 일부 지역에서 재배하고 있다. 콩과 어린잎으로 하브차를 만든다.

5.3 에비쯔구사

Cssia obtusifolia L.

<그림 33> 에비쯔구사

북아메리카가 원산지이고 중국 남부를 지나 에도 시대에 들어 온 것이다. 이것도 어린잎과 콩을 약용차로 한다.

5.4 난덴하기 〔별명 후다바하기 왜두채(歪頭菜)〕

Vicia unijuga AL. BR.

야생이고 봄에 어린잎을 산채(山菜)로 먹는다. 다년초로서 잎이 마주나기로 있는 것 같이 보이나 두 개의 소엽으로부터 나오는 복엽이다.

이 외에 콩은 이용하지 않으나 콩과의 식물로 식용하고 있는 것에는 칡[((葛) Pueraria hirsuta MATSUM. 뿌리에서 전분, 즉 칡 분(粉)을 얻고, 어린잎은 산채로 한다]과 호도이모(Apios fortunei MAXIM. 지하에서 나오는 덩이줄기를 먹는다)가 아주 오랜 옛날부터 이용되고, 칡 줄기의 섬유는 갈포로 의류로 사용되고 있다.

최근 동북지방 북부에서 아메리카 호도이모(塊芋: Apios Americana MEDICUS)가 재배되고 있는 것이 판명되었다.

<그림 34> 난덴하기

<그림 35> 구즈(칡)

호도 이모(芋)에 대하여[16]

고사와(古澤) 콩과 식물의 호도이모에 대해서 재래종과 도입종의 내력, 장래성 등에 대하여 가르쳐 주십시오.

호시가와(星川) 그림 36이 재래종의 호도이모입니다. 콩과입니다만 콩을 식용으로 하지는 않고 지하줄기의 일부가 비대하여 이모(덩이줄기)로 된 것을 먹는 것으로

16) 田村眞八郎 · 石毛直道 (編) 1984 『일본의 풍토와 식』 pp.139-141에서 발췌
古澤典夫 (이와데(岩手)현립 농업시험장 · 재배식물학)

아시아에서는 일종(一種)(Apios fortunei)이 북해도에서부터 대만까지 산야의 호도(움푹 패인 땅)에 자생하고 있습니다. 잎은 꼭 등(藤)나무 같이 풍성합니다. 이모는 대단히 정력에 좋다고 말하여져 옛날부터 귀중품으로 여겨지고, 아오모리에서는 단오절에 아이들에게 먹이는 풍습도 남아 있습니다. 한편 아메리카에는 아메리카 호도이모(A. americana)가 있고 인디오가 옛날부터 재배하고 있습니다. 이것도 대단한 정력제로, 인디오가 전쟁 전에 먹었다고 합니다. 이것은 신대륙 발견후 유럽으로 가져왔습니다만 그다지 받아들이지 않고 현재는 알프스의 산기슭에서 조금 재배되고 있습니다. 이 아메리카 호도이모가 일본에 언젠가 들어와서 이와데(岩手)로부터 아오모리의 남부의 농가에서 소규모 재배되고 있다는 것이 저의 조사에서 분명하게 되었습니다.

아메리카 호도이모(그림 37)는 일본의 호도이모와 비교하면 칙이 길게 뻗치고 아름다운 향기가 나는 커다란 꽃이 방에 피어있습니다만 콩은 되지 않습니다. 지하부는 부모(親)이모로부터 몇 개나 지하줄기가 나와서 마디마디에 자식이모가 되어 재래종보다 훨씬 수확이 많습니다. 더구나 고구마, 감자, 야쯔가시라(토란의 일종)를 믹스한 것 같은 대단히 맛있는 이모로 현지에서는 여자의 먹거리로 좋아하여 여성의 모임에 이것을 삶아서 갖고 가는 것이 풍습입니다. 달걀찜 이모로도 좋고 밤 대신에 이 이모를 1-2개 넣기도 합니다. 며느리로 갈 때 갖고 가서 혼례 전에 정원에 심는다고 하는 재미있는 풍습도 있습니다. 부모(親)이모는 2-3년 후에 감자 정도로 크기가 커져서 꽤 실용성이 있다고 생각합니다. 재배하고 있는 사람들은 누군가 일본 재래종을 산에서 갖고 와서 재배하였다고 믿고 있습니다. 외국의 작물이 알지 못하는 중에 섞여 들어온 것이라는 재미있는 예라고 생각합니다.

<그림 36> 호도 이모

<그림 37> 아메리카 호도이모

[문헌]

(1) 星川清親 1978『栽培植物の起源と傳播』二宮書店
(2) 田村眞八郎・石毛直道 (編) 1984『日本の風土と食』ドメス出版

제4장 생선과 일본인

야노 켄이치(矢野憲一)

Ⅰ. 이세신궁(伊勢神宮)의 신찬(神饌)

서양의 식문화는 보리와 육류가 대표적이며, 일본의 식문화는 벼와 생선이라 전해진다. 그러나 종래의 민속학에서는 자칫 벼에 치우쳐, 생선은 그 다음가는 것으로 여겨져 온 듯하다. 그것은 일본의 옛 이름을 「토요아시히라노 미즈호쿠니(豊葦原の瑞穂國)」라고 불러왔듯이 쌀이 주식이고 생선이 그 그늘에 가려져 있었던 탓에 역시 어쩔 수 없는지도 모른다.

나는 신궁(神宮)의 두 번째 가는 직위인 '네기(禰宜)'의 임무를 담당하고 있으므로 신에게 바치는 생선을 중심으로 기술하게 되겠지만 이세신궁(伊勢神宮)에서도 신찬(神饌)의 중심은 역시 벼이고, 일 년 중에서 최대 제사인 칸나메사이(神嘗祭)를 비롯하여 대부분의 제사는 쌀의 풍작을 기원하는 것이라 하겠다. 그래서 신찬도 밥, 떡, 술과 벼로 만든 종류의 음식이 주가 되는 듯이 보이나, 그 이면에 전복, 소라, 가다랑어포 등 어물(魚物)이 있는 것을 잊어서는 안 된다.

신도(神道)라든지 신사(神社)라고 하면 일본 고대의 모습을 계속 이어왔다고 생각할지도 모른다. 물론 신사는 옛 방식을 전승하려고 노력해 왔지만, 일반 사람들이 이러쿵저러쿵 생각하는 것처럼, 신찬이 고대나 중세 초기의 식생활을 고스란히 간직해 왔으리라는 과분한 기대를 한다면 곤란하다, 실은 메이지 시대(明治時代)에 정부가 전국의 많은 신사의 제사 지내는 「축제」를 일률적으로 바꾸어버렸기 때문에, 고대 신찬 전통의 관습이 끊어지고 말았다. 신궁의 경우도, 삼절제(三節祭)라 불리는 칸나메사이와 6월과 12월에 두 번 행해지는 츠키나미사이(月次祭)의 유키노 오오미케제사(由貴大御饌祭)에 옛 의례가 보존되어는 있지만, 고대의 신찬의 조리법이나 공물을 바치는 방식이나 형식 등을 상세하게 알 수 있는 문헌은 거의 남아 있지 않다. 왜냐하면, 메이지 시대 초기까지 봉사자(奉仕者)는 부모로부터 자식에게 세습되었음으로 옛 관습은 자연히 이어져왔으나, 그것은 구전(口伝)된 것으로, 도식이나 문서로 전할 필요 없이 직접 봉사하는 신사에 종사하는 사람만이 알고 있으면 되었고, 조심성 많은 사람들에 의해 자연스럽게 비밀에 부쳐져 오게 된 것이다.

이세신궁에는 2000년이란 긴 역사가 있다. 그러한 세월 동안에 오래된 것과 새로운 것이 섞여 구별이 없어지게 되어 현재의 모습이 형성된 것이기 때문에, 무엇이 고대의 것인지를 생각하면서 현상을 볼 필요가 있다. 그 일례로 생선과는 직접적인 관계는 없지만 신찬을 바치는 상을 예로 들어 보겠다.

신찬(神饌)을 올리는 받침대를 「안(案)」이라 한다. 안에는 2종류가 있다. 노송나무를 다듬기만 하고 칠하지 않은 것으로 만든 테이블 같은 안과, 메밀, 잣, 밤나무나 떡갈나무의 껍질이 붙은 가지를 조립하여 등나무 넝쿨로 엮은 「시모토안(楉案)」이 있다(사진 1). 이것은 각각 크기가 여러 가지 있으며, 제사에 따라 구분되어 사용된다. 어느 쪽이 옛 방식인가 하면, 물론 시모토안일 것이다. 아마도 커다란 나무판의 평면을 만들 수 없었던 시대, 다시 말해 가로로 벨 수 있는 톱이 없었던 때의 것이었을 것이다.

<사진 1> 가지를 짜맞춘 「시모토안(楉案)」 (필자 촬영)

한 장의 널빤지로 멋들어진 안을 만들 수 있게 된 것은 아마 나라 시대(奈良時代) 말기였을 것이다. 이 소박한 나뭇가지를 엮은 안은, 산(山) 제사나 밭 제사 등 신궁의 제전(祭典)에서는 주류로부터 조금 멀어졌지만 옛 방식을 이어 온 제사 축제의 제사 도구로서 지금도 사용되고 있다.

시모토안의 탁자 윗면은 울퉁불퉁하기 때문에 노송나무 잎을 깔기도 했다. 사용하기 편리한 정도로는 한 장의 널판으로 된 안 쪽이 훨씬 좋다. 그러나 죠몬 시대(縄文時代)와 야요이 시대(弥生時代)의 모습이 간직된 제구(祭具)를 조금도 상실(喪失)하는 일 없이 2000년이나 전승해 온 것이다. 게다가 신께 바치는 신찬의 그릇은 초벌구이만으로 끝낸 질그릇이므로 참으로 시모토안에 잘 어울린다.

3촌, 4촌, 6촌 토기라 불리는 질그릇 위에는 도쿠라베라는 상록수 잎과, 예덕나무 잎을 깔고 그 위에 신찬을 담는다. 이것도 나뭇잎이 식기(食器)였던 옛 흔적일까? 그렇지 않으면 초벌구이만으로 끝낸 토기 면에 생선의 육질이 달라붙는 것을 방지하기 위함일까?[17] 신찬의 생선도 현재로는 날생선이 주류이다. 그러나 메이지 시대 이전은 대부분이 소금에 절인 것이고, 지금도 삼절제(三節祭)의 주요한 생선은 고대 그대로인 건어물임에 주목해주기 바란다.

II. 일 년에 3번 진수성찬

우리들 식사에 일상식과 경사스런 날의 특별 음식인 진수성찬이 있듯이, 신들의 식사에도 일상식과 호화로운 성찬이 있다.

일상식은 매일, 아침저녁 2번의 「매일조석대어찬제(日別朝夕大御饌祭)」. 이것은 상전어찬(常典御饌), 더 줄여서 상전(常典)이라든지 어찬(御饌)이라 부르며, 외궁(外宮)에서 행해진다.

이 제사는 외궁이라고도 불리는 토요우케대신궁(豊受大神宮)이 진좌(鎮座)된 이래로 1500년 이상 옛날부터 매일 거르는 일 없이 행해져 왔다. 현재는 신선한 생선과 야채, 해조 등을 바치지만, 메이지 시대 이전은 5대 명절등 특별한 날을 제외하고는 밥, 물, 소금이 기본이었다. 그리고 이 신찬은 신궁에서 자급자족 해왔다. 현재 신찬으로 바치는 생선은 날 도미(여름철에는 꼬치고기, 게르치, 전갱이, 말린 오징어 등의 건어물)와 가다랑어포(鰹節가츠오부시)이다.

---

17) 자세한 것은 나의 저서 『伊勢神宮の衣食住』를 참고하기 바람

일 년에 3번 있는 큰 제사는 유키노 오오미케(由貴大御饌). 유키(由貴)란 더 없이 귀하다는 뜻이다. 이틀에 걸쳐 조리한 30품목의 신찬을 신들의 시간이라 불리는 밤 10시와 심야 2시에, 고대 그대로의 신비롭고 그윽한 정취가 감도는 하얀 돌이 깔린 신사 담장 안의 별천지에서, 정원의 화톳불과 등불이 아련히 흔들리며, 악사가 연주하는 아악이 조용히 흐르는 가운데, 순백의 제복(齋服)을 입은 네기(禰宜)가 올리는 것이다. (사진 2)

<사진 2> 신찬(神饌)을 올리는 祝詞奏上(별관에서의 神嘗祭)
(共同通信社 제공)

먼저, 젓가락, 전복, 도미, 소금, 물, 밥 세 그릇, 대하, 소라, 은어, 말린 가다랑어, 말린 상어, 게르치, 보리멸, 다시마, 김…, 등으로 산·내·들·바다에서 나는 약 30품목과, 흰빛이 나는 술(白酒), 검은 빛이 나는 술(黑酒), 감주, 청주(淸酒)를 올린다. 그리고 신사의 우두머리인 신관이 축문(祝文)을 읊는다. 황실의 번영, 국민의 평안, 오곡풍작을 기원하고 8번 절하는 신궁의 독특한 배례(拜禮)를 한 다음에 또 두 잔, 세 잔 신주(神酒)를 바치고, 다시 배례를 올리고 나서 신찬을 물린다. (그림 1)

현재는 전복, 도미, 송어, 숭어, 농어, 잉어, 붕어, 대하 등의 날생선도 올리지만, 메이지 시대 이전은 거의 대부분이 소금에 절인 건어물이었다.

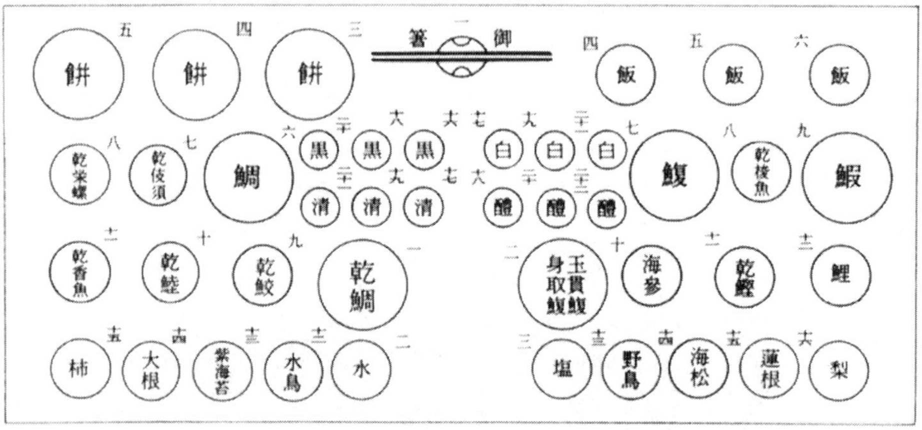

<그림1> 신상제(神嘗祭)(皇大神宮)의 약 30품목의 신찬 [『신궁제사개설(神宮祭祀概說)』에서]

Ⅲ. 얇게 저며서 펴 말린 전복 (노시 아와비)

신궁의 신찬은 신사에 종사하는 사람이 자급하는 것이 원칙으로, 1871년까지 대제(大祭)가 있기 전에 신관들이 이스즈강(五十鈴川)에 배를 띄우고 후타미가우라(二見浦)와 토바만(鳥羽湾)으로 나가 물고기를 잡으러 가는 행사가 있었다.

이 행사를 내궁(內宮)에서는 「니에우미신사(贄海神事)」, 외궁(外宮)에서는 「아라가키신사(荒蠣神事)」라 했다.

신관이 바다로 나가 생선을 조달해오는 것이므로 큰 것이 잡힐 리 없다. 작은 생선이나 조개, 해조, 굴이 많았던 것 같다. 그러나 시마(志摩)의 해녀와 어부들이 「이것을 신께 올려주십시오」하고 배로 가져오는 봉납도 있었을 것이므로 다양한 어종(魚種)이 되었을 것이다.

해산물 신찬 중에서 가장 귀하게 여겨지는 것은 전복이다.

2,000년 전의 그 옛날, 야마토히메노미코토(倭姬命)가 시마의 쿠자키(國崎) 곶을 둘러보셨을 때, 해녀가 따고 있는 전복을 보고, 이를 신에게 헌상하라고 명한 것이 기원으로 전해진다. 그 후로 부터 2,000년 동안 끊어지는 일없이 미에현 토바시의 쿠자키마을(鳥羽市國崎町)로부터 조달되고 있다.

나는 이세(伊勢) 땅에 신궁이 세워진 이유 중 하나로, 전복의 산지가 가까운 것이 크게 관련된다고 생각한다.

전복은 한자로 「鮑 鰒 蚫」등으로 표기되는데, 일반적으로는 「鮑」가 많이 쓰인다. 그러나 『연희식(延喜式)』등의 공문서에서는 예부터 「鰒」이라고 쓰여 있고, 바다의 영혼의 상징, 장생, 토코요노쿠니(常世の國) 신앙과 연결되어 있었으며, 고대 중국에서는 불로불사(不老不死)인 음식으로 여겨졌다[18]. 일본에서는 지금도 선물에는 반드시 노시(熨斗)를 곁들인다. 이 노시 장식을 오늘날에는 색종이를 접어 만든다. 색종이 중심에 덧붙인 노란색의 팔랑거리는 종이가 전복을 생각하게 하는 상징이다. 이것도 대부분은 인쇄된 것으로 바뀌어 그것이 무엇이었는지 모르는 사람이 많아지게 되어 버렸다. 이 노시의 원형이 신궁의 신찬으로 전해져 내려오고 있는 것이다.

미토리 전복(身取鰒)은, 전복의 육질을 박고지를 깍듯이 얇게 깎아서 늘려 건조시킨 것. 큰 것과 작은 것 두 종류가 있는데, 큰 것은 20장, 작은 것은 5장을 짚으로 만든 끈으로 한데 엮어 놓은 것. (사진3)

타마누키 전복(玉貫鰒)은, 마찬가지로 건조된 작은 것을 엮어 짚으로 만든 끈에 끼운다. (사진4)

<사진 3> 이세신궁의 미토리 전복(身取鰒)

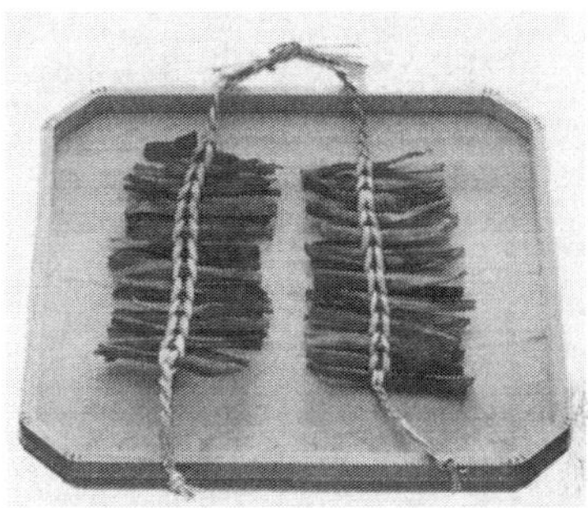

<사진 4> 이세신궁의 타마누키 전복(玉貫鰒)

(필자촬영)

『연희식(延喜式)』을 보면, 전복의 가공식품명이 30종류나 나와 있어 고대 음식에서 전복이 얼마나 중요했는지를 알 수 있는데, 현재 신궁에서 사용하는 이 두 종류도 그 속에 포함된다.

더욱이 특별히 기록하지 않으면 안 되는 것은, 전복은 대표적인 신찬으로서 내궁의 정궁(正宮) 돌계단 아래에 있는 제사음식을 만드는 어지조사(御贄調舍)에서, 제전(祭典)에 임하여 제사용 젓가락과 칼을 가지고 조리하여, 소금으로 버무리는 「어지행사(御贄行事)」가 행해진다. 이러한 것을 상세히 기록할 여유는 없으나, 이것은 약 1200

18) 자세한 것은 저자의 『鮑』(사물과 인간의 문화사62)를 참조바람.

년 전의 「의식장(儀式帳)」[19]에도 기록되어 있다. 과연 고대부터 얼마나 중요한 신찬 중의 하나였는지를 알 수 있다.

현재 1년간 사용되는 신찬의 전복 수량은, 상례(常例)의 제사에 한해서만도, 날 전복 1380개, 여름철에 사용하는 말린 전복으로, 『연희식 (延喜式)』에서는 온전한 그대로의 모습인 통 전복(丸鮑)이라고 하는 것이 238개, 노시 전복(熨斗)인 미토리 전복(身取鰒)이 1047줄, 타마누키 전복(玉貫鰒)이 336줄이다.

IV. 도미와 상어

전복에 이어 중요한 신찬은 얼간하여 말린 도미이다. 이것은 1032년의 문서와 1192년의 『코오타이신궁연중행사(皇太神宮年中行事)』[20]에 의하면 시노지마(篠島)로부터 거두어들이면 나온다고 기록되어 있다.

시노지마는 아이치현 치타군 남치타 마을(愛知縣知多郡南知多町)의 이세만(伊勢湾)에 있는 섬이다. 여기에는 신궁어료간조조제소(神宮御料干鯛調製所)라는 시설이 있다. 현재도 연간에 약 500마리의 말린 도미가 조제되고 있다.

얼간하여 말린 도미란, 날도미의 내장을 제거하고 소금에 절여 맑은 날 건조시킨 건어물(사진5). 옛적에는 스와야리(楚割, 어육을 잘게 갈라서 말린 것)라고 불렀다.

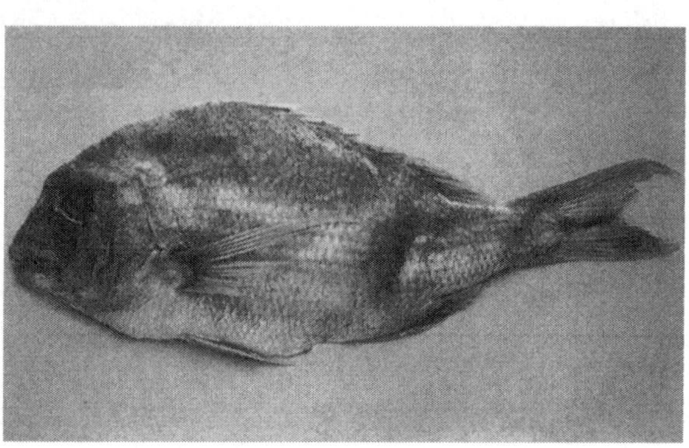

<사진 5> 신찬(神饌)의 말린 도미[干鯛] (필자 촬영)

19) 『儀式帳』 헤이안시대 초기 延暦年間에 신궁의 의식을 정리하여 조정에 제출한 문헌. 『皇太神宮儀式帳』과 『豊受官儀式帳』이 있음.

20) 『皇太神宮年中行事』 카마쿠라시대 (1192~1333)에 기록된 신궁의 연중행사에 대한 상세한 사료. 간행본은 『續群書類從』과 『大神官叢書』.

초(楚)는 잔가지를 말하는데, 어육을 잔가지처럼 잘게 잘라서 말린 것을 스와야리(楚割 ; 포)라 한다. 오래 전에는 상어, 연어, 돌고래 등으로도 만들었다.

신궁에는 현재도 상어포가 있다. 스와야리란 말은 중세에 사라져, 상어의 경우는 타래라고 불리게 된다.(사진6) 타래는 건조시킬 때에 끈처럼 길게 늘어뜨려 말리므로, 늘어지다, 드리워지다라는 뜻의 일본어인 '타레루'가 그대로 '타래'라고 사용되게 되었다고 생각하는데, 상어의 타래는 에도 시대부터 이세 지방의 특산물로 여겨져, 현재는 주로 와카야마현 나치카츠우라쵸(和歌山縣那智勝浦町) 방면에서 만들어져 이세시마(伊勢志摩;미에현 소재)에서 대부분 소비된다.

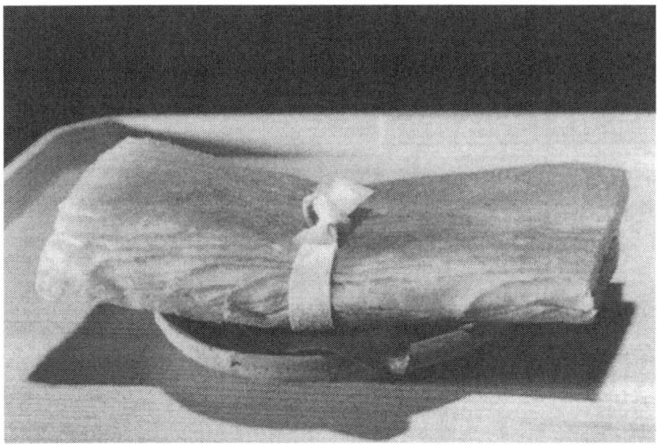

<사진 6> 신찬(神饌)의 상어의 타레 (필자 촬영)

신궁에서는 옛날부터 상어 건어물을 신찬으로 해 왔다. 고대에는 각지에 이 건어물이 있었는데(오키나와의 소오지리, 토사현의 테츠보시 등), 이제 대부분 잊혀져버려 이세 지방(伊勢地方)에만 일반적인 식품으로서 전해지고 있다. 그것은 신궁의 신찬 최고 요리로서 고대부터 쭉 사용되어 왔기 때문일 것이다.

이세 지방 사람들은 옛날부터 상어 건어물에 익숙해 있기 때문에 어디에든 있을 것이라고 생각했다. 그러나 가까운 마츠사카시와 츠시(松阪市와 津市;미에현 소재)사람들은 대부분 모르고 지냈다.

상어가 식용으로 사용되었다는 문헌은, 나라 시대의 목간(木簡)에 아이치현 산카(參河)의 시노지마와 사쿠시마(佐久島), 히마카지마(日間賀島)로부터 천황의 식재료로써 평성궁(平城宮)으로 보내졌다는 짐에 붙이는 꼬리표가 출토되었으며, 고대부터 중세에 이세신궁에서 봉사했던 사이오(齋王)*의 식재료에도 사용되고 있었다(사진7)

(* 황대신궁(皇大神宮)에 봉사했던 미혼의 황녀)

상어 타래에는 두 종류가 있다. 고대부터 소금에 절인 건어물과, 다이쇼 시대(大正時代, 1912~1926)부터 만들기 시작한 미린 건어물(미림에 간장·설탕을 섞은 액체에, 잔 생선을 담갔다 말린 식품)이다. 물론 신찬은 염장품이다.

간단히 만드는 법을 말하면, 2~3미터 되는 상어를 3등분으로 잘라내어 굵기 1센티 정도의 널판 상태로 만들어 소금을 뿌려 태양에 하루 말린다. 원료는 신선한 것이 제일이고, 소금 조절과 날씨가 좋은 상품을 만드는 조건이다.

원료인 상어는 어떤 것이든 괜찮으나, 상어라 해도 300종류 이상이나 된다. 상등품은 푸른 상어(아오자메)와 꼬리 긴 상어(오나가자메). 겨울철에는 상품(上等)의 상어가 잡히고 바람도 좋아 말리기 쉬우며 소금 양을 적게 써도 되어서 좋은 맛을 낼 수 있다. 그러나 상어가 많이 잡히는 것은 여름으로, 가장 많이 잡히는 것은 중급품인 요시키리 상어. 옛날에는 보존식품이었기 때문에 소금으로 절여 말린 「포(스와야리)」였지만, 현재는 저염으로 보존성은 좋지 않다. 먹는 법은 멀리서 피운 불에 쬐어, 조금 색이 변할 즈음이 먹을 때로 술안주로도 제격이다.

〈사진 7〉 평성궁에서 출토된 목간(木簡)(삼하국(參河國)으로부터 상어를 보내온 것) (나라국립문화재 연구소 허가를 마침)

일반적으로 상어라고 하면, 하품의 생선으로 암모니아 냄새가 나고 조잡한 것이라 생각되었다. 확실히 상어는 다른 경골어류와 달리 아가미를 가지고 있지 않기 때문에, 삼투압을 조절하기 위해 살 속에 요소(尿素)를 일반 물고기보다 많이 가지고 있다. 이것이 오래되면 암모니아 냄새가 나는 원인이 되는데, 신선한 것은 냄새가 나지 않는다. 반면 이 암모니아가 식중독의 원인이 되는 히스타민을 억제하기 때문에 상어 고기는 식중독을 일으키지 않으며, 교통이 불편하여 신선한 생선을 맛볼 수 없었던 히로시마현의 산간에서는 「악어 회」라고 해서 조금 냄새가 나는 상어회를 향토음식으로 즐기는 지방도 있다[21].

도미에 대해서도 일반적인 것을 조금만 더 쓰겠다.

현재 도미는 '경사스러운 물고기'의 왕자로 취급된다. 그것은 훌륭한 자태와 붉은 빛깔, 그리고 좋은 맛을 지니기 때문인데, 그 이름을, 경사스럽다 또는 축하한다는 의미의 일본어가 '메데타이'라는 것에서, 도미를 '타이'라고 부른다고 생각하는 사람이 많다.

「메데타이(경사스럽다)」라는 단어는 그리 오래된 말이 아니며, 옛날은 「메데이타시」 그것이 「메데타시」가 되었고, 그 구어체가 「메데타이」이다. 타이(도미)는 '타히'라고 표

---

21) 이에 대하여 저자는 『상어(鮫)』(사물과 인간의 문화사35)에 상세히 기록하고 있다.

기되어 있었다.

도미가 최고의 생선으로 크게 출세한 것은 에도 시대 초기로, 간장이 보급되고 회요리를 즐기게 되고, 어로 방법과 생선회가 발달하고 더욱이 벚꽃도미라는 아름다운 이름을 무사들이 좋아했기 때문이라 생각한다. 이 축하상의 스타는 머리와 꼬리를 잘라내지 않은 생선이다. 결혼식이라는 것도 그렇지만, 무사는 베이거나 잘리는 것을 싫어하기 때문에 한 마리 통째로 된 도미는 재수가 좋다고 환영받아, 그 즈음 유행한 칠복신(七福神)의 에비스(惠比寿)*도 방긋방긋 웃으며 도미를 안고 있다.

도미가 생선의 왕이 되기 이전의 주역은 잉어였다. 잉어는 고대 중국에서 폭포를 오르면 용으로 변하는 출세어(出世魚)로 존귀하게 여겨져, 그 문화의 영향을 받은 산으로 둘러싸인 나라(奈良) 지방과 교토(京都)에서는 구하기 쉬운 잉어가 생선의 대표가 되어 있었다. 지금도 호오쵸식(庖丁式; 요리 만드는 규칙)에서는 주로 잉어가 사용되는 것도, 또 이 의식이 왕성해진 것은 무로마찌 시대(1338~1573)로 부터이다.

머리와 꼬리가 달려 있는 생선요리[22]

스기타(衫田) 일본과 서양의 요리를 비교할 때, 일본요리는 소재주의로 양념과 조리법은 단순하다고 하지만, 예를 들어 소위 말하는 「머리와 꼬리를 잘라내지 않은 생선요리」나 「내장을 제거한 생선을 본모습대로 꾸미기」처럼 생선 몸체를 그대로 상에 올리는 것은 신선도를 과장하는 것으로, 쓸데없는 양념은 본래 필요없다고 해석되어 왔으나, 「신찬」과도 관계가 있는지 어떤지, 공식적인 경사스러운 날의 머리꼬리를 잘라내지 않은 그대로의 생선요리와 신찬의 관련성에 대해서는 어떻게 생각하시는지요?

야노(矢野) 일본인은 돼지머리는 왠지 기분 나쁘게 생각하지만 생선대가리는 아무렇지도 않아합니다. 그러나 신선함을 나타낸다는 것은 현대적 발상이 아닐까 하고 생각합니다. 옛날은 머리와 꼬리를 잘라내지 않은 생선요리를 먹을 수 있는 것은 극히 한정된 지역의 사람들이었으므로, 무염 생선, 다시 말해 소금 간을 하지 않은 생선을 먹을 수 있다는 것은 행복이라고 말해도 좋을 것입니다. 어부는 생선을 잡으면 먼저 「초어(初魚)·초미(初尾)」라고 해서 신에게 바치는 풍습이 있어, 잡은 그대로의 머리와 꼬리가 달려 있는 생선을 바쳤는데, 이러한 것이 영

22) 田村眞八郎·石毛 直道 (編)『日本の風土と食』1984, p. 196에서 발췌
衫田造一 (昭和女子大學·調理學)

* 상가의 수호신

향을 주고 있는 것은 아닐까요. 현어(懸魚) 또는 현조(懸鯛)라 하여, 경사(慶事)의 상징으로서 물고기를 신위를 모시는 선반과 처마 끝에 매달아 늘어뜨리는 풍습도 있습니다.
역시 초어(初魚)로서의 의미가 강한 것이 아닐까요?

V. 여러 가지 건어(腊)

석(腊)이란 고어로서 생선을 말린 것. 1200년 전 옛날 신궁 기록에서는 도미와 가다랑어, 해삼, 전복 외의 다양한 생선은 「잡석어(雜腊魚)」라고 표기되어 있었다. 아마도 오랜 옛날에는 어떤 물고기를 신찬으로 바치고 싶다고 생각했어도 상대는 물에서 사는 것. 고기 잡는 어법(漁法)도 발달하지 않았었고 어종도 특정 지을 수 없었을 터이므로, 다양한 물고기를 여러 가지 석어(腊魚)라고 포괄했었을 것이다.

신찬으로 하는 생선은 그 지방에서 가장 맛있고 많이 잡히는 것이 좋다. 그리고 그 물고기에 관한 축제가 반드시 전해지고 있다.

미에현(三重縣)에서는 은어와 숭어 축제가 많으며, 옛날에는 신찬으로 많이 사용되었다.

은어(鮎)라는 한자는 물고기 어(魚) 변에 점친다는 점(占)자를 쓴다. 이것은 진무천황[神武天皇]이 천황이 될지 어떨지 점을 쳐본 신화에서 유래하는데, 미에현 와타라이군 오오미야초(三重縣度會郡大宮町)에는 실제로 산 은어를 사용하여 일 년의 길흉을 점치는 축제가 있다. 신궁에서도 에도 시대까지는 은어 축제가 궁전 가까운 강가에서 행해져, 민물고기의 대표로서 중요한 신찬이 되어 왔는데, 특히 정월에는 반드시 올린다.

은어는 여름 물고기이므로 물론 소금으로 말린 건어물이다(사진8). 현재에도 1월 1일 정월 제사에 바친다. 이는 은어가 한해살이 물고기라 하여, 옛날부터 한 해를 시작하는 물고기로 축복하는 궁중 행사가 있었기 때문이다. 궁중에서는 말린 은어와 말린 전복을 정월에 '하가타메(歯固め)'로써 먹는 풍습이 있었다. '하가타메'란 장수하여 수명을 늘리기 위해 딱딱한 것을 씹어 이빨을 튼튼하게 하는 것이다.

<사진 8> 말린 은어의 신찬 (필자 촬영)

신궁의 신찬의 어패류로 가장 많이 올리는 것은 가다랑어포(카츠오부시). 일년간 약 6700마리나 사용되며, 이것이 올라가지 않는 제사의식은 없다.

가다랑어포의 혼부시(本節)와 카메부시(龜節)등 현재와 같은 제조법은 에도시대부터라고 전해 듣고 있지만, 고대부터 주요한 보존음식으로 여겨져 왔다. 『연희식』에는 가다랑어를 끓여 우린 국물이 나오는데, 이것은 아마도 가다랑어 포를 만들 때의 우려낸 국물 (사츠마 명물인 가다랑어 졸인 진액)일 것이다. 보존식품으로서의 어류 대표가 가다랑어이고, 현재에도 신궁에서는 전복, 도미 다음 순서이다. 아니, 제사에 따라서는 도미보다도 순위가 높은 신찬으로 순위가 매겨지고 있다.

생선 신찬은 통째와 잘라낸 생선 토막으로 대별되며, 통째는 도미, 말린 도미, 잉어, 붕어, 말린 보리멸, 말린 은어, 말린 게르치, 말린 꼬치고기, 대하, 말린 오징어 등이다. 잘라낸 생선 토막에는 도미, 말린 도미, 말린 연어, 송어, 숭어, 농어, 말린 상어, 오징어, 가다랑어 포 등이다. 패류에는 말린 소라, 대합, 굴. 그 외에 쪄서 말린 잔멸치(해삼, 말린 해삼) 등. 그리고 대하와 오징어, 굴을 제외하고 불에 통과시키지 않는다. 이처럼 냉장과 냉동 기술이 없었던 바로 최근까지 건어물이 중심이 되었던 것이다.

익힌 신찬(불에 통과시킨 신찬)은 오징어와 새우, 굴 정도라고 기록하면, 통상의 요리 관념에서는 벗어나고 만다. 아마도 고대는 날것을 많이 먹었을 것이고 가공은 최소한으로 해서 자연 그대로를 신에게 바치는 소박한 마음가짐이었다고 여겨진다. 어느 신사의 신찬에서도, 조리 특색은 가공은 해도 양념은 하지 않는 것에 유의해주기 바란다. 신궁의 경우도 조미료는 소금을 따로 첨부하는 것이다.

신찬은 아니지만, 쿄오젠(饗膳)이라고 하는 축제를 축하하는 음식상도 있는데, 이것은 무로마찌 시대 즈음의 전통요리를 계승한 것이라 생각된다. 그 중에 생선 요리는 도미 회, 도미 국, 상어 타래, 도미 나마스(鱠; 어패류를 잘게 썰어 초간장에 절인 것), 삶은 문어, 말린 생선 등도 있다(사진9).

긴 역사 속에서 신찬도 변화해 왔는데, 그 중에 옛 의식을 계승한 것이 있음을 주목해야 할 것이다.

사진 9 이세신궁의 천궁(遷宮) 여러 제사 때의 향선(饗膳)
[문헌(5)에 의함] (이세신궁 제공)

익히지 않은 신찬과 익힌 신찬[23]

고오소(鴻巢) 신찬에 사용하는 생선에는 일반 사람들이 먹는 것과는 다른 특수한 조리법이 있는 것일까요.

야노(矢野) 신찬에는 익히지 않은 신찬과 익힌 신찬이라 해서 삶거나 구운 것 두 종류가 있습니다. 신은 「잡수시겠지」만 실제로 바친 음식이 줄어드는 것이 아니며, 시간과 공간을 초월한 세계이기도 하지만, 그렇다고 인간이 먹도록 요리해서 올리는 것도 아닙니다. 날 도미라면 마(麻)로 된 끈으로 머리와 꼬리를 젖히게 하고 가슴지느러미를 세워서 형태를 잡습니다. 축제가 끝나면 제사가 끝나 물린 음

23) 田村眞八郎・石毛直道(編) 1984『日本の風土と食』pp.187-188에서 발췌.
鴻巢章二(東京大學・水産化學)

식을 먹지만, 인간이 먹는 것을 상정해서 올리는 일은 없습니다. 그러나, 옛날에는 실제로 인간이 먹는 형태로 신께 바쳤다는 예도 꽤 있습니다. 그것과 회(膾) — 본래의 회(膾)는 생선살에 식초를 뿌린 것으로 간장이 생기기 전의 문화입니다만, 이 회(膾)의 비중이 중세에는 높았던 것 같습니다. 이세신궁에 한하여 보아도 향선(饗膳)이라는 신주(神主)도 그 장소에 모시는 경우의 요리 중에 회가 꽤 나옵니다.

VI. 생선으로 구분 지었던 정결함과 더러움

『고사기(古事記)』에 보이는 생선은, 도미, 은어, 참치, 농어, 상어 다섯 종류이며, 『일본서기(日本書紀)』에는 도미, 은어, 참치, 상어, 숭어, 잉어, 농어, 새우 등과 그밖에도 해삼과 해파리 등이 나오고 있다. 내가 대충 조사해 본 고전이라 불리는 것에는 50여 종류의 생선이름이 있었다. 그리고 『대한화사전(大漢和辭典)』에서 생선에 관한 글자가 683자나 되는 것에 놀라움을 금치 못했다. 이는 외국인은 생각할 수 없을 정도의 관심도를 나타낸다.

원래 사카나(생선)의 어원은 「사카나(酒菜)」로, 밥의 부식물을 '나'로 말하며 식물(植物)의 채소가 대표적이었는데, 술을 마시는 데에는 생선이 좋다고 하여 사카나가 물고기를 일컫게 되었다고 전해진다. 그리고 자연과학의 정의에 구애되지 않고, 문어와 새우, 해삼, 해파리, 대합, 고래 등도 생선으로 간주되어 왔다. 일본인에게 있어서는 고래부터 송사리까지 소중한 식품인 생선이었던 것이다.

고래는 중국에서도 한자 부수로 물고기 변에 가장 큰 것을 나타내는 「경(京)」이란 자를 사용하여 물고기 중 가장 큰 것으로서 존재하며, 일본에서는 이사나(勇魚)라고 불렀다.

크기가 작은 편에 속하는 송사리를 식용으로 삼았던 것은 니이가타현 미나미우라하라군(新潟縣南浦原郡) 부근으로, 쇼와(昭和) 초기까지는 벼 베기가 끝날 무렵에 논(水田)에 모이는 송사리를 소쿠리로 건져내어 간장과 술로 조려 반찬으로 했다고 한다. 이것은 약간 씁쓰레한 술안주로 즐겼다고 하는데, 내가 관장으로 있는 신궁농업관(神宮農業管)의 메이지 시대의 여러 품목 기록에도 기이(紀伊) 지방에서 나는 「볶아 말린 송사리(炒乾日高)」란 식품이 기록되어 있다. "송사리도 생선 고기"라고 말하는데, 생선을 좋아하는 일본인은 송사리와 독어(毒魚)인 복어까지 먹으며, 해삼과 성게, 멍게, 해파리 같은 별난 생물까지 고급 식품이 되어 버린 것이다.

옛날은 정결함과 불결함의 구별을 확실히 구분지었다. 거기에는 비릿한 생선을 곁들여 구별했다. 가장 불결한 것은 장례 의식(葬儀)이다. 물고기는 경사스러운 것으로서 죽음과 관련되는 불결한 날에는 먹지 않으며, 반대로 경사스러운 공식적인 날에는 기꺼이 생선을 먹었다. 그리고 불결함에서 정결함으로 되돌아오는 정진(精進)이 끝나는 날에는 반드시 생선을 먹는다는 구분을 짓는 관습이 쇼와 초기까지 확실히 지켜지고 있었다.

옛날은 부엌에 일가친척의 기일표를 붙여놓고, 13일은 아버지 기일이라든지, 18일은 누구의 날이라든지 해서 생선을 금식하는 정진일(精進日)이 있어, 아침 된장국(미소시루)에도 쪄 말린 멸치조차 넣지 않았다고 한다.

다이쇼(大正) 태생인 나의 어머니는 기일은 기억하고 있지만 정진일의 관념은 희박해져, 성묘를 하거나 불단의 붓순나무(樒)를 바꾸고, 좋아하던 것을 바치는 정도였으나, 메이지 태생의 조모는 쪄서 말린 멸치 사용까지는 말하지 않았으나 유부 같은 정진요리(精進料理)로 하루를 보냈다고 한다.

에도 시대(江戸時代)에는, 상갓집은 「어조(魚鳥)금지」라 해서 어류나 조류를 문 안에 들이지 않았고, 35일이나 49일 상중(喪中)기간 동안 비린 음식(생선, 조개, 짐승고기)은 먹지 않는 집도 많았다고 한다. 당시 농어촌에서는 비린 음식 일체를 배제하는 것은 어려운 일로, 가다랑어포나 다시마 등은 서민이 늘 사용할 수는 없었고, 국물 내는 것은 쪄 말린 멸치가 유일했기 때문에 아마도 부인들은 고생했을 것이다. 그래서 기일이 끝나 비린음식 금지가 해제되는 날은 매우 기뻤을 것이다.

선물용품에 노시(熨斗)를 붙이는 것도 상대방의 장수를 기원하는 뜻도 있을 테지만, "보내는 사람은 불결함이 없습니다."라는 의미로, 정식으로는 전복, 약식으로는 가다랑어포를 첨부하거나 작은 생선의 꼬리 한 조각이라도 붙여 정결한 선물인 것을 나타낸 것이다.

VII. 첫 밥상의 생선

일본인의 식문화가 쌀과 생선으로 대표되는 것은, 태어난 아기에게 처음으로 성인과 같은 1인분의 식사를 만들어 먹이는 의식인 「첫 밥상」에서도 알 수 있다.

「첫 수저」라든지 「마나이와이(眞魚祝)」라고 불리는 이런 의식이 서양에도 있는지 어떤지는 모르겠으나, 중국과 인도에서도 물고기나 조류, 양고기를 먹여서 축하한다고 한다. 일본에서는 백일에 쌀 한 톨 먹기, 세 톨 먹기라 하여 팥밥과 떡, 흰 살 생선을 먹이는 것은 알고들 있을 것이다.

엄마에게 안긴 생후 백일의 아기가 팥밥과 꼬리와 머리를 잘라내지 않은 생선을 올린 밥상을 마주하여, 신위를 모신 선반이나 조상의 혼령에게 태어났음을 보고하고, 먹는 흉내를 내는 것은 헤이안 시대(平安時代)의 『어당관백기(御堂關白記)』[24]에도 있고, 『아즈마경(吾妻鏡)』[25]에는 미나모토노 사네토모(源實朝)의 생후 110일째에도 행해졌다는 기록이 있으며 『헤이케이야기(平家物語)』에는 「마나하지메(眞魚始め) ; 마나이와이와 같은 의식)」가 나온다.

이 의식에 사용하는 어종(魚種)은 성대, 달강어, 조기, 쑤기미, 쏨뱅이 등이다. 도미도 오래 전부터 사용되어 현재에는 경사스럽다는 의미로 도미를 많이 쓰지만, 달강어를 사용하는 일이 많았다.

『본조식감(本朝食鑑)』에는 근대에 이르러 달강어를 반드시 바치는 것은, 이 생선을 철두어(鐵頭魚)라고 쓰는 데서 아이들의 머리가 빨리 단단해지기를 바라는 것이라고 쓰여 있다. 어느 것이나 붉은 빛을 띠며 육질은 흰 살로 담백하고 맛도 좋으며 딱딱한 가시와 뼈를 가지고 있는 생선이다. 이것은 이제부터 일생, 목에 뼈나 가시가 걸리지 않기를 기원하는 것으로도 사료된다. 더욱이 이 축하식은 야나기타 쿠니오(柳田國男)가 지적하고 있듯이[26], 장례식이나 재(齋)를 마친 후 정진이 끝나고 비린 음식인 생선을 먹는 것과, 소아가 새롭게 생활에 참여하는 구별을 매듭짓는 관습으로서 연결되는 것은 아닐까.

VIII. 쌍어 무늬(双魚紋)

이세신궁에는 20년에 한 번, 식년천궁(式年遷宮)이라 하여 신전을 새롭게 하고, 신보장속(神宝裝束)이라고 하는 신사의 보물과 의복, 장식품 등 세간을 옛 방식 그대로 새로 만들어 바치는 일본에서 가장 큰 축제가 있다. 그 신보(神宝)인 칼에 금붕어모양

24) 『어당관백기(御堂關白記)』 후지와라노 미찌나가(藤原の道長)의 장덕(長德) 원년(995)부터 치안(治安) 원년(1021)까지의 일기. 공사(公私) 생활이 기록되어 있어 중요한 사료.

25) 『吾妻鏡』; 가마쿠라막부(鎌倉幕府)가 엮은 일본에서 제일 오래된 무가(武家)기록이다.

26) ナマグサ(나마구사)에 대해서는 "のしの 起源" (쇼와 13년[1938] 「因伯民談」 이것은 『食物과 心臟』(『定本柳田國男集14』)에 기재되어 있다.

의 금동제(金銅製)로 된 두 마리의 물고기가 달려 있다. 나는 왜 두 마리의 물고기일까 하고 이상하다고 생각했던 것이 물고기 문화사를 연구하는 계기가 되었다.

두 마리의 물고기에 주의하여 눈여겨보니 접시나 항아리 등에 그려져 있거나, 각지의 축제에도 두 마리의 물고기를 마주보게 하여 올리는 풍습이 꽤 있다는 것을 알게 되었다.

<그림 2> 한나라 시대의 식기에 그려진 쌍어 무늬

쌍어 무늬는 일본에서는 물론이거니와 고대 중국 신석기 시대의 앙소(仰韶) 문화의 토기에도 그려져 있는데, 한나라 시대부터 현대에 이르기까지 길상도(吉祥圖)로서 풍성하게 사용되고 있었다. 또 마주보고 있는 두 마리의 물고기는 어패(魚佩)라고 하는 허리장식과, 고대 화폐에도 있으며, 불족석(仏足石)이라고 하는 석가모니의 발바닥을 새긴 돌에도 조각되었고, 동남아시아에서는 행복을 나타내는 상징으로서 장신구의 도안이 되고 있다.

왜 두 마리의 물고기가 경사스러움의 장식이 되었고, 혼례나 정월의 민속의식에 지금도 계속 살아남아 있는 것인가를 조사하여 정리한 것이 『물고기 문화사』[(3)]이다.

결론은, 중국어에서 물고기를 「유이」라 부르는데 이것은 「유여하다(有餘)」와 동음(同音)이 된다. 다시 말해 지천으로 많다, 호화스럽다 라는 의미와 중국어의 물고기가 같은 발음이라는 것이다.

중국은 해안선이 면적에 비해 짧고 대륙의 내부에서는 담수어밖에 구할 수 없어서, 생선을 항상 먹을 수 있는 것은 부유층뿐이었다. 그래서 먹고 싶을 때 생선을 먹을 수 있는 여유가 있는 생활을 동경하게 되었고, 그 염원이 부와 행복의 상징이 된 것이라 생각된다. 더욱이 고대 사람들은 물고기의 알이 많은 것에 자손의 번영을 기원하는 마음을 담았을 것이다. 또 고대 중국의 화폐인 보패(宝貝)에는 두 마리의 물고기가 마주하고 있는 모습으로 눈과 아가미가 그려져 있었다. 그것이 출토된 것으로도, 부(富)의 상징이었을 것이라는 동경이 더 확대되어 갈 뿐이었다. 고대 사람들은 현대 사람들이 생각하는 것 이상으로 물고기를 귀중하게 여겼던 것은 확실하다.

쌍어 무늬가 경사스러움의 상징이 된 것은 이해하였을 것이라 생각하는데, 그렇다면, 유이노의식(結納儀式; 약혼의 표시로 양가에서 물품을 교환하는 의식)에 사용하는 두 마리의 도미를 마주보게 하여 합쳐 묶는 가케다이와, 니라미다이 라고 부르는 관서 지방에서 정월 장식으로 쓰는 소금에 절여 말린 도미 두 마리도 관련되는 것일까 하고 묻는다면 곤란하다. 그리 간단히 연결되는 풍습이지는 않다. 하지만 한편으로 나는 어딘가 공통된 느낌이 들기도 하는데 과연 어떨까.

[문헌]

(1) 矢野憲一 1979『鮫』(ものと人間の文化史 35) 法政大學出版局.
(2) 矢野憲一 1981『魚の民俗』雄山閣出版 .
(3) 矢野憲一 1983『魚の文化史』講談社
(4) 矢野憲一 1989『鮑』(ものと人間の文化史 62) 法政大學出版局
(5) 矢野憲一 1992『伊勢神宮の衣食住』(東書選書) 東京書籍

제 3부

외래 식문화의 정착

제 1 장 일본 식문화에서의 외래 음식

구마쿠라 이사오(熊倉功夫)

Ⅰ. 외래의 음식 수용의 4개의 단계

일본의 식문화는 외래적 요소를 제외하고 생각해 볼 수 없다. 극단적인 좋은 방법을 든다면 식품의 거의 모두가 외래 문화에 있다고 할 수 있을 것이다. 원시 시대로부터 현대에 이르기 까지 끊임없이 외국으로부터 일본은 식문화를 수용해서 이어져 왔다. 역으로 생각해 보면 식문화에 있어서 「일본적인 것」은 무엇일까라고 생각하면 전혀 기대할 수 없다는 인상을 지울 수 없다.

종래 일본이라는 개념은 애매하게 사용되어 온 경향이 있다. 여기에서는 먼저 홋카이도(北海島)와 오키나와를 제외한 본토라는 지리적 영역을 일본이라고 한정해 두기로 한다. 그리고 여기에 일본적인 것을 생각하기에는 구미와 비교하는 것으로 충분하다고 생각되었지만 이시게 나오미치(石毛 直道) 씨를 비롯한 문화 인류학의 연구 성과는 일찍이 시노다 오사무(篠田 統) 씨의 업적 등에 입각하여 동아시아의 식문화 연구에 커다란 빛이 되었다. 그 결과 구미와의 비교보다도 먼저 동아시아의 틀에서 식문화 비교를 시도해 볼 필요가 있다는 것이 밝혀졌다. 무엇이 동아시아적인가, 무엇이 일본적인가를 명확하게 하는 것에서 「일본음식의 원형」이라는 테마에 근접할 수 있지 않을까 한다.

외래의 음식이 일본에 정착할 수 있었던 것은 몇 개의 단계가 있었다. 첫 번째로 일본이 외래의 음식을 상당히 random으로 수용한 단계. 언제 무엇을 수용했는가라는 제1단계. 제2로 수용된 것 전부가 정착했던 것이 아니라 수용은 했지만 정착하지 못한 것도 적지 않다. 여기에는 선택의 screen이 기능을 하였다. 즉, 일본 독자적인 선택의 단계가 있어서, 그 곳을 빠져 나간 것이 일본화에의 길을 걷기 시작 했다. 이것이 제2단계이다.

선택된 것이 정착하는 과정을 조금 더 세분해 보면 수용된 채로의 모습으로 정착한 소재는 많지만 조리법이랑 맛내기에 까지 그대로인 것은 적다. 음식은 형태가 변하는 경우가 많다. 외래 음식 중의 일부 요소가 탈락해서 형태가 변화한다. 이것이 제3단계로 생각된다. 형태의 변화는 때때로 다른 요소를 대체하든지 첨가하는 것에 의해 융합되어서 새로운 식품이랑 조리, 더욱이 먹는 법을 새롭게 낳았다. 여기에 재래의 요소와 융합한 단계를 제4의 단계로 생각하기로 하자.

전체 외래의 음식을 수용, 선택, 형태의 변화, 융합의 4개의 단계를 밟았다곤 할 수 없지만, 많은 경우, 일본에 들어와서부터 긴 역사적 과정이 있었기 때문에, 이것을 무시하고, 즉 동아시아의 사물과의 유사성을 찾는 것도 신중하지 않으면 안 된다. 바꿔 말하면 쉽게 구미와 비교에서 일본적이 된 것을 찾으면 안 되는 것과 마찬가지로 역사적 과정을 빼고, 비교도 주의 깊게 피해가지 않으면 안 된다. 게다가 앞서의 4개의 단계를 통해서라면 선택의 screen이 움직이지만 그 점의 크기랑 성격, 그 방향성 등이 구조적으로 명확하게 되는 것이 바람직하다. 물론 명쾌한 해답이 준비되어 있을 리 없지만, 이후 여러 가지 가설을 세워 보기로 한다.

본 편의 목표는 현대 우리들의 음식문화가 도대체 어느 부분에서 외래적 요소를 어떻게 취해서 성립했나 하는 점에 있다. 따라서 수용의 역사적 단계도 앞으로 생각해 보고자 한다.

II. 우유와 차

수용과 선택이라는 문제에 대해서 일본 고대의 식문화로부터 우유와 차의 예를 들어 보자.

우유에 대해서는 와니 고메이(和仁皓明) 씨가 「酥酪考」라는 논문(6)이 발표되어, 중국 문헌을 이용해서 새로운 식견을 더했다. 와니 선생이 서술해 두었던 것처럼 酥(치즈)와 酪(소, 양, 염소들의 젖으로 만든 음료)과 醍醐(제호, 우유와 양젖으로 만든 걸고 달콤한 액체)에 대해서는 반드시 명확한 사료(史料)가 있는 것은 아니고, 실태는 유추의 영역을 넘지 않는다고 하는 점이 있다.

몇해전 모 TV에서 제호(醍醐)를 만드는 실험을 했는데 하룻밤(바짝) 조린 우유를 또 하룻밤 식혀서 그 중앙부에 만들어진 지방의 덩어리를 제호라고 설명했다. 가설로써는 흥미가 있지만 문헌 사료적으로는 거의 근거가 없는 실험이라고 밖에는 얘기할 수 없다. 정확히 말하면 일본의 문헌에는 제호의 실태를 나타내는 사료는 한 점도 없다. 게다가 그 제조법 등을 기록한 것은 없다. 『和名類聚抄』1) 『醫心方』2)에 기록되어 있는 酪(락)의 기사는 모든 것이 중국의 문헌을 소개한 것에 지나지 않고 일본에서 락(酪)이 생산되었던 것을 나타내는 것은 없었다. 이 점은 나카무라(中村修也) 씨의 논문 「일본 고대에 있어서의 우유 유제품의 섭취」(3)가 상세하다. 이하 나카무라 선생의 논문의 요지에 따라 서술해 보자.

일본에서 우유 또는 유제품의 사료(史料)는 우유 그 자체와 가공품으로서의 乳脯(유포), 酥(연유), 또는 生酥가 있다.(일본의 사료에는 蘇(소)의 글자가 사용되는 경우가 많기 때문에 이하 酥는 蘇/로 표기한다. 신빙성이 높은 사료에 의하면 『大宝律令』에 유우원(乳牛院)의 기사가 있으며 『속일본기』 和銅 6年(713년)에 山背國에 우유집(乳戶) 50호를 설치했다라고 하는 기사가 나타나는데, 일본에 있어서 우유 관련 사료로서 일찍이 나타난 예이다. 『侍中群要』3)를 보면 913년에 조정에 바쳐진 공어(임금, 장군의 식사)의 우유는 1일 3되 1홉 이라고 규정되고 있다. 이 우유가 그대로 마셔진 것인지 어떤지는 알 수 없지만 상당량의 우유가 조정에서 소비되었다는 것을 엿볼 수 있다. 목간(木簡)에도 우유 관련 자료가 적지 않다.

10세기 초까지 비교적 빈번하게 우유 없는 유제품의 기사가 사료 중에 나타나는 것에 대해 10세기 중기부터는 의례용 공물로서 나타나는 것은 용례가 줄고 11세기에 집필된 (後小野宮右大臣)藤原實資의 일기 『小右記』4)에 의하면 우유를 달여서 마시도

---

1) 『和名類聚抄』 源順撰의 일본 최고의 백과사전, 承平年間(931~938)에 성립.
10권本과 20권本이 전해지고 있다. 20권본은 세시・국군 등 32부 249문으로 구성되어 있다.

2) 『醫心方』 丹波康頼撰의 일본 최고의 의학서, 30권. 永觀 2년(984)撰進. 중국 문헌을 널리 찾아서 책으로 엮음.

3) 『侍中群要』천황의 신변 잡사를 담당하는 장인이라고 하는 관리인 직무에 대하여 수칙을 기록했던 책 10권, 작자는 알 수 없지만 헤이안 시대 중기에 만든 것으로 알려짐

4) 『小右記』 「小野宮右大臣記」라고 불리는, 간략화하여 「小右記」라고 한다.
天元 五~長元 五年(982~1032)의 50년간의 일기에서 藤原道長의 전성시대의 사회나 궁정가

록 의사가 권했던 일이랑 약용으로써 연일 우유를 마시는 왕실(귀족 집안)의 일로 보여진다. 따라서 당시 우유가 음용되었던 것은 전무한 건 아니지만 어디까지나 약용으로써 일상성은 빠져 있다고 보아도 좋다.

한편 蘇(소)에 대해서는 어떨까. 722년에 칠도제국(七道諸國)으로부터 공소(貢蘇)를 명한 기사가 『政事要略』[5]에 있고 거기에는 궤(밥통)가 아닌 바구니를 가지고 운반하도록 규정되어있다. 그러나 그 일로부터 바로 소(蘇)가 고형물이라고 유추할 수는 없다. 여기서 말하는 바구니는 용기를 수납하는 바깥상자였을 가능성이 크다. 필시 액체도 고체도 아닌 끈적끈적한 것이라는 것이 맞지 않을 가라고 하는 것은 그 제조법이 아직 명확성이 없고, 유추를 겹치는 정도밖에 할 수 없지만 적어도 일본의 사료에 나타나는 유일한 소(蘇)의 기사는 『延喜 式』에 보여지는 작소법(소를 만드는 법)에서 「우유 대두 한 말을 달여서 蘇 한 되」라고 한 것으로 볼 때 여기에서는 starter에 해당하는 것을 투입해서 유산 발효시키는 것이 아니라 단순하게 가열 농축해서 얻을 수 있는 것으로 보여지기 때문이다. 따라서 咁酪든지 夕食이라는 starter에 해당되는 것을 넣어서 발효시키는 중국의 酥와 일본의 蘇는 문자는 유사하지만 실제는 다른 것으로 생각된다.

또 하나 실태가 확실하지 않은 것의 하나가 生蘇이다. 평성궁터에서 발굴된 木簡에 「近江國 生蘇 3홉」이라고 기재된 것이 있다. 生蘇를 가열 농축 제품으로 볼 때 蘇를 사료적으로는 확인할 수 없지만 발효 식품으로 생각하는 것이 가능할지도 모른다. 그 이상은 문헌상으로 알 수 없다고 할 수 밖에 없다. 또 먼저의 『小石記』에는 「乳脯廿枚」(유포 20여 매)를 보냈다는 기사가 있다(1019년). 이것도 다른 용례가 없기 때문에 제조법은 알 수 없지만 우유를 끓이고 졸여서 생기는 「浮皮」를 湯葉(유바)와 같은 모양으로 된다는 것이 그 명칭으로부터 추정된다.

〈사진 1〉「近江國 生蘇 三合」라고 기록된 목간 (길이 5.5cm) (나라국립문화재연구소 허가)

중국에 강한 동경을 가지고 大唐 문화를 적극적으로 받아들여진 나라 시대로부터 平安(헤이안) 초기에는 일상적인 것도 우유 또는 유제품의 사용으로 인정되어질지에 관계없이 앞서의 약용으로 우유를 마신다라는 『小石記』의 기사(1039년) 이후는 일차 사료 중에 우유에 관한 기사는 소멸되고 만다. 이후 의례용의 공물이나 그 설명 또는 우유 역할의 정지라는 부정적인 사료만이 보이고, 다시 등장하

족의 일상생활 등이 잘 기록되어 있다.

5) 『政事要略』 헤이안 시대의 법률서. 明法박사의 惟宗이 11세기 초에 편찬함, 25권만 남아있다

는 것은 에도 시대 중기이다. 즉 일본인의 우유사(史)는 6~700년의 공백기를 두고 일본의 근대화 과정에서 다시 시작한다.

왜 우유 또는 유제품이 없어져 버린 것인가 그 이유를 설명하는 것은 어렵다. 어느 설에 의하면 중세의 갑옷 제품을 위해 500년간 240만 두의 소가 필요해서 소가 줄었기 때문이라 말하지만 그다지 설득력은 없다. 그 이유는 일본인의 기호의 문제라고 밖에 할 수 없다. 오늘날, 이 같이 국제화하여 아메리카적인 식생활이 일상화된 것도 이해가 안 되며, 여전히 America에 비하면 일본인의 유제품 소비가 현격히 적은 것은 대형 가축을 식용으로 받아들이지 않았던 역사적 과정이 매우 큰 이유도 되지만 근본적으로는 유제품의 냄새와 맛에 대한 기호가 좀처럼 변화하지 않은 점이 큰 이유이기도 하다.

우유와 일본인6)

島田(시마다) 7~8세기에 유제품의 문화를 수용하면서 정착하지 못했던 것은 기호의 문제에 있다고 말하지만 그 시대의 기호도가 낮았던 것은 구석기 시대부터 길들여 온 식문화에 의한 것인지, 그렇지 않으면 인종에 따른 생리적인 기호가 다르기 때문이라고 해야 할지?

熊倉(구마구라) 기호라는 것은 확실히 유전적 형질, 기후 풍토 등 여러 가지 조건하에서 만들어져 온 것입니다. 그 중에서 몸에 배어 버린 좋고 싫음은 어지간히 변하기 어려운 부분과 사회적 조건의 변화에 의해서 시대와 함께 변하는 것, 양방향이 있다고 생각됩니다. 따라서 어느 시대에는 수용되지 못했던 것이 다른 시대에는 받아들여졌을 가능성도 있기 때문에 고정적인 것은 아니라 할 수 있겠지요. 일본이 쌀 재배를 받아들이는 과정에서 가축 문화를 피하였던 것인지 후에 일본인의 기호에 상당히 영향력을 주었다고 생각됩니다.

石毛(이시게) 목축이 들어오지 못했던 것에 대해선 역사적 상황과 함께 방목에 적합지 않은 자연 환경에서 생업으로써 익숙해지지 못했다고 생각지 않으면 안됩니다. 인종에 의해 기호의 차이라는 문제에 있어서는 그 이전의 「문화」에 걸린

6) 熊倉功夫・石毛直道(편) 1988 『외래 食의 문화』 pp, 84-85 발췌
島田淳子(お茶水여자대학・조리학) 石毛直道(국립민족학박물관・문화인류학) 安本敎傳(교토대학・식품영양학)

문제가 크다고 생각합니다.

島田(시마다) 7~8세기에 유제품의 문화를 수용하면서 정착하지 못했던 것은 기호의 문제에 있다고 말하지만 그 시대의 기호도가 낮았던 것은 구석기 시대부터 길들여 온 문화에 의한 것인지, 아니면 인종에 따른 생리적인 기호가 다르다고 해야 할지?

熊倉(구마구라) 기호라는 것은 확실히 유전적 형질, 기후 풍토 등 여러 가지 조건에 의해서 만들어져 온 것입니다. 그 중에서 몸에 배어 버린 좋고 싫음은 어지간히 변하기 어려운 부분과 사회적 조건의 변화에 의해서 시대와 함께 변하는 것 등 양방향이 있다고 생각됩니다. 따라서 어느 시대에는 수용되지 못했던 것이 다른 시대에는 받아들여졌을 가능성도 있기 때문에 고정적인 것은 아니라 할 수 있겠죠. 일본이 쌀 재배를 받아들이는 과정에서 가축 문화를 피했던 것이 후에 일본인의 기호에 상당히 영향력을 주었다고 생각됩니다.

石毛(이시게) 목축이 들어오지 못했던 것에 대해서는 역사적 상황과 함께 방목에 적합하지 않은 자연 환경에서 생업으로 적응하지 못했다고 생각됩니다. 인종에 의한 기호의 차이라는 문제에 있어서는, 그 이전에 「문화」에 관계되는 문제가 크다고 생각합니다.

安本(야스모토) 황인종 중에서도 일본인은 특히 유당불내증이 높은 빈도로 나타나는 것도 원인의 하나입니다. 성인이 우유를 2병을 마시면 99%는 설사를 합니다. 이런 생리적인 면도 관련되어 있을 것입니다. 그러나 현재는 아이들의 유당불내증 발병률은 대단히 낮아서 대학생 또래에서도 50% 정도입니다. 즉 유전 형질 외에도 후천적인 점도 있다고 생각됩니다.

石毛(이시게) 몽고로이드에게는 유당 분해 효소가 적다라고 말하고 있지만, 그러나 이 그룹 중에는 몽고인 같은 유목민으로, 유제품을 상당히 많이 이용하는 민족도 있습니다. 그런 식이라면 이후로도 여전히 문화적인 문제라 말하겠지만, 생으로 우유를 마실지 아니면 가공해서 먹을지의 문제에 대해서는 생리와 문화가, 마치 닭이 먼저인지 달걀이 먼저인지 하는 것처럼 될 수 있습니다.

고대라는 틀에서 생각할 때 수용되고 나서 정착치 못하고 사라져 버린 일례로 우유 또는 유제품을 거론했지만, 그것과 비교되는 것으로, 고대의 차의 경우를 생각해 보고자 한다.

차가 일본에서 처음 발견된 사료는 유제품보다 꽤 시대가 내려와서 9세기 초엽에 나타난다. 그것은 815년 嵯峨天皇이 近江의 범택사에서 大僧都永忠으로부터 차를 헌납 받았다는 기사가 있다(『일본후기』). 그 전후로 부터 차의 史料는 급격하게 증가한다. 이 大僧都永忠은 당나라에 30년을 머물렀던 경력을 가진 인물로 당시 중국에서 유행했던 차 마시는 풍속을 몸에 익혀서 귀국하면서 가져온 차를 예상한대로 중국을 좋아하는 천왕에게 다려서 헌상한 것이다. 正史에 차의 기사가 나타난 것은 9세기이지만 그 이전에 견당사(遣唐使)의 파견과 함께 중국으로부터 차 마시는 풍속이 전해졌을 가능성은 충분하다.

나라, 헤이안 초기의 중국 문화로의 동경이 기호를 넘어선 요구로써 중국 대륙의 문물을 수용한 것은 앞서 우유의 예와 같지만 차에 대해서도 천왕이 사는 궁궐에 만들어서 畿內近國에 차나무를 심으라 명하며, 한시의 내용에도 차에 대해 읊는다던지 하는 일상이 되었다고 보여진다. 그런데 역시 10세기에 들어와서 중국 문화로 기울어지는 경향이 옅어져서 소위 國風文化의 시대가 되고 차도 유명무실한 행사 중의 약간의 형태가 남아 있을 정도가 되었다. 그 대표적인 행사는 봄과 가을에 행해진 季御讀經[7]으로써 그 행사 중에 引茶(히끼차)가 있다. 실태는 정확하지 않지만 승려들에 의해서 부처님에게 차를 공양한 것도 있었을 것이다. 헤이안 시대의 차의 기사로 유일하게 흥미가 있는 것은 역시 『小右記』에 있는 藤原道長이 발열을 하기 위해 차를 마신다는 기사로써 약용으로서 차가 잔존하는 점도 앞의[8] 우유와 마찬가지이다.

차도 중국으로부터 받아들여지면서 정착치 못하고 소멸한 외래 식문화의 하나이다. 그러나 차와 우유의 다른 점은 차의 공백기가 짧아서 약 300년이 못되는 때에 다시 도래하여 이번엔 일본에 정착한 점이다.

가마구라 시대 초기에 차를 중국으로부터 다시 가져온 榮西가 「喫茶養生記」를 저술해 슬슬 차를 마시는 문화가 일본에 꽃피운 것은 잘 알려진 대로이지만, 그럼 왜 8세기의 차는 정착치 못하고, 13세기 차는 정착한 것일까.

여기에도 기호의 문제가 관련되어 있다고 생각된다. 나라 시대 말에 들어온 차는 단차(団茶)로 불리는 후 발효차라고 추정된다. 생잎을 가열해 덖고 건조해서 일반적인 차가 만들어지지만 후 발효차라는 것은 덖은 후 발효시키는 과정이 더해져 어떤 종류의 곰팡이가 생겨 그 결과 독특한 맛과 향이 더해지는 차이다. 단차(団茶)는 그것을 고형화 시킨 것으로 운반에 더 좋게 크기도 큰 것은 수 킬로그램에서부터 작은 것은 화

7) 궁중에 많은 중을 초대하여 춘추 2회, 대반야경을 읽게한 회(會)로서 9세기말에 널리 행해져 회의 이후에도 인차(引茶)의 의식이 행해졌다. 인차의 기사는 12세기까지 계속되었다.

8) 『喫茶養生記』 차의 약효, 차의 제조법, 마시는 방법에 대하여 榮西가 建曆 元年(1211) (再治本은 建保 2년[1214])에 저술한 書物 2권이 만들어져서 다른 한권은 桑의 약효에 대하여 기록하고 있다.

폐크기 까지 각종 단차가 만들어졌다.

그런데 13세기의 榮西가 바쳤던 차는 절강성에서 만들어졌던 발효시키지 않은 녹차로서 『끽다양생기』에 기록된 제조법으로 볼 때 요즈음의 말차와 거의 변하지 않았다. 현재 단차를 시험으로 마셔보면 상당히 떫고 게다가 곰팡이 냄새 또는 솥에서 달여짐으로 탄 냄새가 있다. 유제품과 같이 복잡하게 가공되어졌다는 인상이 강하다. 그것과 비교해 볼 때 녹차는 어떤 것도 식물의 잎사귀 그대로의 모습이 유지되고 맛과 향은 풋내와 단백질(theanine)의 좋은 맛이 강하다. 역시 일본인이 좋아하는 해초의 향도 맛도 공통점이 많다. (외국인에게 차의 향을 맡아 보게 하면 김의 냄새와 닮았다는 답을 하는 경우가 있음) 이처럼 단차와 녹차의 차이가 한편은 일단은 수용하면서 정착치 못하고 끝내며, 또 다른 한편은 재도래했던 때부터 급속히 정착해서 독자적인 차의 탕문화까지 만들어져서 발전해 왔다고 봐도 무방할 것이다. 이것도 기호의 문제라고 해도 좋지 않을까.

III. 적미(赤米)와 적반(赤飯)

다음은 변용과 융화에 대해 서술해 보자.

나는 1987년 여름에 중국 운남성의 西双版納(씨산판나)에 가서 그곳에서 紫糯米(시쥬마이)를 먹었다. 상당히 정백을 해도 자색의 쌀로 밥을 지으면 약간 일본의 적반(팥을 넣은 찰밥)에 가깝고 그 뿌리는 적미의 한 종류이다. 그런데 食物史의 개설 등에도 적미가 적반의 원류라고 기록되어 있다. 그러나 단순히 색의 유사성으로부터 그렇게 이해해도 좋을까. 또 적반의 원류는 시쥬마이 등일까

중국의 찹쌀의 이용에 대해서는 周達生 氏의 연구(5)가 있다. 그곳에 의하면 특히 소수민족 중에서 찹쌀(糯米)의 기호가 강해서 최근 소수민족 보호정책 중에서 찹쌀이 부활되고 있다. 사용법은 타이족처럼 일상식으로 하는 경우도 있지만 많은 경우 일본과 같이 축하할 일에는 빠질 수 없는 것이다. 먼저의 시쥬마이도 토산물용(선물용)으로 종이상자에 넣어 판매되고 있었고 비일상적 성격이 강한 쌀이었다.

또 중국의 소수민족과 일본인의 사이에 찹쌀의 맛과 향에 대해 강한 기호의 공통성이 있음을 알 수 있다. 찰기가 강한 쌀을 좋아하는 공통성은 새삼스럽게 말할 것은 없지만 향도 같은 것이다. 씨산판나의 시장에서 차잎과 함께 건조한 나뭇잎이 팔리고 있었다. 다른 냄새의 잎에 담그면 차안에 소량 섞여서 냄새를 즐길 수도 있는 것이다. 周

達生 氏의 논설에 의하면 오-무라고 해도 좋고 한자로는 나미향엽(糯米香葉)이라고 써도 좋다. 찹쌀로 지은 밥의 향이 나는 향엽(香葉)이다.

그 잎을 한 포대 사서 호텔로 돌아와 짐으로 묶어 두었더니 약간 시간이 지나자 방안이 이상한 향에 쌓여 버렸다. 처음엔 무슨 냄새인지 알 수 없었지만 꺼내 보았더니 오-무의 향이었다. 도저히 향기로운 찹쌀의 냄새가 아니라 오히려 쥐 등의 동물의 냄새였다. 찹쌀과 쥐의 냄새는 비슷하다 실은 이 냄새를 좋은 향이라 생각한 것은 씨산판나의 사람뿐만 아니라 일본인도 같다.

시노다 오사무(篠田統)씨의 「쌀의 문화사」[(4)]에 다음의 글귀가 있다.

지금 인도 쌀 계통의 품종 중에서 쥐의 쌀이라는 게 있다.

쥐의 오줌 냄새와 비슷해서 맡아보았지만 그 양이 너무 적은 경우는 의외의 향이 나서 香稻, 麝香米 등으로 불린다.

<사진 2> 오-무(생약)

그것은 인디카계의 쌀로 지은 밥의 냄새와 쥐의 냄새의 공통성은 여기에서도 보여 진다. 진한 악취밖에 생각나지 않는 냄새가 옅어지면 방향이 있기 때문이다. 이것처럼 상당히 특수한 찹쌀의 냄새에 대해서 일본인도 강한 기호를 가지고 있는지 의심스럽다.

위와 같이 찹쌀에 대해 중국 서남부의 소수민족과 일본인 기호에 공통점은 많지만 그러나 소수민족의 붉은 밥(지에밥: 찰밥)이 일본의 적반에 바로 연결되는 것은 아니다. 제1의 지에밥(찰밥)에 있는 색의 문제이다. 미야오 족의 축하 연회에는 지에밥으로 불리어지는 찰밥이 준비되어 적, 황, 청, 흑 등의 색으로 염색해서 바쳐진다. 또 돈족의 경우는 흰 찰밥의 위에 붉은 종이를 붙여 선물 등으로 보내진다. 어느 쪽도 상당히 색이 강조되고 있다. 씨산판나의 자유시장에는 타이족의 여성이 노란색으로 염색한 찰밥과 거의 검정에 가까운 붉은 색으로 염색한 찰밥을 팔고 있다. 이것처럼 강렬한 색에 염색된 음식을 일본의 식문화에서 찾으려 한다면 나라 談山神社의 백미의 御食[9]처럼 적, 황, 록 등으로 염색된 높이 쌓아 올린 고봉밥 풍의 신찬(神饌) 또는 불공(仏供)이다. 신찬류(神饌類)가 역사적으로 어디까지 거슬러 올라갈지 확실하진 않기 때문에 쉽게 결론은 나지 않지만 혹은 나눠서 염색하는 법도 일단은 수용된 것이지 모른다. 그러나 적어도 정착하는 것은 없었으며 적반의 색도 직접 연관되었다곤 할 수 없다.

제2에서 찰밥 안에 넣고 있는 돼지고기랑 기름류이다. 씨산판나의 찰밥의 한 종류 혹은 팔보반(八宝飯)은 고기랑 대추의 과육 등을 듬뿍 넣은 찰밥이었다. 일본의 적반이 팥 이외의 것을 넣지 않는 것을 비교해 볼 때 크게 다르다. 찰밥에 한정하지 않고 찌마끼(단오날에 먹는 띠나 대나무 잎으로 말아서 찐 떡)를 보더라도 마는 것 같은 종류의 것은 일본에도 있지만 고기에 만 종류는 수용되지 못했다. 거기에는 고기뿐만 아니라 기름에 대한 어떤 종류의 거부 반응이 일본에 있다는 것을 생각나게 한다.

중국의 찹쌀의 조리와 일본의 그것은 좀 더 여러 가지의 면에서 비교해보지 않으면 안 되지만 그들 사이의 어떤 것은 상당히 차이가 크다. 시쥬마이와 적반을 묶기 위해선 색의 공통점 이외의 보다 강한 인자가 없으면 설득력이 없다. 거기에 일본의 붉은 쌀이 문제가 된다. 고대의 쌀은 적미였지만 시대에 따라 구축된 후대에 이른 오래된 적미의 기억이 특별한 날(축하받는 날)의 적반을 바치는 풍속이 되었다고 설명되지만 그것은 충분한 근거가 없다. 그 이유 중의 제1은 일본의 적미 중에 찹쌀은 거의 나오지 않은 것으로 기록에 남아 있는 적미도 또 쓰시마와 타네코시마에서 현재 재배하고 있는 적미도 자포니카의 멥쌀이다. 적미의 찰밥을 먹었다는 것을 실증하는 것은 의외로 어렵다.

제2에서, 적미가 사라진 것은 그리 오래된 기억에서가 아니다. 嵐嘉一氏의 연구에 의하면 쌀 재배에 적합하지 않은 경지라도 적미의 재배가 가능했었기 때문에 서일본을 중심으로 꽤 광범위한 경작을 하였으며 메이지 시대에도 적미를 완전히 몰아낼 수 없었다. 이 적미의 보급은 역사적으로 볼 때 중세 시대이다. 인디카계의 대당미(大唐米)는 가마쿠라 시대 이후가 된다. 게다가 적미는 축제의 장소에 준비되는 상등품의 쌀이 아니라 될 수 있으면 배제하고 싶은 나쁜 쌀 이었다. 거기에서는 도저히 적반의 image는 생기지 않는다. 적미와 적반은 별개의 것으로 생각해야만 하지 않을까.

적반의 중요한 요소는 팥에 있다. 오히려 찰밥에 대해서 강한 호감과 팥이 가진 예축성(預祝性)이 융합해서 적반이 축하의 날에 먹는 것으로 전개되었다고 봐야하지 않

9) 본권 161페이지, 岩井논문「神饌にみる 日本化した外来食」
"御染御供と百味の 御食"의 항을 참조하기 바람

을지. 팥의 주술성을 인정한 예는 전부 고대 중국에 있다. 남북조 때의 「荊楚歲時記」에 역귀가 붉은팥을 두려워하기 때문에 동짓날에 죽은 아이들을 위해 팥죽을 만들어 귀신을 쫒는다고 기록되어 일종의 역병 신(神)을 쫒아내는데 준비되었던 것임을 알 수 있다. 그 습관은 중국의 주변 동Asia 제국에 전해져 조선 반도에서도 일본에서도 동짓날 내지 정월 전후에 팥죽을 먹게 되었다.

앞에 나온 『쌀의 문화사』에 의하면 쥬코쿠(中國) 지방의 이즈모(出雲) 동쪽 또는 이세지방 등에 정월의 팥 떡국의 관습이 있으며, 팥 그 자체가 預祝의 음식으로 된 예가 적지 않다. 언어를 찾아보아도 아이치현에서는 팥죽을 황금죽으로 불려서 부귀의 image로 결부되어 있다. 사쿠라가유(도야마현)라는 것은 색과 동시에 사쿠라라고 하는 농경신으로 연상이 되는 말이다. 도시나가유(이와테현)는 歲神에 결부되는 호칭이다. 야와다리가유(돗토리현)에는 이사시 축복의 팥죽이 있다. 오카야마현의 시로무시는 흰 찰밥에 졸인 물을 버린 팥만을 올린 것으로 적반이 아니라도 팥의 예축성(予祝性)이 발휘되고 있는 일례이다. 또 아이치 현의 모노코라는 것은 차조에 팥을 넣은 것인데, 그 요점은 팥에 있다고 보여진다.

이것처럼 팥의 힘이 찰밥의 기호와 융합된 것에 적반이 등장했기 때문은 아닌가 생각된다. 즉, 먼저 거론한 4개의 단계에 대입한다면 찹쌀을 좋아하는 일본인의 기호를 배경으로 찰밥을 수용, 정착을 꾀했지만 그 과정에서 찹쌀을 물들이는 것이랑 고기, 기름을 넣는 조리법이 탈락하고 변용돼 그 대신에 팥과 융합해 적반이 탄생되었다는 가설을 기술해 보았다.

IV. 외래(外來)의 식(食)을 받아들였던 시대

외래의 음식을 생각할 때, 어떤 시대에 어떤 식품이 일본에 도입되었는지, 하는 점도 중요하다. 星川 淸親씨의 「일본의 콩류」[10]에 의하면 각 시대에 평균해서 전달된 것이 아니고 어느 시기에 확실하게 들여 왔는지 그 방법을 기록하고 있다. 대두랑 녹두는 상당히 오래전에 들여온 것 같지만 몇 세기에 들여왔는지 하는 구체적인 연대에 대해서는 아직 실증적이지는 못한 것 같다. 필시 죠몬 시대의 전환기 무렵에 들어오지 않았을까 한다.

소라마메(蚕豆 ; 잠두콩), 사사게(大角豆), 엔도(완두콩) 등은 7, 8세기 무렵부터 나

10) 본권 104 page를 참조하기 바람

타났다. 인겐마메(강남콩), 후지마메(까치콩), 나타마메(작두콩) 또는 땅콩 등은 에도 시대전기 즉 17세기 중기부터 18세기에 걸쳐서라고 한다. 게다가 메이지 후 19세기의 후반에도 하나의 절정이 있었을 것이다.

결국 콩이 일본에 들어온 것은 시대만 두고 보아도 외래의 식(食)이 일본에 수용되었던 시대의 절정이며 고고학적 시대를 별도로 한다면 7, 8세기, 17세기, 19세기라는 3개의 절정이 있었던 것을 확인할 수 있다. 이 세 개의 시대는 일본이 국제화를 달성한 시기이기도 하다. 7, 8세기는 당나라 문화를 취하여 율령제 국가를 형성 했던 시대이며, 17세기는 대항해 시대의 결과로, 표면적으로는 쇄국체제를 취했지만 음식물도 동일하게 쇄국이라는 독자의 Screen을 통해서 오히려 적극적으로 외래 문화를 받아들였던 시대였다. 19세기는 말할 것도 없이 문명 개화의 시대였다. 이처럼 역사의 파도에서 외래 식(食)의 수용부터 융합에 이르기까지 과정을 고려하지 않으면 안 된다.

예를 들면 7, 8세기가 외래의 식(食)을 받아들인 큰 절정이 된 시대였다고 기술하였지만 그것은 식품만의 문제가 아니라 식사예법 또는 식사의 양식의 문제도 포함하고 있다. 헤이안 시대의 귀족이 정찬으로서 정착한 「大饗(다이교)」도 중국 문화의 영향하에서 만들어질 수 있었던 것일 것이다. 그러나 그 메뉴와 양식은 몹시도 중국적이었기 때문에 정착하기엔 여러 가지 부분이 탈락되었다. 내용으로 말하면 魚醬이랑 鳥獸의 醬은 머지않아 없어지고 말았다. 지금도 神饌(신에게 음식을 바치는 곳)에 쌀가루를 얼려서 기름에 튀겨낸 「부도, 바이시」11) 등의 당과자 풍의 과자가 남아 있으며, 또는 宇治의 聖天에게 당 기모찌라고 불리는 튀긴 만두와 같은 당과자 등의 과자가 남아 있지만 그것은 본래의 당과자가 밀가루의 식품이었던 점으로 볼 때 상당히 성격이 변용되어 있다. 그렇다고 하더라도 일본 과자의 주류로부터 없어져 버린 전통이다. 여기에도 기름을 듬뿍 사용한 요리는 탈락해서 덴뿌라 등의 기름 요리는 근세까진 거의 없어졌기 때문이 아닐까라고 생각 된다. 精進料理(쇼진요리) 중의 기름은 어떻게 생각해야 할까라는 문제는 미해결이지만 헤이안 시대의 정진물을 기록한 『신원락기』중에는 「기름에 익힌 것」이라고 있는데 이것은 당시의 사람들의 기호에 맞아 떨어진 것을 나타내는 것이 아니라 오히려 기묘한 음식물 내지는 惡食의 예로 된 것은 아닐지, 「기름기가 많은」 음식은 좀처럼 일본인의 기호에는 맞지 않기 때문이다.

향연요리로부터 탈락된 것은 식품이랑 요리뿐만 아니라 식기 중의 숟가락이랑 식탁으로서의 台盤 등도 잃어버린 부분이다. 다이교의 식탁에는 마두반(馬頭盤)에 젓가락과 함께 시(匙)가 놓여져 있었다는 것은 당시의 그림에 표시되어 있다(그림 1). 그 탈락은 그릇의 pattern과 깊은 관계가 있을 것이다. 즉 직접적으로 그릇에 입술을 대는

11) 본권 161page, 岩井論文「神饌にみる日本化した外來食」"唐菓子"의 항을 참조하기 바람

食礼에서는 먹기 쉽게 또는 손에 들기 쉽게 하기 위해서 그릇은 밥공기 형으로 발달했다. 그곳에서 국물은 공기로부터 직접 입으로 마시게 되었다. 그릇에서 입술까지를 중개하는 숟가락은 불필요한 것으로 배제되었다.

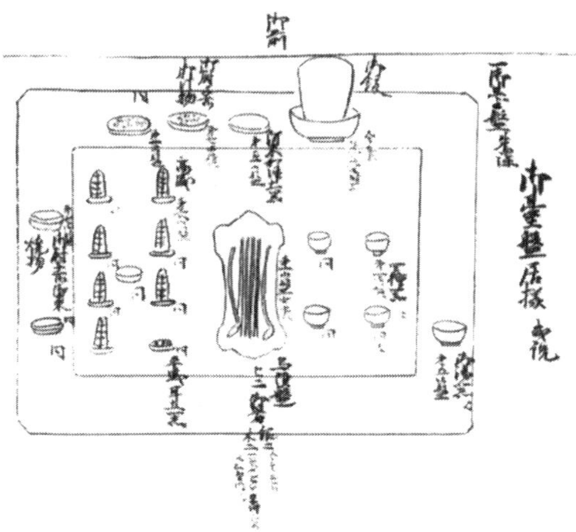

<그림 1> 대향연의 식탁
『廚事類記』 상권 부분 (慶應義塾大學三田 メティアセンタ- 소장)

이처럼 직접 식기에 입을 대는 습관은 식기에 대한 속인주의(屬人主義)로 발전했다. 지금도 우리들은 젓가락이랑 밥공기, 물잔 등을 개인 소속의 그릇으로 가지고 있다. 예로부터 더욱더 국그릇이랑 접시 밥상까지 개인 소유이다. 필시 대향연의 교자상(대반)이 없어진 것도 공동 밥상이 앞의 속인주의의 일본인 食礼에 맞지 않았기 때문일 것이다. 메이지 시대의 챠부다이(일본식 방에서 식사 때 사용하는 접었다 폈다 하는 낮은 밥상의 발명까지 일본인은 여러 명이 큰 식탁을 둘러싸고 앉는 습관을 몸에 익히지 못했다. 역사상으로 나타나는 공동 식탁 또는 밥상, 탁상 등은 항상 외래의 식문화로써 일반적으로 정착하기까지 이르지 못했다. 외래의 식문화로써 대향연도 일단은 수용되었던 것으로 큰 식탁은 없어지고 이것이 변해서 개인 밥상이 있는 高坏(굽높은 그릇)를 6본 또는 8본 등으로 세워 큰 탁자에 놓여있던 요리를 분할해서 올려놓게 되었다.

향연 요리에 상징되는 고대적 식문화의 변용이 언제쯤 종료되었는지는 명확하게는 말하지 않았지만 일본의 식문화로써 Screen이 될 수 있었던 것에 의해서(screen이 되었다고 생각하지 않는 편이 좋기 때문은 아닐까?) 선택과 융합이 진행되면서 고대를 극복하여 중세가 등장할 때, 일본 식(食)의 원형도 겨우 모습을 명확하게 해 왔던 것은 아닐지.

외래의 식(食)을 수용하는 것에 있어서는 반드시 기호와 다른 기준, 예를 들면 외래문화에 동경하고 있었던 가치관과 함께 근간에 수용하는 행동을 취하게 된다던가, 정착을 향해 선택하는 단계에서 기호에 맞지 않는 유제품이랑 단차(団茶)등이 탈락한 것은 앞에서 본 그대로 이다. 그리고 다시 기호에 맞는 제법이 선택되었을 때 수용은 정착의 단계로 나아간다. 단(団茶)에서 녹차(緑茶)라고 하는 예를 그 일례로 든다. 더욱이 변용하는 것에서 외래의 食이 자기 변혁을 이루는 예는 대향연의 식탁에서도 살펴볼 수 있다. 새로운 다른 요소를 더해 절충 융합된 새로운 식문화의 예로 적반(赤飯)을 들었지만 좀 더 좋은 예는 7, 8세기의 「외래의 食」 도입의 시기와 필적할 만한 또 하나의 시기-문명개화기 중에서 몇 개라도 얻을 수 있을 것이다. 그것은 別稿에서 기대하고 여기서는 건드리지 않기로 한다.

[문헌]

(1) 嵐嘉一 1974『日本赤米考』雄山閣

(2) 熊倉功夫・石毛直道 (編) 1988『外来のの食の文化』ドメス出版

(3) 中村修也 1987「日本古代における牛乳・乳製品のもち攝取」『風俗』93号

(4) 篠田統 1970『米の文化史』社會思想社

(5) 周達生 1984「モチ米の 利用 - 少數民族にみるネチネチ食品のあれこれ」佐佐木高明 (編)『雲南の照葉樹のもとで』日本放送出版協會

(6) 和仁皓明 1987「酥酪考」『飲食史林』7号

제2장 신찬(神饌)에서 보는 일본화된 외래 음식

이와이 히로미(岩井宏實)

I. 신찬(神饌)의 의미

신을 제사지내는 것은 먼 선조로부터 내려오는 전통으로서, 그것은 신을 제사지내는 곳에 가서 신찬을 받들어 신의 마음이나 뜻을 위로하고, 그 후 제상에서 물린 음식을 먹고, 신과 사람이 일체가 되어 향연(饗宴)을 베푼다. 이 아이나메(相嘗), 즉 나오라이(直會, 철상한 음식으로 베푸는 연회)를 하는 것이 제사의 본 뜻이었다.

이 신찬은 이른바 산해 진미라고 하는 진귀하고 희소한 것이라고 하는 것이 아니고, 각각의 지역이나 그 시대에 사람이 채취하거나 만들 수 있는 최고의 것으로, 사람들과의 생활을 유지하는 것이었다. 그것은 신의 은혜에 의한 것으로 생각하고, 신의 은혜에 보답(報謝)하고 먹는 것에 의해 재생의 열매를 준다는 것이었다. 따라서 그 종류도 참으로 다양한데, 그것을 먹었던 시대에 가장 선호했던 조제・조리 방법으로 수북하게 담은 것이었다.

그런데 메이지(明治)가 되어 신도(神道) 국교화의 일환으로서 우선 메이지(明治) 4년 1871년 5월14일 다이조우칸(太政官) 포고(布告)에 의해 신사(神社)를 칸페이샤(官幣社), 코쿠헤이사(國幣社), 부(府)・번(藩)・현사(縣社), 향(鄕)・촌사(村社)로 만든 칸코쿠헤이샤(官國幣社)의 제정이 있고, 그것에 동반하여 같은 해 10월 「시지사이텐테이소쿠(四時祭典定則)・치호우사이텐테이소쿠(地方祭典定則)」이 제정되고, 또한 다음해 1872년 2월 「칸코쿠헤이샤키넨(官國幣社祈年) 제식 제정(祭式制定)의 건」

의 천신과 지신(神祇) 성달(省達)이 포고되고, 이어서 1873년 3월 시키부료(式部寮) 반가이(番外)들에 「관폐제사관제식제정(官幣諸社官祭式制定)의 건」이 포고되고, 1875년 4월 시키부료(式部寮)들에 의해 「신사제식(神社祭式) 제정의 건」이 포고되고, 여기에 1871년부터 시행되어 온 「신사제식(神社祭式)」이 일단 확정되었다. 그러나 최종적으로는 1907년 6월 내무성(內務省) 고시에 의한 「신사제식행사작법(神社祭式行事作法)」에 의해 각각의 신사의 격에 의한 제식작법이 제정되어 신찬의 내용과 바치고 거두는(獻撤) 작법에 대해서도 획일화되어 정해졌다.

덧붙여서 신찬 품목을 처음으로 명시한 것은 1873년의 「관폐제사관제식제정(官幣諸社官祭式制定)의 건」으로 그것에 의하면

大社　神饌　拾 1台　但 1 前
1 和稻 荒稻　1酒　1餅　1海魚　1川魚　1山鳥
1 水鳥　1野菜 3鍾　1 海菜 2種　1 菓 2種　1 鹽 水

中社　神饌　拾台 同上
1 和稻 荒稻　1酒　1餅　1海魚　1川魚　1鳥
1　野菜 2鍾　1 海菜 2種　1 菓　1 鹽 水

小社　神饌　9拾 同上
1 和稻 荒稻　1酒　1海魚　1川魚　1鳥　1 野菜 2鍾
1 海菜 2種　1 菓　1 鹽 水

이며[12], 이것들은 모두 「세이센(生饌, 생찬)」즉 완벽하게 준비된 신찬이다. 이것에 연관되어 지방에 있어서 신사(神社)의 신찬도 전통적인 신찬은 많이 모습을 감추고, 무・말린 오징어・다시마 등의 해산(海山)이 자연산 물의 대표로 되었고, 신에게 바치는 것이므로 청정한 것이라는 이유로 날 것, 즉 세이센(生饌, 생찬)이 주류를 차지하게 되었다.

그러나 신찬은 본래 「쥬쿠센(熟饌, 숙찬)」, 즉 조리된 신찬이었다. 인간이 먹는 것과 같은 조리・조제를 하고, 그것을 신에게 바치는 것이었다. 이미 오래된 『엔기시키(延喜式)』 권(卷) 4 진기(神祇) 4 이세노오오카미칸시키(伊勢大神官式)에는

12) 長谷淸男(편) 1986『神社祭祀關係法令規定類寮』國書刊行會 pp.8-9에 의함

凡供祭之物. 不載式條者. 依旧供用. 勿改前例[13].

로 신을 제사지내는 의식(神事)에 대해서는 전례를 답습하는 것을 본뜻으로 두고, 예전부터 전승되어 온 것을 바치는 것이 통례이었기 때문에 「신사제식행사작법(神社祭式行事作法)」이후에도 오래된 습관을 지키고 「특수 신찬」으로서 전승하는 신사도 적지 않다. 카스가사이(春日祭)・가모마쯔리(加茂祭[아오이마쯔리(葵祭)]・이와시미즈(清石清水) 마쯔리(祭)의 산초쿠사이(三勅祭)를 시작으로 미호진자(美保神社) 아오후지가키(蒼柴垣) 신을 제사지내는 의식(神事)・닛코도쇼구(日光東照宮) 토교사이(渡御祭)・오오미와진자(大神神社)와 이사가와진자(率川神社) 사이구사마쯔리(三枝祭)・이야히코진자(弥彦神社) 고젠마쯔리(御膳祭)・탄잔진자(談山 神社)의 카키즈마쯔리(嘉吉祭)・카토리진구(香取神宮)・타이요우사이(大饗祭)・히무로진자(氷室神社)의 다이토우사이(大湯祭)・카스가와카미야(春日若宮) 온마쯔리 등 하나하나 예를 들면 한이 없고, 지방의 향사(鄕社)・촌사(村社)에 있어서도 신을 제사 지내는 의식(神事)은 가능한 한 고풍을 존중하고, 오래된 방식을 보유 유지하려고 하는 성격을 갖고 있기 때문에 사람들은 그 노력을 하였던 것이다. 쿄토부(京都府) 조요시(城陽市) 지덴(寺田) 미토(水度)의 진자(神社)의 가을 제례를 「지덴(寺田) 마쯔리(祭)」라고 하지만, 이 제례에는 많은 밤과 비자를 신찬으로서 바치기 때문에 그 제사를 지내기 위한 조직도 「율비좌(栗榧座)로 칭했다. 예전에는 이 부근의 밤이랑 비자가 많이 있었고, 보통 손님이 있을 때의 차과자랑 아이들의 간식에 사용되었던 것이다. 그런데 그 고장의 밤・비자가 없어지고, 가까운 주변 까지 채취하러 갔지만, 그것도 없어지고, 나라(奈良)현의 요시노(吉野) 산중까지 조달하러 갔지만 그것도 그렇게 할수 없게 되어 드디어 밤・비자가 신찬으로부터 사라져 버렸다. 그러나 이와 같이 전통을 지켜 가려고 사람들은 노력했던 것이다.

그런데 오래된 시대의 신찬 내용을 알 수 있는 자료로서 헤이안(平安) 시대 초기에 이루어진 『엔기시키(延喜式)』가 있다.

그 진기부(神祇部)의 제신제사(諸神諸社)의 기사(記事)에 신찬의 양상이 알려져 있는데, 권 제7 진기(神祇) 7에 기재된 다이조우사이(大嘗祭)의 신찬의 품목을 들면, 제주(神酒) 이외에 전복・오징어・말린 해삼・홍합・가다랑어・연어 등의 어류, 바닷말・다시마・청각채・김 등의 해초류, 배・귤・감・유자나무・밤 등의 과실류, 누에콩・대두・팥 등의 두류, 쯔끼모찌(餅)・히네리모찌(餅), 마가리모찌(餅)등의 떡 종류, 오코시고메(찹쌀로만든 밥풀과자)등이 보인다[14]. 이것들은 삶은 가다랑어(煮堅魚), 홍

13) 皇典講究所・全國神職會(교정) 1931 『校訂延喜式上卷』 臨川書店 p. 123에 의함.

14) 皇典講究所・全國神職會(교정) 1931 『校訂延喜式上卷』 臨川書店 p. 205에 의함.

합초간장(貽貝酢), 전복초간장(鰒酢)과 같이 삶든지 초간장으로 한 요리법이 있었다.

또한『엔기시키(延喜式)』의 권 제5 진기(神祇)5에 있는 사이구우(齋宮)의 신찬 품목을 보면 쌀·밤·백주·흑주 외에 조리용의 기름·전복·가다랑어·오징어·소라·연어·붕어 등의 어류가 있고, 거기에는 삶은 가다랑어·소금에 삶은 연어·장에 삶은 붕어 등의 요리가 있고, 말린 생강과 같은 일종의 기호품이라고도 불리는 것, 추자(모빌잣밤나무)·마름·연·말린 대추·생귤·말린감·귤 등 다채로운 과실류도 보인다[15].

이들은 고대에 있어서 신찬의 내용 중 하나의 기준이기는 하지만, 어디까지나 궁정사제(宮廷司祭)의 것이기 때문에 민간에 있어서 신찬이라는 것은 다소 그 느낌을 달리 봐야 하지 않을까. 그러나 궁정사제(宮廷司祭)의 신찬에 고정된 것에는 일반적으로 상당히 소중히 여겨져 왔던 것이 추정 관찰된다.『엔기시키(延喜式)』에서 보이는 것만으로도 오늘날의 상상을 초월하는 다채로운 품목이므로, 민간의 것과 총합하면 더 다채로울 것이다.

II. 오소메고쿠(御染御供)와 백미(百味, 여러 가지 진귀한 음식)의 온지키(御食)

나라(奈良)의 카스가타이샤(春日大社)의 와카미야(若宮) 제(祭)는 참으로 호화현란한 제례이다. 그 중심이 되는 것은 역시 신찬을 바치는 것이다. 그 신찬은「고식신찬(古式神饌)」으로 불리는 것으로 키키요우다테(桔梗立)·쇼노고한(小御飯)·다이노고항(大御飯)·이노온나(居御菜)·소메와케(染分)·오이노모노(追物)·모리모노(盛物)·카시(菓子)·욘쇼쿠(四色)·미 카(瓶)의 10종으로 각각 희게 칠한 에오시키(繪折敷, 문양 등을 그린 얇은 테를 두른 모난 나무 쟁반)에 보기 좋게 담아 칠기(折敷) 10대로 하여 물건을 바친다. 이중 소메와케(染分)·욘쇼쿠(四色)가 이른바「오소메고쿠(御染御供)」이지만, 고식신찬(古式神饌) 10종을 총칭하여「오소메고쿠(御染御供)」로 부르기도 한다(사진 1).

15) 皇典講究所·全國神職會(교정) 1931『校訂延喜式上卷』臨川書店 pp. 127-172에 의함.

<사진 1> 春日大社 春日若宮 온마쯔리 御染御供 1式
(山崎義洋씨 제공)

키키요우다테(桔梗立)는 도라지 색의 색지로 만든 꽃 모양이다. 원래 계절의 꽃을 바치는 것인데, 예전에 9월에 제사가 행하여졌을 때 그 계절의 꽃인 도라지를 바쳤지만, 후에 12월로 제사가 고정되었으므로 조화(造花)로 바뀌게 되었다고도 한다.

쇼노고함(小御飯)·다이노고항(大御飯)은 모두 밥이다. 이노온나(居御菜)는 순무·무·우엉·토란·연(藕)등의 채소와 토네기리라는 당과자(唐菓子). 청색·황색·적색 등 여러 가지 색으로 물들인(소메와케 : 染分) 쌀과 백색 그대로의 쌀인 4색을 원통형의 중심에 칸바이코(寒梅粉, 추위에 피는 매화꽃 가루)를 묻힌 것이다. 오이노모노(追物)는 이노온나(居御菜)와 같은 종류의 모리모노(盛物)이지만, 쌓는 방법이 다르다. 모리모노(盛物)는 검은콩·팥·대두·비자나무 열매를 여러 가지 색으로 물들여 같은 모양으로 만든 것(사진2). 카시(菓子)는 부토(餢飳, 부주)·밤·배·감·미쯔바이시(三梅枝)·밀감을 각각 겹쳐 쌓아 네모난 쟁반에 담은 것이며, 부토(餢飳)라고 하는 것은 채종유로 튀긴 경단이다. 사색(四色)은 물들인 재료를 한 가지 색으로 각각 한 그릇씩에 담아 4그릇으로 만든 것이다. 미카(瓶)는 술이다.

여기서 중요한 것은 「오소메고쿠(御染御供)라고」부르는 키키요우다테(桔梗立)·욘쇼쿠(四色)·소메와케(染分)의 의미이다. 색을 칠하여 염색한다는 것은 분명히 중국의 풍습이 도입된 것으로 소메와케(染分)랑 욘쇼쿠(四色)와 같이 원통형으로 조형한다는 것도 중국풍·대륙풍이다. 이것은 「백미(百味, 여러 가지 진귀한 음식)의 온지키(御食)」의 조형과도 같고, 또 한국 등의 여러 의례에서 보이는 공물과 공통되는 것이다. 또한 부토(餢飳, 부주)·마가리(糫餅 환병)·바이시(梅枝)는 당과자(唐菓子)로 불리는데 기름에 튀긴다는 방식은 일본재래의 방법에는 없고 이것도 중국의 영향을 받은 것이다. 이러한 대륙의 영향을 받고 있다고 생각되는 신찬은 우선 불교를 매개로 하여 수용된 흔적이 상당히 커 보인다.

사진 2 春日大社 春日若宮 온마쯔리 御染御供 染分(우) 盛物(좌) (山崎義洋씨 제공)

신찬의 착색과 쌓는 방법16)

시바타(柴田) 신찬의 염색이 4종류이었던 것은 의미가 있습니까? 오색, 칠색이라는 경우는 일본화한 경우라고 생각할 수 있습니까?

이와이(岩井) 물감에는 본래 5색이라는 감각이 있었다고 생각됩니다. 그것은 청색, 황색, 적색, 백색, 검은색의 5색으로, 이 색의 근본은 오행설로부터 온 것이라고 하고, 불교에서 눈·귀·코·혀·몸 혹은 신(信)·정진(精進)·염(念)·정(定)·혜(慧)를 나타내는 기본적인 색이라고도 합니다. 이중 검은색은 일본인이 꺼리어 피하는 색이므로 이것을 배제하고 4색으로 한 것은 아닐까 생각듭니다.

시마자키(島崎) 일본에는 치자나무랑 울금으로 물들인 황색 밥이 있습니다만, 중국과 관계가 있는 것입니까?

쿠마쿠라(熊倉) 일본의 물들인 밥은 운남(雲南) 부근의 인상과는 상당히 다릅니다. 일본에서는 물들이지 않는 것이 상식이고 염색도 연하다. 운남(雲南) 지방에

16) 熊倉功夫·石毛直道(편) 1988『外來の 食の文化』pp.90-93부터 발췌
柴田武(언어학) 島崎토미코(女子榮養大學·조리학) 熊倉功夫(筑波大學·일본문화사) 林左馬衛(宮內廳·문학) 佐原眞(奈良國立文化財硏究所·고고학) 奧村彪生(전통요리연구가·음식물사) 小林彰夫(오차노 女子大學·식품화학) 筑波常治(早稻田大學·농업사)

서는 일상적으로 물들이고 있어 이것이 강한 인상이 있었기 때문에.

하야시(林) 팥, 잇 꽃, 자소 등에 의한 붉은 염색은 돋보이게 함과 동시에 (국가) 권력의 과시에도 관련되었던 것입니까?

사하라(佐原) 팥은 적어도 야요이(弥生) 시대에는 재배하고 있었으므로 팥을 사용하여 식품을 염색 했을 가능성은 예전부터 있었다고 생각합니다.

오쿠무라(奥村) 팥이 들어간 붉은 밥이라고 하는 것은 카마쿠라(鎌倉) 시대입니다만, 후지와라쿄우(藤原京)의 못칸(木簡)에 삶은 명협(蓂)팥이 나오고 있으므로 붉은 국도 예로부터 이용되었다고 생각합니다. 매실이 자소로 물들였다는 기록은 저의 조사에 의하면 쿄토(京都)의 쇼코쿠지(相國寺)의 일기 『카쿠메이키(隔蓂記)』1661년 7월7일의 기사에 처음으로 나오고 있습니다만, 중국 문헌에는 그것보다 전에 보이므로 필시 중국 전래의 것이라고 생각됩니다.

이와이(岩井) 생활습관 속에서 일본인은 빨간색을 태양의 색, 불의 색으로서 대단히 중요시 해왔습니다. 태양의 색은 당연합니다만, 불은 화제가 없도록 비는 제사(火祭)로 상징되듯이 태우는 동작과 색과 음감이 일체가 되어 청정한 공간을 만들어 낸다는 의식이 있어, 식품 중에서도 경사스러운 날의 성스러운 것으로서 빨간색을 중시했다고 생각합니다.

오쿠무라(奥村) 일본요리의 담는 방법의 형식이랑 명칭은 신찬(神饌)에서 유래하는 것이 많다고 생각됩니다만.

이와이(岩井) 저는 신찬의 성립은 반드시 오래된 시대가 아니라 중세 말 정도라고 생각하고 있습니다. 카스가타이샤(春日大社)가 그렇고 촌락의 제사가 형성된 것도 그 무렵입니다. 담는 법의 체계화도 그 속에서 나온 것이라고 생각합니다만, 처음 신찬에 바친 것은 특별한 것이 아니라 일상생활 속에서 먹고 있는 그대로를, 신을 제사 지내는 의식(神事)에 가지고 들어 온 것으로, 신을 위해서 풍성하게 담았다기 보다 일상생활과의 일체화 속에서 행하여졌다고 생각합니다. 그것으로부터 이번에는 하나의 요리로서 체계화될 때 정리되는 경우도 있었을지도 모릅니다.

코바야시(小林) 신을 본 사람도 없고, 신이 무엇을 먹는지도 알 수 없으므로 결국 어떤 시기의 먹는 것이 되고, 식문화의 형식이 제공되었다고 생각됩니다. 그것에 대해 제례에는 신에게 바친 다음 상을 물리어 모두 함께 먹는다고 하는 형태가 있었다.

이와이(岩井) 사람들이 일상 먹고 있는 것을 경사스러운 날에 바치고, 그 후 신과 사람이 같이 먹는 것에 의해 인간이 재생하고 있으며, 이것이 「나오라이(直會:천지신명께 바치고 나서 그것을 먹는 의식)」인 것이지만, 그것이 점점 분리하여 그곳에 또 다른 요리가 제공되는 것도 있습니다만, 본래는 전부 일체의 것이었다고 알고 있습니다.

쯔쿠바(筑波) 1907년 내무성(內務省)이 신찬(神饌)을 통일할 때 쥬쿠센(熟饌, 숙찬)이 아니라 세이센(生饌, 생찬)으로 한 이유는 무엇입니까?

이와이(岩井) 쥬쿠센(熟饌, 숙찬)은 각자의 지역에 의한 독자적인 것으로 민중의 기호가 반영된 것입니다. 신사 통제 때에 칸코쿠헤이샤(官國幣社), 추우샤(中社)를 정해 신주를 관사(官吏)로 하여 국가의 관리하게 두었기 때문으로 그곳에 쥬쿠센(熟饌, 숙찬)을 허락하면 원래의 형식으로 되돌아갈 염려가 있다. 그래서 신은 세이센(生饌, 생찬), 즉 깨끗한 날것을 먹는다고 하는 것으로 통일하여 신과 인간과의 격리화를 꾀했다는 것입니다.

신찬(神饌) 중에 「백미(百味, 여러 가지 진귀한 음식)의 온지키(御食)」로 불리는 것이 있다. 그 대표적인 것으로 다이와토우노무네(大和多武峯)에 자리 잡아 앉은(鎭座) 탄잔진자(談山神社)의 카키츠사이(嘉吉祭)의 신찬이 있다. 카키츠사이(嘉吉祭)는 양력이 되고 나서는 10월11일에 행해지고 있지만, 예전에는 9월11일에 『토우노미네(多武峯) 연중 행사(年中行事)』의 9월 11일의 조(條)에,

> 御祭禮 四四法用 講演 神供 令人無樂 神馬十疋 細男 相撲
> 猿樂等樣樣 神拜 檢校三綱出仕等 在之 皆出[17]

그 성대함을 전하고 있지만, 이 속에 있는 「진쿠(神供,신 앞에 올리는 공양물)」가 「햐쿠미노 온지키(百味의 御食)」이다. 오늘날 조제되고 있는 그 내용은 아래와 같이 된다.

1. 무쿠닌(無垢人) 키 40cm 정도의 조우에(淨衣, 신을 제사 지낼 때 착용하는 윗옷) 모습의 인형으로 세이노오(細男)로 불리는 선도자의 의미를 갖는다. 원래는 왼쪽(左方)·오른쪽(右方)의 2벌이었다.
2. 케이토우게(鷄頭花) 한 쌍
3. 국화 한 그릇(一盛)
4. 교하이(御盃 : 잔)

17) 談山神社(편) 1929 『談山神社文書』 名著出版 p.40으로부터

5. 우사키(御酒 : 술)
6. 미하시(御箸 : 저)
7. 니기시네(和稻) 4대(台). 백미 낟알을 빨강・파랑・노랑으로 물들여 말리고, 중심에 높이 15cm 정도의 나무 봉을 세우고, 그 주위에 칸바이코(寒梅粉, 추위에 피는 매화 가루)를 갠 풀로 한 바퀴에 40립 또는 52립 나열해 가마니 쌓는 상태로 마무리한다. 한 받침대에 약 3000립을 한 줄 한 줄 풀로 붙여 이미바시 (忌箸)로 눌러 간다. 그 끝에는 작은 당근과 빨갛고 파란 고추 아제마메(畦豆, 밭의 이랑에 심는 대두)가 설치된다(사진3).
8. 아라시네(荒稻) 흰 이삭(百穗) 1대와 검은 이삭 1대. 흰 이삭은 멥쌀(粳)의 까락(까끄라기)이 붙은 상태로, 니키시네(和稻)와 마찬가지로 이삭 끝을 가지런히 하여 상부로부터 골풀막대(芯棒)에 붙여서 가마니 쌓는 상태로 한다. 하부에는 비자나무의 열매를 붙이고, 상부에 호오즈키(鬼燈) 한 개를 얹는다. 검은 이삭은 찰벼(糯米)의 까락이 붙은 상태로 흰 이삭과 마찬가지로 만드는데, 하부에는 은행을 3단으로 붙이고, 위에는 호오즈키(鬼燈)를 한 개 얹는다. 이 거친 이삭(荒穗)은 까락이 전면에 나있기 때문에 일반적으로 「케고쿠(毛御供)」로 불린다(사진4).
9. 밤(栗) 생밤 7홉을 하부가 원통형으로 상부가 부풀어 밖으로 나온 상태로 쌓는다. 머리 꼭대기 부분에 미야마시키미(深山樒, 일본황산계수나무)의 붉은 열매를 둥글게 나열하고, 그 선단에 고추를 얹는다.
10. 무카고(零餘子) 참마 잎의 밑동 부근에 생기는 주아로 밤과 마찬가지의 모양으로 쌓고, 선단에 양하(茗荷)를 얹는다(사진 5).
11. 떡갈나무(櫧子) 떡갈나무 열매를 밤과 마찬가지로 담고, 선단에 고추를 얹는다.
12. 비자나무(榧子) 비자나무 열매의 선단을 외측으로 하여 밤과 마찬가지로 담고, 상부에 미야마시키미(深山樒, 일본황산계수나무)를 배치하고. 그 중심에 가지를 꽂는다.
13. 마메자야(豆莢) 아제마메(畦豆, 밭의 이랑에 심는 대두)의 꼬투리에 2개 들어간 것을 150개, 3개 들어간 것을 50개 준비하여, 2개 들어간 마메자야(豆莢)로 하부의 원통형 부분을, 3개 들어간 마메자야(豆莢)로 상부의 부풀어 밖으로 나 온 지붕과 같은 부분을 쌓아 올리고, 상부 중앙에 미야마시키미(深山樒, 일본황 산계수나무) 열매를 배치하고, 선단에 고추를 얹는다.
14. 배(梨子) 배를 쌓고, 선단에 동부(大角豆)를 얹는다.
15. 감(柿子) 신타라 감 7홉을 준비하여 밤과 마찬가지 모양을 만들고, 선단에 당근을 꽂는다.

<사진 3> 談山神社嘉吉祭 百味御食 和稲
(山崎義洋씨 제공)

<사진 4> 談山神社嘉吉祭 百味御食 荒稲의 白穗・黑穗 (山崎義洋씨 제공)

16. 은행(銀杏) 은행 7홉을 마찬가지 모양으로 하여 상부에 미야마시키미(深山樒, 일본황산계수나무) 열매를 배치하고, 선단에 고추를 얹는다.
17. 밀감(柑子) 귤 30개를 쌓고, 상부에 미야마시키미(深山樒, 일본황산계수나무) 열매를 나열하고 선단에 고추를 꽂는다.
18. 대추(棗) 대추 7홉을 쌓고, 선단에 양하 잎을 꽂는다.
19. 카가미모치(鏡餅)
20. 쿠라모치(倉餠) 찰벼(糯米) 2되를 찧어서 4각(角)을 없애고 표면을 5색으로 물들이고, 이것을 상자에 넣는다.
21. 이고쿠(飯御供) 백미 5되를 쪄서 길이 40cm 정도의 가늘고 긴 나무 상자에 넣어 네 귀퉁이에 청죽(靑竹)을 반으로 가른 것을 첨가해 새 볏짚 5 다발(新藁五把)로 포장한다.
22. 바닷물고기(海魚), 도미(鯛)
23. 냇물고기(川魚)・잉어(鯉)
24. 바닷말(海菜)・다시마・김

<사진 5> 談山神社嘉吉祭 百味御食
零餘子 (山崎義洋씨 제공)

25. 채소(野菜)・즈이키(柴芋梗, 토란줄기)・사토이모(芋子, 토란)・다이콘(萊菔, 무)・닌진(胡蘿蔔, 당근)・고보우(牛蒡, 우엉)등 때에 따라 다르다.
26. 과일(果物) 배(梨子)・능금(林檎)・고구마(甘藷)
27. 소금물(鹽水)
28. 카에데(楓枝, 단풍나무)의 붉게 물든 가지와 푸른 잎의 가지를 교차로 4개 세우고 모든 가지에 여러 개의 붉고 푸른 부채(團扇)를 늘어뜨린다. 이것은 단풍나무의 과실을 모양화한 것.

이중 과일은 특수한 세이고쿠(盛御供)이지만 해에 따라서 약간 종류도 다르고, 나무의 과실도 킨칸(包橘)・호우즈키(酸漿, 꽈리)등이 더해지는 일도 있다.

<사진 6> 談山神社嘉吉祭 百味御食一式 (山崎義洋씨 제공)

고대에 기준으로 삼고 따른 사양(仕樣)으로 조제된 채색 풍요로운 신찬일식.
지금은 10월 제례 시기에 갖추어질 뿐의 종류로 28종류이지만, 예전에는 100종 이상 조제하여 바쳐졌다.

「하쿠미노 온시키(百味의御食)」는 1441년에 일시 병화를 피해 타치바나데라(橘寺)로 천좌(遷座)해 있던 신령(神靈)이 귀좌(歸座)했을 때 한 절의 승려・마을 사람이 산촌에 있는 토우노미네(多武峯)의 가을 수확물을 다듬어 바쳤다고 한다. 따라서 그 시대의 그 땅에 있어서 음식물의 전부라고 할 수 있다. 메이지(明治) 유신 전에는 1조(組) 50대이고, 100대 헌진(獻進)했다고 한다. 봄에는 나무의 순・죽순(筍子)・독활(옛 두릅)을 채취하여 소금으로 데쳐 보존하고, 여름에는 박오가리(干瓢)를 말려서 남기고, 겨울에는 두부를 얼리든지・곤약・한천을 만들고, 가을에는 콩이랑 과일 등 계절의 물건을 여러 가지 모아, 연간을 통해 신찬(神饌)의 재료를 골고루 모아 그것은 120종류나 이른다고 한다. 현재는 10월에 고루 갖추는 것에 한정되므로 숫자가 적어지게 된 것이다.

이러한 「하쿠미노 온시키(百味의御食)」는 자세한 경위를 보면 가는 곳마다 있고, 니우카와카미시모샤(丹生川上下社)의 가을 제례, 우지시라가와(宇治白川) 하쿠산진자(白山神社)의 가을 제례, 야마시로초(山城町) 히라오(平尾) 와키데노미야(誦出宮)의 가을 제레, 타나베초(田辺町) 야마모토(山本)의 사토우진자(佐東神社)의 가을 제례에도 각각 독특한 신찬(神饌)이 올려진다.

그런데 이 「하쿠미노 온시키(百味의御食)」라는 것은 본래 신에게 바치는 신찬(神饌)이 아니라 불공이었다고 생각된다. 『붓세츠무료우주쿄우(佛說無量壽經』권 상에 「햐쿠미노 온지키(百味의飲食), 자연에 영만(盈滿)했다[18]」고 하고, 『뵤우도쿄우(平等覺經)』랑 『다이아미다쿄우(大阿弥陀經)』『봄모우쿄우(梵網經)』등에도 이 말이 인정되고, 대법회 때에 불전에 바치는 여러 가지 공물을 가리키고 있다. 또 1765년의 『신슈우코지츠덴라이쇼우(眞宗故實伝來鈔)』의 잡취문답(雜聚問答)에서는 「御葬送砌, 御葬場幷御中陰所 二百 具 御盛物 있음[19]」으로 하여, 이것은 여러 종파 통상의 격식으로, 한 종파(宗)의 일에 그치지 않고, 또 다른 사람의 사후 49일간 사이에 하쿠미(百味) 등의 공물을 사용하는 것을 기록하고 있다. 그 외에 일반적으로 불교의 백중맞이(盂蘭盆)에서는 한여름 구순의 하안거(夏安居, 승려가 음력 4월 16일부터 7월 15일까지 90일간 한 군데 틀어박혀 수행하는 일)가 끝난 소우지시(僧自恣)의 날, 즉 부레이코우(無禮講, 신분 지위를 무시하고 하는 연회)의 날에 「하쿠미노 온시키(百味의御食)」를 갖고 중승(衆僧)을 공양하는 풍습이 있었다.

이 하쿠미(百味)라고 하는 것은 원래 백 가지 종류라는 것이 아니라, 사람이 신불(神佛)에 공물을 바치는 「호구」가 즉 하쿠미(百味)이었다. 이 「호구」는 「호카히[20]」와 같다. 「호카히」도 신불(神佛)에 대한 공물로 이것을 넣는 용기가 「호카이(行器)」이다. 오늘날 민간에서는 백중맞이에 쇼료다나(精靈棚, 선조의 정령을 맞이하기 위해 준비하는 선반)에 바치는 공물을 호카히라고 하는 곳이 있고, 이 호카히를 하쿠미(百味)로 부르는 지방도 있다. 요컨대 「하쿠미노 온지키(百味의御食)」라는 것은 불교적 색채가 아주 농후한 공물이었다.

사실 오늘 날에도 사원에 있어서 「하쿠미노 온지키(百味의御食)」가 조달되는 곳이

18) 椎尾弁國・蓮澤成淳(역) 1932 『國譯一切經』 宝積部七, 大東出版社 p.29

19) 千葉乘隆(편) 1976 『眞宗史料集成』 제 9권 同朋舍 p.664

20) 예전에는 호카히라고 하고, 호카이로 변화하고 있다.

가는 곳마다 눈에 띈다.

그래서 생각되는 것은 헤이안(平安) 시대(794~1185) 말기 이후 농후하게 게다가 넓은 지역에 퍼진 신불습합(神佛習合)의 풍조이다. 그리하여 진자(神社)에는 구우지(宮寺)가 설치되고, 또 사원에는 친주가미(鎭守神, 특정의 건조물이랑 일정 구역의 토지를 수호하기 위해 비는 신)가 신령의 영을 청하여 맞이하기도 하고, 사원과 진자(神社)가 일체가 되어 경영되었다. 예를 들면 카스가타이샤(春日大社)도 코후쿠지(興福寺)도 일체가 되어 운영되고, 탄잔진자(談山神社)도 원래 토우노미네지(多武峯寺)와 일체의 것이었다. 그것이 메이지(明治) 유신의 신불 분리에 의해 카스가타이샤(春日大社)도 명확하게 독립하고, 또 탄잔진자(談山神社)도 성립하여 제례도 신찬(神饌)도 그대로 이어받았던 것이다. 따라서 예전에 신불 일체가 되어 운영되었던 타이샤(大社)의 신찬에 있어서는 불공의 영향을 많이 받고 있는 것도 적지 않다고 생각된다.

또한 말할 수 있는 것은 불공이 또 중국이랑 한반도의 영향을 받고 있는 것도 관찰된다. 불교는 중국으로부터 한반도를 거쳐 일본에 도래한 것으로 많은 문물이 그러한 것처럼 불공의 내용이랑 그 방식등도 한반도랑 중국에 그 원류를 찾을 수 있다고 생각된다. 사실 오늘날에도 한국의 탄생 축하나 혼례에 혹은 환갑 등의 연축(年祝, 장수를 빌며 앞으로도 건강하게 지내기를 바라는 행사)에는 원통형에 조형된 여러 가지 식료(食料)가 공진(供進)되고, 그 축제 공간을 꾸미고 있다. 그 정경은 정말로 불공이랑 신찬(神饌)의 높이 쌓은 조형과 아주 같다.

III. 당과자(唐菓子)

신찬(神饌)에 기름으로 튀긴 것이 있는 것도 주목된다. 기름은 예로부터 참깨・비자나무・호두 등으로부터 취하고 있지만, 기름에 볶거나 기름에 튀기는 것은 일본 재래의 방법이 아니고, 중국의 영향을 받았던 것이다. 그 때문에 쌀가루를 반죽하여 둥글게 하든지 여러 가지로 조형한 것을 당과자(唐菓子)라고 부른다.

이것들은 기름으로 튀기는 일이 많고, 그 중에 「부토(餢飳, 부주)」「마가리(糫餅, 환병)」「바이시(梅枝)」로 불리는 것이 있다. 쌀가루를 둥글게 경단으로 한 것의 맨 가운데를 손가락으로 누르면 배꼽 구멍과 같이 움푹 들어간다. 이것을 「헤초코단고(臍団子)」라고 하는데, 여기저기 신찬(神饌)에서 보이지만, 그것을 현재의 만두 모양과 같이 반원형으로 한 것을 부토(餢飳, 부주), 끈(紐) 모양으로 하여 고리 모양으로 한 것을 마가리(糫餅 환병)라고 하고, 가늘고 길게 한 것을 바이시(梅枝)라고 한다. 바이시(梅枝)는 원래는 3개의 가지가 나온 것과 같은 4지동물(tetrapod) 모양으로 만들었으므로 미츠바이시(三梅枝)로 쓰는 경우도 있다.

나라(奈良) 카스가타이샤(春日大社)에서는 앞에서 예를 든 와카미야온마츠리(若宮온祭) 의 신찬(神饌) 외에 사이탄사이(歲旦祭)의 신찬,(神饌) 카스가마츠리(春日祭)의 미토비라키야쿠사노(御戶開八種)의 신찬(神饌), 부토(餢飳, 부주)・마가리(糫餅 환병)・바이시(梅枝)가 오카시(御菓子)로서 조제되지만, 변화된 모양을 하고 있는데 더하여 종류도 많다. 카스가마츠리(春日祭) 신찬(神饌)의 부토(餢飳, 부주)는 보통의 만두 모양이지만, 마가리(糫餅 환병)는 고환(高糫)이라고 하여 편평하지 않고, 두꺼운 경단이 되고 있고, 오목한 곳이 많이 있다. 바이시(梅枝)는 미츠바이시(三梅枝)라고 하여 세 가닥(叉)으로 된 것과 후타츠바이시(二梅枝)라고 하여 봉 모양이 있는데, 후타츠바이시(二梅枝) 쪽을 특히 자쿠로(柘榴)로 부르고 있다. 와카미야온마츠리(若宮온祭)의 경우는 부토(餢飳, 부주)에 2종류가 있고, 보통의 부토(餢飳, 부주)와 키쿠부토(菊餢飳)로 칭하여 국화 꽃 모양으로 된 편평한 원모양의 것이 있다. 바이시(梅枝)는 미츠바이시(三梅枝)뿐이다(사진7).

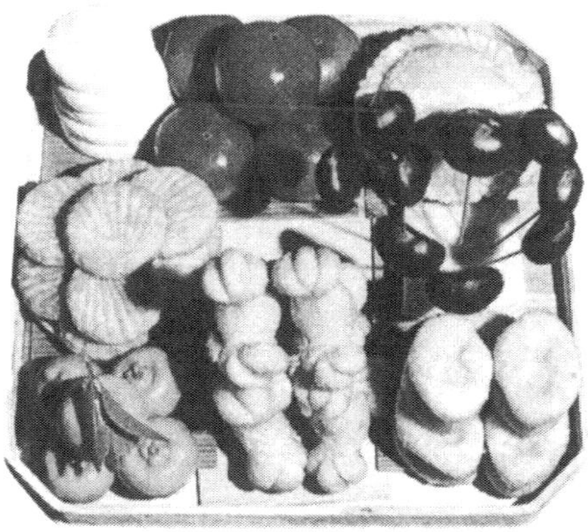

<사진 7> 春日大社春日若宮온祭 御染御供
菓子(餢飳・栗・高糫・柿・三梅枝・餅・菊餢飳・柑子) (山崎義洋씨 제공)

가모마츠리(加茂祭), 이른바 쿄토(京都)의 아오이마츠리(葵祭)의 신찬(神饌)의 초헌(初獻, 첫 번째로 술잔을 신위에 올림) 때도 부토(餢飳, 부주)와 마가리(糫餅 환병)가 조제된다. 부토(餢飳, 부주)는 보릿가루 7, 쌀가루 3의 비율로 물로 반죽하고, 속에는 대두 가루의 반죽한 것을 끼워 두 개로 구부리고, 참기름으로 튀긴 것이다. 마가리(糫餅, 환병)는 보릿가루를 반죽하여 실 모양으로 하고, 고리로 하여 3개로 구부려 접어 참기름으로 튀긴 것이다. 이러한 부토(餢飳, 부주)와 마가리(糫餅, 환병)라고 하는 토우가시(唐菓子) 신찬(神饌)에 관해서는 『와묘우루이주쇼우(和名類聚抄)』에도 보이고 있는데,

餢飳　蔣魴切韻云, 餢飳 (部斗二音, 字亦作二䴺䴸一 和名布止, 俗云伏兎) 油煎餅名也

糫餅　文選云, 膏糫, 糫粔籹 (糫音還粔 粒見二下文一) 揚子漢語抄云, 糫餅 (形如二藤葛一者也 和名萬加利)

로 설명하고 있으며, 『신토우묘우모쿠루이주우쇼우(神道名目類聚抄』 三은
부토(餢飳, 부주)와 마가리(糫餅, 환병) 쌀가루 認, 御菜, 과일 등과 같고 御膳 二 附[21])로
부토(餢飳, 부주)와 마가리(糫餅, 환병)의 용도를 설명하고 있으므로, 이미 헤이안(平安) 시대(794~1185)에는 기름에 튀기는 방법이 존재했다는 것은 명확하다. 근세의 자료이지만, 『타가진자(多賀神社) 연중 행사(年中行事)』『카모샤(鴨社) 연중 행사』『니이타온신사이(熟田御神祭) 연중 행사』에도 신찬으로서 부토(餢飳, 부주)와 마가리(糫餅, 환병)를 바쳤다는 것이 기록되고 있다. 그 외에 분고이치(豊後一)의 유스하라하치만구우(宮柞原八幡宮), 부슈이치(武州一)의 히카와진자(宮氷川神社), 시즈오카(靜岡)의 오구니진자(小國神社)랑 키온샤(祇園社), 키후네샤(貴船社), 니우츠히메진자(丹生津比賣神社), 토우쇼다이곤겐(東照大權現) 등에도 그러한 신찬(神饌)이 바쳐졌다는 것이 문헌 기록에 보인다.

이러한 타이샤(大社)랑 저명(著名)한 신사(神社) 뿐만 아니라 지방의 신사(神社)에도 많은 예가 보이고, 또 그 형상도 조금씩 다르다. 오카야마(岡山)현 아카이와군(赤磐郡) 타카츠키무라(高月村) 무사(牟佐)의 코우사이진자(高歲神社)의 제례에는 마가리(糫餅, 환병) 460을 75 선(膳)으로 나누어 바치고 있다. 오사카부(大阪府) 야요시(八尾市)의 온지진자(恩智神社)의 고쿠쇼(御供所) 신에게 제사지내는 의식(神事)에는 쌀가루를 뜨거운 물로 반죽하여 원형으로 펼치고, 속에 삶은 대두를 넣어 싸서, 기름으로 튀긴 것을 「오오부토」로 부르는데, 둥글게 가늘고 긴 모양으로, 양측과 윗면에 손가락 끝으로 다섯 개씩 움푹 파이게 한 것을 「마가리」라고 한다. 이것들은 조합하면 인형(人形)이 되지만, 부토(餢飳, 부주)와 마가리(糫餅 환병)는 여러 가지 모양으로 조형되었다.

---

21) 佐伯有義(교정) 1934 『神道名目類聚抄』 大岡山書店 p.87

프토22)

코자키(小崎) 필리핀에서는 프토라고 하는 「시토기(쌀가루를 반죽하여 달걀 모양으로 굳힌 떡)」를 발효 후 쪄서 빵으로 하여 먹고 있는데, 카스가타이샤(春日大社)의 부토(餢飳, 부주)와 관계가 있습니까?

이와이(岩井) 부토(餢飳, 부주)는 카스가타이샤(春日大社)를 비롯하여 각 지역의 진자(神社)에서 신에게 제사지내는 의식에 만들어져 예상 외로 넓게 산촌에도 들어와 있고, 산신의 제사에도 만들어지고 있습니다. 쌀가루를 반죽하여 찌고 그것을 기름으로 튀기는 것이 지금 일본에서 일반적으로 행해지고 있는 방법입니다. 오늘날 일반적으로 부토만쥬(餢飳饅頭)라는 것은 속에 팥소를 넣습니다.

이시게(石毛) 부토(餢飳, 부주)와 타갈로그어 프토와의 관계입니다. 타나카(田中) 선생님, 부토(餢飳, 부주)를 중국어로 발음하면......

타나카(田中) 역시 프토로 발음한다고 생각합니다. 부토(餢飳, 부주)와 환(糫)은 양쪽 모두 『제민요술(齊民要術)』에 나와 있습니다만, 부토(餢飳, 부주)는 가루를 반죽하여 발효시켜 기름에 튀겨서 만들었던 것입니다. 쌀가루라고도 밀가루라고도 쓰여 있지 않습니다. 발효하여 부풀어져 있으므로 밀가루라고 생각됩니다. 일본의 『와묘우루이주우쇼우(和名類聚抄)』에 부토(餢飳, 부주)로서 나옵니다. 양쪽 책에서는 아래의 글자가 餢와 飳로 다르지만, 양쪽 모두 중국 발음은 프와 토우, 일본 발음은 호우토우로 아주 같은 발음입니다.

오우미(近江)의 산속 마을에서도 신에게 제사지내는 의식에 부토(餢飳, 부주)와 마가리(糫餅, 환병)와 유사한 것이 만들어진다. 시가(滋賀)현 칸사키군(神崎郡) 에이겐지초우(永源寺町) 키와다(黄和田)의 케이미야(敬宮)의 신찬(神饌)은 쌀가루를 반죽하여 삶고, 그것을 여러 가지 모양으로 하여 기름에 튀긴다. 토요도리・호시즈나(星砂)・거북・멧돼지・원숭이・시나노이누・토끼 등 여러 가지이지만, 이것도 그 근본은 카스가(春日)의 키쿠부토(菊餢飳) 등 변한 조형이 있는 바와 같이 부토(餢飳, 부주)와 마가리(糫餅, 환병)는 같은 것이다. 『기온샤(祇園社) 연중 행사』에 의하면 기온샤(祇

22) 熊倉功夫・石毛直道(편) 1988 『外來の食の文化』 p.94로부터 발췌.
小崎道雄(東京農業대학・발효학) 石毛直道(국립민족학박물관・문화인류학) 田中靜一(중국연구소・음식물사)

園社)의 오오가시라신사(大頭神社)에는 꽃이랑 물고기랑 여러 가지 그릇 모양으로도 했다고 한다. 요컨대 그 토지의 신에 대한 신앙에 의하여 각각 특수한 것들이 만들어지고, 거기에 또 의미가 있었던 것이다.

이러한 기름으로 튀긴 것을 신찬(神饌)으로 하는 것은 언뜻 보기에는 어울리지 않는 것으로 보이지만, 사람들이 좋아하며 먹었던 것을 신찬(神饌)으로서 신에게 바쳤다는 참뜻으로부터 말하면, 그것은 당연한 일이었다. 그러나 이것들은 대륙으로부터 도래된 방법이지만, 신찬(神饌)에 사용되어 상당히 넓은 범위에 걸쳐 끊이지 아니하고 끝없이 오늘날에 전해져 온 것에 주목하였으면 한다. 오늘날 부토(餢飳, 부주)와 마가리(糫餅, 환병)라고 하면 부토만쥬(餢飳饅頭)로서 나라(奈良)의 읍내에서 팔려, 일반에게 알려졌을 뿐이지만, 신찬(神饌)을 보면 예전에 어떻게 식료(食料)로서 사용되었는가를 알 수가 있다.

【문헌】

(1) 岩井宏實 (編) 1981『神饌 － 神と人との饗宴』同朋舍 出版
(2) 西牟田崇生 (編) 1998「明治8年の式部寮『神社祭式』の制定と神饌の取り扱い」『儀禮文化』24号 : 82-98 儀禮文化學會
(3) 主婦の友社 (編) 1977『定本日本料理　・　様式』主婦の友社
(4) 主婦の友社 (編편) 1980『日本料理歲時大觀』主婦の友社
(5) 田中宣一 1985「神饌にみる主神と他の神神」『儀禮文化』7号 : 34-41 儀禮文化學會
(6) 柳原敏雄 1985「賀茂祭神饌考」『儀禮文化』7号 : 42-50 儀禮文化學會

제3장 정진(精進) 요리와 일본의 식생활

하라다 노부오(原田信男)

I. 정진이라는 단어

일본요리의 체계화는 고대 율령국가의 성립기에 시작하여 궁내성 내에 내선사(內膳司)와 대선직(大膳職) 등이 설치되어, 그 내실은 헤이안(平安)기에 정돈되었던 것으로 생각된다. 그 후 중세를 경과하여 일본적인 식생활의 원형의 형태가 만들어지고 여러 가지의 요리류가 실정기(室町期)에 성립하여 완성의 지점에 도달하게 되었다. 물론 시대에 따라 요리의 형식도 변하지만 중세에 있어서 요리 양식으로서 본선요리와 회석요리와 더불어 정진요리라고 하는 범주가 존재하고 있었다. 정진요리라고 하는 성어(成語)는 근세에 들어와서이지만, 분명하게 정진요리가 하나의 체계를 갖추고 있는 것에는 의심은 없다. 중세에 성립한 정진요리는 불교와 깊게 관련된 것으로 극히 외래성이 강하나 이것은 일본의 요리사 더 나아가서는 식생활사에 어떠한 위치를 점하고 있는가를 생각해 보고자 한다.

우선 "정진(精進)"이라고 하는 단어의 확인부터 시작하자. 에도 중기에 가능한 본격적인 사서(辭書)인 다니가와(谷川士清)의 『왜훈간(倭訓栞)[23]』에 「채소, 해초의 종류를 정진물(精進物)이라고 하는 것은 옛날 말--- 정진의 단어는 원래 미식(美食)하지

23) 『왜훈간(倭訓栞)』 伊勢國洞의 津의 사람, 谷川士清에 의한 국어사전. 安永6년(1777)부터 100여년 걸려서 간행. 井上頼圀他 증보(增補) 황전강연소(皇典講硏所), 메이지31년(1898) 명저 간행회 (名著 刊行會) 1973년 복각(復刻)

않을 것, 지금 어육을 먹는 것은 부처의 뜻이 되어」라고 하는 것 같이 정진이라고 하는 단어자체는 본래는 음식물을 가르키는 것이 아니고, 주지하는 바와 같이 불교와 관련하여 이해해야 한다. 그러면 실제로 중세에는 정진이라고 하는 단어는 어떻게 사용하고 있었을가?

같은 17세기의 사전에 있는 『일포(日葡) 사전24)』에 의하면 정진이라는 단어는 두 가지로 게재하여 발음이 미묘하게 차이가 있다. xqji(샤우지)의 설명에는 「곡물과 채소로 지은 식사」라고 하고 xqjin(샤우진)쪽은 「생선과 고기를 먹지 않고, 부부가 하는, 기타의 의식과 책무를 모두 금하고 몸을 청정하게 하는 것」이라 하여 양자는 명확히 구별되어 있다는 것을 알 수 있다. 아마 식물로서 xqji는 여기에 물(物)이 쓰이고 『왜훈간(倭訓栞)[*1]』에 있는 것 같은 「쇼우지모노」라고 하는 숙어에도 사용하고 있으나, 원래는 불교의 교의(教義)상의 xqjin에서 나온 것이기 때문에 정진결제(潔齊)의 단어로서 몸을 청정하게 하기 위하여 어육을 멀리하라는 의미로 우선 억눌러 놓을 필요가 있겠지요.

그러면 다음에 정진의 단어가 어떠한 형태로 중세 사료(史料)상에 나타난 것인가를 보자. 『침초자(枕草子)25)』의 「생각에 아이를 법사로 되게 하는 것은 애처롭다」라고 하는 1절에 「정진물(精進物)의 매우 변변치 못한 음식을 우리에게」라는 사례(事例)가 알려지고 있으나 어디까지나(끝까지) 법사, 즉 스님의 음식으로서 정진물(精進物)이 제공되고 있었다는 것이 중요하겠지요. 또한 『조야군재(朝野群載)26)』 공경가부(公卿家部)에 수록되어 있었던 다이지(大治)2년(1127)의 어제회가공송문(御齊會加供送文)에도 정진물(精進物)로서 해초와 곡물, 야채 등이 올려져있다. 이 어제회(御齊會)는 정월 8일부터 7일간 궁중에 스님들을 소집하여 제식을 설치하고 국가안녕・5곡풍요의 기원을 하는 법회로서 연중 행사화한 국가의 중요한 법사이기 때문에 이 행사에는 정진물(精進物)이 사용되었던 것이다.

어쨌든간에 모두 11~12세기에는 생선, 고기를 포함하지 않은 음식을 정진물로 칭하고 있었다는 것이 명확히 밝혀져 이 두 개의 예가 다 같이 불교와 관계가 있는 점에 유의하여야 할 것이다. 즉 정진요리라고 하는 양식(様式)이, 본래 일상식은 아니고, 불교와의 관계에서 형성되어온 식사의 형식이었다는 것을 확인하여 보고자 한다.

---

24) 『일포(日葡)사전』 게이죠(慶長) 8년(1603) 나가사키의 이애즈스회 고레지오 내에서 인쇄되었던 일본어・포르투갈어 사전. 도이((土井忠生) 他 (편역) 암파서점, 1980,

25) 『침초자(枕草子』 이께다(池田龜鑑) 他 「校注」 『枕草子・紫式部日記』 암파서점, 일본고전문학대계 1958년.

26) 『조야군재(朝野群載)』 三善爲康 (편) 헤이안 시대의 시문(詩文), 조칙(詔勅), 선명(宣命), 대책(對策), 첩서(牒書), 공문(公文), 이첩(吏牒)을 종류별로 편집한 것. 고쿠반(黑板勝美) (편) 吉川弘文館, 新訂增補國史大系(보급판)

「정진(精進)」의 해석27)

히라다(平田) 『침초자(枕草子』의 사우사(寺)의 조목(粗木)은 문맥(文脈)상 조식(粗食)이라는 뜻입니다만 거칠 조라는 뜻으로부터 정진물도 생각하는 것이기 때문에 「정진물(精進物)」이라는 단어 자체에 전부 「미물(美物)」의 반대어 「매우 변변치 못한 음식」라고 하는 관념이 포함되어 있다고 저는 해석하지 않습니다만.

하라다(原田) 마치 가마쿠라(鎌倉)기를 경계로 하여 나누지 않으면 안 되는 것 같이 생각합니다만『침초자(枕草子』의 시대에는 정진요리 자체가 「매우 변변치 못한 음식」인 것처럼 보이기 때문이 아닌가 하고 생각하고 있습니다. 정진결제(潔齊)에 철저하다라고 하는 것 같이 말합니다. 정진이라는 단어는 결국 「미물(美物)」의 반대어라고 생각하여도 좋다고 생각합니다.

오오츠카(大塚) 정진한다는 것과 정진요리와는 조금 다르다고 생각합니다.『침초자(枕草子)』 자체에도 정진(사우지)하고 있음으로 해서 여성의 피부가 윤이 나고 싱싱하다라고 하는 사람도 있고 어느 남자가 얼굴이 야위어 있다고 하는 표현을 하는 사람도 있어 영양면에 대해서 두 가지의 양상으로 취급한 것 같습니다.

하라다(原田) 대개 귀족 사회 내에서 정진을 행하지 않으면 안 되는 직종이란 상당한 기간 동안 엄격하게 생선 맛까지도 멀리한다고 하는 일이 행하여져서 이것은 「정진을 한다」는 것을 의미합니다. 정진요리라고 하는 단어는 근세가 되어서 사용되었으나 중세를 지나서는 육식 자체가 하나의 범죄로 불교에서는 살생계의 의미가 있어 더욱이 신도(神道)에서는 「부정(꺼림)」의 문제도 포함해 네 다리 짐승뿐만 아니라 어육까지 멀리하는 사회적 문화적 경향이 있었다고 생각된다. 그 결과 그것에 대응하는 요리 기술이 깊어짐에 따라 종교를 초월하는 하나의 사회적가치관이 되어 식문화와 미각 등이 결정된다고 하는 일본 독자의 발전과정이 있었다고 생각합니다.

---

27) 熊倉功夫・石毛直道 (編) 1988『외래의 식의 문화』pp.98-99에서 발췌
平田萬里遠(東京慈惠會醫科大學・歷史) 大塚滋 (武庫川여자대학 식문화론)

II. 동아시아의 정진요리

정진요리가 불교와 관련하여 형성된 것이기 때문에 그 원류는 한반도와 중국에서 구하게 된다. 일본의 불교는 6세기 반경에 백제를 경유하여 전하여졌으나 그 한반도에서는 4세기 후반 삼국 시대에 고구려로 들어왔다. 얼마 안 있어 통일신라에서 불교가 성하게 되고, 고려 시대에 호국진호(胡國鎭護)의 법으로서 사회 전체에 침투하였으나 이조 시대에는 유교가 중요하게 되어 숭유배불의 풍조가 높아졌기 때문에 사원(절)은 일반사회에서 떨어져서 산속에 지어지고 승려들은 특수한 집단으로 보게 되었다.

이것 때문에 차 마시는 풍습도 일반에게는 뿌리내리지 않고, 승려의 정진요리도 소멸하여 버린 것은 아니지만, 독자적인 발달을 성취하였다고 평가할 수는 없다. 그러나 오늘날에도 불교식의 식사를 행하는 경우에는 어육은 물론 마늘, 파류를 사용하지 않고, 참깨, 식물유를 많이 사용하고, 콩으로 만든 두부와 된장을 사용하는 정진요리가 있다(6). 한반도에서는 일본과 거의 같은 양상으로 불교가 수용되어 이것과 더불어 정진요리도 전하여졌으나, 도중에 불교가 정책적으로 배제되고, 거란과 몽고 등과 관련되어 육식 문화가 침투하였기 때문에 그 후에 전개가 달라지고, 정진요리가 주요한 요리 체계의 하나로서 위치를 갖지는 못했다고 생각된다.

한반도와 일본으로 불교 전래의 거점이 된 중국에서는 불살생계(不殺生戒)의 5계(戒)를 필두로 하는 교의(敎義)를 고수하여 육식을 금하는 채식을 철저히 하는 식문화가 불교계에 생겨났다. 5세기 초두에 중국에 전하여진 『대반열반경(大般涅槃經)[28]』이 육식의 전면 금지를 설(說)한 최초의 교전(敎典)으로 되어 똑같이 엄한 교의를 갖고 있는 『범강경(梵網經)[29]』은 중국 찬술(撰述)로도 말하여지고 있으나, 어느 쪽이든 이들을 기반으로 채식주의가 널리 퍼졌다. 더욱이 518년경에 양(梁)의 무제(武帝)가 승려의 전면적인 육식 금지를 제창하고 불교도에 대하여 불교적 윤리적 실천이 정치적으로 요청되었다(9). 그러나 530~50년간에 성립한 『제민요술(齊民要術)[30]』에는 「소식(素食)」, 즉 정진요리 11종이 보이므로 모두 6세기 초두에는 정진요리적인 개념이 성립하여 있음을 알 수 있다 (그림1).

---

28) 『대반열반경(大般涅槃經)』 가등관징(加藤觀澄) 「역」 『國譯一切經』 經書部 12・13수록, 대동출판사 쇼와 5년(1930)

29) 『범강경(梵網經)』 가등관징 「역」 『國譯一切經』 율부(律部) 12수록 대동출판사, 쇼와 5년(1930)

30) 『제민요술(齊民要術)』 위대북위(魏代北魏)의 가사협(賈思勰)이 지은 책. 530-550년경의 것으로 일본의 記紀보다 오래된 농업기술서. 일본에 언제 수입되었는지는 확실치 않으나 대체로 보존된 것이 金澤文庫에서 발견되었다. 田中靜一他 「편역」 雄山閣出版, 1997년.

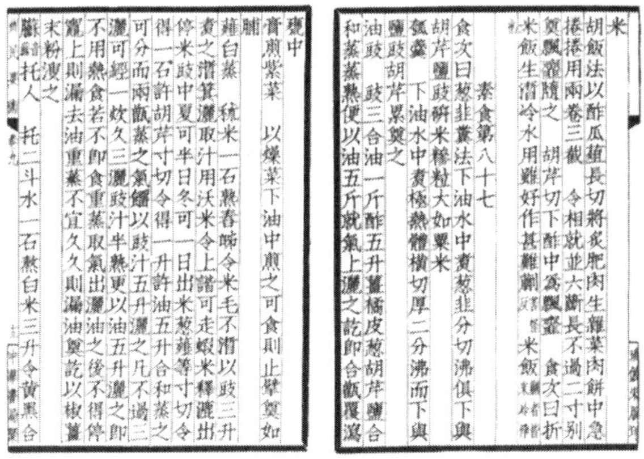

<그림1>『제민요술(齊民要術)』의 정진요리(素食)
「『齊民要術全』 臺灣中華書局印行, 중화민국59년 간행」

정진요리의 특징은 중국에서는 동물성 기름도 사용하고 있으나 기본적으로는 식물성 기름을 많이 사용하고, 어육을 사용하지 않아도 곡류를 교묘하게 조리하고, 어육의 맛에 가깝게 만들어 내는 점에 있다. 맛을 보지 않고 예를 들면 素3생(牲)이라고 하는 정진요리에는 소맥분, 찹쌀, 낙화생 등에 돼지고기, 닭, 생선 등의 동물을 모방하고 있으나 현재에도 중국에는 맛과 형태를 동식물에 비해도 실로 풍부한 종류의 정진요리가 전해온다[10].

이러한 정진요리는 앞에서도 본 것 같이 사상적으로는 불교의 영향 하에 있었으나 기술적으로는 점심(點心)에 집약된 것 같은 분식의 조리 가공 기술이 뒷받침되어 있었다. 즉 맛과 모양(형태)을 자유자재로 변형시키는 데에는 가루를 반죽하여 만든 것이 어울려서 여러 가지 맛을 갖는 곡물에 풍부한 조미료를 섞어서 어육에 근접한 맛을 낼 수가 있다. 쌀도 사용하지만 기본적으로는 밭농사 문화를 베이스로 한 것이기 때문에 어쩌면 기술적으로는 중국 북부의 조리법에서 기원을 얻을 수 있었을 것이다. 어느 쪽이든 정진요리에는 점심풍의 것이 많은 것이 특징이고, 일본으로 불교가 전래된 시기, 분식의 응용 기술이 발달한 중국에 모두 정진요리적인 장르가 싹트는 것이 인식되는 점에 유의하기 바란다.

III. 일본의 정진요리

고대 어느 시기에 중국적인 정진요리가 들어왔을까, 또한 그들이 어떠한 내용이었을까에 대해서는 분명하지는 않지만 헤이안(平安)기의 『신원락기(新猿樂記[31])』에서 그 「정진물」로서 「腐水葱(썩은 물파)의 香疾기(향기 짙은 요리), 大根春기의 塩辛기, 納豆(낫토)의 油濃기(기름기 많은 요리), 茹物(삶은 것)의 面穢기(중요한 국그릇)」 등이 올려져 있다. 이러한 것들은 일반인도 먹고 있었던 것일가 어떨가가 의심되고, 꽤 패러디한 것이라고 기술이 되고 있으나, 각각 정진물로서의 분위기가 전해지고 있다. 적게나마 11세기경에는 이러한 곡물과 채소의 요리가 사원(寺院) 등에서 먹고 있었고, 정진물로서도 인식되고 있었다고 생각해도 좋겠다.

이 『신원락기(新猿樂記)』에 보이는 정진요리는 아직 요리로서 세련된 것이라고는 할 수 없고, 오히려 정진물이라고 하는 정도의 소박한 面影(모양)을 남기고 있으나, 기교를 한곳에 집중시키는 국(羹)과 튀김을 포함한 단계에 있었던 것은 가마쿠라기를 기다리지 않으면 안 되었다. 나라(奈良) 시대에는 8종 당과자(糖菓子) 등 기름을 사용한 중국풍의 요리도 이입되었으나 그 후의 견당사의 폐지 등에 의해 헤이안(平安)기에는 중국과의 교류가 활발하지는 않아, 중국에서 발달한 정진요리의 기술은 충분히 전하여지지 않았다고 생각된다. 그 방아쇠가 된 것은 가마쿠라(鎌倉) 신 불교운동(新 佛敎運動)에 호응한 선종(禪宗)이 일본에 들어온 것으로 이 시기에는 많은 선승이 양국 간을 왕래하였다.

육식 금지를 준수한 불교 여러 종파 중에도 특히 선종은 일즙(一汁) 일채(一菜)를 고수하는 등, 식생활의 간소화를 표방하였다. 매운 술(葷酒)을 엄하게 경계하는 대신 끽다(喫茶, 차를 마시는)의 관습을 채용하여 선종의 다례(茶禮)라고 부르는 음차의 스타일을 생겨나게 하였다. 또한 끽다의 이입(移入)과 동시에 중국으로부터 고도의 정진요리의 기술을 도입하였다. 즉 선승이 정진요리를 전하고, 막부(幕府)가 이것을 보호하였기 때문에 이 요리의 체계화가 이루어진 것이라고 생각한다. 가마쿠라기에 선승들이 활약한 결과 중세기 후기가 되어서 진정으로 정진요리라고 부를 수 있는 것이 정착하였고 그 성과를 『정훈왕래(庭訓往來)[32]』 10월 狀返에서 볼 수가 있다.

點心者, 水繊(수섬), 温糟(따뜻한 술지게미)・糟鷄(술지게미 닭)・鼈羹(자라죽)・

31) 『신원락기(新猿樂記』 藤原明衡 永祚元 - 治暦 2년 〔989-1066〕 작을 전승한다. 간본에는 『群書類從』 및 川口久雄 〔역주〕 평범사 동양문고, 1983년

32) 『庭訓往來』 현혜법인(玄惠法印) 작으로 전하여진 무로마치 초기의 것임. 石川松太郎 〔校注〕 평범사 동양문고, 1973년

猪羹(돼지죽)·驢腸羹(나귀 내장죽)·笋羊羹(죽순양죽)·砂糖羊羹(사탕양죽)·饂飩(찐만두)·만두(饅頭)·삭면(索麵 소면 꼰 국수)·碁子麵(바둑면)·卷餅(두루말이 떡)·温餅(따뜻한 떡),

御時之汁者, 豆腐羹(두부죽)·雪林의菜(눈 쌓인 숲의 채소)·並니薯蕷(산감자)·豆腐(두부)·笋蘿蔔(죽순무)·山蔡寒汁(산채 찬국) 등 기타,

菜者, 繊蘿蔔(채썬 무)·煮染牛房(삶아서 물들인 우엉)·昆布(다시마)·鳥頭布(오두포)·荒布煮(삶은 대황)·黑煮簵(검게 삶은 대)·조(莇 구기자)·순무(蕪)·酢漬茗荷(초절임한 양하)·薦子蒸物(천자 찐 음식)·茹物(삶은 식품)·茄子의 酢菜(가지 초무침)·胡瓜(오이)·甘漬(달콤한 절임)·納豆(낫토)·煎豆(볶은 콩)·茶(차)·苣(상추)·蔨豆(원두 울타리콩)·芹(미나리)·제(薺 냉이)·差酢若布(초친 미역)·靑苔(청태)·神馬藻曳干(모자반)·甘苔(감태)·塩苔(염태)·酒煎松茸(술에 지진 송이)·平茸雁煎(느타리비들기전)·鴨煎(오리전) 등

원래의 모양은 대재(大齋:승려의 아침식사)의 음식물(食物)이 기재되어 있고 정진의 언어는 보이지 않으나 이들은 확실히 정진요리의 종류를 나타내고 있다. 그 결과 말미(末尾)의 기러기전(雁煎)·오리전(鴨煎)도 새(鳥)로 만든 것이 아니고 균류인 느타리버섯(平茸) 등으로 만든 전을 그들과 비슷하게 만든 것이므로 고도의 조리 기술에 뒷받침되어 있다는 것을 알 수 있다. 이 책은 14세기 말부터 15세기 초에 성립하였다고 추정되며, 모두 무로마치기에는 이와 같이 다채로운 수준의 높은 정진요리가 완성하게 되었다.

기본적으로 정진요리라고 하면, 선종계의 승려가 전한 요리법 또는 그 체계를 가르키고 있는 것이기 때문에 그 이전은 『침초자(枕草子)』와 『신원락기(新猿樂記)』에 표현되고 있는 것 같은 소박한 정진물의 단계에 도달하고 있었다. 이와 같이 대단히 고도의 체계를 지키는 정진요리가 일본에서 발달한 것은 선종(禪宗)이 들어온 가마쿠라(鎌倉)기 이후이다. 불교를 빼고는 정진요리의 문제를 생각할 수 없고 가마쿠라(鎌倉)기로 와서는 신 불교운동이라는 일대 종교 개혁이 크게 선을 긋는 시기로 정진요리도 그 이전과 이후에는 수준이 다르다고 할 수 있다. 그 점에 유의하면서 다음으로 정진요리와는 극 반대인 육식의 문제에 부딪쳐 보려고 한다.

Ⅳ. 육식(肉食)과 정진요리

모두 일본의 중세에는 상상(想像) 이상으로 육식이 유행하였다는 사실을 지적하였으나[(2)], 여기에는 정진요리와의 관계에서, 몇 가지의 논점을 확인해 두어야겠다. 종래, 천무 천황 4년(675)에 육식금지령이 나왔던 것으로 일본에서는 육식이 행하여 지지 않은 견해가 일반적이었으나 이때에 금지된 것은 소, 말, 개, 원숭이, 닭 5종이었고 가장 중요한 것은 수렵 대상인 사슴과 돼지가 제외되어있는 점에 주의해야 한다. 일본에서 육식을 고려하는 경우, 식용가축의 결핍이라는 문제가 있으나 수렵에 의한 사슴, 돼지의 식용 정도가 육식의 주류로 있었다는 것을 묵인할 수는 없다. 또한 한편으로 이 금지령은 4월 1일부터 9월 30일까지 기간에 한하고 있는 점이 중요하다. 이에 관하여서는 별도로 논한 일이 있기 때문에 자세한 논의는 생략하나 일본에서 불교의 문제는 농경과 관련해서 논하는 것이 필요하다[(3)].

예를 들면『일본서기33)』지토 천황(持統天皇) 5년(691) 조(條)에는 큰 비가 계속하여 작물이 피해를 받게 되었을 때 천황은 미물(美物)과 육주(肉酒)를 멀리하고 불사(佛師)에게 기도를 시켜서 수해를 회피하도록 조칙(詔勅)을 하달한 명령(旨)이 기록되어 있다. 이들은 분명히 농경, 즉 도작(稻作)의 재생산을 국가 정책의 기본으로 한다는 것을 의미하고 있고, 불교는 그를 위한 주술로서 평가하고 있었다는 것이 나타나 있다. 오히려 도작을 지향하는 국가의 종교적인 역할을 담당하는 부분으로서 불교가 있고 그 아래로 승려의 종교적인 식생활의 문제로서 정진요리라고 하는 요리양식이 성립하였다는 것이다.

<table>
<tr><td>蘿蔔(무)</td><td>糟漬瓜
(오이 술지게미 절임)</td><td rowspan="2">押鮎(누른 메기)</td><td rowspan="2">押鮎(누른 메기)</td><td rowspan="2" colspan="2">鹿肉
(사슴육)
(대용 오리)(鴨)</td><td rowspan="2">돼지육
(대용 꿩)</td></tr>
<tr><td colspan="2">己上佐良12枚</td></tr>
<tr><td>蕪(순무)</td><td>醬漬茄子
(장에 절인 가지)</td><td>메기(煮塩鮎)</td><td>메기(煮塩鮎)</td><td colspan="2">잉어 (鯉)</td><td>도미(鯛)</td></tr>
<tr><td rowspan="2" colspan="2">떡(餜鏡餅)</td><td rowspan="2" colspan="2">羹酒坏(갱주잔)</td><td>오이</td><td rowspan="2">穴注잔4개</td><td>가지</td></tr>
<tr><td>屠蘇
(도소)</td><td>백산(白散)*</td></tr>
</table>

<그림 2> **御歯固**의 식단(『群書類從』卷470 續 群書類從 完成會판)
* (도소의 하나. 산초나무, 도라지따위를 잘게 썰어 넣음)

---

33)『일본서기(日本書紀)』坂本太郎 他 〔편〕『일본서기(日本書紀) 下』岩波서점, 일본고전문학대계, 1965년이 있음

거기에 일본의 국가적인 종교 의례의 문제를 생각하는 경우, 불교와 신도라고 하는 두 가지의 기둥이 존재하는 것에 주목하여 양자의 관련성을 검토할 수 있다.

이들의 의례 사이에 공물(供物)과 식사에는 필히 식문화의 성격이 반영되고 있으나 예전부터 신에게 네다리 짐승을 헌납하는 것은 드물지 않았다. 그러나 원래는 토착적인 신도는 다른 나라에서 전래한 체계적・철학적인 불교에 영향을 받아 커다란 변화가 있다. 불교에는 육식을 살생과 관련하여 금지하고 있으나, 이것을 받아서 신도(神道)에도 고기를 더럽다고 하여 기피하도록 되어 그 결과 생선과 새가 수육(獸肉)의 대용으로서 식사의 중심으로 되었다고 생각된다.

예를 들면 『류취잡요초(類聚雜要抄[34])』에는 히가다메* 제사의 식단 그림이 기재되어 있고, 사슴고기와 돼지고기가 보이나 「단근대(但近代)」라고 하는 주기(注記)가 쓰여져 있어 돼지의 대용으로 꿩이, 사슴의 대용으로 오리(鴨)가 각각 이용되고 있다(그림2). 아마 먼 옛날에는 돼지와 사슴이라는 수렵 고기가 당시의 식사 체계의 속에서 중요한 위치를 점하고 있었으나 불교의 영향으로 점차로 탈락하여 갔던 것이라고 할 수 있을 것이다. 이러한 과정을 지나, 중세에는 생선과 조류가 의례식으로서 중요한 역할을 하도록 되었다는 것이다.

또한 중세에는 공가(公家)의 의식요리를 기록한 『주사유기(廚事類記[35])』에 의하면 일반의 밥상(御膳)에는 어미(魚味)가 풍성하게 있었으나 「但6齋御齋會最勝講仏名等日, 高盛精進各4種, 居交之」로 보여 재회(齋會)와 불사의 날에 한하여 정진물이 나오고 있는 것을 알 수 있다. 그 위에 「御神事佛事相合之時, 精進魚味居-具之, 号居交」로 있고, 신사와 불사의 중요한 때에는 정진과 어미(魚味)의 양쪽이 제공되고 있다. 반복하지만 어디까지나 정진요리는 불사(佛事)와의 관련으로 형성되어온 것이므로, 중세에서도 신사와 불사는 원칙적으로 구별되어 있다는 것에 유의할 뿐이다.

---

34) 『류취잡요초(類聚雜要抄)』 헤이안 시대의 식사의 그림이 선명하게 묘사되어 있는 그림책(繪卷物). 高橋崇恒 (寬永17-寶永3년 [1640-1706])의 손에 넣었다고 함. 『群書類從』 제26집 「雜部」 수록, 續 群書類從완성회

35) 『주사유기(廚事類記)』 左馬權助紀朝臣著. 내에 永仁3년(1295)의 기사가 있으나, 그 항의 것인가는 불확실. 궁중의 어선(御膳)을 차리는 방법과 식단, 식기의 해설, 요리법이 기록되어 있다. 『群書類從』 제19집 「음식부」 수록, 속 群書類從 완성회.

* 히가다메(齒固め): 예전에 장수를 빌며 정초 3일간 가가미 떡, 오시아유, 무・멧돼지 고기를 먹던 일.

수육(獸肉)과 일본인[36]

야츠모토(安本) 대형의 가축이 외래의 것이라고 하면 대형의 소와 말을 어떻게 일본에 반입하였다고 생각합니까.

사하라(佐原) 5-6세기에 배로 운반한 것임에 틀림이 없을 것이나 구체적인 것은 모릅니다.

마츠시다(松下) 1746년『흑백정미집(黑白精味集)』이라고 하는 요리서에는 사슴, 멧돼지, 너구리, 여우, 돼지, 이리, 강아지, 소 등 네다리 짐승의 요리법을 기록하여「냄새를 잡기 위해서 고기를 여러 번 물에 씻고, 내장에는 손을 대지 않도록 고기를 꺼낸다.」고 하고 이어서 쥐, 뱀, 개구리, 지네, 메뚜기 등의 요리도 있습니다. 저는 당시 고기는 구황(救荒) 식품이라고 생각하였습니다만, 그렇지 않으면 육식을 맛있는 것으로서 하였다는 것일가요.

구마쿠라(熊倉) 일본인의 기호(嗜好)로부터 무엇이 떨어져 나가고 있었을까 생각하여 보니, 역시 맛이 없는 것부터 떨어져 갔습니다. 예를 들면 대향연 중에 마른 것 등은 단단하고 도저히 씹히지 않기 때문에 일반적으로 보는 것뿐인 것으로 변하여 있고, 신찬(神饌) 속에만 남아 있다고 하는 것은 당연하다고 생각합니다. 먹기 쉽고, 섭취하기 쉬운 것이 점점 나왔다고 하는 것은 대단히 커다란 문제라고 생각합니다.

이시게(石毛) 한편「藥食=식보(食補)」라고 하는 것이 있어 명목은 양생(養生)뿐이라도 맛이 있다면 먹었을까 어떨가요.

하라다(原田) 맛이 있다는 느낌이 있는지 어떤지는 개인의 문제이기 때문에 일괄적으로 말할 수는 없으나 정진요리의「으깬 두부 튀김」등「튀김류」는 고기는 사용하지 않아도 육류의 요리를 모방하는 단어로서 남아 있습니다. 그러니까 육식에 대한 원망(願望)이라고 하는 것은 있었다고 생각합니다. 그것은 계율적인 의미로서의 강제의 문제, 따라서 문화의 문제라고도 할 수 있어서 예를 들면 율령사회내에서 공가(公家) 등은 기본적으로 물고기(魚味)와 수육을 멀리하고 있었으나 개인적으로는 누구는 살쾡이국이 좋다고 잘 먹고 있다 --- 등으로 기록도 남아 있습니다. 역시 귀족사회 전체의 문화를 지지하는 집단 내에서는 특이시한다고 하는 점이 중요합니다. 이 의미로 기호는 문화의 문제로서 생각하고 있지 않

36) 熊倉功夫·石毛直道 (編) (편) 1988『외래의 식의 문화』pp86-87에서 발췌 安本教傳 (京都대학·식품영양학) 佐原眞 (奈良국립문화재연구소·고고학) 松下幸子 (千葉대학·조리학) 熊倉功夫 (筑波대학·일본 문화사) 石毛直道 (국립민족학박물관·문화인류학) 平田萬里遠 (東京慈惠會醫科大學·歷史)

다고 하는 어려운 것이기 때문이 아닐까요?
히라다(平田) 맛있을까 맛없을까를 기술한 예는 적으나, 맛있다고 생각한 사람이 많았기 때문에 육식 반대론자 중에는 육식은 비장을 파괴한다고 두려워하고 있기 때문이겠지요. 역시 지금 말하였던 문화의 문제가 먹어보면 누구라도 맛있다고 느꼈다는 것이 자연스럽다고 저는 상상하고 있습니다. 예를 들면 大石內藏助가 굴부위병위(堀部彌兵衛)에게 우육을 증정하고 「황우(黃牛)의 미소지(된장쯔께) 양노품고기허(養老品故其許)에 더할 나위 없이 좋다」라고 하며 「자식 놈의 조세를 바쳐올리던지 연줄로 최하급 무사가 될 수 밖에 하하, 하하」라고 써서 보내는 예도 있고, 『桑名日記』에는 「소의 물고기(생선)가 맛있다」라고 손자들에게 크게 기뻐하는 모습이 기술되어 있습니다. 또한 사마강한(司馬江漢)은 처음으로 소의 생육을 먹고 「그 맛이 오리맛이군」 등으로 말하고 있다. 역시 편견을 빼고 육식을 접하는 것이 가능한 인간은 미각적으로는 우수하다고 저는 상상합니다.

V. 불교의 위치

여기에 약간의 식생활의 문제를 떠나서 중세 사회에 있어서 불교에 대하여 생각해 보고자 한다. 정치 권력과의 관계를 말하자면 중세사 연구의 성과로서 권문체제(權門體制)론이라는 사고방식이다[(7)]. 사회경제사의 입장으로부터는 중세를 장원공령제(莊園公領制)의 시대로 하고, 대개 섭관정(攝關政)과 원정(院政)의 시기로부터 중세가 시작한다고 이해되고 있다. 중세의 정치 체제는 무가(武家)와 공가(公家)와 사사(寺社)라고 하는 세개의 권문이 삼위일체로 되어 중세 국가를 형성하였다고 생각된다. 권문이라는 것은 권문세가를 말하고, 각각 장원(莊園)이라고 하는 경제적 기반을 갖고 있으나, 그 속에서 무사(武士)가 사회의 모든 것을 장악하여 가는 과정 그것이 중세에 있었고, 평(平)씨 정권, 가마쿠라막부, 남북 양조의 대립, 무로마치막부 수호(守護)대명, 전국(戰國)대명 그리고 근세에 들어와 통일정권, 에도막부에 도달하였다는 과정은 무사에 의해 지배관철의 각각의 단계를 나타내고 있다. 천황과 귀족은 율령국가 이래의 전통적인 정무로 이끌고 사원(寺院)과 신사(神社)의 구성원인 승려와 신관은 종교적 역할을 담당하고, 무사가 군사・경찰 그 위에 지배 일반을 장악하였다. 결국은 삼자가 상호 보완적 관계를 보호하면서 중세 국가를 유지하였으나 역사적으로는 무가에게 권력이 집중하여 있었던 것이 된다. 이렇게 생각하면 중세 사회라고 하는 것은 대단히 이해하기 쉽다.

물론 삼자는 문화적으로도 서로에게 영향을 주었으나 그중에서도 무가는 특수한 위치를 점유하고 있었다. 최근에는 무사는 발생기에 있어서 농업 생산보다 오히려 수렵에 무게를 두었다는 것 때문이 아닌지 하는 견해도 있다[(4)]. 무가가 좋아하는 몰이사냥은 무예의 문제로 하였으나 원래는 수렵에 기인한 것이었다고 할 수 있고, 확실히 『금석물어집(今昔物語集)[37]』 등에는 무사가 수렵과 어로(漁撈)를 운영하고 있었다고 하는 이야기가 다수 수집되고 있다. 그런데 무사는 얼마 안 있어 가마쿠라막부를 열고 승구(承久)의 난(亂)에 의해 공가(公家) 세력을 눌렀다. 건무(建武)의 신정과 남북조의 동란이라는 반동의 시대도 있었으나 무로마치(室町) 막부의 성립에 의해 무가는 완전한 상승전화(上昇轉化)를 달성하여 실질적인 국가 지배의 정점에 섰다는 것이다.

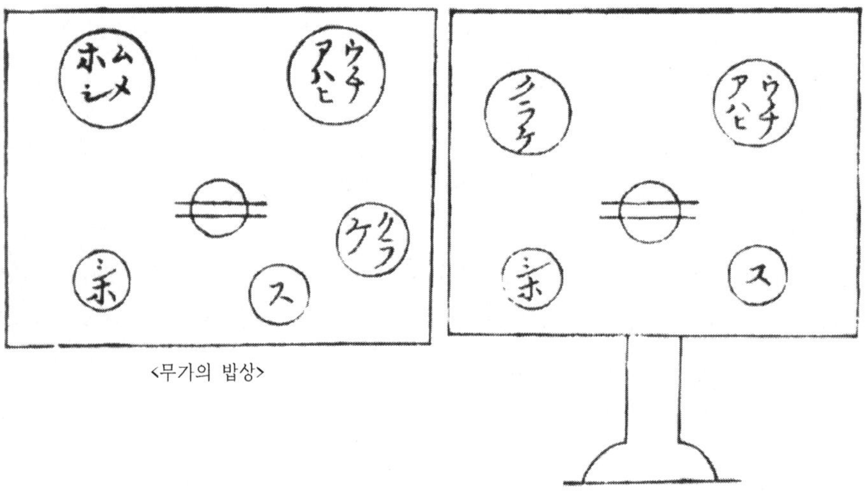

<무가의 밥상>

<공가의 밥상>

<그림 3> 공가와 무가의 밥상(膳) [『群書類從』권 365]

37) 『금석물어집(今昔物語集)』 山田孝雄 他 「校注」 『금석물어집(今昔物語集)』 1-5, 암파서점, 일본 고전문학대계, 1959-63년

그러한 정치적인 과정에 따른 형태로 공가(公家)와 사가(寺家)의 문화가 무가의 문화에도 영향을 미치기 때문에 식문화에 대하여도 같은 양상이었다. 예를 들면『세속입요집[38]』의 공가의 밥상(膳)의 내용은 거의 같았으나「무가의 생선 술안주」의 그림에 특별히「죠큐(承久) 이후의 술안주의 모양(樣)을 살펴보고 이것이야」라고 쓰여져 있는 것 등으로부터(그림3) 무가의 식선(밥상)에 공가 문화의 영향이 지적되고 있다[(8)]. 여기에서는「죠큐(承久) 이후」로 있는 점에 주목하여 보면, 죠큐의 난을 진압하고 교토(京都)를 감시 하에 놓고 , 무가(武家)가 공가(公家)를 억압한 이후에 무가의 안주상이 형태를 정리했다고 주해한 기록(注記)은 매우 암시적이라고 말할 수 있을 것이다.

그래도 이 시기에 일본에 있어서 정진요리의 발달에 결정적인 역할을 하였다고 한 선종(禪宗)이 전해 내려와 정치의 주역이 되어 있었던 무가와 밀접하게 결합하여 있었던 점이 중요하겠다. 또한 일본에 있어서 불교를 생각하여 볼 때 주의하지 않으면 안 되는 것은 종파와 계층성의 문제에 있다. 중세에 종파를 선택하는 데 있어서는 개인의 자유의사라고 하기보다도 그 인물이 소속하는 계층에 크게 좌우 된다. 나라(奈良) 헤이안 시기에는 진호(鎭護) 국가의 불교로서 남도 6종이 지배적이고, 이러한 구 불교에 대해서 신 불교운동이 일어나지만 천태종과 진언종은 귀족, 임제(臨濟)와 조동(曹洞)이라고 하는 선종은 무가, 농민의 경우, 정토진종(淨土眞宗)이 압도적으로 많고, 상인 등 마을 사람들은 일연종(日蓮宗)이 강하다고 하는 계층성을 무시할 수는 없다. 한마디로 불교라고 하는 것은 국가 수준의 것이고, 서민의 구제를 목적으로 한 시종(時宗)이나 정토진종(淨土眞宗)의 가치관과는 커다란 차이가 있다.

<표 1> 일포(日葡) 사전에 수록된 요리・포정・조채(調菜)

(a) Reôri. (요리) 음식물(食物)을 준비(정돈)하여 맛을 내는 것. 예, Reôri suru, 요리하다 Reorixa 요리자 식물을 준비하여 맛을 내는 사람
(b) Fôchô. (포정) 부엌에서 물건을 자르거나 잘게 썰거나 하는데 사용하는 크고 작은 칼. Focho suru(포정 하다) 이 도구로 자르거나 잘게 썬다. Fôchôjin (포정인) 위에 말한 바와 같이 크고 작은 칼로 모양 있게 자르거나 잘게 썰거나 하는 사람.
(c) Chôsai (調菜) Saiuo totohoyuru coro (채소를 조리하는 것) 식물의 조리, 조미. Xocubutuo Chôsai suru(식물을 조채하다.) 식물을 조리하고 조미한다. Chosainin. (조채인) 식물을 만든다거나 조미하거나 하는 사람.

〔土井忠生, 森田武, 長南實 1980『邦譯 日葡辭書』암파서점에서 작성〕]

38)『세속입요집(世俗立要集)』『群書類從』제 19집「음식부」수록, 續 群書類從 완성회,

VI. 불교의 침투와 정진요리

서민의 측에 서서 친난(親鸞)이 육식처대(肉食妻帶 : 승려가 육식을 하며 아내를 거느림)를 인정하는 것은 지극히 상징적인 것으로, 이 고기는 생선이라고도 말하고 있으나 역시 이것은 사족(四足) 동물을 의미하는 것이라고 생각된다. 친난이 포교의 대상으로 하였다는 것은 하층 농민과 수렵, 어로에 종사하는 사람들이며, 사회의 하층에서는 결국 육식이 광범위하게 행하여지고 있었다고 생각하지 않을 수 없다. 모두 무가를 포함하여 상층에서는 쌀을 지향(志向)하고 쌀을 중심으로 하는 가치 체계가 구축되어 있었으나 하층에서는 수렵에 의한 육식이 계속되고 있었다. 중세에는 일반적인 식생활을 반영하는 것으로서 근세 초두에 간행된 『요리물어(料理物語)[39]』가 있으나 그 일절에는 「수지부(獸之部)」가 마련되어 있고 사슴과 돼지를 중심으로 이리, 토끼, 수달, 곰, 개의 요리법이 쓰여 있다.

<그림 4> 『71番職人歌合』에 보는 칼장인(포정인)과 조리사(調菜人)
(『群書類從』 권 503 續群書類從完成會版에서)

물론 이러한 육식은 중세를 지나면서 서서히 부정적인 경향으로 되었으나 그 진행에는 앞에서 본 고대의 육식금지령 이후 오랜 세월을 요하였다. 불교의 침투라고 하는 문제자체가 간단하지 않았다. 엔도 모토오(遠騰元男)는 『장문기(將門記)[40]』의 분석을

39) 『요리물어(料理物語)』 간에이(寬永) 20년(1643) 출판. 작자불명이나 철저한 요리의 실용적 지식을 써 놓았다. 『속 군서유종』 제19집 下 「음식부」 수록, 속 군서유종 완성회

40) 『장문기(將門記)』 현대사조사 〔신찬(新撰) 일본 고전 문고〕 가 있다.

통하여 10세기의 관동의 종교생활을 논하였으나, 불교라고 하는 것이 거의 지방에 뿌리내리지 않은 것을 지적하고 있다[1]. 『장문기(將門記)』라고 하는 작품 자체에는 거의 불교적인 착색은 있으나 거기에 묘사된 당시의 동국(東國)이라고 하는 지역 사회에는 토속적인 신앙이 강한 불교가 충분히 침투하여 있지 않았다고 하는 점이 아주 흥미롭다. 헤이안 기에는 사회의 상층을 제외하면 불교가 넓게 사회에 뿌리내리지 않고, 오히려 가마쿠라 신불교의 전개가 되지 않으면 안 된다고 하는 것이리라. 즉 국가 수준의 불교로부터 탈피하여 사회로 침투하기 위하여서는 재가불교의 보급이라고 하는 것이 어떻게라도 필요하고, 그것은 가마쿠라(鎌倉)기 이후의 것에 속하였다.

그 위에 사회의 발전이라고 하는 문제에 대하여 말하자면 이 종교 개혁이 지난 후에 겸창 후기부터 남북조기에 걸쳐서 사회에 일대 변혁이 일어난다. 이 시기를 경계로 중세는 전기와 후기로 나누어지나, 사회생활의 본연의 자세도 크게 다르다. 식생활에 한하여 말하자면 앞에서 본 『신 원락기(新 猿樂記)』의 식탄애주(食歎愛酒)의 여자는 미물(美物)을 소망하기 때문에 「용모(形貌)가 단정하더라도 馬借 車借」의 처(妻)로 되었다고 할 정도로 식품이 생각한 만큼 들어오지 않은 상황을 말하고 있다. 그래도 夫의 운송업으로 인하여 가능한 한 사가현의 석산(石山)으로부터 경도부의 주변을 행동 범위로 하는 정도이고, 상품 유통이 미발달한 단계에 있었던 것을 나타내고 있다. 그러나 남북조기(南北朝期)가 되니, 유명한 『겐무년간(建武年間) 2조 하원낙서(2條河原落書)[41]』에 「爲中(田舍) 미물(美物) 니아끼미치게」라고 하는 것이 있는 것 같이, 교토에는 각지의 산물이 계속하여 유입하고 있는 상태를 읽을 수가 있다.

VII. 조채인(調菜人)과 포정인(庖丁人)

앞에서도 지적한 바와 같이 남북조기(南北朝期)를 경계로 하여 식생활의 모양은 크게 변화하고 이것과 보조를 맞추어서 정진요리도 눈부신 발달을 성취한 것을 알 수 있다. 그런데 중세에는 요리인을 일반적으로 포정사 혹은 포정인이라고 불렀으나 이에 대하여 정진요리에 종사하는 자를 조채(調菜) 혹은 조채인이라 칭하였다. 앞에서 나온 『정훈왕래(庭訓往來)』 10월 返狀에도 「원래 조채인 등의 일은 마땅히 그래야 한다는

41) 『겐무년간(建武年間) 2조하원낙서(2條河原落書)』 笠松宏至他 (편) 『중세 정치 사회 사상』 下 岩波書店, 일본사상대계, 1981년

사람은 없다」라고 보이지만, 남북조기 이후에는 정진요리의 전개는 이러한 조채인의 활약으로 유지되어 갔다는 것이다.

에도 초기의 방언(方言) 연구서에 있는 안원(安原貞室)의 『가다고도42)』에는 「정진물의 조채(調菜)를 칭찬하여 모시는 인사로, 요리가 나와서 모신다는 것은 부탁해서는 안 되는 일이다. 조채가 되어서 모신다는 것은 부탁임에 틀림없다고 말한다. 요리란 어조(魚鳥) 위에 손맛을 운운하는 단어가 있지만, 여기에서는 명확하게 요리와 조채가 구별되고 있다」. 그러나 『가다고도42)』의 설(說)은 엄밀히는 말하기 어렵다. 거기에 『日葡 사전』을 보면 요리・포정・조채의 세언어가 수록되어 있으며, 그 설명은 표에 있는 것과 같다. (P.186, 표1) 『가다고도』에서 요리는 어조의 요리를 가리키고 있으나 『日葡 사전』의 설명에서 보니 포정 쪽이 어조(魚鳥)의 조리를 표시하는데 어울리고 포정과 조채를 포함한 개념으로서 요리라는 말이 있다고 생각할 수 있겠다.

이 문제를 보다 명확히 하기위해서 회화 사료(繪畫史料)를 봅시다. 그림 4는 무로마치 말기라고 전하여지는 『71番職人歌合43)』의 57번에 있으나, 이 직인 끝까지에는 포정사와 조채인이 한 쌍의(반대의) 직업으로서 나누어 다루고 있다. 포정사는 틀림없이 잉어를 요리하고 있으며, 조채 쪽은 찜통에 만두를 놓고 있으나 이것은 승형(僧形)이라는 것에 주목해야 한다. 그래도 이 승부(勝負)에는 조채에 무구(武具)(軍配)가 올려져 있는 것이 흥미롭고, 여기에 시대의 힘 즉 정진요리의 발달을 읽어낼 수 있는 것은 지나치다고 할 것인가.

조채인과 포정인의 차이는 15세기에 만들어 전하여진 『酒飯論44)』에 의해 명확히 표현되고 있다. 그림5가 그것이지만 포정인이 다루고 있는 것은 어조(魚鳥)이고 여기에는 포정과 도마판이 중요하고, 그의 풍채는 일반인과는 다르지 않다. 이것과는 반대로 조채인은 승형(僧形 : 스님의 모양)이고 擂鉢(절구)로 상징되는 것 같은 곡류를 위시하여 식물성 식료의 조리를 업으로 하기 때문에 옆에 채소류를 배치하여 놓고 있다. 여기에서는 양자의 특징이 대단히 잘 포착되어 있고 『주반론(酒飯論)』의 작자는 조채인과 포정인을 훌륭하게 묘사하여 구분하고 있다.

또한 그림 4와 5로부터 모두 조채인이 포정인과 비견할 수밖에 없는 존재로 되어 있는 것이 명확하여 이것부터도 정진요리가 중세 후기에 비약적으로 발전을 하여 무로마찌기(室町期)에는 거의 그 완성을 보고 있었다는 것을 알 수 있다. 더욱이 앞에서 검토

42) 『가다고도(편언(片言)』 에도 초기의 방언 연구서. 安原貞室. 正宗敦夫 〔편찬・교정〕 『片言付補遺・物類称呼・浪速聞書・丹波通事』 일본고전전집, 일본고전 전집간행회, 1931년

43) 『71番職人歌合』 실정말기의 직인 죄다 보이다. 『군서유종』 작자 불명. 먹는것 관계 19종. 『群書類從』 제 28집 「雜部」 所取 속 군서유종 완성회.

44) 『酒飯論』 본책 250페이지도 같이 참조하길 바람.

한『일포(日葡) 사전』의 기술에는 에도기에 들어서서 조채라고 하는 단어가 요리의 의미로 사용되고 있었다는 것을 살필 수 있다. 그러므로『가다고도(片言)』에서는 요리와 조채와의 혼용을 금지하고 있다고 말할 수 있겠다. 어찌되었든 간에 근세에는 정진요리 자체가 일본의 식생활에 깊이 뿌리를 내리고 있다는 것이다.

<그림 5>『酒飯論』에서 보는 포정인(우)과 조채인(좌) (국립국회도서관 소장)

VIII. 정진요리의 의의(意義)

조채라는 단어는 정진과 같이 모두 가마쿠라기에 성립된 사서『명어기(名語記)45)』에 보이고, 같은 시기에 선종(禪宗)의 이입과 더불어 일본어 속에 정착하였다고 생각되나 그 활약이 본격화하고, 정진요리가 현저하게 발전을 이룬 것은 남북조기 이후에 와서이다. 처음에는 중국 선림(禪林)의 요리법 이입에 지나지 않은 정진요리는 불교의 침투와 육식의 부정적인 진행에 호응하여 조채인이라고 하는 요리전문가를 낳아 중세 후기에 일본에서 독자적인 발전을 본 것이다.

한편 거의 때를 같이하여 선원(禪院)에서부터 시작한 끽다(喫茶)의 유행은 거의 차 마시는 방이라고 하는 체계를 구축하여 회석요리를 생기게 하였으나 이것에 정진요리가 주는 영향을 무시하는 것은 불가능하다. 담백한 맛을 가진 지(旨)라고 말하여지는 일본요리의 발전에 어조(魚鳥)를 사용하지 않는 조리법과 그것을 위해 연구를 집중하여 여러 가지로 고안된 것 등의 기술이 많이 도움이 되었다고 생각된다. 그런 의미에서 정진요리는 금일의 일본요리의 기초를 쌓았다고 말하여도 과언은 아닐 것이다.

45)『名語記』北野克「편」『名語記』, 勉誠社, 1983년.

[문헌]

1. 遠藤元南 1983「將門の亂前後の關東地域の信仰と儀禮」遠藤元南先生頌壽記念 論文集『日本古代史論苑』國書刊行會 pp. 390-409
2. 原田信南 1985「日本中世における肉食について」石毛直道「編」『論集 東アジアの食事文化』平凡社
3. 原田信南 1993『歷史のなかの米と肉』平凡社選書147
4. 入間田宣夫 1984「守護・地頭と領主制」『講座 日本歷史3 中世1』東京大學出版會 p.85-126
5. 河田光夫 1994『親鸞と被差別民衆』明石書店
6. 黃慧性・石毛直道 1988『韓國の食』平凡社
7. 黑田俊雄 1980『寺社勢力』岩波新書
8. 森末義彰・菊地勇次郎 1965『改稿 食物史』第1出版
9. 篠原壽雄 1988「佛教と中國の食文化」中山時子「編」『中國食文化事典』角川書店 pp.34-36
10. 周達生 1994『中國食探險』平凡社

제 4부

다시 태어나는 이문화(異文化) 음식

제1장 문명개화와 서양요리

오오츠카 시게루(大塚 滋)

I. 식(食)의 개화(開化)

메이지 유신은 「문명 개화」가 국시가 되었다는 의미로 볼 때 극히 변화가 심했지만, 이것을 민중 측에서 생각하면 그들은 막부를 정점으로 하는 하나의 봉건제에서 천황을 정점으로 하는 다른 봉건제 속으로 투입되었다는 것만으로 생활실감으로는 「문명 개화」라는 단어가 가진 해방감으로부터 꽤 거리감이 있다고 상상할 수 있다. 그러한 것 중에서 「메이지 유신」 방침 속에서 민심을 장악하기 위해서는 구미의 풍속, 그 중에서도 「식(食)의 개화」가 정부가 민중에게 줄 수 있는 주요 상품이 되었다.

「온고지신」이 또 하나의 슬로건이었으나, 食에서는 온고의 편린도 인정되지 않는다. 오직 새로운 지식으로 외부로부터 새로운 것에 눈을 돌리게 되었다. 그 「새로운 것」이야말로 유럽의 食이었다.

고대 중국을 스승으로 하여 그 食문화를 흠뻑 흡수한 후 이별하고 헤이안, 무로마찌 시대 동안 배타적 세련(洗練)을 이룩해 온 결과, 일본인의 식생활은 육고기, 우유, 유지류, 향신료의 사용이 결핍되어, 세계적으로 볼 때 극히 편향된 특수한 것이 되어 있었다.

16세기 중반경, 일단 유럽인과의 접촉을 통해 「남방」의 육식, 기름의 사용, 서양과자, 테이블에서의 함께 식사하는 것 등을 알게 되지만, 이것들의 대부분은 그 후, 모습이 사라지고, 에도 시대가 막을 내렸을 때 서민들에게 남겨진 것은 튀김의 방법(덴뿌라, 튀김어묵 등)뿐이었다고 할 수 있다. 따라서 에도 막부 말기에 시작된 구미인과의 접촉과 그 문화의 섭취, 다시 말해 「문명 개화」가 食의 분야에 준 임펙트는 결국 가축 고기, 우유 및 유제품, 향신료의 사용이 특징적이었다. 메이지 시대의 구미식 문화의 섭취가 전국 시대의 食문화와 다른 것은 전자가 주로 영주나 부자들 사이에 진기한 풍속으로 모방되었을 뿐이었던 사실에 비해, 후자는 정부와 지식인에 의해서 강한 계몽과 추천으로 행하여졌다는 점이었다.

II. 메이지 시대 초기의 食의 사건

메이지 초년부터 10년간의 食의 사건을 연대기풍으로 기록하면, 다음과 같다[1].

메이지 원년(1868)	호게쯔도, 면포(빵) 제조
메이지 2년(1869)	라무네 발매. 맥주 양조 개시
메이지 3년(1870)	규바(牛馬)회사 설립. 후쿠자와 사토요시 「육식설[2]」. 「사람은 만물의 영으로 오곡잡목조어수육 모두 먹지 못하는 것 없음」
메이지 4년(1871)	『우시야 잡담 아구라나베(牛店雜談安愚樂鍋』(카나가키로분). 「사농공상, 늙은이, 어린이, 남녀, 현명한 사람, 어리석은 사람, 가난한 사람, 부자가 똑같이 먹지 않으면 개화되지 않는 놈」이라 하고 통조림 개시, 양파 재배 시작하다
메이지 5년(1872)	천황, 소고기 시식, 「대부분의 육식금기는 정당한 근거없이 관례로 생각하며, 현재 육식을 하지 않는 취지에서 규정이 있기도 하다」 승려의 육식, 부인을 가지는 것, 머리를 기르는 것 허가. 소고기 소문에 대해 쯔루가현의 알림 내용 「이는 고루한 인습의 병폐일 뿐만 아니라 오늘날의 취지에서 원상태로 돌아간 까닭에 따라서 이후 아래와 같이 도리에 어긋난 행동은 당시의 민정을 담당했던 사람이 실수를 한 것이 충분히 가능하다」 햄 제조. 토마토 재배 성공. 기무라 집안 안빵(단팥빵) 발매
메이지 6년(1873)	서양요리점 번성. 타녀(妥女)마을 서양집 쯔끼찌 일신정. 기계 제분 시작. 초코렛 소개.

1) 카토 히데토시 1977 『식생활세상사』 柴田書店 pp.55-80
2) 204페이지 자료를 참조바람

메이지 7년(1874)	양상추 재배 시작. 홍차 전습, 제조.
메이지 8년(1875)	천황, 안빵을 잡수심. 「헤소빵」. 소고기 전골점의 광고 「소의 힘의 좋은 점을 받아서 번화한 대도시 지금 유행인 소고기전골은 각지 손님도 칭찬」. 와인 제조
메이지 9년(1876)	우에노 정양점 개업[3] 「누구든지 서양요리」. 최초의 프랑스 요리점
메이지10년(1877)	호게쯔도(風月堂), 양식을 개시

1870(메이지3)년에 쯔끼지에 「규바(牛馬) 회사」라는 반관반민 회사가 설립되어, 이 회사의 홍보문에 후쿠자와 유키찌가 쓴 것이 「육식의 설」이다.

다음해에는 카나가키로분이 『우시야(牛店) 잡담 아구라나베』을 썼으나, 「개화가 되지 않는 놈」이라고 하는 것과 같이 당시의 문장이 가지고 있던 메이지적 계몽의 자세가 나타나 있다.

한편 양파, 양배추, 레타스, 피망, 브로커리 등은 에도 막부 말기부터 이 시기에 걸쳐 도입되었지만, 특히 양파와 양배추는 일본 가정요리의 조리에 꽤 일찍 도입되었다. 토마토는 향이 문제가 되어 보급이 늦어져 다이쇼(大正) 시대가 되어서도 한 농업학교에서 재배 실습을 했지만 먹는 학생이 하나도 없었다고 한다.

이런 중에 소고기는 처음에는 망설이면서, 꽤 착실히 서민에게 받아 들여졌다. 소고기 食의 제일은 된장절임과 규부나베(소고기전골, 소고기냄비)이었다. 특히 소고기전골은 사랑을 받았고, 그 번성도는 『아구라나베』 등의 문장에서 읽어 알 수 있다.

그리고 메이지 9년(1876), 일본 최초의 프랑스 요리점이 탄생했다. 「서양 요리점」은 이미 에도 막부 말기에 있었고, 동경에 처음으로 서양요리가 들어온 것은 동경 천도의 직후로, 센슈사카이에서 프랑스인에게 직접 전수받은 요리사를 초청하여 대선직(궁중에서 요리나 의식 향연식을 만드는 곳)에서 만들게 한 것이 최초라고 전해지고 있다. 그 후 계속하여 서양 요리점이 개업되었고, 「프랑스 요리」와 이목을 끌기 위해 간판을 내 건 가게가 개업한 것은, 그 저변에 서양 요리점이 어느 정도의 보급되었는지를 보여주고 있다.

이러한 일종의 떠들썩한 食 상황 후, 20년 후의 로쿠메이칸(鹿鳴館) 시대로 이동하게 된다. 거기서 식(食)도 식공간도 완전한 서구화가 의도 되어졌다고 전해지고 있으나, 지체 높고 명성 있는 부인들의 서양풍 향연을 무시하고, 그리고 집요하리 만치 서구화 추천과 영양 계몽 속에서 서민이 지향하는 것은 「서양 절충」이었다. 서양 절충이라는

3) 본권262페이지 참조

것에는 일식풍 요리와 서양식 요리를 혼재시킨 요리점과 양식 요리의 일본화라는 요리가 있었다고 한다. 후자가 가정에서 이루어졌고, 서양풍 반찬류를 만들어냈다고 말할 수 있겠다. 그것이 쇠고기에 관하여 이루어졌을 때, 소고기냄비, 스키야키의 길을 따라간 것이다.

<사진 1> 「개량 귀부인」(楊州周延畫 1889년경) (교토 복식문화연구재단 소장)

III. 문명 개화와 「육식의 설(說)」

그럼, 「육식의 설」, 육식을 보급시키기 위해 천황의 소고기 시식, 육식 회피를 「마음가짐이 다른 것」으로 단정지어버린 쯔루가현령의 유달(諭達) 등, 육식이 대방침으로 장려되었다고 볼 수 있다. 그 근거에는 당시의 일본인 영양 상태를 「결핍」으로 단정짓고, 그 충족, 즉 서구풍의 위생[4]을 추구하는 점에서, 풍속면에서 서구화 주의와는 달랐다.

전술한 바와 같이, 에도 막부 말기부터 메이지 시대에 걸쳐 전래된 서양의 음식은 많았다. 그 중에는 여러 종류의 야채 외에도 과일류의 예에서 볼 수 있듯이, 보급이 대단히 늦었던 것도 있다. 그러나 육식은 비교적 쉽게 익숙해졌던 것 같다.

일본에서는 육식은 고대부터 위정자에 의해 강하게 좌우되어 왔다. 세계적으로 볼 때, 짐승의 고기, 특히 소나 돼지의 식용은 터부의 대상이 되어 온 경우가 많았으며 일본에서는 이미 짐승의 고기 식용이 금지되었던 역사도 가지고 있었으며, 그것이 적어

4) 당시 이 단어가 보건, 건강의 의미로 사용됨.

도 약 1200년간 계속되었다. 고대의 육식 금지령이나 육식 기피는 불교의 영향이라고들 말하고 있고, 불교의 「자비」 사상이 헤이안 시대 이래 자주 행해졌던 「방생회(잡은 물고기나 새 같은 생물은 연못이나 들에 놓아주는 법회)」에 나타나 있다.

그런데 메이지 시대 사람들 사이에 뿌리 깊었던 짐승의 고기를 먹는 것에 대한 망설임이나 기피는 「짐승의 고기를 먹으면 더럽혀진다」, 또는 「소를 먹으면 뿔이 난다」라는 얘기들로부터도 알 수 있듯이 주로 처음 먹는 음식에 대한 일반적, 심정적인 거부 반응이 주된 이유이다. 그리고 연민이나 자비의 심정은 대부분 작용하지 않았던 것 같다.

후쿠자와 유키치는 안세이 기간 중 오오사카의 오가타 코안이 네덜란드 학문 학원에 있었던 때, 소의 도살 모습을 「당시 도살은 큰 소동으로, 더럽혀 지지 않기 위해서 청죽 4자루를 세워, 거기에 御幣를 묶고, 금줄을 당긴 중간에 소를 묶어, 망치로 박살낸 다음, 살짝 上肉만을 취하고, 나머지는 땅속에 깊이 묻고서 승려가 경을 하는 형편이었다」고 기록하고 있다[5].

자비와 연민의 교의가 명분에서부터도 버리기 힘든 것에 비해, 「더러움」의 의식은 사라지기 쉬웠던 것이었을 것이다. 「처음으로 소고기를 먹은 날은 조상님들께 죄송하기 때문에 불단에 종이를 발라 봉했다」라는 일화는 불교적 교의의 형해화(形骸化)를 말하고 있는 것일지도 모른다. 고대의 육식 금지의 사상적 기반이 옅어졌던 것이 육식의 보급의 빠름과 관계가 있다고도 말할 수 있다.

그러나 뭐라고 해도 영향이 컸던 것은 지식인에 의한 육식의 계몽이었다. 당시 일본인의 식생활이 꽤 편중되어 있다는 사실은 서민층에서도 외국과의 접촉에 의해 인식하고 있었을지도 모른다. 여기서 잠시 후쿠자와 유키치의 소론(所論)을 보고한다.

후쿠자와 유키치의 육식 계몽의 입각점은 그의 「고기 먹어야 한다.[6]」에 잘 나타나 있다. 처음에 「구미인의 근육이 굵고 완력이 강대함은 우리 일본인이 항상 선망할 수밖에 없는 것」이라고, 구미인의 정신과 체력이 일본인에 비해 뛰어남을 자신이 여행했을 때의 보고 들은 것을 예로 들어 「일본인 2~3명의 힘을 합쳐 구미인 1인의 힘」에 맞먹는다고 기록하고, 또한 구미의 정치가가 「일본 정치가라면 귀도 멀고 눈도 흐릿해지고 마음도 노망이 나는」 때에도 낮에는 대각에 출입하고 밤은 의원(議院)에 출석해 한밤중이 될 때까지 반대당과 변론하고 밤은 연회에 참석, 연설하고 책을 저술하는 다망함을 잘 이겨내고 있다. 일본인과 다른 점은 매우 많다고 한탄하고 있다.

그리고 그 차이는, 즉 먹는 것의 차이에서 비롯되었다고 한다. 메이지 23년(1880)에

5) 모리마쯔 장. 키쿠찌 유지로 1965 「개고식물사(改稿食物史)」 제1출판 P211

6) 「시사신보」 메이지 15년(1882) 12월 15,16일 사설. 시사신보는 동년 3월1일 유키치 자신이 주재, 창간한 신문. 불편불당 독립을 취지로 한다.

미국인은 1인당 약 120근(약 72kg)의 소고기를 먹은 것에 비해, 메이지 12년(1878) 일본인 한 사람이 먹은 소고기의 양은 고작 반근(300g)에 지나지 않는다. 그 차이는 약 240배. 일본인은 「풀, 열매, 채소, 뿌리에 의해 성립된 몸이기 때문인지, 그 정신도 채소, 뿌리에 어울리는 정신이라고 말할 수 있다」고 육식의 이득을 역설하고 있다.

「육식의 설」은 쯔끼찌에 있었던 규바(牛馬) 회사의 의뢰에 응하여 규바 회사의 유제품에 대해서 기록한 1300자 남짓의 홍보문에 있지만 격조 높은 동시에 신랄, 명쾌하다(자료). 거기서 그는 먼저 인간은 만물의 영장이기 때문에 곡물, 초목, 조수, 생선고기 모든 것을 먹어야 하고, 그렇지 않으면 반드시 허약해지며 병에 걸려 쓰러지기 쉽다. 앞으로는 고기 종류를 많이 먹어 부족한 부분을 보충해야 하는데, 「수천백 년의 오랜 기간 동안, 일국의 풍속을 이루고, 육식을 더러운 것이라고 전하며 혐오하는 자가 많다」라고 위압적으로 말한다.

그리고 육식을 싫어하는 것은 큰 동물을 죽이는 것이 싫은 것인지, 생물을 죽이는 것이 무참하다고 하는 것인지, 더럽다고 생각하는 것인지, 라고 질문하며 예를 들어 반론을 하고 있는데 이것이 꽤 압권이다. 원래 육식을 싫어하는 것은 돼지나 소가 커서 죽임을 당하는 것을 차마 볼 수 없어 그런 것인지, 그렇다면 자주 먹는 고래와 소 어느 쪽이 큰가? 산 것이 죽을 때의 모양을 보고 잔혹하다고 생각하는가, 그렇다면 살아 있는 장어의 배를 가르거나, 거북이의 목을 벨 때도 애처롭지는 않은가? 또한 소고기나 우유를 더럽다 하는가, 그렇지 않다, 소고기나 양은 오곡이나 목초를 먹고 물을 마실 뿐이다. – 니혼바시의 카마보꼬는 물에 빠져 죽은 사람을 먹은 鱶(상어)의 살로 만든 것이다. 먹도미의 생선국은 맛있으나 실제로는 사람의 분비물을 먹은 생선일지도 모른다. 봄나물은 맛있으나 그저께 뿌린 소변이 깊숙이 스며들어 있을 것이다.

그리고 일본인에게 있어서 고기는 약이라고 갈파하여, 그것을 먹지 않고 허약하다면 한 나라의 손실이다, 한 집안에서 병자가 많을 경우, 우리 집안 가계의 특징이라면서 약을 사용하지 않는 집안이 있다면 그것을 현명하다고 말할 수 있을까라고 설득했다.

【자료】 육식(肉食)의 주장(說)[7]

천지간(天地間)에 사는 동물은 육식하는 동물과 육식을 하지 않는 것이 있다. 사자, 표범, 개, 고양이와 같은 동물은 육류를 먹이로 하고, 소, 말, 양 같은 것은 오곡 초목을 먹는다. 만물은 천연의 성(性)이 있으며, 인간은 만물의 영장으로서 오곡, 초목, 새, 생선, 수육 모든 것을 먹지는 않는다. 이 또한 인간의 천성으로는 만약 이 성(性)에 맞지 않는 육류의 고기를 먹거나 혹은 오곡초목의 열매를 먹을 때는 필히 심신 허약에 빠지

7) 『福澤全集』 20권, 38~39page에 의함.

고 불의의 병에 걸려 쓰러져 죽는다. 또는 단명하지 않아도 살아서 무기력하게 병으로 생애의 낙이 없을 것이다. 예부터 우리 일본국은 농업을 하여 인간의 상식(常食) 오곡을 이용하고 육식을 먹는 것은 드물어서 사람의 영양이 한편으로 편중되어 스스로 병약한 사람이 많은 바, 지금부터 크게 소와 양을 키워 그 고기를 이용하고 그 젖을 마셔서 영양이 모자람을 보충하는 등 수천 수백 년 오랜 동안 일국(一國)의 풍속을 이루어 육식을 더러운 것으로 여기고 허망한 것을 싫어하는 자가 많은 것은 필경(畢竟) 사람의 천성을 알지 못하고 사람의 궁리(窮理)를 두려워하지 않는 무학문맹의 공론(空論)이다. 도대체 그 고기를 혐오하는 것은 돼지, 소와 같이 큰 것을 죽이는 것을 참을 수 없어 한다. 소도 고래도 얼마나 큰가? 그러나 고래를 잡고 그 고기를 먹는 사람을 기이하다고 생각지 않는다. 도데체 생물을 살해할 때의 모양을 보고 끔찍하다고 생각한다. 살아 있는 뱀장어의 등을 잘라서 머리를 잘라내도 역시 고통스러워 하지 않는다. 또는 소고기, 소젖을 더러운 것이라고 한다. 소, 양은 오곡 초목을 먹고 물을 마신다. 그 고기의 청결을 논함을 기대하지 않는다. 흔히 만물의 시말(始末)을 설명한다면 세상의 식물(食物)에 더러운 물질이 많다. 일본교의 어묵(蒲鉾)은 익사(溺死)한 사람을 먹는 상어의 고기로 만들어졌다. 흑도미의 맑은 국이 일품이라 해도 큰 배의 뱃머리에 붙어서 사람의 변(똥)을 먹는 생선이다. 봄의 청채향이라 하더라도 하루에 걸쳐서 소변이 깊이 그 잎에 들어간다. 혹은 소고기, 소젖의 냄새가 난다고 한다. 송어의 젓갈 냄새에 없지 않는 쿠사야(갈고등어)의 마른 것도 아주 심하다. 선조 전래의 미강(米糠) 미소(된장) 독에 구더기와 같이 독에 가지, 무의 새로운 절임은 어떤가. 모든 것은 사람의 입, 눈, 귀, 코에 익숙해지고, 익숙해지지 않는 이유로 그렇다고 본다. 익숙해진 것을 좋다고 하고 익숙하지 않은 것을 나쁘다고 한다. 자기 멋대로 자기 미소(된장)만을 맛본 그 입으로 고기 「소프」가 통하지 않는다는 것은 그다지 불통의 논이 되지 않는다. 혹은 또 육식의 이해득실을 물어보지 않고 오직 우리나라의 풍속으로 이것을 사용하지 않는다는 설(說)은 지금 우리 국민이 육식이 부족하여 양생이 되지 않기 때문에, 그 생명력을 떨어뜨리는 경우가 적지 않다. 즉 한 나라의 손망(損亡)이 된다. 즉 그 해로움을 알고, 또한 이것을 보하는 기술도 없거니와 무슨 이유로 그 기술을 멀리하는 이유가 있으랴. 한 집에서 환자가 많은 것은 그 집안의 가풍으로 생각되어 의약을 사용하지 않는 사람이 있다면 이것은 지식인이라 불릴 수 있겠는가.

IV. 일본과 서양의 절충의 추천

이러한 계몽의 특징은 영양적인 면의 강조는 차고 넘칠 정도였지만 소재에 대해서는 계몽에 시종일관 서양의 요리 그 자체에 관해서 언급이 없었다. 그 후 육식의 보급은 소고기 냄비나 스키야키 등, 새로운 소재를 전통적 조미료인 간장으로 조미하여 종래의 요리 자체 속에 접목시킨 형태로 출발했다. 혹은 「화양의 절충」을 추천했다. 그렇기 때문에 가축의 고기 소비는 시작되었지만, 우유류, 스파이스류 등 많은 서양 야채 등 종래의 요리나 조미법에 맞지 않는 소재의 보급은 늦어졌다.

그 결과로서, 새롭게 들어온 서양 소재가 식탁 위에서 만나, 서양요리적인 세계를 만드는 것은 서민의 가정에서는 일어나지 않았다. 나이프도 포크도 서양풍의 식탁도 일반 가정에는 없었고, 필요성도 없었다. 다다미 위에 돗자리를 깔아 곤로를 두고, 책상다리를 하고 냄비를 뒤적거리는 것에 의해 食의 문명 개화는 시작되었던 것이다.

육식과 함께 빵을 먹는 것은 같은 시기에 일본인의 식생활에 도입되었지만 소고기는 소고기 냄비나 스키야키와 같이 밥과 술의 반찬이 되었고, 빵은 단팥빵, 잼빵을 시작으로 과자 빵류로서 환영받아, 이 두 가지가 서양에서 아주 일반적인 것 같이 일본에서는 하나의 식탁 위에서 만나는 일은 거의 없었다. 이 두 가지가 일반 가정의 테이블 위에 올려지게 된 것은 태평양 전쟁 후 빵의 「대용식」으로서의 시대를 빼면 최근 3, 40년 정도의 역사이다.

이런 것들은 음식이 도입될 때 자주 볼 수 있는 것으로, 조미료나 향신료에 대한 기호의 보수성을 이야기하고 있는 것이다.

소고기 전골이나 스키야키의 경우처럼, 고기를 작게 슬라이스해서 부드러운 고기를 귀히 여기는 식사 방식은 오히려 어패류의 식사 방식이다. 게다가 유키치의 보고에도 있는 것처럼 「소고기의 등심과 안심을 조금만」이라는 말에는 우리들의 현재의 육식에 대한 시작이라는 것을 볼 수 있다. 현재도 일본의 소고기 매장에서는 요리 용도별로 진열하는 방식이 많고, 부위별로 진열해서 판매하고, 사용법은 소비자에게 맡겨버리는 구미의 방식과는 다르다. 그러한 의미로 소고기 전골은 「육식의 어식화」라고도 부를 수 있다.

또한 서양의 매너도 오래 보급되지 않았다. 즉 서양의 문화 그 자체에 대해서는 눈길도 주지 않았다는 것이다. 「서양식의 짧은 머리를 때려 보면 문명 개화의 소리가 난다」라는 풍속면에서의 어프로치가 食적인 면에서는 희박했다는 것이 당시의 식의 개화의 특징이었고, 그것은 동시에 食이 가지고 있는 고집스러운 보수적인 성격을 이야기하고 있는 듯 하다.

이러한 전통적인 조미법에는 육식도 그 밖의 양식 소재의 도입에 있어서도 미국 중심의 생활에는 흔들리지 않았다. 부식 소재의 종류가(아마도 그 양도) 증가했다 하더라도 소고기 전골 속의 소고기 양은 적어도 무관했고, 그것으로 만족을 얻을 수 있었을 것이다.

V. 조미의 개화

5.1 양식 조미료

이상, 요리법마다 조미료가 기호를 강하게 좌우하는 것을 보아 왔지만, 한편 메이지 시대는 그 후 카레, 우스타 소스, 토마토 케찹 등의 서양 조미료가 환영받는 시대이기도 했다.

그 조미료는 꽤 쉽게 보급되었다고 볼 수 있다. 적어도 마요네즈나 샐러드 드레싱 등 보다는 일찍 보급되었다. 그것들 전부가 당시 일본인에게 있어서는 전혀 새로운 맛이었다. 앞에서 말한 세 개가 미국 식사와의 궁합이 맞았다는 생각을 염두해 두어도 좋다. 카레라이스, 치킨라이스, 하이라이스 등은 꽤 독창성을 가미한 요리이다.

카레라이스가 일본에 전래된 것은 에도 막부 말기의 개항 이후라고 알려져 있고, 메이지 5년(1872)에는 「서양요리 소식통[8]」 등에 소개되어 있다. 카레라이스가 서양요리 계몽의 노른자위의 하나였음을 알 수 있다. 토마토 케찹도 당시의 사람들에게 있어서 실로 새로운 맛이었지만, 원래 탁상 조미료인 이것을 밥의 조리에 사용한 것은 일본인이었다.

다른 견해로 본다면, 카레는 인도 기원이고, 우스타 소스는 그 기원 설화에 따르자면, 야채류를 원료로 한 일종의 발효 조미료라고 할 수 있다. 또한 토마토 케찹은 「케찹」이라는 말에 붙여, 말레이어 내지는 중국어가 어원이라는 설이 강하다. 둘 다 아시아 기원이라고 말하지 않더라도 어떤 의미로든 아시아와의 관계가 있는 것 같다. 아시아의 문화를 접목시켜 발전해 온 일본인에게 있어서 미각의 근저에 연결하는 것이 있었다고 말할 수 있을 것이다. 이러한 조미료의 보급이 비교적 일찍 된장과 간장의 아성 속에 들어갈 수 있었던 것은 어쩌면 이런 것과 관계가 있는 것인지도 모른다.

소금, 설탕 등의 기본 조미료를 제외한 조미료의 대부분은 맛과 함께 풍미를 동반한

---

8) 「서양요리 소식통」 카나가키로분(편), 메이지 5년(1872)간, 요코하마에 있는 영국인에게 고용된 요리사의 노트를 기초로 해서 쓰여진 서양요리의 안내서. 110종에 이르는 요리를 소개하고 있다. 메이지 초기에 있어서의 서양요리 계몽의 선구적인 책 중 하나

다. 그리고 세계의 각 지역에서 그 요리의 특징을 만들고 있는 것은 조미료(와 향신료)의 풍미라고 말할 수 있을 것이다. 일본의 「다시」류나 된장, 간장 등은 「감칠맛[9]」을 매력의 주체로 삼고 있지만, 각각의 고유 향기가 불가결한 매력이 되었다.

5.2 감칠맛과 스파이스

아무리 맛이 좋다고 느끼더라도 그 향에 대한 기호가 수용되지 않는다면, 쉽게 받아들여지지 않는다. 만약 어떤 조미료의 맛에는 매력을 느끼지만 그 「향」이 수용되지 않을 경우, 그 조미료는 결코 받아들여지지 않을 것이다. 받아들여지지 않을 경우, 어떤 형태가 될 것인가? 이 점에 대해서 흥미있는 예로, 고대 로마인에 의한 어장(생선을 소금에 절여 낸 국물)의 사용이 있다[10].

거의 기원전 1세기의 고대 로마의 미식가, 요리가인 아피키우스의 요리서[11]를 보면 당시 가르무 혹은 구아멘(각각 그리스어와 라틴어지만, 같은 것을 의미했다고 생각할 수 있다)라고 불리는 것이 사용되어, 이 요리서의 기재에 따르면, 요즘 동남아시아 각지에서 사용되고 있는 어장류와 큰 차이가 없다.

한편, 하나 더 방대하게 사용되고 있는 것이 스파이스류였다.

문제는 이 두 가지의 사용 패턴으로, 보통 스파이스류는 무차별적으로 투입되었다고들 하지만, 한편 동시에 79%의 요리에 어장이 사용되었었다. 그림1은 그 「요리서」에 나와있는 교쇼(魚醬)를 사용한 요리의 수와 스파이스를 사용한 요리의 수의 관계를 나타낸 것으로 세로축의 좌측에 교쇼를 사용한 요리의 수와 퍼센테이지, 우측에는 그것을 사용하지 않은 요리의 동일하게 %를 써서, 세로축에는 사용된 스파이스의 종류와 수를 썼다.

9) 인간의 기본적 미각의 하나로서, 「감칠맛」이라고 하는 단어가 1985년 10월 7일, 하와이에서 열린 제1회 국제 감칠맛 심포지엄에서 인지되었다.

10) 단혜미, 오오쯔카 1987 「고대 유럽에서의 우오쇼의 역할」 『무코가와여자대학(武庫川女子大學) 제25집』을 참고할 것, 또한 표1, 표2에 대해서도 이 문헌을 기초로 표를 만들었음.

11) 아피키우스 1987 『고대 로마의 요리서』(뮤라=요코타. 노부코 역) 삼성당, 전권에 따름

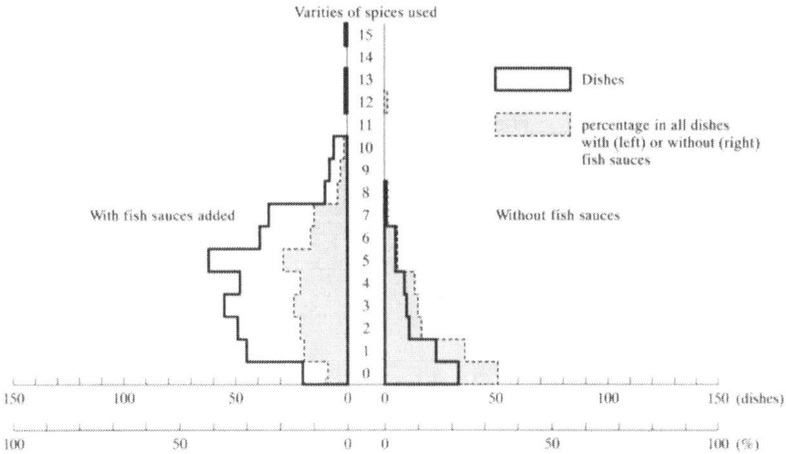

<그림 1> 아피키우스 요리서에서 보는 어장의 사용과 스파이스류 사용의 관계

그림에서 볼 수 있듯이, 어장을 사용하지 않는 요리군에서는 약 34%의 요리에 스파이스가 전혀 사용되지 않고 있다. 반대로 어장은 사용했지만 스파이스 제로인 요리는 약 5%에 불과하다.

반대로, 어장이 사용된 요리에는 1~10종류의 스파이스가 사용된 것에 비해, 어장이 사용되지 않은 요리의 경우, 스파이스의 사용 빈도는 낮고, 사용되더라도 한 종류인 경우가 눈에 띌 정도이다. 그에 반해, 어장의 사용과 감미료(꿀, 단맛 포도주 등)에 대해 같은 데이터를 사용해 보면, 감미료가 교소의 사용, 무사용에 관계없이 사용되었던 것을 알았다.

그리고 더 나아가 산미료의 사용에 대해서 조사해 보면, 스파이스류와 같은 경향으로 어장의 사용 간에 유의한 관계를 인정할 수 있다.

이러한 결과는 당시 사람들에 의해 어장의 맛은 즐겼지만 향에 매력을 느끼지 못하고, 요리에 있어서 그 향을 없애기 위해서 강열한 스파이스류를 사용했다고 해석하면 이해하기 쉽다. 또한 어장의 향의 주성분의 하나는 휘발성 아민류로, 그 휘산(揮散)이 산이나 레몬 등의 산성 조미료에 의해 억제되는 것은 요즘의 요리에서의 상식이다.

한편, 감미료의 사용법에 어장 사용과의 관계를 볼 수 없는 것은 그것이 어장의 향의 억제에 작용을 나타내지 않기 때문이라고 생각하면 납득할 수 있다.

그림 2는 각종 소재의 요리에 대해서 어장의 사용과 스파이스류의 관계를 나타낸 것으로, 퍼센테이지(%)를 보면(점선), 스파이스의 사용의 유무는 소재의 차이보다 오히려 어장 사용의 유무와의 상관 관계가 명백하다.

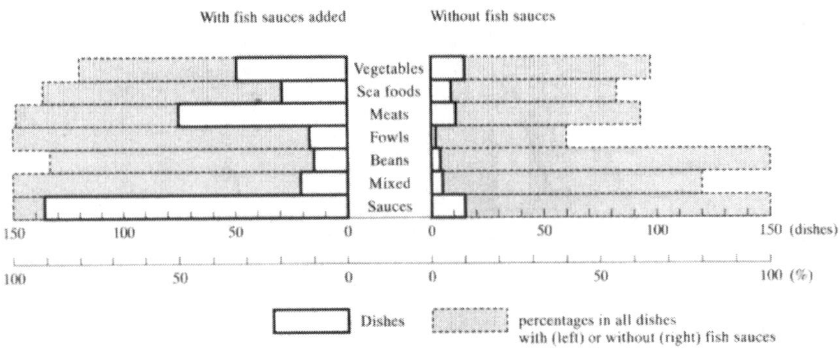

<그림 2> 아피키우스 요리서에서 보는 여러 종류의 소재에서 스파이스류 사용의 치우침

서양요리에 있어서 스파이스를 자주 사용하는 것은 선도를 잃은 새고기, 짐승고기의 냄새 교정, 탈취에 있었다고들 많이 얘기하지만, 그 표에 나타나 있는 것처럼 적어도 고대 로마인의 식생활에 있어서 새고기, 짐승고기의 요리의 경우에 특히 스파이스 사용이 많다는 것은 관찰되지 않는다. 오히려 어장와의 관계가 강했다는 것을 시사하고 있다. 유럽에서 스파이스 빈용(頻用)의 시작에 대해서는 어장과의 관계를 무시할 수 없다고 생각된다.

이것은 맛에 대한 집착과 향에 대한 기피의 모순이 초래한 하나의 예라고 할 수 있을 것이다. 서양요리의 일본화라는 것을 생각할 때, 이러한 것은 하나의 참고가 될 지도 모른다.

일본인은 감미를 많이 요구하지만 많은 서양요리를 조미할 때, 가쓰오부시나 쪄서 말린 식품의 향은 어울리지 않는 것일 것이고, 우유나 유제품의 향이 많은 화양절충요리에도 사용되는 것은 거의 없었다.

그런 의미에서 메이지 41년(1908)의 글루타민산 나트륨의 연구와 개발은 무취, 중성의 감미료라는 획기적인 것이었다. 이 이상 서양 조미료나 서양풍 반찬류는 그에 의해 감미료가 첨가되어, 일본인의 미각을 만족시켜 가게 된다.

양식의 보급과 쌀[12)]

스기타 일본은 쌀이 주식이었기 때문에, 서양요리가 이만큼 단기간에 일상식으로 정착했다고 생각합니다. 취반은 쌀을 물로 찐다는 극히 심플한 조리법이면서 모든 스타일의 요리(양식에도 중식에도)에 매치한다는 특성이 있습니다.

오오쯔까 말씀하신 그대로입니다. 밥이 무미하기 때문에 여러 가지 요리와 어울립니다. 그러나 소금을 조금 가미한 오니기리(삼각주먹밥)라도 맛있게 먹을 수 있는 것을 알기 쉽게 설명한다면, 일본인은 간장이나 된장을 사용한 비교적 진한 맛에 익숙해져 왔기 때문에, 서양요리가 요즘처럼 보급되고, 민중이 받아들이는 것은 역시 꽤 시간이 걸렸다고 생각합니다. 그러나 토마토 케찹도 우스타 소스도 밥과 위화감이 적기 때문에, 맛에 익숙해지면 코로케나 돈까스 등의 서양풍 반찬이 가정요리에 침투되었다고 생각합니다.

스기타 어떤 음식의 변화나 발달은 다른 음식과의 조화 위에 모두 성립되었다고 하는 것이 저의 지론이지만, 그러한 관점에서 생각하면 예를 들어 조미료가 변한다는 것은 맛을 가미하는 쪽의 음식이 오히려 주도권을 가지고 있다는 것이 됩니다. 일본에는 정식이라고 하는 단어가 있어, 밥과 국과 돈까스라는 세트가 기본으로 생각합니다. 최근은 라면라이스라든지 만두라이스 등이 있을 정도로 쌀밥 기호가 있었기 때문에 양식도 중식도 어렵지 않게 일품요리로서 도입되어 왔다고 생각합니다.

요시다 양식 조미료인 카레, 우스타 소스, 토마토 케찹에 대해서 아시아 기원이라고들 말을 해 왔습니다. 카레는 인도 기원임에 틀림없습니다만, 인도에서 영국으로 들어가, 그 후 일본으로 들어왔기 때문에 오히려 서양의 것이라고 생각하는 것이 좋습니다. 만약 카레를 인도 기원이라고 한다면 토마토는 남미가 원산일 것입니다.

오오쯔카 영국에 국한되지 않고 유럽인은 오랫동안 혈안이 되어 스파이스나 진미를 찾아 아시아를 탐색해 지극히 대담하게 가지고 돌아갔습니다. 이것은 서양풍 조미료로서 일본에 돌아왔을 때, 아시아 원산이라는 끈끈한 관계에 연연하고 있었을지도 모른다고 생각합니다. 일본인에게 있어서 적어도 우유 등의 발효식품보다는 익숙해지기 쉬웠다고 생각합니다.

12) 쿠마쿠라 이사오. 이시게 히타미찌 (편) 1988「외래의 식문화』pp155~156 발췌
스기타 코이치(쇼와여대,조리학) 요시다 (국립민족학박물관,민족학)

제2장 일본화된 중국음식과 요리

다나카 시즈이찌(田中靜一)

I. 외래식의 일본화의 범위에 대한 의문

일본은 옛 시대부터 여러 형태로 중국의 영향을 받아 왔다. 한 마디로 중국의 음식과 요리의 일본화라고 하더라도, 어떤 시대에 일본에 전래되어 왔고, 어느 정도까지 일본에 정착해 있는 것을 일본화라고 하는지가 확실하지 않다.

차, 면류, 두부 등은 일본화한 대표적인 식품이지만, 중국요리 재료의 하루사메(당면), 후카히레(소・돼지의 등심살), 연소(제비둥지) 등은 에도 시대에 전래되어 현재도 널리 사용되고 있지만, 이러한 것들은 일본화했다고 할 수 있을지 의문이 남는다.

여기서는 일본화했다고 하는 것은 요리인, 그 방면의 전문가, 미식가 등이 아닌, 일반인이 잘 알고 있고 일상적으로 먹는 식품이다. 이렇게 보면 두부, 차, 면류, 하루사메 등은 일본화한 것이라고 할 수 있지만, 후카히레나 연소는 일본화한 것이라고 생각하지 않는 것으로 한다(후카히레는 에도시대의 나가사키 무역에서 수산물 수출품 3품의 한 종류로 중국향 중요한 수출품이었기 때문에 원료는 일본에서 수출해 식용법은 중국에서 수입한 식품이라 할 수 있겠다.)

이하 중국에서 전래되어 일본화했다고 생각되는 식품이나 식습관에 대해서 오래된 것부터 설명하겠다.

1.1 도소(屠蘇)

정월 초하루에 축하주로 마시는 도소주는 중국에서 일본으로 전래한 풍습이다. 중국에서 당송 시대까지 빈번히 행해지던 의식적인 약주이지만, 원래 중국에서는 한물가, 현재는 행해지지 않고 있다. 이 유래에 대해서는 확실하지는 않지만 『삼국지』의 중심 인물의 한 사람, 조조에게 살해된 후한의 명의 화타(?~208)가 창제한 것으로 전해지고 있다.

도소가 중국의 서책에 처음 나온 것은 6세기 중엽, 송린(宋懍)의 저서 『형초세시기[13]』이다. 아마 『형초세시기』에 의해서 나라 시대에 일본에 전해졌다고 생각된다. 당시 선진국 중국에서 전래된 문화는 비교적 일찍 국내에 널리 전해진 것 같다. 그 풍습이 일본에는 현재까지 남아있다.

도소주가 상세히 나와 있는 것은 당말, 오대경의 책으로 생각되는 한악(韓鄂)의 『사시찬요[14]』이다.

1.2 칠초죽(七草粥, 칠종죽)

칠초죽도 『형초세시기』에 처음 나온 중국의 오래된 연중 행사이다.

중국에서는 정월 초하루부터 10일까지 10일간 매일 인간의 생활에 관계가 깊은 동식물을 배합하여, 그날이 무풍청천하면 그날에 해당되는 동식물은 순조롭게 자란다고 믿었었다.

한 예를 들면 1일은 닭, 2일은 개, 3일은 양, 4일은 돼지, 5일은 소, 6일은 말, 7일은 사람, 8일은 곡물이지만 그 외에도 일(1) 닭, 이(2) 오리, 삼(3) 돼지, 사(4) 양, 오(5) 수수, 육(6) 보리, 칠(7) 사람, 팔(8) 곡물, 구(9) 과일, 십(10) 채소가 있고, 그 외에도 배합은 여러 종류가 있어 일정하지 않지만 칠일은 사람의 날이라는 것을 정하여 그 날은 인일(人日)이라고 한다.

그날은 사람의 행복을 기원하며 먹는 축죽(祝粥)이 칠종죽으로 일곱 가지 종류의 야채를 넣어 죽을 만들었다. 『형초세시기』에는 「정월 7일. 위인일이칠종채위갱(爲人日以七種菜爲羹)」이라고 칠종의 야채로 뜨거운 죽을 만든다고 쓰여 있지만 왜 인일에 칠종 죽을 먹으면 좋은지에 대한 이유는 전혀 기록되어 있지 않다.

---

13) 『형초세시기(荊楚歲時記)』 남북조 시대의 세시기, 많은 중국의 오래된 세시기 중에 가장 뛰어난 책으로 자료성이 높다. 민간의 행사, 그 중에서도 음식에 관한 기사가 적지 않다.

14) 『사시찬요(四時纂要)』 당대 말기의 농서. 매월 농사를 기록하고 있다. 그 중에 도소주의 배합, 만드는 법, 처방 등 상세히 나와 있다.

이 행사는 나라 시대에 일본에 전해졌다고 보여, 세키네 신류(關根眞隆) 씨의 「나라 시대 식생활의 연구」에는 칠종죽이라는 이름으로 나와 있지만 내용은 아래의 칠종을 사용하고 있다.쌀, 밤, 수수, 피, 菫子[15], 깨, 팥.

칠초죽(중국에서는 칠종죽이라고 부른다)의 행사도 일본에서는 현존하고 있지만, 중국에서는 당송 즈음까지 행해졌던 행사로, 현재 중국 남부 등에 조금 남아 있을 뿐이다.

1.3 차(茶)

중국으로부터 일본으로 전래된 식품은 많지만 차는 전래의 시기, 경과 그 후의 일본 국내에서의 발전 상황이 가장 확실한 것이다. 차에 관한 서적은 일본과 중국 둘 다 뛰어난 것이 많이 나와 있기 때문에 일반적인 것은 빼고 특징적인 것에 대해서 진술하겠다.

차는 중국의 운남, 사천 등의 지방에서 문헌 이전부터 식용되었던 것이지만, 차가 문헌에 나오는 가장 오래된 기록으로 자주 인용되는 것은 전한선제 시대의 사천 지방의 고관왕포(?~기원전 61)가 쓴 「동약(僮約)」이다. 동약은 사용하는 어린 시종의 계약서 같은 것으로, 차를 찐다거나 차를 사는 것 같은 기사가 있기 때문에, 당시의 사천 지방에서는 차가 상품이 될 정도로 보급되었다는 것을 알 수 있다. 차의 오래된 기록으로 자주 나오는 『신농본초경[16]』은 신농의 이름을 빌린 후한 시대의 책으로 차의 약효에 대해서 썼다.

중국의 차는 후세 다성(茶聖)으로 칭해지는 당의 육우(陸羽, ?~804)가 760년 경 『다경[17]』을저술해서 차의 지위를 한층 높인다.

『다경』의 차를 한마디로 말하면 현재의 일본 다도에 통하는 의식적인 차 마시는 법과 사용한 차가 말차(분말차)인 것이다.

일본에는 이 시대의 차가 승려 송서 등에 의해 전해졌기 때문에, 의식적인 차 마시는 법은 다도로서 남아 있고, 사용하는 차는 지금도 말차이다.

특이하게도 중국의 『다경』식의 의식적인 차 마시는 법도 말차도 송대 말부터 명대 초기에는 유행이 지나, 그 후에는 볼 수 없게 되었다.

---

15) 「화명초(和名抄)」에는 미노라고 부르고 있다. 호모노류에 속해, 현재는 미노고메라고 칭하고 별명 무쯔오레구사, 타무기라고도 부른다. 일본 각지의 수전, 도랑 등에 번무하는 초년성 초본. 카즈노코구사를 미노고메라고 하는 것은 잘못된 것이라고 마키노 후타로씨는 말한다.

16) 『신농본초경』 신농은 기원전 2700년경의 전설적인 유명한 왕으로 의약, 농업의 신으로서 알려져 있다. 그 이름을 붙인 후한 시대의 약학서.

17) 「다경(茶經)」 육우(陸羽)에 의한 차의 백화전서적인 책. 차의 역사에서 산지, 제조법, 마시는 법 등을 상세히 쓴 차의 전문서

현대 중국에도 복건성 남부, 광동성 북구의 복건성 지역에 가까운 지방에 공부차(工夫茶)라는 의식적인 차 마시는 법이 남아 있지만 사용하는 차 잎은 엽차이고 마시는 법도 『다경』과는 다르다.

1.4 술

술은 미생물에 의한 발효식품이기 때문에 차에 비해 알기 어려운 식품이다.

문헌과 고고학적인 유물(遺物)만으로 보는 옛날의 술에 대해서는 발효도 미생물도 나오지 않기 때문에 이해하기 쉬우나, 현대의 술은 대단히 이해하기 어렵다.

맛도 색도 아주 비슷하지만, 중국의 소흥주는 중국식의 곰팡이로 만들지만, 대만의 소흥주는 일본과 같은 국(누룩)곰팡이로 만들고 한국의 부산은 일본에 가깝지만 대부분의 술은 중국술과 같은 곰팡이로 만든다. 한국의 탁주(濁酒)인 막걸리의 곰팡이는 중국술의 곰팡이이지만 일본의 탁주(濁酒)의 곰팡이는 일본술과 같은 국 곰팡이이다.

이렇게 현재의 중국술은 화학적으로 보면 일본술, 한국술보다 복잡하여 알기 어렵지만 옛날은 한 종류의 술로 취급했기 때문에 알기 쉽다.

고대의 술에 대해서는 『예기[18]』, 『주예[19]』, 『전국책[20]』 등의 고전을 인용하면서 2000년 이상이나 옛날의 술을 어제 본 것처럼 얘기할 수 있는 사람도 현재의 중국술이라면 속수무책인 것은, 전술한 것과 같이 원료, 발효균, 제조법 모두 복잡한 것에 의한 것이다. 술에 대해서 전문서가 많기 때문에 일반적인 내용은 언급하지 않는 것으로 한다.

일본의 술은 중국이 기원이라고 쓴 것들이 많지만, 이것은 틀린 것으로 일본의 술은 일본이 기원이라고 할 수 있기 때문에 그것만 얘기하겠다.

일본의 술이 대륙계의 술이라고 하는 최초의 출전은 『고사기』에 나오는 「응신천황의 시대에 백제의 수수허리(須須許理)가 술을 만들어 천황에게 진상했더니 천황은 맛있어서 대량으로 마셔 취했다」라는 기사로, 이것이 그 후의 여러 책에 인용되어 일본술의 대륙기원설의 기초가 되었다. 만약 그렇다면 현재의 일본 술은 대륙계의 술과 동

---

18) 『예기』 진한(秦漢) 시대의 유자의 예에 관한 설을 모은 책. 성립 연대에 대해서는 다른 설이 많지만, 일반적으로 한대로 여겨지고 있다. 음식의 기술이 많고, 고대의 식의 집대성이라고 할 수 있겠다.

19) 『주예』 주시대의 관정의 관제 삼백오십여 종에 대해서 극히 상세히 기록되어 있다. 음식에 관한 관직명, 관리하는 범위 등을 보는 것으로 고대 식을 엿볼 수 있다. 주(기원전 1122경~기원전 246경)의 최초 왕인 무왕의 동생, 주공의 책이 되는 것으로 전해지고 있다.

20) 『전국책(戰國策)』 전국시대의 제씨백가의 언행을 전한의 류향(기원전 77~기원전 6)이 모은 책. 전설상의 술의 창조자인 한 사람으로 의적(儀狄)이 만든 술에 대해서 기록한 최초의 것. 하지만 의적의 시대부터 1,500년도 후의 일이기 때문에 진위 여부는 알 수 없다.

일한 균이어야 하는데, 현재의 대륙의 술의 주요한 균은 쿠모노스 곰팡이(리조푸스)이며, 일본술의 균은 국 곰팡이(아스페르지러스)로 전혀 다르기 때문에 일본술이 중국 기원의 가능성은 적고, 일본술은 일본 본래의 것이라고 생각하겠다. 혹은 수수허리가 대륙계의 술을 일본에서 만들었지만, 일본에 정착하지 않았는지도 모른다.

문헌만 본다면 『일본서기』의 신대기에 있는 스사노오노의 조주설(造酒說)도 빠뜨릴 수는 없다.

1.5 두부

두부의 기원이 중국인 것은 확실한 것으로 중국에서 일본으로 전래하여 이른 시대에 일본화한 식품인 것도 확실하다.

두부에 있어서 가장 불명확한 점은 두부의 발명가가 누구인지 어느 시대에 발명되었는지 하는 것이다.

전설적으로는 한나라의 고종의 손자로 유명한 무제의 백부인 회남왕 유안(劉安, BC 178~BC 122년)이 발명한 것으로 되어 있고, 이것은 유안 시대로부터 천 년여 후인 970년 전후의 서적인 도곡(902~970)의 『청이록[21]』에서 볼 수 있다.

유안(劉安) 시대부터 도곡의 『청이록』까지의 기간에는 유명한 농서인 『제민요술[22]』이나 『사민월령[23]』 등의 두부의 기사가 당연히 나와 있을 것 같은 서적이 있지만, 두 책에서 두부에 대한 기사를 전혀 볼 수 없다. 육조 시대는 당시 식경 혹은 식보라고 했던 중국의 요리서 발행의 전성 시대로 20여 종의 요리서가 발행되어 있지만, 이런 요리책은 이른 시대에 산실되어 일부도 남아 있지 않다. 이 요리책에는 두부의 기사가 있었을지도 모르나 『제민요술』에 인용되어 남아 있는 부분에도 그 당시 몇 종의 식경류가 일본에 수입되어 『의심방[24]』 『화명류취초』 등에 인용문이 남아 있지만, 거기에서도 두부의 기사는 전혀 보이지 않기 때문에 두부의 유안 발명설에는 중국에서도 의문을 많이 가지고 있다.

---

21) 『청이록(淸異錄)』 북송대의 책으로 수대부터 오대에 이르는 일화를 채록한 것. 두부가 처음 나온 회남왕 유안이 발명한 것으로 되어 있다.

22) 『제민요술』 위대(魏代) 550년경 가시쿄의 손이 되는 세계 최고이며 가장 좋은 농서의 하나. 이 책 이전부터 이후의 당대까지의 저서에 비해 기술이 구체적인 것. 채록사항이 많은 것. 가정서로서도 충분한 내용을 포함하고 있는 등으로 평가가 높은 책

23) 『사민월령』 후한 말의 최식(약126~168) 찬의 세시기. 어장, 육장, 청장, 콩을 쪄서 장을 만드는 곡장의 기사가 있다.

24) 『의심방』 영관 2년(984) 성립. 의사 탄바야스(丹波康賴) 요리의 현존 최고의 의서. 이 책에는 중국에서 일찍이 산실(散佚)된 육조시대의 식경류의 인용이 있다.

그러면 두부는 누가 언제 발명했는가를 이야기할 때, 현존하는 자료에서 보는 한, 『청이록』에 조금 늦어, 소동파(1036~1101)의 두부시가 나와 있고 계속해서 두부의 기사가 많이 볼 수 있게 되어 있어서 이 양자보다 조금 전 당대 초중기의 것은 아니지 않는가.

이에 대해서 중국의 이름 높은 과학사가인 원한청 교수는 유안 기원설을 부정하고 당 다음 오대(907~979)경 농민의 발명설이다. 이 예증으로서 송대의 의서 『목초연의』에서 「절구로 대두를 갈아서 두부를 만든다」라는 문장을 예로 들고 있다.

일본에 언제쯤 두부가 전래해 왔는지에 대한 것에 대해서는 자세하지 않기 때문에 키쿠타 스바루 선생님의 「두부고」(『풍속』제8권 제1호)에서 다음 문장을 인용하겠다.

「일본에서 두부의 기록은 900년대의 『의심방』 『화명류취초』 『목초화명』 등의 오래된 기록에는 보이지 않고, 기록이 나오는 가장 처음은 수영(쥬에이) 2년(1183) 1월 2일, 나라 춘일약관의 신주중신유중의 일기에서 볼 수 있는 『춘근당부1종』. 다음해 1월 2일에는 『측안당부1종』하는 것이 있어, 그 당부가 오늘날 두부의 실자(実字)」로서 존재한다.

또한, 「그 당시부터 50년 정도 후에 니찌렌(일연) 당상관이 난죠 나나고로에게 공양을 드린 물품에 대한 사례의 편지」에서 『간 두부』라는 명칭이 나온다」 출처. 우연의 일치이겠지만, 12세기는 중국의 요리서에 두부의 기사가 많이 보이게 되는 시대이다.

두부는 완전히 일본화한 식품으로 브라질 등에서는 두부의 기원은 일본이라고 생각하고 있다.

일본화한 중국의 두부 종류는 두부 외에 아부라아게, 감모도끼, 그리고 코오리(얼음) 두부이나, 중국에는 이 외에 향건, 백엽, 두부건, 부유, 조두부 등의 두부의 2차 가공품이 일상적으로 사용되고 있으나 일본화되지 않은 것은 의아하지만 그 이유는 모르겠다.

1.6 만두(교자, 餃子)

교자는 에도 시대에 일본에서 발행된 요리서, 예를 들어 『탁자조팽법[25]』에 처음으로볼 수 있고, 계속해서 『탁자식[26]』에는 편식이라는 이름으로 현재와 같은 모양의 삽

---

25) 『탁자조팽법(卓子調烹方)』 간행년은 불명확하지 않지만, 야스나가 7년(1778)의 헌립이 수록되어 있는 것으로부터 1778년경의 것으로 생각된다. 중국요리의 특수 재료와 특산품이 많이 나와 있고, 일본책에 처음으로 나오는 것들이 많다.

26) 『탁자식(卓子式)』 텐메이 4년(1784) 부젠 나카츠(豊前中津)의 타나카 심페이, 자칭 전신(田信)이 쓴 것. 에도 시대의 중국요리책으로서 뛰어난 것으로 알려져 있다. 당시, 중국요리를 탁복(卓袱)요리라고 불렀는데 테이블, 식탁 등의 풀이도 있다.

화가 그려져 있다. 『청속기문27)』에는 교자로서 현재의 슈마이와 같은 그림이 나와 있다. 메이지 시대가 되어 메이지 42년(1909) 발행된 『일본의 가정에서 응용할 수 있는 중국 요리법28)』, 메이지 45년(1912) 발행된 『실용가정 중국 요리법29)』에도 나와 있어 다이쇼, 쇼와의 전쟁 전까지의 책에도 나와 있다. 이상의 요리서에서 기술한 것을 보면 교자는 일본 전래의 오래된 중국요리이지만 대부분 보급되지 않고 쇼와 초년까지 동경의 중화요리점에서 교자를 내놓는 요리점은 없었던 것 같다.

전쟁 전의 동경에서 최고인 대중국요리점 산수루의 쇼와 2년(1927) 당시의 메뉴에는 171종의 요리가 나와 있고, 그 중에는 면도 슈마이도 나와 있으나 교자는 나와 있지 않고, 쇼와 8년(1932)에 출판된 동경의 『타베아루키(돌아다니며 먹기)』는 당시의 시민식을 보기 위한 좋은 자료인데 거기에도 교자(餃子)는 나와 있지 않다.

전쟁을 시작한 후 대륙과의 왕래도 많아 지고, 교자의 본 고장인 만주의 생활 경험자이면서 동경에 거주하는 사람도 증가했기 때문에, 간다(神田) 부근에 2~3개의 교자 가게가 있었다.

그 당시의 면류(중국 소바), 슈마이, 파오즈 등은 일본화한 것이라고 말할 수 있는 상황이었으나 교자는 아직 일본화되지 않았다.

교자가 완전히 일본화하는 것은 전후이다. 패전으로 중국 대륙에서 개척단, 일반인, 병사 등 많은 사람들이 돌아왔다. 그 사람들은 문자대로 일본의 전국 각지에 정착하게 되었다. 전후의 힘든 생활을 유지하기 위해서 설비도 기술도 그렇게 필요 없는 교자점을 여는 사람도 나왔다.

보통 외래 음식의 보급 패턴은 먼저 대도시에서 시작해서 몇 년도 더 걸려 전국으로 퍼지지만 교자처럼 2,3년에 일본화한 것은 보기 힘든 것이다.

또한 교자의 전래에서 흥미로운 것은 중국요리는 상해, 광동 방면에서 일본으로 전해졌고, 명칭도 남방계의 발음이 많았지만 교자만은 북방, 그것도 만주 방면에서 일본으로 전해진 식품이다. 따라서 문자는 교자이지만 만주에 많은 산동음의 일본식 발음 '교자'이다.

여기서 교자 기원에 대한 사적 논리를 덧붙이겠다.

교자의 「餃」라는 일반적으로 사용되지 않는 글자가 사전에 처음 나오는 것은 중국

---

27) 『청속기문(淸俗紀聞)』 칸세이 11년(1799) 발행됨. 무사 나카가와 타다히데가 행정 담당으로 나가사키에 체재중, 나가사키에 있는 중국인과 상업용으로 왕래하는 중국인으로부터 당시의 사정을 듣고 쓰게 한 것. 전문의 화공의 삽화.

28) 『일본의 가정에서 응용할 수 있는 중국요리법4』 메이지 42년(1909), 일본가정연구회간. 시바타나미 사부로, 쯔가와 치요코.

29) 『실용가정 중국요리법』 메이지 45년(1912) 세이린도 발간. 오쿠무라 저서.

의 명나라 말의 사전인 『정자통(正字通)』이다. 거기서 보면 교자는 문헌적으로는 『정자통』이전에는 없었으며, 나도 그렇게 생각하고 있었지만 최근에는 생각이 바뀌었다.

1790년에 신강 투르판의 아스터너 고분에서 당대의 교자 실물이 출토되었다. 이에 중국의 연구자도 놀라, 공을 세운 것처럼 대대적으로 발표했다. 나도 놀라 멀고도 먼 우루무치에 가서 박물관에서 실물을 보았고, 사진 촬영은 허가받지 못했지만 아스타너의 출토현장은 볼 수가 있었다. 그 출토로 인해, 아무리 오래되더라도 명대라고 생각했던 교자의 기원이 1000년여나 더 거슬러 올라가게 되어, 중국은 대단히 기뻐했다. 아스터너의 교자로 놀란 것은, 모양이 반달 모양으로 현재의 교자와 너무나도 비슷하다.

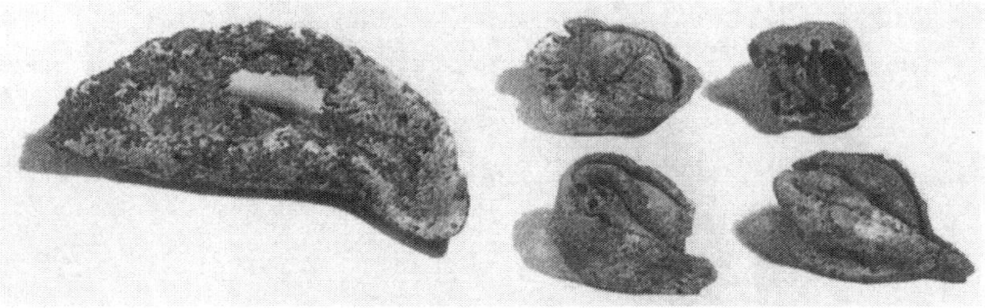

<사진 1> 신강 출토된 교자(좌)와 혼돈(餛飩)
[「新疆出土文物」 1975 新疆維吾爾自治區 박물관 편집 문물 출판사 출판 중국국제서점 발행]

중국은 오래전부터 돼지고기를 많이 먹는 나라로 밀이 있으면 교자는 극히 간단히 만들 수 있기 때문에 교자는 누가 어디에서 만들었는지 그 기원을 말할 것까지는 아니라고 생각한다. 자연발생적으로 언젠가부터 생겨난 것이 교자라고 생각하고 싶다.

1992년 3월 상해에서 『중국팽임사전』, 같은 해 4월, 북경에서 『중국팽임백화전서』가 연이어 발행되었다. 이 책 안에는 두 서적 합쳐 약 20종의 교자 유사품의 명칭, 속칭, 지방명이 채록되어 있다. 지방명으로서 특히 많은 것은 산동 지방의 이름이다. 산동 지방은 중국에서도 오래전부터 문명이 진화된 곳으로 밀의 다작 지대이기도 하기 때문에 이 지방이 면류 발상지인 것도 수긍이 간다. 『만주의 전설과 민요』라는 책을 가지고 있다. 이 안에는 청조 창시자의 교자 제조 전설이 나와 있다. 나는 이 자료들로부터 중국의 교자 기원은 아스타나에서 어쩌다 출토되었지만 아스타나에 국한되지 않고 널리 중국 전토의 밀 재배 지대에서 시기적으로는 더 앞 설 수도 뒤 설 수도 있다고 생각하고 싶다. 앞에서 말한 두 서적에서 볼 수 있는 교자의 다른 이름, 고어, 속명, 지방명 중에서 눈에 띄는 것을 참고로 쓰겠다. 수교(水餃), 수교이(水餃餌), 뢰환(牢丸), 뢰구(牢九), 분각(粉角), 각자(角子), 편식(扁食), 과첩(鍋貼), 수자(水煮).

1.7 중국 소바(라면)

일본의 면 종류가 중국에서 (직접인지, 한반도를 경유해서인지는 불명확) 전래된 것이라는 것은 일반적으로 인정하고 있지만 그것은 지금 일본의 전통 식품이 된 우동과 소면을 얘기하는 것이고, 라면은 아니다.

일본식 중국 소바는 다이쇼 중기 이후, 일본에 보급된 싼 면이지만 소바 가루를 조금도 사용하지 않고, 밀가루만으로 만드는 면을 소바라고 부르게 된 이유는 전혀 알 수 없다. 메이지 말기의 『중국요리법』에는 자장면, 기스면이 있지만 거기에는 계란우동이 있어 중국 건물점에 팔고 있다는 주석이 있다. 다이쇼 7년(1918)의 『해군주계병조리술교과서(海軍主計兵調理術教科書)』에는 중국 우동으로 나와 있지만, 다이쇼 15년(1926)의 야마다의 『아마추어가 할 수 있는 중국 요리』에는 중국(지나) 소바라고 씌여 있다.

이 자료로 생각해 보면, 면을 소바라고 하는 것은 다이쇼 중기경부터라고 생각한다. 종전 전(終戰前), 중화면은 모두 중국 소바라고 불렀다.

야마타의 책에는 「중국 소바 치는 법」의 항목이 있어 「중국 소바라고 부르지만 실제로는 우동이고, 일본의 우동과 다른 점은 소량의 쉔스이(鹹水)를 함유하고 있는 것과 제조법에 다소 상이한 점이 있을 뿐이다」라고 쓰여 있다. 재료에 칸스이(중화면을 만들 때 가루에 섞는 탄산 칼륨의 용액)와 계란을 사용한다.

차르멜라를 울리면서 팔러 다니는 노점상의 중국 소바가 급증한 것은 다이쇼 중기부터 말기. 본래식의 중국면에서 농후함을 빼고, 간장으로 맛을 내서 차슈와 죽순, 김을 얹은 일본식 중국 소바이다. 전시(戰時) 중 만주에서 이것과 같은 중국 소바집이 유행했던 것이 생각난다.

중국 소바는 전후(戰後) 라면이라고 이름을 바꿨다.

라면이라는 어원에 대해서 잡아당겨 길게 늘여뜨려 만든다는 의미가 있는 중국어의 라(拉, 당기다)를 사용한 면으로 전후 일본에서 사용하기 시작한 단어인 것은 아닌가라고 쓴 것이 있다. 그때까지의 자료를 조사해서 라면이라는 단어를 전혀 찾아볼 수 없었기 때문이다. 후에 1790년경부터 발행된 『산서풍물시』 『산동 특산풍미지남』 등에 라면이라는 글자가 있는 것을 알았다. 그에 따르면 기원은 산동성 교동의 복산 지구에서 명대에 시작한 전통 식품이라는 것. 양손으로 잡아당겨 길게 펴서 만드는 면으로 현재는 중국 각지에서 볼 수 있다.

쇼와 33년(1958)에 인스턴트 라면이 탄생했다. 일본의 발명품이 이제는 세계의 대중적인 식품이 되었다.

II. 수용이 늦어진 중화요리

중국 문화는 오래전부터 일본에 전래되었음에도 불구하고 메이지 시대에 있어서 중국요리의 일본 전래와 보급은 서양요리에 비해 상당히 늦었다.

메이지 유신 이후, 서양화가 근대화라고 하는 서양화 지향, 서양 숭배의 사상에서 서양풍의 것은 뭐든지 좋다고 하는 풍조에 편승하여 서양요리는 급속하게 보급되었다. 그에 반해 에도 시대 말기에 가까운 시기부터 서구 제국에서 시작된 중국 멸시 사상이 일본에도 전래되어 중국이 문제화되지 않은 것이 중국요리의 보급을 늦춘 요인으로 생각된다.

메이지 시대에 중국요리가 광동인에 의해서 먼저 요코하마에 전래된 것은 확실하다. 그것이 백여 년을 지나 오늘날의 요코하마 중화거리의 요리 관계자의 대부분이 광동인이 차지하고 있는 원인으로 생각된다. 막말부터 메이지 초년에도 중국 요리점은 있었던 것 같지만 이것은 중국인이 이용하였으며 일본인은 가까이 가지 않았다.

<사진 2> 다이쇼기의 중화가. 왼쪽에 成昌樓의 간판이 보인다.
[『橫浜市要覽』(다이쇼 10년)](橫浜開港資料館藏)

메이지 10년(1877)에 중국에서 공사가 부임해 거주하게 되는데, 당시 요코하마에 거주하고 있던 중국인은 1142명. 이후 증가하여 메이지 20년(1887)에는 2573명이 된다. 메이지 초년은 광동, 복건인이 중심이었지만, 메이지 8년(1875)에 요코하마 상해간의 주 1회의 정기 항로가 개시되어 삼강(강소, 절강, 안휘) 지방에서의 이주자가 증가한다. 이것은 다이쇼, 쇼와기의 일본의 중국요리에 상해계의 많은 것과 관계가 있다.

당시, 중국 요리점의 수가 어느 정도였는지, 가정에 어느 정도 중국요리가 보급했는지는 지금은 조사할 방법이 없지만, 메이지 시대에 발행된 요리서의 수는 그것을 유추하는 데 도움이 된다. 메이지 시대가 되어 최초로 중국요리의 책이 출판된 것은 메이지 19년(1886), 이후 메이지 45년(1912)까지의 27년간 출간된 책은 8종이다(이에 비해 서양요리책은 130종에 이른다).

8종 중에 중국요리만의 책은『일본의 가정에 응용할 수 있는 중국요리법』과『실용 가정 중국요리법』의 2종에 지나지 않는다. 이것들은 일본의 중국요리 발전사, 전래사에 참고 자료가 된다.

2개의 책 모두 에도 시대의 중국요리의 계통이 아니라, 메이지가 되어 새롭게 전래한 중국요리법으로 기초적인 요리는 전부 들어가 있고, 현대의 요리책과 다를 바가 없다. 명칭용어도 그것에 대한 후리가나도 불완전하기는 하지만 북경음이다.

전자에는 이런 종류의 책으로서는 진귀하게도 당시의 이름난 신사인 남작 이시구로 마사헤이와 야마네 쇼지, 카에쯔 타카코 이 세 사람의 서문이 있다. 각각의 중국 요리관을 통해 메이지 시대의 중국요리의 상황을 알 수 있다.

후자에는「중국 요리의 헌립급향응의 순서」라는 항목이 있고 헌립에서 그 서비스의 상세한 설명이 있다. 또한 당시 동경, 교하시의 핫쵸보리에 있었던「쾌락원」(해락원을 잘못 쓴건지)의 실제로 사용한 헌립표가 실려 있다. 둘 다 지금으로부터 80여 년 전의 중국요리의 상황을 알 수 있는 단서가 된다.

일본에서 중국요리가 본격적으로 발전의 단계에 들어선 것은 다이쇼 시대가 되어서이다. 다이쇼 7년(1918)에, 후에 육군 군량과 마초 헛간장이 되는 마루모토 쇼조가 중국에서 요리인을 초청하여, 육군에 중국요리를 도입하였다. 같은 해에 작성된「해군주계병조리법 교과서」에도 처음으로 중국요리가 채용되었고, 여학교의 교과서에서 중국요리를 취급하고 있는 것도 그 시기 정도이다.

중국요리의 수용30)

고바야시 저는 요코하마에서 태어났지만 전쟁 전 남경 마을은 극히 작은 가게가 줄지어 서 있었던 기억이 있습니다. 전쟁 후의 중화거리의 발전과 중국요리의 육성은 중국 본토의 공산화에 수반되어 부호와 그 요리인이 일거 도래해 온 것이 크게 관여하고 있다고 생각합니다만.

30) 구마쿠라 이사오, 이시게 나오미치 1988『외래의 식의 문화』PP205-206에서 채록.
고바야시 아키오(오차노미즈여대, 식품화학) 사하라 마코토(나라국립문화재연구소,고고학), 시마다 준꼬(오차노미즈여대, 조리학)

다나카 말씀하시는 것같이 중국에서 당시 많은 요리인이 온 것도 원인의 하나라고 생각합니다. 쇼와 28, 29년 경에는 일본의 큰 호텔의 중국요리나 중화요리점의 요리장은 전부 중국인으로, 그들이 강력한 조합을 결성하여 이 직장을 절대 일본인에게 양보하지 않도록 하여 일본의 요리인이 들어갈 수 없었던 시기가 있었습니다. 그러나 대부분이 여권 문제가 걸려 정부가 그들을 수용하였기 때문에 겨우 쇼와 30년경, 일본인이 요리장 자리를 얻었다는 곳이 있습니다. 그렇기 때문에 당시는 꽤 많은 중국인 요리사가 와 있었다는 것은 사실입니다.

그러나 그것 뿐만이 아니라 전후의 일본인은 미지의 것에 대한 동경의 하나로 중국요리에 쏠려 있었다는 것도 사실이라고 생각합니다. 게다가 대륙에서 중국요리의 맛을 알게 된 사람이 200~300만 명도 되돌아 왔고 그 중에는 직업으로서 중국요리점을 시작하는 사람도 있어 망향의 기억으로 그것을 먹으러 오는 이런 두 종류의 사람들이 섞여, 중국요리는 중국에서 되돌아 온 사람이 있는 곳에, 요코하마에 제한되지 않고 널리 침투해 갔다고 생각합니다.

사하라 메이지 시대에 중국요리가 수용되지 않았던 것은 기름이나 향신료를 사용하지 않는 일본요리의 전통과 맞지 않아서 인데, 전쟁 후에는 기름이나 향에 대한 기호가 점차 변화한 것도 원인은 아니겠습니까.

타나카 『요코하마시 역사』에 의하면 메이지 초기의 남경 마을은 그다지 환경이 좋은 곳은 아니었던 것 같습니다. 거기에 외국인의 가정부나 하인으로 건너 온 중국인이 모여 살아, 음식점과 미장원, 도박장을 만들었다고 쓰여 있습니다. 기름이나 향신료의 문제도 어느 정도는 있겠지만 중국인 멸시의 감정에 더 무게가 있었다고 생각합니다.

시마다 관동 대지진 후, 일본식 라면이 빨리 보급된 이유는?

타나카 지진을 기점으로 중국요리는 싸고 맛이 좋다는 이유로 일본식 라면을 파는 가게가 갑자기 늘어난 것은 사실이지만, 그 이유는 모르겠습니다. 칸스이(함수)는 면을 조이게 해 탄력 있게 만들고, 또한 면을 담황색으로 알칼리 독특의 향을 낸다는 요소를 가지고 있어 소면이나 우동과 확연히 다릅니다. 중국의 면은 꼭 칸스이를 사용한 것만 있는 것은 아니라는 점도 말씀드립니다.

III. 『수원식단(隨園食單)』과 야마다 마사헤이(山田政平)

일본의 메이지 이래의 중국요리의 발전 상황을 크게 분류하면 관동대지진까지와 전쟁까지, 그리고 제2차 세계대전 전후 이렇게 3단계로 나눌 수 있다.

관동 대지진까지 중국요리는 볼 만한 발전을 하지 않은 것은 이미 말했지만 대지진을 경계로 급속히 성장하여 전쟁 후에는 더욱 발전하여 현재의 모습에 이르고 있다.

관동 대지진 후의 부흥과 병행하여 음식 산업이 급격이 발전한 것이 하나의 계기가 된다. "싸고 맛있다"라는 발전의 조건을 갖추고 있으면서도 일반인의 수용이 늦었던 중국요리에 눈을 돌리게 된다. 지진 후부터 중일 전쟁 돌입까지의 10여 년이 동경의 중국요리의 대발전기이며 정착한 시기이다.

에도 시대, 메이지 시대부터 요리 이름 읽는 법이 혼란스럽고 책 한 권 안에 북경어, 관동어, 복건어, 강남어, 거기에 일본의 읽는 법이 섞여 있다. 그것이 지금처럼 대부분이 북경어로 바뀐 것은 야마다 마사헤이가 다이쇼 15년(1926)에 부인지우사(婦人之友社)에서 출간한 『아마추어가 할 수 있는 중국요리』부터이다. 이 책은 쇼와 16년(1941)까지 12판을 거듭하고 있다. 표제에서 보기에는 가정주부용의 안내서인 것 같지만, 일본에서는 처음으로 중국요리를 체계적으로 조합해서 기술한 책이며, 이 책 이후 쇼와 30년(1955)경까지 중국 요리책의 내용은 이 책을 인용한 것을 많이 볼 수 있다.

내용은 종래의 요리책에 비해 매우 정확하고 기술(記述)이 간결하여 이해하기 쉽고 중국음(音)을 읽는 법은 완전히 북경어로 통일되어 있다. 요리기술뿐만이 아니고 특수한 식재료, 향신료, 조미료, 도구, 식기, 요리의 용어 해설 등 중국요리에 관한 상식적인 설명이다. 그 가운데 「중국으로부터 귀화한 일본의 식품」이라는 한 항(項)에 흥미가 끌리어서 「중국요리 전래의 경로」의 가운데 "----요즈음 비상한 세력으로써 유행하고 있는 중국요리는 일찍이 당나라에 들어간 승려들이 사양하여 남겨두고 온 본령(중세 때 본래의 영지에 대한 영유권을 막부가 인정하던 일)으로 널리 알리려고 하는 것 같이 되어 있어서 --- 중국요리를 그 상태 그대로, 혹은 다량으로 들여왔다고 생각되는 것이 매우 많은 모양이다. 그러므로 금후는 중국요리법을 기조로 한, 육류 그 외의 요리의 일본화가 점점 번성해 와서 일반 식탁을 활기차게 할 것이다"라고 현재를 예견하고 있다.

그는 근대 중국요리 연구의 선각자라 할 수 있는 사람이다. 우편관리로 만주에 건너가, 장춘, 봉천 등에서 근무하는 한편, 중국어와 요리를 취미로 배웠다. 병 때문에 고향 시즈오카에 돌아와 본격적으로 중국요리와 중국 요리학을 연구하여 다이쇼 말기에는 완전히 전문가의 경지에 이르렀다. 이때부터 요리학교나 여대, 육군 등에서 강사를 하거나 집필 활동을 했다. 당시의 여학교나 여대의 중국요리 교사 중에는 직접 교육을 받은 사람도 많다.

다이쇼 시대부터 쇼와 초기에 걸쳐서는 각지 요리 강습회도 자주 열렸다. 당시 아직 스즈키 상점이라고 불렀던 아지노모토 회사는 그 강사진과 제휴하여 음양으로 요리 강습회를 응원하였고 아지노모토의 확판의 기회가 되기도 했다. 중국에서의 확장 홍보를 꾀한 것도 다이쇼 말기이다.

야마다(山田) 씨와 아지노모토 회사의 만남도 그 시기 즈음이다. 야마다 씨가 중국요리에 조예가 깊은 것에 감명을 받아 아지노모토사는 이후 그 일에 후원을 아끼지 않았다. 쇼와 3년(1928)에는 『4계절의 중국요리』라고 이름한 소책자의 집필을 의뢰했다. 쇼와 11년(1936)까지 60판을 냈고, 아지노모토사는 여학교의 졸업생에게 선물과 여러 단체에의 기증용으로서 약 50만 부를 간행했다. 이 외에도 여러 요리책이 있지만 전쟁 전의 중국요리의 가정에의 보급에 큰 공헌을 한 것은 사실이다.

전쟁 후 야마다 씨는 병에 자주 걸렸는데 쇼와 초기부터 착수한 『수원식단』의 완전한 역주서(譯註書)의 완성에 온전히 심혈을 기울여, 원고는 완성했지만 출판 1년 전 쇼와 29년(1954)에 운명을 달리했다.

『수원식단』은 청의 진사(進士)이고 시인, 문장가로서 이름 높은 원매(袁枚, 1716~1797)가 1792년에 출간했다. 일본 일부에서는 요리의 논어라고 불린다. 고대부터 현대까지 중국에서 출판된 요리책 중에서 가장 평가가 높은 책이다. 일본에는 1846년에 처음으로 수입되어 메이지 21년(1888) 7월 발행된 『호우쵸안바이(식칼 간맞추기)』에 산뢰자(山雷子, 본명 불명)가 내용을 소개한 이래, 본서의 완역 혹은 완역에 가까운 단행본이 7종 출간되었다.

외래 식(食)의 일본화라는 것은31)

야스모토 에도에서 태어난 사람은 3대째가 되어야 진짜 에도 사람이 된다고 말하지만 외국에서 들어온 음식은 몇 년 지나면 일본의 음식이 되는 것일까요, 예를 들어 중국요리도 100년 이상 경과되었습니다만.

다나카 처음에 말씀드린 대로 현재 보통 사람들이 생각할 때, 선뜻 일본의 것이라고 생각되는 것은 일본화한 것이라고 생각해도 된다고 생각합니다.

도요카와 다나카 선생님께서 명칭과 물건으로 나눠서 생각할 수 있는 예를 들어

31) 구마쿠라 이사오, 이시게 나오미치 1988 『외래 식의 문화』 PP222-223에서 채록
야스모토~(교토대,식품영양학), 토요카와 히로유키(동경대, 역학), 구마쿠라 이사오(츠쿠바대, 일본문화사)

주셨기 때문에 그에 따라 일본화의 분류를 생각했는데요, 1) 명칭과 물건이 일본화한 경우, 2) 명칭만이 일본화한 경우, 3) 물건만이 일본화한 경우라는 분류 방법과 거기에 다른 관점에서 가) 귀화 식물형(본질적인 변화 없이 일본화한 것=세이다카아후다치소(잡초)처럼 미국에서 건너온 대로 유전의 케이스도 바뀌지 않고 그대로 번식한 것), 나) 교합형(서로 섞여 2세, 3세를 낳은 것)을 볼 때, 1)-가)형이라든지 2)-나형이라는 분류가 가능하다고 생각합니다.

구마쿠라 외국에서 들어온 것에 문자를 넣는다는 문제가 있습니다. 한자를 넣지만 그중에는 이미 일본에 존재하고 있는 것을 나타내는데 한자를 빌려온 것도 있지 않느냐라는 얘기를 다나카 선생님께서 해 주셨습니다. 예를 들어 시바타 오사무선생님의 「병(餅)은 모찌(떡)가 아니다」 라는 유명한 문장이 있습니다. 「餅」이라는 글자는 들어왔지만 중국의 餅과 일본의 모찌의 실체는 전혀 다르다는 것입니다. 그리고 문자는 있지만 실체가 없는 것이 문헌을 찾아보면 상당히 많고, 「정훈왕래」에 나오는 것은 대부분 실재하지 않지 않는가, 다시 말해 문헌이 가지고 있는 위험합니다만, 혼돈되지 않고 외국에서 들어 온 것을 엄격히 재검토하는 것이 좋겠다고 통감하고 있습니다. 여기도 도요카와 선생님의 의견에 밀접한 관계가 있다고 생각합니다.

다나카 「염(醢)」이라든지 「저(菹)」라는 글자가 있는데 전자는 시오카라(생선류의 살, 내장, 알 등을 소금 절임한 발효식품), 후자는 쯔께모노(주로 야채를 소금, 된장, 간장 등에 절인 반찬)입니다. 이런 극히 단순한 가공품은 언어는 중국에서 왔지만 언어 이전에 일본에 있었던 것입니다. 거기에 어쩌다가 중국에서 온 문자를 끼워 맞춘 것이라고 저는 생각하고 있습니다. 「장」의 경우는 문자와 실체가 약간 비슷한 것이 들어 온 것 일텐데 「豉(메주 시)」는 보통 낫토라고 불리고 있는데, 낫토균을 사용하지 않기 때문에 낫토는 아닙니다. 중국의 메주도 일본의 하마낫토와 메주 균으로 만드는 것으로 같은 종류의 식품이지만 일본의 이토히키낫토와는 이질의 식품으로 된장과 친구라고 하겠습니다.

이상, 젓갈이라든지 채소절인 것이라는 비교적 확실한 것과 메주의 중간적인 것, 장과 같이 약간 확실한 것이 있다고 생각합니다. 「제민요술」 등의 중국의 오래된 책을 보면 실제로 중국에는 없는 식품이 일본에서는 중국 전래의 식품으로 취급되고 있기 때문에 매우 혼란스러운 점이 많습니다. 좀 전에 말한 「모찌」는 송대에 면 대신으로 아주 일본적으로 되지만 모찌는 결코 현재의 면이 아닌 것으로, 답안이 되지는 않지만 양해 부탁드립니다.

제3장 일본화된 한국음식 - 불고기를 중심으로

아사쿠라 토시오(朝倉敏夫)

I. 야키니쿠(焼肉)와 김치

한반도의 음식이라고 말하면, 일본인은 우선 야키니쿠(불고기)와 김치를 떠올린다. 그러나 한국에는 그 밖에도 궁중요리의 전통을 이은 「한정식(韓定食)」(사진1)으로부터 말리거나 발효시켜 만들어지는 보존식까지 풍부한 음식의 세계가 존재한다. 물론 야키니쿠(불고기)를 포함하는 육식문화(肉食文化)도 발달했지만, 그것은 동물의 머리부터 꼬리까지 문자 그대로 「철두철미(徹頭徹尾)」 - 고기뿐만이 아니라 오히려 뼈나 내장을 이용한 「탕(湯)」 요리가 발달했던 것이다. 야키니쿠가 옛날부터 한국의 대표적인 요리였던 것은 아니다. 더구나 그 야키니쿠는 일본의 그것과는 형태가 다른 것이었다.

김치도 그렇다. 일본에서는 보통 고춧가루로 새빨갛게 물들인 매운 배추김치만을 김치라고 생각하지만, 한국에는 채소의 가짓수만큼이나 김치의 종류가 많고, 나아가서는 동물성 식재의 김치도 있다. 더구나 고춧가루를 사용한 매운 김치만 있는 것이 아니라, 깔끔한 맛의 물김치도 있다. 김치를 사용한 요리도 다양하여 김치는 단순히 절임요리라기보다 모든 채소라고 하는 편이 맞을지도 모른다.

그러면, 왜 일본에서는 한반도의 요리라 하면, 야키니쿠와 배추김치라고 말하게 되었던 것일까, 또, 그것은 어떻게 일본화되어 갔던 것일까, 일본의 한반도요리 수용에 대하여 야키니쿠를 중심으로 이야기해 보도록 하자.

<사진 1> 한정식 20종류의 반찬그릇이 늘어선다. (필자 촬영)

II. 일본에서 야키니쿠(燒肉) 이전의 한반도 식(食)

일본과 한반도의 긴 역사 속에서, 서로 간의 음식문화 교류가 있었던 것은 말할 것도 없다.

그 역사적 회고를 먼 옛날로 거슬러 올라가는 일이란 여기서 할 수 있는 일이 아니지만, 에도 시대(江戶時代) 조선통신사가 일본을 방문했을 때의 기록이 남아 있다. 이진희(李進熙)에 의하면, 그들 일행을 접대한 요리는 호화 그 자체였다고 한다. 삼사(정사, 부사, 종사관)와 상상관의 아침 저녁상에 753, 점심상은 553, 바꿔가며 세 가지 국물음식과 열다섯 가지 채소가 준비되었다. 553의 상이란, 본상과 두 번째 상에 5색, 세 번째 상에 세 가지 요리를 차린 것이다. 재료는 계절에 따라 달랐던 것으로 보이며, 1748년에는 「조선인호물지각(朝鮮人好物之覺)」(그림1)이라는 유의 사항이 각 사관(使館)에 전달되었다[(12)].

조선인이 좋아하는 것

一. 소, 멧돼지, 사슴, 돼지, 닭, 꿩, 오리, 계란, 도미, 전복, 대구, 청어, 방어, 삼치, 문어, 대하, 게, 대합. 그 외, 진한 맛이 있는 새고기류, 모든 날생선류, 절인생선 및 민물생선 등은 좋아하긴 하지만 아주 좋아하지는 않는다.
一. 무, 쪽파류, 미나리, 우엉, 표고버섯, 상추, 마, 순무, 가지, 유채, 유부, 해송, 미역. 이 밖에 해조류, 채소, 건조식품류는 대개 좋아함.
一. 수박, 감, 배, 밀감, 향귤, 유자, 포도, 참외, 등의 과일로 만든 과자를 좋아함.
一. 간장에 데친 실국수, 메밀국수, 만두, 떡류, 양갱, 엿, 용안(龍眼, 식물이름. 역주), 얼음사탕, 백설탕, 카스텔라, 과일 채소의 설탕절임, 꿀 절임, 그 밖에 과자는 대개 좋아함.
一. 오래된 술, 소주, 그 밖에 주류는 대개 좋아함.
一. 사전조사에 의한 목록. 조선인 중에서도 싫어하는 사람이 있을 수 있지만, 위에 적은 것은 대체로 좋아한다. 뜨거운 요리를 싫어하고, 대체로 미지근한 것을 좋아한다. 이상.

소쓰시마노가키 내 히라타나오우에몬(宗對馬守内 平田直右衛門)
스기무라사부로 자에몬(杉村三朗左衛門)

一. 학, 잉어, 자라는 전에는 조선인들이 잘 먹지 않았지만, 요즘 젊은 사람들은 좋아하는 사람도 있다. 이상.

<그림 1>『조선인호물지각(朝鮮人好物之覺)』 문헌(12) p245에서

조선통신사의 제술관(製述官)으로서 『해유록(海遊錄)』을 저술한 신유한(申維翰) 일행은 에도에서의 식사에 대해 조금도 불만을 표하지 않는다. 그것은 『조선인호물지각』에서 볼 수 있는 바와 같이, 그들의 기호에 맞는 요리를 만드는 데 고심하였기 때문인데, 에도 시대의 일본인과 조선인의 식료품이 고기류 외에는 큰 차이가 없다는 것도 그 이유가 될 것이다. 그 밖에 다른 점이라고 한다면, 마늘을 사용하는가 사용하지 않는가 하는 점이다. 조미료에 고춧가루가 보이지 않는 것은 아마도 고춧가루가 아직 한반도에 보급되지 않았기 때문일 것이다.

이와 같이 한반도의 음식과 일본의 음식이 기본적으로 매우 비슷했던 점을, 후세에 이르러 야키니쿠와 김치가 한반도의 음식으로 선택 수용된 전제로 들 수 있을 것이다. 그러한 가운데 일본음식에는 없었던 불고기와 김치가 한반도의 음식을 대표하는 것이 되었음에 틀림 없다.

메이지 시대(明治時代)에는 한반도의 요리를 일본에 소개한 책이 있다. 메이지 20년(1887)에 출판된 이즈카 에이타로(飯塚榮太郎)의 『요리독안내(料理獨案內)』에 보면,「떡」「산적」「김치」 등 16종의 요리(제법)에 대한 설명이 있다. 당시에 이미 일본인이 한반도 요리에 강한 관심을 갖고 있었다는 것을 알 수 있다[8]. 하지만 그 후로부터 야키니쿠가 일본에 수용될 때까지 한반도 음식은 거의 일본에 소개되지 않았던 듯하다. 이는 일본의 한반도에 대한 태도와 큰 관련이 있었음에 틀림없다

III. 일본의 야키니쿠

우선, 일본 야키니쿠의 특질을 한국의 그것과 대비하여 조목별로 정리해 보자.

1. 야끼니쿠 그 자체가 다르다. 일본에서는 한국에서 기본적인 불고기(우육을 얇게 저며서 파, 마늘 육즙 등을 넣고, 징기스칸 냄비에 굽는다. 사진2)와 돼지갈비, 삼겹살이라고 하는 돼지고기의 야끼니쿠가 보이지 않는데, 일본에서는 한국에서 그다지 일반적이지 않는 내장부위로 만든 메뉴가 풍부하다.

<사진 2> 불고기 불은 화(火), 고기는 육(肉)을 의미한다. (필자 촬영)

2. 고기 부위에 따라 메뉴가 상세하게 나뉘어 다양한 부위를 주문하여 먹을 수가 있다. 한국에서는 갈비면 갈비, 로스면 로스, 각각 단품으로 주문한다. '갈비 3인분 로스 2인분' 하는 식으로는 주문하지 않는다.
3. 일본의 고기 집에는 야키니쿠 외의 메뉴가 많다. 한국에서는 야키니쿠만 주문하면 일본에서는 따로 주문해야 하는 김치나 상추를 비롯한 기본적인 반찬이 따라 나온다.
4. 고기에 상품(上品)과 보통의 구별이 있다. 품질에 따라 등급을 나누고, 그것이 가격으로 이어져, 품질과 가격의 관계를 합리화하고 있다.
5. 고기 일인분의 양이 적다. 또, 일인분의 양이 정확히 정해져 있다.
6. 고기는 조리장에서 칼로 잘라 나온다. 한국에서는 식탁에서 가위로 자른다.
7. 고기를 담아내는 모양이 아름답다. 한국에서는 접시에 고기만 담아 나오지만, 일본에서는 옥수수나 피망 등으로 색을 낸다.

8. 고기 자체의 맛을 즐긴다. 한국에서는 상추에 마늘, 고추, 쌈장을 모두 함께 싸서 복잡하게 어우러진 맛을 즐긴다.
9. 양념에도 「자가제(自家製)」, 「특제(特製)」를 만드는 데 신경을 많이 쓴다.

이러한 일본의 야키니쿠 방식은, 베리에이션을 풍부하게 하고 부가가치를 높이는 일본적 외식 경영의 특성을 반영하고 있다.(사진3)

<사진 3> 일본의 야키니쿠. 예쁜 모양으로 담아져 있다. (필자 촬영)

Ⅳ. 일본의 야키니쿠의 시작

이 일본의 야키니쿠의 시작에 대해서는 몇 가지 이야기가 있다.

모리에다(森枝卓士)는 '옛 문헌을 찾거나, 전전(戰前) 세대에게 물으면, 식민지시대에는 재일(在日) 조선인, 한국인이 많았고, 그들이 많이 살았던 지역에 그들 자신을 위한 조선요리집이 있었을지는 모르지만, 일본인을 상대로 한 가게는 존재하지 않았던 듯하다[9]'고 기술하고 있다.

또, 최길성과 유상희32)는, 「종전(終戰) 전에 시나가와(品川) 도살장 부근에 사는 한국인이 도살장에서 버린 소 내장 등을 주워서 요리를 했는데, 그것이 아주 평판이 좋아서 일본의 노동자 사이에 퍼졌다」고 하는 도쿄의 야키니쿠 요리점 경영자인 M씨의 이야기나, 「전전(戰前), 한국인의 대부분은 일당제 고용인이나 걸식(乞食)을 하고 있었는데, 그 중에서 탁주를 만들어 판매하던 사람이 도살장에서 땅에 묻은 내장을 파내어 자기들끼리 먹거나, 다른 집에 나누어 주기도 했다. 그것이 발전하여 상품화되었다. 이러한 야키니쿠는 오사카에서 시작되었다.」고 하는 S씨의 말을 근거로 하여, 「일본에서 한국요리인 야키니쿠가 시작되었던 것은 한일합병 이후로, 특히 많은 한국인이 징병 등으로 일본에 들어온 종전(終戰) 전후 즈음일 것이다.」라고 추측하고 있다.(13)

또, 「내장 구이의 발상은 히로시마(廣島). 전쟁 중의 병기 공장에서 강제 노동을 하고 있던 조선인들이 일본인들이 버린 것, 즉 '내장'을 먹을 수 있도록 연구했던 것이 시작이라고 하는 것이 정설인 듯하다」고 하는 이야기도 있다.(2)

시나가와, 오사카, 히로시마와 같이 서로 장소는 다르지만 이러한 이야기들로부터 야키니쿠가 일본에 사는 한국・조선인들에 의해 생겨난 것임은 확실한 듯하다.

이렇게 생겨난 야키니쿠가 일본인 일반에게 야키니쿠 요리점에서의 외식으로 확산된 것은 아마도 전후(戰後)의 일일 것이다. 현재 영업하고 있는 야키니쿠 가게의 창업 시기를 살펴보면, 오사카의 「쇼쿠도엔(食道園)」에서는 1992에 창업 47년을 자랑한 바 있으며, 역시 오사카의 쓰루하시(鶴橋)에 있는 「쓰루이치(鶴一)」는 아직 주변이 구듯가게 일색이었던 암시장 시절에 오픈되어 40년이라고 한다. 도쿄 긴자(銀座)의 「세이코엔(淸香園)」은 1951년 창업, 신주쿠(新宿)의 「쵸슌칸(長春館)」은 1980년에 창업 30년이라는 광고를 내었다. 잘 알려진 야키니쿠 요리점의 대부분은 1950년을 전후로 하여 도쿄, 오사카에 생겨나기 시작했다는 말이 된다.

---

32) 최길성, 유상희는, '제일한국인의 야키니쿠에 관한 문화인류학적 고찰'에서, 「본고는, 이 재일한국인의 직업인 불고기 가게를 통하여 일본문화권 내의 재일한국인 문화, 혹은 한국문화에 대한 문화인류학적인 고찰을 시도한 것이다. 필자들이, '야키니쿠'를 선택한 이유의 하나는 재일한국인의 그것이 대표적인 직업이라는 사실로부터 그 직업을 통하여 그들의 생활, 문화를 이해하기 위함이다.」라고 말하고 있다. (문헌 (13) p.169)

V. 호르몬 야키(내장 구이)

일본사회의 한국 요리점은, 도쿄에서도, 히로시마에서도, 소 내장을 요리한 호르몬야키 가게에서 시작되었다. 오사카에서도 오늘날 야키니쿠의 본고장이라고 일컬어지는 쓰루하시, 이 거리에 야키니쿠 연기가 피어 오르기 시작했던 것은 종전(終戰) 직후 암시장 시절, 우선 호르몬야키라는 이름으로 식량난에 허덕이던 일본인들에게 사랑받았다. 전후 암시장 안에서 체계화된 한국요리가 아니라, 일본인이 먹지 않는 내장육을 구이의 형태로 이른바 게릴라적으로 수용된 시기를 제1기라고 할 수 있다.

이 호르몬이라고 하는 용어는 내장을 이용한 요리를 누가 먼저랄 것도 없이 '호르몬야키'라고 부르게 되었는데 그 명칭에 대해서는 다음과 같은 설이 있다.

정대성은 「일본에 살고 있던 조선인 일세들은 고향에서의 식생활과 고기요리의 경험을 살려 내장육 등을 하나도 버리지 않고 사용하였다. 메이지 이후 스키야키 문화가 중심이었던 일본에서는 짐승의 몸통 부분의 고기를 주로 이용하였고, 내장 등의 이용법은 알지 못했다. 그래서 내장을 이용한 이들 고기요리를 누구랄 것도 없이 호르몬요리라는 이름으로 불렀던 것이다. 딱 맞는 명칭이다. 당시 호르몬이란 정력 증강을 의미하는 유행어였다. 화학물질로서의 호르몬 성분이 요리의 재료가 되는 내장에 실제로 포함되어 있을 리는 없다. 이 경우 내장요리는 건강에 좋고, 체력 증강에 크게 도움이 되는 음식이라는 의미이다.[15]」라고 서술되어 있다.

또 최길성과 유상희는 「이 호르몬은 hormone을 의미하는 말인 듯하고, 스테미너라는 이미지가 밀착되어 있다 .」고 서술하지만, 「호르몬은 hormone에서 온 말이 아니라, '掘るもの(호루모노)(역주. 파낸 것)'에서 유래되었다는 설도 있다.」고 하면서 앞에 나온 『dancyu』와 마찬가지로, 소의 고기 부분을 잘라낸 뒤, 내장 등은 "ホルモン(호르몬 放るもん)"이라고 하는, 버리는 것이 하는 의미의 오사카 사투리에서 유래한다고 하는 설도 소개하고 있다.[13]

이 호르몬의 「호르몬 설」에 대해서는, 오쿠무라(奧村)가 「호르몬이라는 말은 의학용어인 『'호르몬'』=강장을 위해 좋다는 것으로, 한마디로 말하자면 내장요리(モツ)입니다. 이는 1935년경부터 새나 짐승 요리에 사용되었던, 당당한 일본산 단어로[10]」「1941년에는 현재 오사카시 쥬오구 난바(大阪市中央區難波)에 있는 북극성(北極星)이 『호르모니(ホルモン煮)』라는 상표를 등록하였고, 그 증서에는 내장은 정력과 강장에 좋다고 씌어 있었다. 때문에 의학 용어인 호르몬을 붙인 것이다.[11]」라는 반증을 제시하고 있다. 어떻든 간에, 이 호르몬 구이라는 말은 일본의 야키니쿠가 고기요리라기보다도 내장요리가 중심이 되어 시작되었던 것을 상징하고 있다.

그리고 한국요리의 수용이 호르몬 구이로부터 시작되었던 것은, 근대 일본인이 문명을 도입하는 태도와 관련이 있었다. 이시케 나오미치(石毛直道)는 근대 일본의 중국요리도 양식이 선행되어 받아들여졌던 이유를 들어, 「근대 문명의 상징으로서의 <양식(洋食)>에 대하여 중국의 문명을 뒤늦은 것이라고 멸시하던 풍조와, 무관하지 않다」고 논하였던 일의 연장선상에서, 「조선요리에 이르러서는, 제2차 세계대전 후가 되어서 등록을 하는데, 그것은 일본의 식민지 체제하에서는 정당한 평가를 받기가 곤란한 민족요리였음을 의미하는 것이리라(4)」고 서술하고 있다. 또 모리에아 타쿠시도 「일본인에게 있어서 외교란, (중략) 일본 이외의 세계에 『리(理)』가 존재하는 곳을 찾는 지적(知的) 판단에 지나지 않았다」고 하는 『남진의 계보(南進の系譜)』에서 전개된 야노 토오루(矢野暢)의 설을 인용하면서, 조선요리가 식민지 시대에 수용될 수 없었던 것은 식민지가 되어 있는 아시아의 것에 대해 『리(理)』의 존재를 인정할 수 없었기 때문이었다고 해석하고 있다(9).

VI. 무연 로스터의 개발

호르몬야키로 시작된 야키니쿠가, 도회로부터 점점 일본사회에 보급 정착되어 가는 것은, 1970년대를 끼고 60년대 말부터 80년대에 걸쳐서이다. 이 시기를 제2기로 본다.

동경의 야키니쿠 요리점의 수는 60년대 후반에서 70년대 말까지 급속히 증가하여 갔지만, 50년대 출생의 지방 출신자에게 물으면 대학에 입학하여 도쿄나 오사카에 나와서 처음 야키니쿠를 먹었다고 하는 사람이 많다. 즉 70년대가 되어서야 그들은 도회지에서 야키니쿠를 만날 수가 있었던 것이다. 그렇다면, 70년대가 되어서도 지방에는 아직 야키니쿠가 그렇게 일반적으로 보급되지 않았었다고 말할 수 있다.

이 시기는, 그야말로 일본사회의 식사 문화에 커다란 변화가 일어난 시기이기도 하다. 이시케 나오미치는, 「쌀에 대한 의존도의 저하와 빵, 유제품, 고기의 소비가 급속히 증가, 구미요리나 중국요리를 가정의 보통 식사에서 먹게 된 것, 식품산업과 외식산업의 거대화에 따른 식생활의 사회 의존화 현상이 현저해진 것 등이 한 세대 안에 일어났던 것이다. 이 식사 문화의 변화는 1950년대의 후반에 시작되어, 현재에도 진행 중이다(5)」라고 기술하였다.

이 식문화의 대변화 중에서도 특히 70년대는 일본사회의 고도경제성장과 함께 「외식산업」이 급격한 기세로 성장한 시기였다. 70년대의 식의 특색으로서 「외식 체인 산업」이 그 키워드로 떠오르는데, 야키니쿠 요리점에도 체인화가 나타나기 시작하여, 그 수가 순조롭게 증가하면서, 야키니쿠가 「대중화」되어 갔다.

그와 동시에 일본의 야키니쿠는 점점 일본식으로 어레인지 되어 「일본화」되어 갔다. 일본의 야키니쿠는 한국의 그것과는 전혀 다른 형태로 만들면서, 독자적인 야키니쿠의 세계를 구축하여갔던 것이다.

이리하여 제2기는 야키니쿠의 「대중화」 및 「일본화」가 진행되었던 시기이다. 그리고 이를 결정적으로 지지한 것이 「무연 로스터」의 등장이다[33].

무연 로스터가 개발, 기업화된 것은 1979년부터 1980년 사이의 일이었다. 이전에도 야키니쿠점이 자기 가게만이 사용한다고 했던, 이른바 거리의 발명가에 의한 무연 로스터가 있었던 듯은 하지만, 이 시기를 전후하여 도쿄, 나고야(名古屋), 간사이(關西)의 기업들이 각각 개발하여 곧 바로 보급하여 갔다.

이러한 선발기업의 하나인 S사를 예로 들면, 1971년에 주방기구설계, 시공회사로 출발, 1980년에 무연 로스터의 제조 판매를 개시했다. 그 후 국내 특허뿐 아니라 해외 특허를 취득하고, 미국, 홍콩에서도 주재원 사무소를 설립 도쿄, 삿포로, 오사카에 지점을 가질 정도로 성장한다. 사무용 로스터 7기종, 70타입의 제품을 전국 여덟 개의 대리점을 통하여 전국 각 점포로 약 3만대를 보급하고, 그 보급 비율은 무연 로스터 분야의 40퍼센트를 점하고 있다.

현재 무연 로스터를 생산, 판매하는 기업은 일본 전국에 24개사가 있는 것으로 알려져있고, 그들이 전국 야키니쿠 요리점에 무연 로스터를 보급하고 있다. 그때까지는 야키니쿠 요리점이라고 하면 연기가 자욱하고, 아이나 여성에게는 경원시되던 것이었지만, 이러한 결점이 개선되어 누구나가 쉽게 들어갈 수 있는 분위기가 만들어진 것이다.

무연 로스터를 판매하는 A사 사장이 1989년에 『무연 로스터의 역사』에 대하여 이야기하였는데, 그 일부를 소개하겠다. '그 이전의 야키니쿠 요리점은, 한국인이 한국인

---

33) '무연 로스터란 무엇인가?' [문헌3]에서]
이 무렵 "무연 로스터 사용"을 노래하는 야키니쿠 요리점이 눈에 띄는데, 개중에는 연기가 나지 않는 고기라고 착각한 사람도 있지 않았을까? 무연 로스터란 고기를 구울 때 발생하는 연기와 냄새를 흡인하는 구조를 가진 가스 기구를 말한다. 단 가스를 빨아들이는 것만으로는, 고기가 버석거리기 때문에 그 쥬시함을 유지하면서 연기를 빨아들이는 것이 포인트가 된다. 옷에 냄새가 배어 버리는 것이 기존 야키니쿠의 최대의 약점이었다. 이런 걱정이 필요 없게 된 것은 완전히 무연 로스터 덕분. 1980년경부터 보급되기 시작하여 지금은 신규 점포의 대부분이 사용하고 있다.

사진은 심포㈜ 제공

을 고객으로 하여, 아직 일부의 일본인 팬을 대상으로 하는, 한정된 시장이었습니다. 점포의 분위기는 어둡고, 기름으로 얼룩진 시트와, 연기가 피어나면 그 연기 너머의 상대와 큰 소리로 이야기를 주고받으며 술을 나누는, 이런 분위기였기 때문에, 야키니쿠가 먹고 싶어도 일반 대중 특히 여성은 옷이나 머리에 냄새가 밸 까봐 걱정스러워 했고, 또 어두운 분위기를 싫어했죠. 이 시점에 무연 로스터가 등장한 것입니다. 점포도 컬러풀한 인테리어로 바꾸고 연기도 사라지고, 샐러리맨도 여성도 가볍게 들어갈 수 있는 야키니쿠 점이 도쿄 여기저기에 문을 열어 좋은 평판을 받았고, 1983년경부터는 신규 점포에서 반드시 무연로 스터를 사용하게 되었습니다. 당초 신규 점포는 기존의 한국인이 경영하는 야키니쿠 요리점의 지점, 분점이라는 느낌이었지만 현재는 일본인 경영자에 의한 타 산업의 다각 경영에 의한 참가, 또 타 식품 음식 업계가 뛰어들어 오픈하는 점포가 대부분을 차지하고 있습니다[(6)].'

VII. 민족(에스닉)요리의 보급과 한국요리

제3기는, 80년대의 이른바 식도락 붐을 타고, 본격적인 한국 요리점이 인기를 모은 시기이다.

80년대 후반부터 도쿄로 말하면 미나토구(港區), 아카사카(赤坂), 록폰기(六本木), 마후(麻布)에 한국요리를 하는 고급 전문점이 계속 생겨났는데, 이 시기는 NIES 선풍[34)]이 일어나 한국에서 오는 비즈니스맨이 대거(大擧) 일본시장에 진출하고, 또한 1988년 서울 올림픽을 전후해서 일본의 관광객도 많이 한국으로 갔던 시기이다. 한국에서 일본으로 온 여행자의 수는 1985년부터 1987년에 걸쳐 매년 20만 명 전후이었으나 1989년에 해외여행이 완전 자유화되어 61만 명(일본 관광객 32만 명)으로 급증하였다. 또한 일본에서 한국으로 입국한 사람 수도 1987년에는 75만 명이고 기타 외국에서의 입국자와 비교해서 압도적으로 많았다.

이들을 계기로 하여 한국인의 비즈니스맨과 본 고장의 맛을 아는 일본인을 위한 레스토랑의 수요가 높아졌다. 이러한 상황을 나타내듯이, 1985년 12월 18일자 한국의 스포츠 신문의 헤드라인에는「한국음식 일본 식탁 정복하다. 김치・냉면・매운탕…얼얼한 맛, 도취, 한식집 우후죽순 식으로… 모두 성업(盛業)」이라는 기사가 실렸다.

---

34) Newly industrializing economies 의 약칭으로 한국, 싱가폴, 대만, 홍콩 등 신흥공업경제 지역이 대두 되었다

민족음식에 대한 관심이 높아진 데다 때마침 매운 음식 붐도 겹치면서, 한국요리가 젊은 세대에게 각광받게 되었다. 또 식도락 붐 속에서 젊은 여성들이 맛있는 것을 찾아 다니게 되었다. 이러한 움직임에 부응하여, 한국 요리점 쪽에서도 그러한 젊은이나 여성 고객을 대상으로 한 가게를 만들었다. 이런 가게가 여성잡지에 실리면서, 그때까지는 데이트 코스로서는 적당치 않았던 한국 요리점이 일약 각광받게 되었다. 예를 들면, 1988년 8월의 『월간 에프(ef)』 50호에는 「서울 올림픽 기념, 본고장의 맛, 여성들도 맛 볼 수 있는 한국 요리점」이라고 하는 특집이 구성되었다. 그리고 한국 요리점은 젊은 여성뿐 아니라, 가족 동반이나 아이들을 동반한 폭넓은 고객층을 가지게 되고, 그에 부응하듯이 여러 가지 형태의 가게들이 탄생, 혹은 변신하여 갔다.

<사진 4> 탕(湯) 요리 (필자 촬영)

이들 가게 중에서는 「Korea Barbecue」라고 하는 영어표기나, 「연기가 나지 않으니까 깨끗합니다」 「오우미(近江 : 지금의 시가현) 소고기 판매 지정점」 「카페 빠 풍의 멋쟁이 가게」라는 광고가 나온다. 양풍을 빌리거나, 좋은 분위기를 팔아 혹은 정육회사의 지정점임을 들어 미식가들을 불러들이려 했던 것이다. 또 「한국 전통요리」라고 하는 광고나 「궁중요리」 「삼계탕」 같은 한국 전통요리나 가정요리 등, 야키니쿠 이외의 한국요리를 내세운 가게 이름이 나오기도 했다. 또 야키니쿠를 한국식으로 먹기 위한 필수품인 상추가 소개되는 등, 한국 본고장의 맛이 점점 더 많이 도입되게 되었다.

이러한 경향은 오사카에서도 보이며, 우메다(梅田)나 신사이바시(心齋橋), 난바(難波) 등에 새롭게 한국 요리점이 생겨난다. 그리고 1991년 2월 8일자 『마이니치 신문』에는 「재일한국・조선인이 많이 거주하고, 야키니쿠의 본고장이라고 일컬어지는 쓰루하시를 중심으로 하는 이노(生野)에서도 『본고장의 맛』을 찾는 사람들의 요구에 응하여, 본고장의 맛에 가깝게 되어 가며, 또 일본인의 입맛에 맞춘 한일 절충의 새로운 맛도 생겨나게 되었다. 이후로 야키니쿠가 급격히 다양화, 개성화의 시대로 접어들 것임을 예감하였다」고 하는 기사가 났다.

새로운 변화의 조짐이 보이는 가운데, 재일한국인의 경영자 중에는 한국으로 가서 궁중요리의 제 일인자로부터 전통요리를 배우고, 전통적인 도자기를 식기로 사용하고, 전통 공예품을 조리기구로 사용하는 등, 한국의 전통문화를 일본에 소개하려는 의도를 가지고 한국 요리점을 경영하는 사람도 나왔다. 거기에는 한국 것보다 더 한국적인 것이라고 하는 의욕이 포함되어 있었는데, 이러한 추구야말로 일본적인것 이었다.

한국 요리점이 각각 다양한 형태로 전개 되어감과 동시에, 야키니쿠 업계는 업계 전체로서도 외식 산업 속에서 일대 분야가 되고, 융성하고 있다. 1992년 10월 29일자에 「전국 야키니쿠 요리점 경영자 협회[35]」의 설립 총회가 열려, 업계의 사회적 지위의 향상이 꾀하여졌다. 업계의 단체 연구 모임이나 요리 콩쿨 등을 실시하는 한편, 매년 8월 29일 '야키니쿠의 날'로 정하여 전국적인 이벤트 '전국 야키니쿠 축제' 등을 통하여 어필하였다. 이와 맞물려 1992년 12월부터는 『야키니쿠 문화』라는 월간지도 간행되었다.

이러한 일본사회에서 성장한 야키니쿠는 일본에서는 점점 그 시작이 한국에 있었다는 사실이 망각되어 갔고, 한국에도 외식 산업의 발전과 함께 일본식의 「무연 로스터」가 역수입되고 있다. 또 야키니쿠는 서서히 여러 외국에도 「야키니쿠」라는 이름으로 진출되기 시작하여, 이미 일본요리의 하나인 것처럼 생각되게 되었다[36].

35) 전국 야키니쿠 상점 경영자협회는, 헤이세이 6년(1994) 11월 10일 현재, 정회원 수 235사, 732점포, 찬조회원 수 101사이다.

36) 「필자가 강의를 하고 있는 도쿄 조리사 전문학교, 영양사양성학교에서, 매년, 조선요리에 대한 앙케이트를 하고 있다. 야키니쿠를 조선요리라고 의식하는 젊은이는 매년 적어지고 있고, 1990년 현재 전학생의 5분의 1에도 미치지 않는 것이 현실이다. 유럽의 「일본요리점」 메뉴에 야키니쿠가 정식 메뉴가 되어 있는 일이 많은 것도 잘 알려진 사실이다.」
[문헌(16)에서]

VIII. 가정에서의 야키니쿠와 가정용 야키니쿠 양념

지금까지 외식으로서의 야키니쿠에 대해서 기술해 왔지만, 한편에는 가정요리로서의 야키니쿠가 있다.

NHK의 조사에 따르면 좋아하는 요리 상위 10품목을 세대별로 나타낸 것 (표1)이 있는데,「야키니쿠, 철판볶음」은 남성들 사이에서는 젊은 세대로부터 노년층까지, 여성들 사이에서도 젊은 세대를 중심으로 상위를 점하고 있고, 일본인이 좋아하는 요리에 랭크되어 있다. 여기에 거론되는 요리는, 외식뿐 아니라, 가정 요리도 포함되어 있다[(17)].『오늘의 반찬은 무엇으로 할까』하고 물으면, 최근의 아이들은 입을 모아「야키니쿠!」라고 대답할 정도가 되었다.

이 가정요리로서의 야키니쿠를 낳아, 가정에 널리 보급시킨 커다란 요인이 된 것은 '가정용 야키니쿠 양념이다. 여기서 '가정용 야키니쿠 양념'이 어떻게 개발되어 일본의 가정에 수용되었는가를 알기 위해 생산자 측인 야키니쿠 양념의 기업 전개를 보도록 하겠다.

<표 1> 세대별 좋아하는 요리 베스트 텐(Best Ten)

세대	레져시대		소비시대		전무(戰無) 시대		지적(知的) 기아 세대		전중(戰中)·전전(戰前) 세대	
1983년의 나이	16-19세		25-29세		30-34세		45-49세		60--69세	
남녀	남	여	남	여	남	여	남	여	남	여
1위	야끼니꾸, 철판구이	샐러드	야끼니꾸, 철판구이	샐러드	사시미	스시	사시미	사시미	사시미	야채 익힌 것
2위	카레라이스	햄버거	카레라이스	야끼니꾸, 철판구이	야끼니꾸, 철판구이	샐러드	야끼니꾸, 철판구이	채소익힌것	채소 익힌것	익힌 것 일반
3위	스끼야끼, 샤브샤브	카레라이스	사시미	카레라이스	카레라이스	튀김	생선구이	튀김	스끼야끼, 샤브샤브	사시미
4위	햄버거	야끼니꾸, 철판구이	스끼야끼, 샤브샤브	채소 익힌 것	스끼야끼, 샤브샤브	야끼니꾸, 철판구이	스끼야끼, 샤브샤브	스시	생선구이	생선구이

5위	샐러드	스시	생선 구이	햄버거	생선 구이	사시미	조린 생선	익힌 것 일반	튀김	스시
6위	비프스 테이크	사시미	튀김	생선 구이	비프스 테이크	끓인 것 일반	튀김	초무침	초무침	채소 볶음
7위	스시	튀김	비프스 테이크	스시	스시	채소 익힌것	스시	샐러드	야끼 니꾸, 철판 구이	튀김
8위	채소 볶음	채소 익힌것	스시	사시미	생선 조림	생선 구이	채소 익힌것	생선 구이	스시	조린 생선
9위	사시미	초무침	샐러드	튀김	익힌 것 일반	초무침	초무침	스끼 야끼, 샤브 샤브	조린 생선	초무침
10위	생선 구이	비프스 테이크	채소 익힌것	조린 생선	튀김	카레 라이스	카레 라이스	조린 생선	채소 볶음	카레 라이스

문헌 (17)
자료: NHK방송세론조사소 (편)『일본인의 식생활』(일본 방송출판협회)
주: 세대구분은 야마구치(山口貴久男)에 의함

야키니쿠 양념이 급속히 클로즈업 된 것은 1967년 E사가 대량 생산방식과「직화구이로 하는 새로운 고기 먹는 법」을 철저한 PR을 하지 않고 소비자의 마음을 움직이는 제품을 개발해 낸 데서 기인한 것이라고 한다. 이 1967년 이후, 시장 확대가 순조로웠고 1971년에 15억 엔, 1976년도 120억 엔, 1980년도 300억 엔, 1981년도에는 350억 엔 안팎의 사장 규모가 이루어졌었던 것으로 추정되고 있다[7]. 정대성이 '1977년에 소비된 야키니쿠용의「양념」은 200억 원의 매상을 올리고, 일본의 식품산업에 새로운「양념산업」이 생겨날 것을 예고하였다. 이것은 일반 가정에서 야키니쿠 요리가 널리 애용되는 수치와 같다[15]고 기술하는 바와 같이, 야키니쿠의 양념은 1970년대에는 일본의 가정에 퍼져 그 후에도 1991년 1월 현재의 집계로는 600억 원 정도의 시장을 형상하는 등 점점 크게 보급되고 있다.

<표 2> 야키니쿠의 양념류의 생산 판매 Share(점유율)

	생산량 (kl)	판매금액 (100만엔)	메이커 수	가정용 (%)	사무용 (%)
1972년	7,500	4,500	-	-	-
1975년	19,500	12,800	-	-	-
1980년	39,350	29,180	57	83.5	16.5
1985년	58,350	42,560	76	75.8	24.2

1989년	82,140	57,000	78	67.3	32.7
1990년	87,600	61,000	78	65.9	34.1
1991년	93,500	68,490	80	64.4	35.6
1992년	96,600	71,440	80	63.9	36.1
1993년	99,300	73,820	80	63.1	36.9
1994년	105,260	77,650	80	62.8	37.2
1995년	104,810	80,070	80	62.5	37.5
1996년	106,500	80,720	81	61.9	38.1

야키니쿠의 양념 수에는, 야키니쿠의 양념 외에 스끼야끼, 야키도리, 샤부샤부의 양념, 바비큐쏘스를 포함하고 있다. 〔『주류 식품산업의 생산 판매 셰어』 일간경제통신사 1980년도판~1997년도판으로 작성〕

현재 제조사는 난립 상태에 있고, 약 70사가 있지만, 대략 2,3사가 시장의 반수를 점하고 있다. 그 2,3사 중의 한 곳이며, 야키니쿠 양념의 개척자인 E사를 예로 들어 그 전개 과정을 알아보도록 하자.

E사는 소스, 케찹류의 생산을 시작으로 하여 1958년에 회사를 설립, 1965년에는 스프류의 생산을 개시하였고, 1967년에 야키니쿠 양념을 발매하였다.

그 경위에 대해서는 '발매 당시, 외식 야키니쿠 가게는 번성했지만, 가정식 고기요리는 거의 보급되어 있지 않은 상태였고, 밖에서 먹는 야키니쿠를 집에서도 먹을 수 있었으면 좋지 않을까 하는 마음으로 <야키니쿠 양념>을 개발하였다. 상품 판매는 고기를 팔기 위한 상품으로 자리매김되어 도쿄 내에서의 고깃집을 중심으로, 그것도 시식 판매를 주최하여 침투를 꾀하였다. 당시 간토(關東) 지방에서는 돼지고기가 주류였고, 간토 시장을 의식하여 간장 맛으로 하였다. 그 후, 소고기가 주류를 이루는 간사이(關西)를 대상으로 하는 단맛, 걸죽함을 중시한 과실 베이스 신제품을 개발, 1978년에 발매하였다. 이것이 간토에서도 잘 팔려서 이 시점에서 야키니쿠 = 소고기라는 등식이 정착되었다[(2)]'고 한다.

여기까지는 E사의 야키니쿠 양념이 독주 상태였지만, 1979년에 M사가 새로이 「생팩」 양념을 발매한다.

재일(在日) 한국인 일세를 설립자로 하는 M사가 내어 놓은, 이 제품의 컨셉은 '한국요리의 진정한 맛을 그대로 가정에' 보급한다는 것으로, 그때까지의 야키니쿠 양념이 주로 찍어 먹는 양념이었던 것에 반해, 주물러 양념하는 것임을 강조하였다.

이에 대하여 E사는 일본의 맛으로서의 야키니쿠 양념을 내놓았다. 1984년에는 「와후아지(和風味, 일본의 맛. 역주)」를 발매, 1988년에는 「간 야키니쿠 양념」을 발매하는 등, 일본적인 야키니쿠 양념을 개발함과 동시에 광고를 통해 「일본의 어머니」라는 캐치 프레이즈를 내걸었다.

야키니쿠 양념에 의해 일본 가정에 야키니쿠가 널리 보급되었고, 지금은 가정요리의 대표격이 되어 있다. E사의 야키니쿠 양념은 한국 요리를 의식하지만 어디까지나 일본의 맛이라고 할 수 있는 점에 반하여 M사의 그것은, 물론 일본인의 미각을 고려하면서도, 본고장 한국의 맛을 전한다고 하는 다른 컨셉을 가지고 있어, 동시적으로 인기를 모았다.

일본사회에 있어서 야키니쿠는 현재 외식산업과 가정요리라는 두 가지 측면을 가지고 있다. 외식산업으로서의 야키니쿠는, 커다란 한 분야로 성황을 이루고 있다. 그리고 애초부터 일본에서 태어나 성장한 야키니쿠라는 한 분야로 성황을 이루고 있다. 그리고 애초부터 일본에서 태어나 성장한 야키니쿠라는 점과 함께, 점점 본격화된 것, 즉 본고장 한국적인 것에 대한 지향도 보이고 있다. 한편, 가정요리로서의 야키니쿠도 부동의 위치를 점하면서 야키니쿠 양념에도 일본의 맛과 함께 본고장의 맛에 대한 지향이 보인다. 즉 어느 쪽에서 보나, 일본의 맛과 본고장의 맛이라는 두 가지 얼굴이 존재하는 것이다.

이상, 일본의 야키니쿠는 재일(在日) 한국・조선인이 만들어 내고, 일본사회가 키워 온 요리라 할 수 있을 것이다. 이러한 야키니쿠 요리의 전개 과정은 김치의 전개에도 적용될 수 있다. 즉 '조선의 절임요리'로 시작되어 카타카나로 표기되는 「기무치」로, 그리고 한글 표기되는 「본고장의 김치」로 전개되었으며, 나아가 가정용 「김치의 소(素)(액상 김치맛 원료)」도 개발한다고 하는 프로세스이다.

본고는 졸저『일본의 야키니쿠, 한국의 회(스시)』의 일부를 가필 수정한 것임을 밝혀둔다.

[문헌]

(1) 朝倉敏夫 1994『日本の燒肉, 韓國の刺身』農産漁村文化協會
(2) Dancyu 1992「燒肉の快樂」『dancyu』2(10) : 15-51
(3) 今泉敦子 1994『ヤキニク・ パラダイス』1:12
(4) 石毛直道 1982「食事の文明論」中公新書 P.150
(5) 石毛直道 1992「食文化に關する民族學的硏究の動向」『VESTA』No. 10:11
(6) 河村光治 1989「無煙ロースターの歷史」『燒肉業界の概要說明』かつしか異業種交流會食品グループ
(7) 小林一弥 1989「燒肉のたれ」『食品産業事典<下>』日本食糧新聞社 p.134

(8) 熊倉功夫 1988「食文化に外來と傳統」熊倉功夫・石毛直道 (編)『外來の食の文化』ドメス出版 p.3

(9) 森枝卓士 1988「日本化した된 아시아 飮食 -討論」熊倉功夫・石毛直道 (編)『外來の食の文化』ドメス出版 イ p.183-185

(10) 奧村彪生 1988「日本化したアジアの食 - 討論」熊倉功夫・石毛直道 (編)『外來の食の文化』ドメス出版 p.210

(11) 奧村彪生 1992『食べ歩きエツセイ - もつ鍋』『燒肉文化』1:4-5

(12) 李進熙 1992『江戸時代の朝鮮通信社』코단샤 學術文庫 pp. 244-256

(13) 崔吉城・柳尙熙 1980「在日韓國人の燒肉に關する文化人類學的考察」『社會人類 學年報』6:169-187

(14) 水牛クラブ 1990『モノ誕生「いまの生活」』晶文社 p.256

(15) 鄭大聲 1979『朝鮮食物誌』紫田書店 イ p.96 ロ p.119

(16) 鄭大聲 1992『食文化の中の日本と朝鮮』講談社(現代新書) p.12

(17) 山口貴男 1986『戰後にみる食の文化史 <第2版>』三嶺書房 pp..224-225

역주. 일본의 야키니쿠는 흔히 불고기로 번역되기도 하지만, 야키니쿠는 고기를 구워 '타레(양념소스)'를 찍어 먹는 점에서 차이가 있고, '불고기'가 이미 일본 국어사전에 외래어로 등록되어 있으나, 원문에서는 야키니쿠와 불고기 개념이 한 단어로 혼용되고 있으므로 문맥에 따라 구분하여 표기하고 불고기를 의미할 경우 별기하기로 한다.

역주. 여기서 '양념'이라고 번역하는 말은 일본어의 타레(タレ)에 해당하는 말로, 한국에서 시판되는 불고기 양념 등이 걸죽하게 원재료의 모습을 남기는 것과는 달리 일본의 시판 양념은 원료의 외형을 전혀 남기지 않는 소스에 가까운 모양으로, 고기를 구워 이것에 찍어 먹는 것이 일반적이다.

①

그림과 「물건」으로 보는 일본의 식사문화사

구마쿠라 이사오(熊倉功夫)

②

정창원(正倉院) 보물
① 「자명(磁皿)」 도기채유(陶器彩釉) (녹색)(국보)
(입직경 14.0cm, 밑직경 6.0cm, 높이 4.3cm)
② 「자명(磁皿)」 도기채유(陶器彩釉) (황색)(국보)
(입직경 13.6cm, 밑직경 6.0cm, 높이 4.1cm)
③ 「칠채회화명(漆彩繪花皿)」(국보)
(가로 39.0cm, 세로 37cm, 높이 29cm)
①,②,③ 모두 나라市 정창원 소장

고대(古代)의 식문화

· 고대 일본의 식량 사정은 의외로 풍부했던 것 같다.
죠몬(繩文) 시대에도 산나이마루야마(三内丸山) 유적에 거대한 건축물이 발견된다고 하는 것은 채집, 수렵에 의한 나무열매나 야생동물 등 이외에 상당수의 사람이 집단생활을 영위하는 식재료가 있었다는 것을 나타내고 있다.

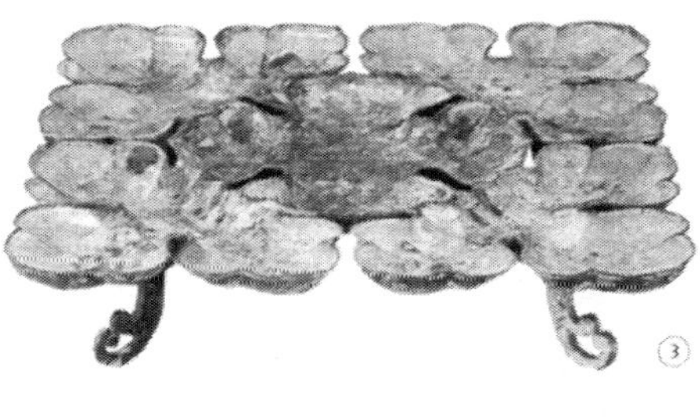

③

· 오늘날 정창원(正倉院)에 남아있는 여러 그릇들은 멀리 페르시아(persia)나 중앙아시아도 포함하여 중국의 문화가 어떻게 대량으로 일본에 전해졌음을 나타내고 있다. 훌륭한 색채를 남긴 도자기 사발 혹은 음식물을 담았다고 생각되는 꽃 접시 등은 당문화(唐文化)에서 덴빙인(天平人)의 동경을 상징하는 식기이다.

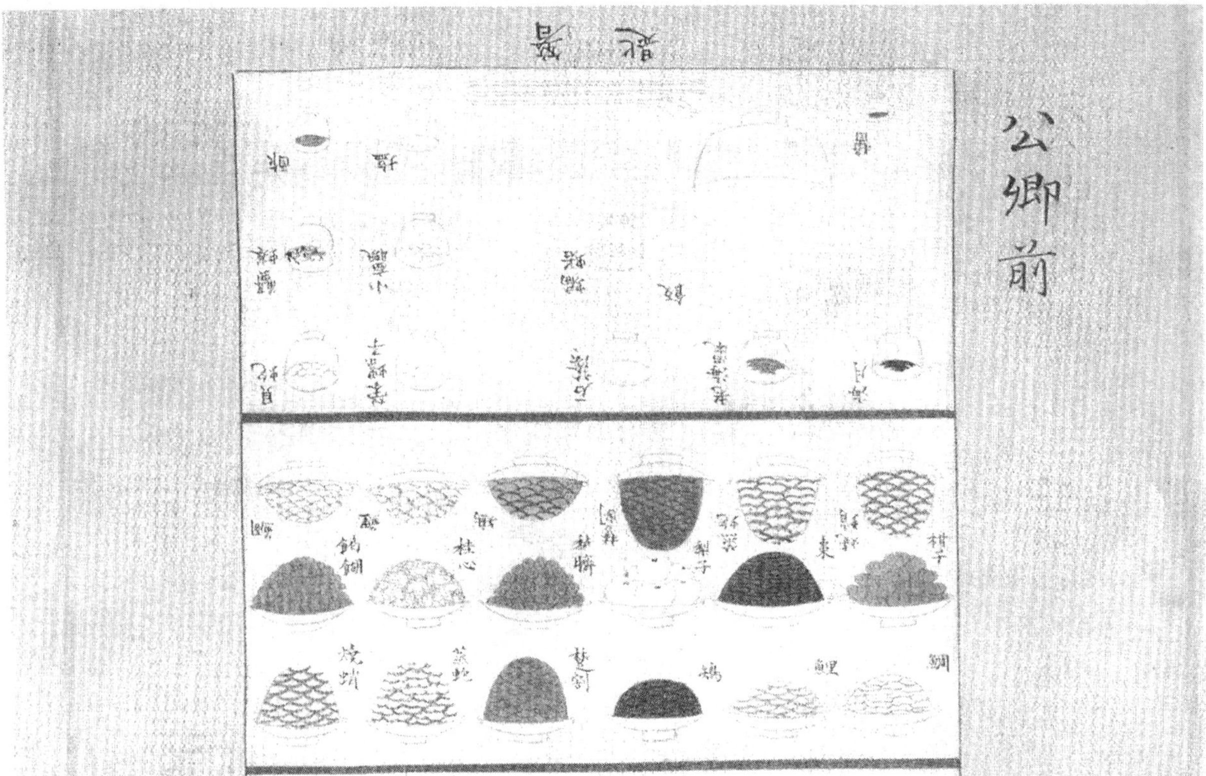

❶

④

· 대륙문화의 영향을 받은 식선(食膳)은 큰 향연이다.

일본에는 없었던 큰 상(膳(①) 그것을 전후(앞뒤)로 둘러싸 앉는 방법, 높이 쌓아 올려 담은 음식. 그 하나, 하나가 당나라 모양(唐様)과 일본 모양의 절충이었다. 이러한 식탁을 다이방(台盤 :큰상)이라 한다. 식사를 준비하는 곳은 주방(台盤所). 요리의 내용은 아주 맛있는 모양은 아니다. 대부분의 요리는 차게 해서 단단한 모양(appearance)이다. 그러나 틀림없이 1품씩 높이 담아 올리고 있다. 재미있는 것은 젓가락과 함께 숟가락이 나란히 있는 것. 헤이안(平安) 시대의 대향연 요리까지에는 숫가락이 있었으나, 그 후 일본의 식문화에서 사라져 버렸다. 숟가락 문화는 한반도에서는 그 후로 계속되었으나 왜 일본에서는 사라졌을까. 아마 식기에 직접 입술을 대어 마시는 것이 허락되는 일본과 허락되지 않는 다른 나라의 문화와의 차이와는 깊은 관계가 있겠지요.

① 대향도(大饗図) 공경전(公卿前) 『류취잡요초(類聚雜要抄)』 동경국립박물관장(東京國立博物館藏)

② 「중궁대향(中宮大饗)」 『년중행사회권(年中行事繪卷)』

③ 「도궁(賭弓)」 『년중행사회권(年中行事繪卷)』

②③과 함께 동경도(東京都)・전중가장(田中家藏) 사진제공 – 중앙공론사(中央公論社)

④ 『춘일대사(春日大社)의 신찬(神饌) 춘일제어호개팔종신찬(春日祭御戸開八種神饌) 어과자(御菓子)』 사진제공 – 춘일대사(春日大社)

· 당(唐)과자는 튀김 과자. 명백하게 대륙으로부터 전해진 음식이다. 지금은 신사(神社)에서 신찬(神饌)으로서 만들어진다(④).

· 대향(大饗)요리는 귀족사회의 행사라든가 대신으로 취임한 때의 축하회였던 때에 준비되었다. 상급의 왕실 귀족들은 ②에서 보는 바와 같이 걸상(床几)풍의 의자에 허리를 기대어 큰상(台盤)으로 향하고 있다. 요리의 내용은 ①에서 보는 바와 같은 것 이었을 것이다. 하급의 사람은 땅에 직접 까는 것을 깔고 앉아있다(③). 하급의 관인(官人)을 지게(地下)(じげ)(옛날 堂下官)라 부르고 상급의 왕실 귀족을 덴죠히도(殿上人)라 부르는 것은 틀림없이 이러한 차이를 말하고 있다는 것이다.

지게(地下)의 관인들은 큰상(台盤)은 없고 1인 단독의 상(膳), 뿐만 아니라 제각기 상(膳)을 앞에 두고 있으나 이것이 일본인 일반의 식사 형태였다. 상위에는 밥을 높이 쌓아올려 담은 고성밥(高盛飯)(먹을 때 코가 부딪친다고 하는데 하나츠기고항(鼻突飯)이라고도 하였다.)과 여러 종류의 채소(菜)가 놓여있다.

중세의 식문화(食文化)

- 고대 이래 여러 양식의 상차림(膳)이 생겼다. 귀족의 저택에서는 고배(高杯)로 식사 준비가 되고 있다.(①) 혹은 다른 장면에서는 겐방(懸盤)이라는 각각의 상차림(膳)에서 식사를 하는 여성의 모습이 보인다.(②)
- 일본인은 오랫동안 1일 2식의 식사를 해왔다. 그러나 계층에 따라, 직업에 따라 점차 3식화가 시작된다. 격심한 노동을 하는 목수(大工) 등 은 中食(점심, 간식)의 습관이 비교적 빨리 시작하였다. ③에서 보는 건축 현장에서는 목수(大工)들의 음식이 조금 엿보인다. 그렇지 않으면 이것은 중식(점심)이 아니고 공사의 단락 때마다 개최되는 연회의 장면일 것이다.
- 가마쿠라 시대의 승(僧) 일편(一遍)(1239~1289)이 열었던 시종(詩宗)은 유니크한 종교집단으로 일편과 그를 따르는 승이나 여승(尼)이 여러 나라를 돌아 다녀서 염불을 권장했다. 돌아다니는 장소에 그 토지의 사람들이 ④와 같이 음식물을 가지고 모여 그 시종(時宗)의 승니(僧尼)를 먹였다. 대형의 찜통(曲物)과 더불어 가마쿠라 시대부터 일반화하는 통(桶)도 음식물을 넣어 운반되고 있는 모습을 엿볼 수 있다.
  승니의 선두에 있는 흑색으로 얼굴이 그려져 있는 것이 일편(一遍)이고 그 앞의 접은 깔개(折석?)에 밥, 국과 반찬 3개가 놓여 져 있어 1즙 3채의 식사 같다. 녹색 쪽에는 일편(一遍)에 귀의 하는 그 고장의 무사로 생각되는 얼굴들이 순서를 기다리고 있다. 그들이 식사의 스폰서라고 말해도 좋겠지요.

① 『모본(模本) 춘일관현영험기회권(春日權現靈驗記繪卷)』
② 『모본(模本) 춘일관현영험기회권(春日權現靈驗記繪卷)』
③ 『모본(模本) 춘일관현영험기회권(春日權現靈驗記繪卷)』
①②③ 모두 동경국립박물관장(東京國立博物館藏)
④ 『여행상인록기회(旅行上人緣紀繪)』(중문(重文))
경도시(京都市)・금광사장(金光寺藏)
사진제공 – 각천서점(角川書店)
⑤⑥ 초호천헌(草戶千軒) 유적출토의 손잡이 있는 국자와 통
히로시마 현립 역사박물관 소장

⑥

⑤

· 히로시마현 후쿠야마시(福山市) 구사도 센겐(草戶千軒)이라고 불리우는 곳은 지금부터 약 600년 전에 유적이 발굴되었다. 센겐(千軒) 이라고 하여 중세(中世)에서는 길가에 위치하는 상업이 번창하는 읍(町)이었다. 거기서는 대량의 식의 문화와 관계있는 도구 – 자루 있는 국자, 통, 병, 찜통, 체(曲物), 절구, 식칼 등 – 이 나타났다. 가장 자료가 남기 어려운 서민 생활 자료의 보고이다.

· 중세인들은 꽤 자유롭게 수육(獸肉)(이리나 돼지 등)을 먹었던 흔적도 있다. ①의 「분하사연기(粉河寺緣起)」에는 사냥꾼의 집에서 모피를 건조하고 수육을 말리고 있는 모습이 그려져 있다. 일본의 식문화를 말할 때 어디까지 여러 가지의 시선을 두고 역사를 취급할까 크게 생각하게 된다.

· 『직간갑문회사(直幹甲文繪詞)』는 가마쿠라 시대에 묘사되어 헤이안기부터 당시에 이르는 사이의 시장의 모습이 보인다. 쌀을 도정하는 쌀집의 가게 앞, 짚신 등과 더불어 음식물을 파는 가게, 생선을 넣은 상자를 머리위에 얹어 운반하는 여자 등, 식품의 상품화가 진행하고 있었다는 것을 엿볼 수 있다(②).

· 『주반론(酒飯論)』은 무로마치 시대에 성립한 어가초자(御伽草子)(동화풍의 소설). 호주가의 술 좋아함의 조주정조옥조신장지(造酒正糟屋朝臣長持)와 하호(下戶)의 반실율사호반(飯室律師好飯)의 논쟁을 중재하는 이야기로 주연(酒宴), 식사, 부엌 풍경 등 중세의 식문화를 그린 귀중한 회화 자료이다.

· ③은 식사와 그 사이에 제공되는 술(中酒)의 모습이 그려져 3가지 상(膳)이 따르는 혼젠(本膳) 요리. 중앙의 인물 왼쪽의 작은 네모 쟁반은 3가지의 상(膳). 옆(脇)의 술잔은, 각잔(돌리는 술잔은 아니고, 각자가 가진 盃)인지 그릇의 뚜껑인지 명백하지 않다.

· ④는 부엌의 모습으로 요리사의 활약이 보인다. 젓가락과 부엌칼로 조리하는 요리인의 모습은 오늘날식의 요리사를 보는 것 같다. 도마판은 물 사용 없이 왼쪽 아래 바깥쪽에서 생선, 조류의 내장 등의 처리를 깨끗이 끝내고 있어 도마판에 놓여진 것을 알 수 있다.

) 『분하사록기(粉河寺緣起)』 화가산현(和歌山縣)・분하사장(粉河寺藏)

) 『직간갑문회기(直幹甲文繪詞)』 동경도(東京都)・출광미술관장(出光美術館藏)

)④ 『주반논회권(酒飯論繪巻)』 개인장(個人藏)

) 『읍부동록기회권(泣不動緣起繪巻)』 경도시(京都市)・청정화원장(淸淨華院藏)

⑤

· 일본의 가지의 기원은 오래되었다. 헤이안 시대에 재배한 기록이 있으나 일반화한 것은 중세로 생각된다. 무로마찌 시대에 쓰여진 「청정초원본(淸淨草院本)」(⑤)에는 가지 감(紺)이라는 말 정도로 산뜻한 짙은 보라색으로 그려진 밭의 가지가 보인다. 이러한 채소문화의 발달이 쇼진(精進)요리를 진화 시킨 것이다.

모모야마(桃山)의 식문화

· 16세기 중기에서부터 17세기 초두까지 소위 천하인의 시대를 모모야마(桃山) 문화라 부른다. 오다 노부나가(織田信長), 도요토미 히데요시(豊臣秀吉), 도쿠가와 이에야쓰(德川家康)라는 개성이 풍부한 무장들에 의하여 일본의 역사는 대회전을 받았다. 모모야마의 식문화도 개성과 혁명으로 특징지어질 수 있다. 식기로서 지금까지 일본에서는 만들어진 일이 없는 색채 산뜻한 유약과 문양을 그려 구운 것이 나타난다(④,⑤) 요리의 스타일로서는 당시 유행 차(茶の湯)로부터 회석(懷石)이 탄생하여 일본요리를 일변 시켰다.

· 계절마다 찾는 야외의 놀이는 특히 모모야마 시대에 왕성하였다. 낙북고웅(洛北高雄)의 단풍 구경(觀楓)은 교토인의 즐거움으로 ①의 오른쪽에는 여자들의 잔치(宴)가 그려져, 산놀이의 손님을 목적으로 온 한 잔에 1전인 어깨에 메고 다니는 찻집이 보인다.
왼쪽에는 남자들의 주연이 그려져 춤에 흥겨워 하는 사람들의 옆에 음식물을 운반하는 도시락이 놓여져 있다.

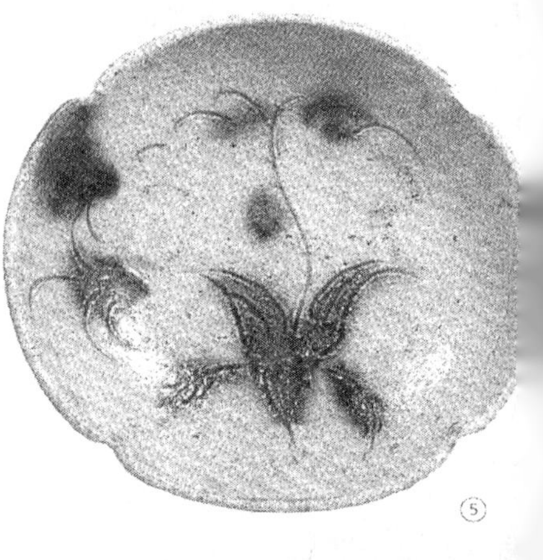

⑤

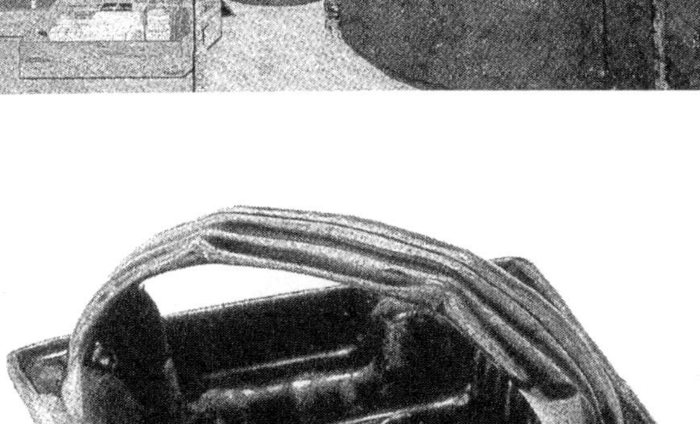

④

· 도시의 떠들썩함(喧噪)은 3都 -에도(江戶) · 교토(京都) · 오사카(大坂) - 의 도시 건설 중에 더욱 화려함을 증가했다. 도시에는 무사나 사무원, 특별히 무엇으로도 분류할 수 없는 여러 사람들이 모였다. 이 사람들과 같이 식(食)의 문화가 발달한다.

① 『고웅관풍도병풍(高雄觀楓図屛風)』 국보(國宝)
② 『화하유락도병풍(花下遊樂図屛風)』 국보(國宝) 좌척(左隻)
③ 『락중락외도병풍(洛中洛外図屛風)』 중문(重文) 단목가구장본(丹木家旧藏本) · 좌척(右隻)
①②③ 모두 동경국립박물관장(東京國立博物館藏)
④ 직부사방수본(織部四方手鉢) 중문(重文) 대판시(大阪市) · (財) 탕목미술관(湯木美術館藏)
⑤ 황뇌호초화문향부(黃瀨戶草花文向付) 동경도(東京都) · (財) 전산기념관장(畠山記念館藏)

③

· 寺社(절)의 문 앞에서는 1잔에 1전의 차(茶)를 파는 가게 ①과 같이 서서 마시고 한 상의 밥을 먹게 하는 가게. 이것들은 언제나 가게를 벌이고 있다기보다 임시로 부뚜막을 놓아 임시가게를 연다고 하는 간편한 찻집일 것이다.

· 즉 이러한 형태가 가게로서 정착하여온 모습이 근세 초두에 그려진 ②의 「상응사(相応寺) 병풍」에 보인다. 가게 앞에서 면을 미는 남자 모습으로 보아 우동을 먹게 하는 찻집인 것 같다. 찻집에서는 사치스러운 청다다미가 깔아지고, 무사로 보이는 남자들이 고급의 채색 사발로 면을 먹고 있다. 에도 시대의 익힌 생선, 야채 파는(煮賣り) 찻집, 요리 찻집으로도 발전하여 가는 전 단계로 보아도 좋다.

· 기주근래사(紀州根來寺)의 승(僧)에 의해 시작되었다고 하는 근래(根來)칠은 흑칠위에 적칠을 입혀 사용함에 따라 손에 닳아서 밑의 흑칠이 나타난다. 무엇이라고도 말할 수 없는 운치를 풍긴다. 고대 일본인에게 사랑받는 기물로 되었다. 근래칠(根來塗)은 특히 식기가 많고 중세에서부터 모모야마 시대를 대표하는 칠기의 하나이다(③).

) 『락중락외도병풍(洛中洛外図屛風)』 중문(重文) 단목가구장본(丹木家旧藏本)・우척(右隻) 동경국립박물관장(東京國立博物館藏)

『유락도병풍(遊樂図屛風)』(『상응사병풍(相応寺屛風)』) 중문(重文) 우척동경도(右隻東京都)・덕천미술관장(德川美術館藏)

) 근래도탕통(根來塗湯桶) 동경도(東京都)・산토리미술관장(サントリ-美術館藏)

서지야사조문본(鼠志野鶺鴒文鉢) 중문(重文) 동경국립박물관장(東京國立博物館藏)

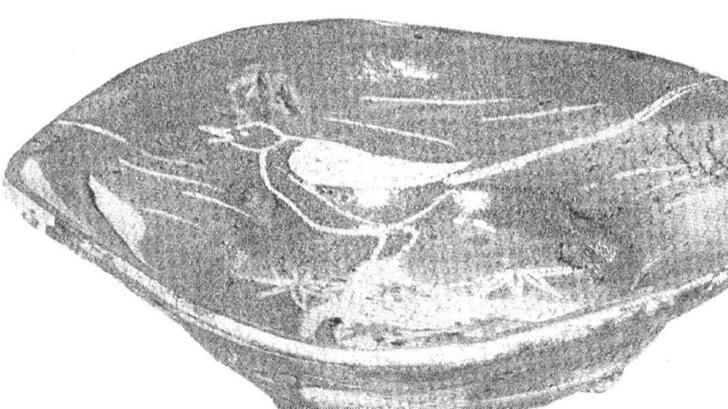

④

・모모야마(桃山) 시대에는 앞의 오리베야끼(織部燒: 지금의 애지현 세도에서 만들어진 도기(陶器)와 더불어 시노야끼(志野燒)가 미노(美濃)에서 제작되어 그 호쾌한 작풍은 지금 보아도 신선. 고우세도(黃瀨戸)의 정취와 합쳐서 모모야마 도기의 특질을 엿볼 수 있다(④).

근세의 식문화

- 근세 곧 에도(江戸) 시대는 일본문화의 숙성시대이다.
  금일 우리가 일본의 전통문화라고 하는 것은 대개 에도 시대에 완성됐다. 식문화도 마찬가지이다. 간에이(寛永) 20년(1643)에 「料理物語」가 간행된다. 조금씩 시작한 목판인쇄 문화 가운데 이미 요리책이 등장했다. 이래 막부 말까지 실로 많은 요리서의 출판을 보았다. 세계에서도 topclass 이다. 오늘날 일본식(和食)이라 불리우는 세계는 전부 빠짐 없이 나온다고(出揃う) 해도 좋다. 18세기 중기 이후 한층 식문화는 화려하게 된다. 제1은 유명요리점의 성립, 제2는 식품재료의 풍부화, 제3은 에도 전(前) 요리 - 스시, 덴뿌라, 장어구이 등 - 의 성립. 식(食)은 에도(江戸)에 있다고 에도(교토) 내기들은 뽐내는 것 같이 되었다는 것이다.
- 모모야마의 유행을 받아 차(茶)는 에도 시대에 들어가면 점점 번창하게 되었다. 「춘추유락도(春秋遊樂図) 병풍」(①)에서 보는 사람들의 놀이 가운데 왼쪽에 작은 다실에서 차(茶)에 흥겨워하는 모습이 그려져, 실내에서는 팔씨름이나 바둑을 두는 사람 옆에 준비된 음식물이 보인다.
- 도시에서는 정미로 만든 흰쌀밥이 상식으로 되어있고 읍내 가게(町屋)의 연중 행사에는 주인이나 고용인이 모여 연회가 열리고 있다. 더욱이 ②에 보는 바와 같이 같은 각각의 상에도 주인 쪽의 주(朱)칠한 상(膳)에 비하여 사용인의 변변치 못한 상과는 큰 차이가 있다. 결국 상은 권위나 권력의 상징의 역할도 부여하고 있었다는 것에 주목할 수 있다.

④

· 근세 촌락에 있어서 농경도도 많이 그려져 있으나 그 가운데에는 쌀이 중심으로 되고 모내기로부터 수확까지 자세히 묘사하고 있다. 쌀은 서민들 사이에서도 먹을 수 있게 된 것이다(③).

· 인청(仁淸)은 17세기 중기에 활약한 도공으로 인화사(仁和寺)의 경내에 가마(窯)를 열었다는 것으로 이 이름이 있다. 차(茶) 도구를 중심으로 종래에 없는 색이 있는 그림을 완성. 역시 천재적인 로구로 기술(갈이 대패기술)과 조소 기술을 갖고, 조형적인 면에서도 훌륭한 작품이 많다. 식기에 색채의 혁명을 일으킨 작품이라고 말한다(④).

① 『춘추유락도병풍(春秋遊樂図屛風)』 좌척횡병시(左隻横浜市) · 김전가장(金田家藏) 사진제공 – 대판시립미술관(大阪市立美術館)

② 「혜비수구지도(惠比壽講之図)」 『사계번창회권(四季繁昌繪巻)』 동경시(京都市) · 선봉사장(善峯寺藏)

③ 『락중락외도권(洛中洛外図巻)』

④ 『색회홍엽하도다완(色繪紅葉賀図茶碗)』

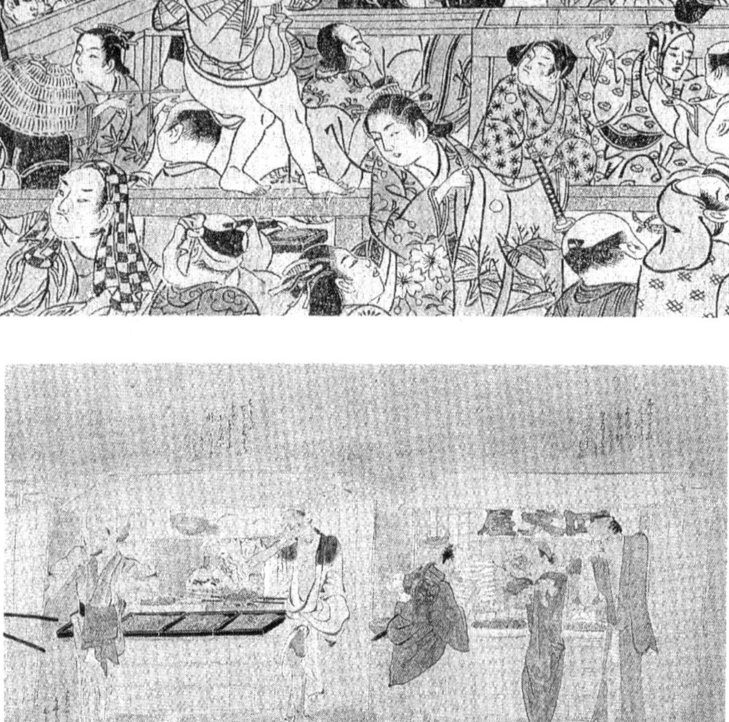

- 근세의 사람들은 놀이를 잘한다. 유곽이나 연극은 물론 관광 산・들 놀이, 간조 조개잡이, 단풍놀이, 여행 등 여러 가지 놀이가 있었으나 각각에 필수적으로 음식이 따랐으므로 놀이가 식문화를 발달시켰다고 말해도 좋다. 연극 소극장에는 연극茶집에서부터 도시락(막간주먹밥도시락은 여기로부터 나왔다) 이라든지 먹을 것이 운반된다. 야외의 놀이도 도시락 문화를 발달시켰다. 식롱풍(食籠風)이라든가 휴대도시락풍 이라든가 정교한 도시락 상자가 남아있다.
- 서민의 식의 즐거움은 야다이(屋台)에 있었다. 중세부터 봉으로 휘둘렀다고 하는 무거운 봉으로 앞뒤로 도구를 메고 차나 음식물을 파는 장사가 시작하나, 한층 종류도 증가하는 것은 에도시대. 흔히 야다이(屋台)라고 하는 지붕 받침대로 받친 임시가게가 나와서 행인에게 음식물을 제공하게 되었다. 덴뿌라나

뱀장어구이 혹은 주먹초밥도 야다이에 등장한다. 조금 줄어든 다음 불경기에 얼마쯤 스넥으로도 존재했다.

· 막부말(幕末)의 오사카를 소재로 하였다. 「花の下影」은 서민의 식사를 경묘(輕妙)하게, 그러나 상세하게 그린 걸작이다. 노렝(のれん) 너머에 오사카 사람의 식문화의 모습이 316図에 걸쳐서 그려져, 그 가운데에서 제186図 「야단법석병(テンテコ餅)」을 게제했다(⑤).

① 『부회극장도(浮繪劇場図)』 부분(部分) 횡병시(横浜市) · 평목부세회미술관장(平木浮世繪美術館藏)
② 『강호고명회정진(江戸高名會亭盡) 백산만금(白山万金)』 동경도(東京都) · 산토리미술관(サントリ - 美術館藏)
③ 『품천청루유흥지도(品川青樓遊興之図)』 중미(重美) 동경국립박물관장(東京國立博物館藏)
④ 『근세직인진화사(近世職人盡繪詞)』 동경국립박물관장(東京國立博物館藏)
⑤ 『화(花)의 하영(下影) – 막부랑화(幕末浪花)의 무위도식(구이다오레)』 화목시(芦屋市) · 광뢰가장(廣瀨家藏) 사진제공 – 청문당출판(清文堂出版)

- 18세기 말경부터 해외의 새로운 발소리가 일본에 근접해온다. 이에 호응하여 일본인도 외부로 호기심의 눈을 향하였다. 갑자기 남만요리였던 찌아부요리(일본화된 중국요리)가 주목되어 나가사키의 이즈시마(出島)나 당인가(唐人街)에서부터 해외의 식문화가 일본 국내로 흘러나왔다. ①은 유녀(遊女)의 썰물깃기(汐汲)의 춤 등을 보는 란관(蘭館 네델란드관)에서의 연회 풍경. ②는 같은 이즈시마(出島)의 상관(商館)에서의 양풍요리의 그림이다. 그중에서도 녹색의 모자를 쓰고 음식을 먹고 있는 인물은 시-보르트 라고 말해진다.
- 막말(幕末)에서부터 메이지에 걸쳐서 인쇄된 쌍육(双六 주사위 놀이) 가운데의 1장에 「大江戸名物双六」(③)이 있다. 명물(名物)이라고 해도 압도적으로 음식물로서 마시는 것이 많다. 출발점은 일본교(橋)의 어시장. 스미타가와(隅田川)의 벗꽃떡(櫻餅), 보리새우(しばえび), 야마모도야마(山本山)의 차, 나루코(鳴子)의 오이, 요시하라(吉原)의 튀김, 만구(万久)의 간장조림, 네기시(根岸)의 비단두부(笹の雪), 풍도옥(豊嶋屋)의 백주(白酒) 등 당시의 에도 내기들이 좋아하는 것이 엿보인다.

· 막말(幕末)에 일본의 도자기계에 명공으로 불리는 사람들이 속출했다. 그 중 한사람인 인아미도팔(仁阿弥道八)은 사발이나 접시 등 식기에 훌륭한 작품을 남겨, 이 작품을 에도 전기에 활약한 오가타(尾形乾山)의 작풍을 답습하면서 더욱 대담 혹은 멋스러운 분위기를 만들어 내고 있다(④).

④

① 『화월란인유향도(花月蘭人遊饗図)』 부분(部分)
② 『란관회권(蘭館繪巻)·연회도(宴會図)』 부분(部分)
①② 모두 장기시립박물관(長崎市立博物館藏)
③ 『신판대강호명물쌍육(新板大江戸名物双六)』 부분(部分) 동경도립중앙도회관가빈문고장(東京都立中央図書館加賀文庫藏)
④ 『색회쌍수문본(色繪櫻透文鉢)』 대판시(大阪市)·(財) 탕목미술관장(湯木美術館藏)

①

④

문명 개화의 식문화

· 서양문명과 처음으로 정면으로 마주치게 된 일본의 동요는 대단하였다. 개화라고 사람들은 열광하고 서양의 문물을 받아들였다. 특히 식문화는 생활양식과 함께 들어온다. 궁중의 정장을 양장으로 함과 동시에 국빈을 맞이한 궁중의 정찬은 양식으로 하게 되었다.

서민은 양식에 인연이 없다. 그러나 서양인의 식용 쇠고기를 천 년 이상이나 되는 타부를 파괴하고 먹어보니 이것은 참으로 맛이 좋아서 급속도로 냄비쇠고기 붐이 일어났다. 보고 흉내내는 중에 저절로 터득하여 양식을 만든다. 그 중에는 정식으로 수업한 서양 요리의 요리인도 나타나 서양식 레스토랑을 개업한다. 학교교육 중에서도 새로운 식의 교육이 시작되었다(③).

· 메이지 유신부터 불과 20여년의 짧은 기간이지만 일본의 식문화에 주어진 shock의 크기는 오히려 더 크다고 말할 수 있다. 나가사키에서는 막부 말부터 문명의 개화기에 이르러 점차로 서양 요리점이 개업되고 구사노 다개요시의 자유정(亭), 나가무라 도시치의 후꾸야(福屋), 가위다 마사요시의 호다루짜야(螢茶屋) 등이 양식을 내놓고 있었다. 호다루짜야(螢茶屋)는 가로변의 요리점이며, 2대부터 3대 때 무렵 서서히 양식으로 전환된 것 같다. 동점(同店) 구장식품은 나가사키 시립박물관에 소장되어 유럽에 주문한 글라스 식기 등이 포함되고 있다(⑤).

① 『개화38회석 · 우에노세이요겐』 닛신시(日進市) · 마수푸로 전공(電工)미술관소장
② 『요고하마 이인야시기노의 그림』
③ 『훈동소학교 교도의 그림』 ②③과 함께 가나가와 현립역사박물관소장
④ 『아구라나베 (安愚樂鍋)』 동경도 맛의 소식 문화센타소장
⑤ 『색위초자개다완(色違硝子蓋茶碗)』 나가사키 시립박물관소장

⑤

메이지 시대(1868~1912)의 식문화

· 메이지 시대는 일본과 서양이 불가사의하게 혼재한 시대이다. 일본머리를 땋고 기모노를 입은 여성이 테이블에서 양식을 먹고 있다. 남성은 머리를 산발하고서 하얀 칼라셔츠에 양복을 입고 있다. 즉 남·관청·권위는 양의 문화로 옷을 차려입고, 여·가정·일상은 화풍으로 차림한 화(和)와 양(洋)의 balance를 하였다. 식문화도 화려한 연회 때는 등장하였으나 일상의 가정에서 양식이 차려지는 것은 아직 메이지 시대에서는 드문 일이었다.

- 그러나 화(和)와 양(洋)이 공생 못하는 것이 아니고 서로가 장점을 취하여 새로운 음식이 탄생한다. 예를 들면 빵, 일본의 전통적인 팥소를 만두피 대신에 빵으로 에워싸게 되면 참으로 맛이 좋다. 생각지 못한 화양절충이 성공했다. 이후의 돈가스, 오므라이스, 카레라이스 등등의 하이브리드 요리의 시작은 문명 개화로부터 메이지 시대로 발전을 위해 소중하게 되었다.
- 도요하라가 그린 모자(母子) 식사 풍경은 일견 에도 시대의 풍속이 보이나 정오 「12시」경에 「돈토」라고 하는 Ruby가 내려오고 있다.
  동경의 마루노우찌에서 정오를 알리는 공포소리로부터 정오를 돈(반일은 반돈)이라고 말하게 된 신풍속이 그려져 있다. 「돈」과 「돈 돈 먹이시오」를 빗대어 아이에게 장어의 꼬리를 먹이고 있다. 양념의 포장에 「和田平(와다다이라)」의 이름이 보이고 오오구로(大黑)옥, 대나무잎과 나란히 유명한 상점 와다다이라의 선전을 하고 있는 것이 재미있다(③).

① 「일등식당지도(一等食堂之圖)」 『풍속화보증간(風俗畵報增刊) 제239호 「승객안내우선도회(乘客案內郵船圖會)」 』 메이지(明治)34년10월간(月刊) (동양당(東洋堂) · 복각판(復刻版) (株)메이지문헌(明治文獻) · 쇼와(昭和)49년간(年刊)

② 「성전철도기차중의흡연실(成田鐵道汽車中の喫茶室)」 『풍속화보증간(風俗畵報增刊) 제274호 「성전철도명승지(成田鐵道名勝誌)」 메이지(明治)36년(年)9월간(月刊) (동양당(東洋堂) · 복각판(復刻版) (株)메이지문헌(明治文獻) · 쇼와(昭和)50년간(年刊))

③ 『견립서야(見立晝夜) 감사시지내(廿四時之內) 정오(正午)12시(時)』

①②③ 다같이 동경도(東京都) · (財)아지노모도 식외문화센터 소장

- 메이지(明治)의 식문화가 탄생한 기적의 식품은 「아지노모도」이다. 세간에서 말하는 오미 – 매운맛, 짠맛, 단맛, 신맛, 쓴맛 – 외에 제6의 맛이 있다는 것을 알고 있음은 일본인뿐이다.
  그것은 「맛있는 맛」. 맛있는 맛이 있으므로 조미료의 맛이 생겼으므로 일본의 식문화가 일찍이 맛이 있는 맛을 내는 「다시」를 발달시켜왔다. 이를테면 순수한 맛있는 맛만을 추출해낼 수 있는 착상을 실현해낸 것이 아지노모도인 것이다.
  이게다루나에 박사에 의해서 37.5kg의 다시마로부터 30g의 결정을 얻을 수 있었다. 글루타민산 소-다인 것이다. 이것은 곧바로 스즈기사브로스게에 의해 공업화되어 「아지노모도」가 완성되었다.
- 메이지 시대에 가정용 요리서가 잇따라 출판되어 양식을 시작으로 중화풍의 요리가 보급되어 효력을 나타내었다.

『서양요리통(西洋料理通)』 영8편(英8編) 가명(仮名)담로문편(垣魯文編) 메이지(明治) 5년. 『구리아노고고로에(くりやのこころえ)』 이시가와(石川)현 제1사범학교(第一師範學校) 메이지 十三年. 『일본지나서양요리안내(日本支那西洋料理獨案內)』 吉田正太郎 메이지(明治)17년. 『신선 요리독안내』 三田村熊之介 메이지 28年. 『식도락(食道樂)』 村井弦齋 메이지36年~37年. 『實地經驗 台所重宝記』 村井弦齋 메이지 38年. 『佛國料理 家庭の洋食』 篠崎仙之助 · 杉本鶴五郎 메이지 38년. 『家事敎本』 中島よし子 메이지 39年. 『馬鈴薯百種調理法』 伊藤夏汀 메이지 43年 『實用家庭 支那料理法』 奧村繁次郎 메이지 45年. 『田中式豚肉調理二百種』 中村木公 大正2年.

다이쇼(大正) 시대(1912~1926)의 식문화

- 도시에 샐러리맨이 탄생한다. 샐러리맨의 가정을 지키는 이는 주부이다. 이 주부를 대상으로 해서 새로운 잡지가 생겼다. 그 하나가 『주부의 벗』(다이쇼 6년 창간)이다. 주부의 최대 관심 중의 하나는 식사. 옆집과 다른 나의 집의 독특한 요리를 만들고자 심혈을 다 기울인다. 여기에 응해서 잡지에는 일주간의 경제요리 및 내 집만의 요리라든가, 매호 요리의 특집이 짜여졌다. 그 요리가 실제 어디까지 만들어져 갔는지는 별도로 하고 도시 주민 가운데 새로운 요리문화가 정착되어갔음은 틀림없다.
- 전통적인 절기요리와, 신풍속의 크리스마스요리를 함께 차리고 있는 것이 다이쇼 시대의 분위기를 잘 전하고 있다. 크리스마스요리는 유비하라 오도꼬 여사가 지도한 것으로, 위의 그림과 같이 먼저 두 점의 디저트, 제일 위의 접시는 「랍스타 튀김」 또는 새우튀김, 다음은 「보일드햄 · 애플소스」라고 할 정도이다(③).

① 메이지 시대에 출판 된 가정요리서 여러 가지. 동경도 · (재)아지노모토 식의 문화 센터 소장

② 「발매광고」(메이지) 42년5월 26일 동경 아사히 신문게재) 동경도 · (재)아지노모토 소장

③ 『주부의 벗(主婦の友)』 다이쇼 9년 1월호 동경도 · 오짜노 미즈 도서관 소장

① 1935년 5월 촬영
② 1946년 12월 20일 촬영

쇼와(昭和) 시대(1926~1989)의 식문화

- 쇼와 시대는 제2차 세계대전을 전후로 크게 변한다. 사진가인 가게야마 고우요 씨는 자기 집 가정을 소재로 하여, 신혼시대로부터 만년(晩年)까지 촬영해 두었다. 신접살림 때의 식탁, 전후의 검소한 식탁 등을 볼 때 현대의 포식(飽食)이 거짓말 같다. 그러나 사진 찍힌 사람들은 먹는 즐거움이 몸 전체에 나타나고 있다. 포식이란 성숙한 참된 식문화인지 다시 바로잡을 필요가 있을 것이다.
- ①은 도우쥰카이(同潤會) 아파트(東京・青山)에서 쇼와 9년에 새로 거주하게 될 무렵의 사진. 사치스러운 문화생활이었다고 가게야마 씨가 말하고 있는 바와 같이, 바로 눈앞에 놓인 토스트가 전열기로 구워서 나오고 20세의 새댁은 홍차를 앞에 두고 양풍의 아침식사를 하고 있다.
- ②는 제2차 세계대전 직후, 쇼와 20년 말의 식량난시대의 식사 풍경. 6인 가족으로 1일 2홉5작의 쌀 배급, 이것을 죽으로 만들어 멀겋게 마시는 생활이라고 한다. 왼쪽에 촬영된 차남 아이는 아버지의 촬영을 기다릴 수가 없어 갱죽을 먹어 버리고 밥그릇이 비워져 버렸다.

그림과 「물건」에서 보는 일본의 식사문화사

구마쿠라 이사오(熊倉功夫)

BC 11000년 [죠몬문화 성립]	죠몬 시대의 식생활은 의외로 풍부하였다고 짐작되며 거대한 건축물을 갖춘 三内丸山 유적 등도 발견되고 있다. 수렵 채집과 함께 화전 등의 초기의 농업도 조몬 중기에 성립되었다고 본다.
BC 300년 [벼 재배 확대]	대륙으로부터 水稻(논벼)와 금속기를 동반한 문화가 전래, 6세기경에는 쌀이 일본 식문화의 핵이 되었다.
646년 [大化의 改新]	公地公民의 제도와 함께 班田收受의 법, 田調 등, 논과 벼가 토지지배와 세금 체계의 중심이 되어 그 위치가 확립되다.
675년 [육식을 금함]	소, 말, 개, 원숭이, 닭 등의 식용을 금하다. 동시에 농경기간 중 어업의 제한도 하였다, 그러나 금하는 것 외에 사슴, 들새의 식용은 빈번하였다.
700년 여러 나라(성)에 소(연유)를 진상하다	우유의 이용이 예상 외로 성대하여 우유를 농축한 「소(蘇)」를 도시로 보내게 했다. 713년에는 야마시로(성)에 우유를 얻기 위한 유호(乳戶) 50호를 설치.
756년 [당나라의 승려 감진화상 일본에 오다]	감진(鑑眞)은 수많은 문물을 가져왔으며, 그 중에서 약품으로 사탕도 있었다.
794년 [平安京* 으로 천도]	동서시가 설치되고 합해서 84점포가 있었으며, 그중에 25점포에서 여러 가지 식품이 팔렸다.
815년 [사가천황에게 차가 헌납되다]	재당(在唐) 30년의 경력을 가진 승 헤이쭈(永忠)는 중국 취미의 천황에게 차를 헌납하였다. 당시 차가 유행하고 임금이 사는 어전에는 다원이 설치되었다.

* 平安京 : 현재 京都(교토)

- 죠몬 시대의 식생활은 고고학상의 발견이 진전되어 그 이미지가 조금씩 변해오고 있다. 죠몬 후기부터 만기에는 제법 벼농사도 행해지고 수렵 채집과 보완적인 식문화가 형성되어 있었다고 본다. 빵 모양이라 할가 단자(떡)라고 할가, 둥근형의 죠몬 쿠키라고 칭하는 먹거리가 발굴되고 있다. 이것은 나무열매를 부수어 갈아서 고기를 혼합시킨 것으로서 상당히 복잡한 조리도 행하여지고 있었다는 것이 판명되었다.

쿠키 모양의 탄화물(니이가다현 오기노하라 유적 출토)
사진 제공— 渡辺誠

839년 [수도를 중심으로 한 여러 지방에 교맥(蕎麥)을 심도록하다]	논농사가 진행하니 도리어 자연재해에 대한 저항력이 없어진다. 그래서 흉황의 준비 대책으로 교맥(메밀) 등이 선정되었다. 익년은 피, 보리(麥), 콩 등의 재배도 명하였다.
927년 [『엔기식(延喜式)』 편찬]	『엔기식』은 된장, 술, 치즈, 버터 등의 제법을 위시해서 고대식물(食物)의 기사가 많고 『正倉院(세이쇼잉) 文書』와 나란히 식의 기본 사료(史料).
931~938년 [『와묘루이주쇼(和名類聚抄)』 성립]	고대의 사서(辭書)인 동서(同書)에서 가지 및 당과자 등 식품명이 많이 게재되었다. 단 가지 등이 실제 재배가 번성해진 것은 중세 때이다.
1001년 [『枕草子(마구라소오시)』 책 속에 甘葛(칡)이 나온다.]	감미료로서 감갈(甘葛) 및 맥아로 만든 엿이 인기가 대단했다. 세이쇼나곤(清少納言)의 여름에 좋아하는 음식물은 금속그릇에 잘게 쪼갠 얼음을 넣어서 그위에 감갈을 뿌린 것이다.
1066년 [『新猿樂記』의 저자 후지와아기히라]	『新猿樂記』에 호식(好食)하는 여자가 등장. 좋아하는 음식물이 열거되어 그 한 부류에 정진요리가 보인다. 그 예로서는 부수파, 향질(香疾)무, 면예(面穢)송이, 등이 실려 있다.
1136년 [후지와라요리나가, 대신의 대향연을 열다.]	台盤(태반)을 사용한 대향연이며, 당시 귀족의 연회의 전형이다. 또한 이러한 연회 뒤에는 하역자에게 屯食(强飯의 주먹밥)이 하사되기도 하였다.

1214년 [영서선사(榮西禪師), 源實朝에 차를 권하다]	에이사이(榮西)는 중국 송대(宋代)의 차의 제법, 차 마시는 법(喫茶法)을 소개하고 『끽다양생기(喫茶養生記)』를 저술했다. 그 이래 차 마시는 습관이 저절로 확대되었다.
1252년 [가마꾸라 막부, 여러 나라의 술의 매매를 금하다]	술의 제조가 성대하였으며, 술이 일반에게 팔리고 있었다. 그러나 14세기까지 원칙적으로는 판매 금지가 계속되었으며, 1371년 주점에 과세가 되고 판매가 허락되었다.
1350년 [이 무렵 『庭訓往來』 성립]	同書의 내용에 많은 정진요리가 나타나며, 사원의 식문화 발달이 보인다. 이 시대에는 원나라 압박을 받은 중국의 선승들이 일본에 이주하였다.

- 繪卷(그림 전집) 중의 묘사는 전투의 격전과 진영에서의 가마꾸라 무사의 식사 풍경이라고 생각하면 된다. 각자의 상에 놓여있는 밥은 수북이 담은 밥. 방금 먹고 있는 모양이 그려져 있다. 세부적인 것은 잘 모르겠으나 다른 장면에서 술동이를 운반하는 곳도 있고, 술이 준비되어 있다고 본다.

1489년 [『사조유포정서(四條流庖丁書)』가 성립되었다고 전한다.	무가(武家) 예법가운데 음식의 법이 세부에 까지 규정되어 四條·大草(오구사) 등의 요리의 분파도 탄생됨.
1561년 [足利義輝(아시가가요시대루), 미요시 저택에 본선의 饗(연회)을 받다].	15세기로부터 혼센(本膳)이라고 하는 언어가 나오고 武家式正의 膳(상)으로서 53膳의 법이 정해졌다. 혼젠요리의 성립과 함께 ○즙 ○채라고 하는 요리의 표현법도 생겼다.
1569년 [선교사 프로이스, 오다 노부나가에게 설탕을 헌상]	유럽인의 도래와 함께 남만문화로서 서양의 식문화가 점차 도입된다. 히가도, 덴뿌라, 히로우수 등 포르투갈어가 일본 요리명으로서 정착되었다.
1591년 차의 湯요리·懷石(가이세키)의 창시자 千利休(센노리큐) 할복	새로운 식문화의 스타일로서 가이세기의 원형이 이때부터 생겼다. 당시는 懷石이라는 말은 없었다(겐로구 시대 이후에 등장), 會席(가이세키)의 문자가 사용되었다. 懷石(가이세키)는 時系列을 가지는 서비스와 먹을 만치의 적당한 양이 특징이다.
1643년 『料理物語』 간행	최초로 인쇄된 요리서. 수육의 요리법도 기재되어 있고, 중세적인 면도 남아 있다.
1657년 이 때즘, 에도(江戶)에는 소바집, 나라차(奈良茶)집도 유행	벌써 교토에서는 요리점이 개점되고 있었으나, 에도에서도 아사쿠사에 나라차(奈良茶)집이 생기고 또한 소바점도 생겨서 외식문화가 발달. 드디어 끓이는 찻집도 생겼다.
1686년	첫 수확한 야채 등이 이상한 물가 앙등에 대비하여 매출 시기의 제한을 두었다. 그 후, 특히 다랑어에 대한 인기가 높아져서 그로부터 에도의 명물이 되었다.
1697년 人見必大(히토미히즈다이)『本朝食鑑』 간행	의사인 히토미 히즈다이가 국산 식물(食物) 442종에 대하여 해설한 책이며, 대단히 실증적인 식문화의 기본도서이다.

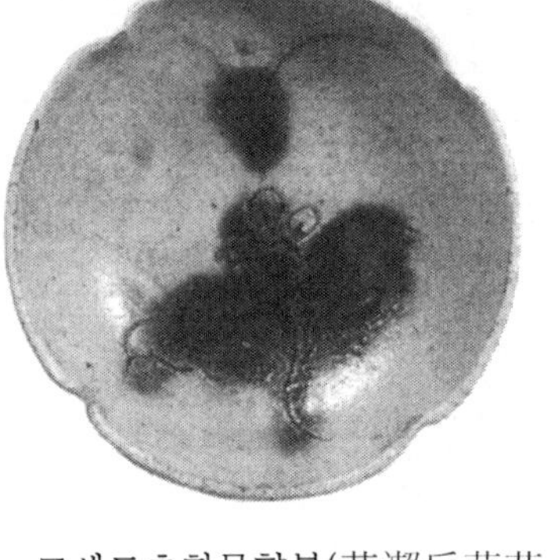

고세도초화문향부(黃瀨戶草花文向付) 동경도(東京都)·(財)부산기념관장(富山記念館藏)

- 黃瀨戶(고세도)의 식기는 16세기 중기에 등장, 艶(광택)이 있는 유약을 입힌 것과 油揚手(유양수) 라고 하는 광택이 없는 것이 있는데, 이것은 후자이다.

  선조(線彫)한 문양이 있는 곳에 녹유를 발라 멋진 발색과 부드러운 맛에 예부터 인기가 높았다.
- 그때까지의 식기는 칠기가 자연 유약의 도자기뿐이었으나 색채와 문양을 가진 그릇이 등장하고 다시 에도 시대에 색채가 선명하게 되어 짐에 따라 눈으로 즐거워하는 일본요리가 성립되었다.

1718년 [『고금명물과자비전초(古今名物菓子秘伝抄)』 간행]	판본의 과자서로 최초, 이때부터 사탕의 국내 생산도 시작되고, 감미료가 풍부해졌다.
1735년 [청수곤양(青水昆陽), 고구마 재배가 시작되다]	18세기 초부터 빈번하게 사쓰마 고구마의 이입이 계획되어 구황작물로서 드디어 전국에 보급되었다.
1771년 [에도 深川(후가가와)에 요리옥이 개점]	이후 에도 시중에 요리옥이 성업, 한 집 건너 한 집의 요리집이 생겼다고 할 정도였다.
1782년 [『두부백진(豆腐百珍)』 간행]	『豆腐百珍』이 評判되어 후에 2책, 합해서 300종 정도의 두부요리가 생겼다. 그 결과 여러 가지의 百珍物이 유행했다. 익년부터 덴메이 대기근이 일어나다.
1804년 [에도 시중에 음식점 6160집이 웃돌다]	그 전해에 山谷에 八百善(야오젠) 개업, 요즘, 屋台의 덴뿌라, 스시, 차스케야(茶漬屋) 등이 널리 퍼졌다. 茶漬(차스케) 상점을 만든 것도 많고, 그 시작은 大森(오오모리)의 一膳飯屋(이찌젠반야)이다.
1817년 [에도 양국에서 大食會가 열리다]	万屋八郎兵衛方에서 행해진 대식회에서 68공기의 밥을 간장 2홉으로 먹는 맹자(猛者:용기 있는 사람)가 나타났다. 그 전후, 대음, 대식회가 자주 열리고 있다.
1820년 [그 즈음 주먹으로 뭉친 스시의 원조라고 할 수 있는 与兵衛(요헤이)스시가 시작되다]	니기리스시의 원조에 대해서는 많은 설이 있으나 거의 이즈음 전후, 에도에서 생기고, 달걀, 새우, 마고로, 고히레, 아나고 등이 주류.
1822년 [『에도유행요리통(江戶流行料理通)』 간행	八百善(야오젠)요리의 소개본으로서 4편까지 출판, 처음 2편은 四季요리, 3편은 정진요리, 4편은 卓袱(짜부)요리이다.
1832년 [『경육조미방(鯨肉調味方)』 성립]	저자는 小山田与淸라고 한다. 고래의 부위를 껍질, 고기, 내장, 골(뼈)등으로 분활해서 그 조리법을 해설한 책이다.

『에도유행요리통(江戶流行料理通)』 동경도(東京都)·(財)味の素食の문화센터 소장

- 에도의 유명 요리점 팔백선(야오젠) 주인의 야오야젠시로(八百屋善四郎)가 저술한 요리서이며, 4편 4책으로 되어 있다.
  식단(獻立集)을 중심으로 하고 요리점도 약간 첨부되어 있다. 그 선전의 교묘함은 당시 인기가 있는 문인들의 환담하는 모습을 삽화로 넣고, 요리의 정보를 다양화 하였다.
- 우측의 大田南畝, 바로 앞에는 酒井抱一(사카이 호우이쯔: 에도 후기의 화가)이다.

1854년 [개국에 동반하여 서양 食文化가 전해지다]	에도의 料理屋 百川이 테이블요리를 시작하고 長崎에서 서양요리를 제공하므로 종래의 남만요리와 다른 새로운 식문화에 일본인이 접촉했다. 이후 각지에 잇따라 서양요리점이 탄생.
1858년 [콜레라가 유행]	콜레라가 대유행하여 에도 시중에서 3만 인 가까이 사망. 이 후 종종 유행, 1886년에 십일만 명의 사망자가 나타나고, 그 후 위생사상이 보급되었다.
1868년 [미국인 고-프란트, 요꼬하마에 맥주공장 만들다	막부 말부터 서양 외식문화가 진입이 진행, 거류지를 중심으로 빵, 육류, 서양 채소를 판매.
1871년 [仮名垣魯文(통속작가)『安愚楽鍋(아구라나베)』간행	전년에 福澤諭吉이「肉食之説」을 집필, 쇠고기에 대한 관심이 높아지고 그해, 牛鍋(쇠고기냄비)가 유행. 1872년, 레모네이드, 다음 6년에는 팥빵이 탄생.
1872년 궁중에 양식이 들어오다	궁중의 정장이 양장으로 정해지고 새로운 식문화도 들어오다. 이해에, 명치 천황도 우유을 시식했다.
1885년 [역 도시락 탄생]	宇都宮驛(우쓰노미야역)에서 팔기 시작한 매실(우메보시)이 들어있는 스시와 단무지가 최초의 역도시락이라고 불렀다.
1888년 [東京下谷에 可否茶館開店]	커피값 1전 5리, 우유값 2전, 너무 인기가 없어 5년 후에 폐쇄. 1899년에 인스탄트 커피가 일본에서 발명되다.
1899년 [森永太一郎(모리나가) 미국에서 귀국하여 캔디 제조시작.	십 년의 미국생활 중에 캘리포니아에서 케이크, 캔디, 등의 제조법을 배운 모리나가는 아카사카에 개점, 마쉬멜로우가 잘 팔렸다고 한다.

- 『花の下影』는 작자 불명의 화첩인데, 316의 그림에 달하는 오사카의 먹거리의 풍경이 그려져 있다. 성립 연대는 명확하지 않으나 1864년을 의미한다고 추정된다.「甲子」문자가 그림에 있으므로 막부 말에 그려진 것은 틀림없다. 상점의 종류로는 만두점, 떡점, 등 달콤한 과자점이 약 70 점포. 22%를 점유하여 가장 많다. 여기에 게출된 것은 마쯔야마지(松屋町)의 어물점. 생선의 값이 전부 38문으로 상점의 이름도 38어물점이며, 균일한 값의 어물점이었음을 알게되다. (p271 참조)

「제 244그림 松屋町 38 어점」
『花の下影-幕末浪花のくいだおれ』*
芦屋市・廣灝家蔵 사진제공—清文堂出版

* くいだおれ: 먹어서 망함

1903년 村井弦齋『食道樂』간행시작하다	가정소설의 형식을 취하면서 和・洋・中의 요리를 소개. 제1책은 금방 38판을 능가하고 best seller가 되었다.
1908년 池田菊苗博士, 昆布(다시마)의 우마미 맛 정제 성공	glutamine산 소다의 공업화를 鈴木三郎과 협력해서 성공.「아지노모도」탄생되다. 처음에는 味精(아지세이)이라고 했다. 그 후「아지노모도」로. 大正期에는 월 생산 1000톤에 달했다.
1913년 [잡지『생활』이 유명인의 食費紹介]	이즈음부터 잡지에 요리, 먹거리의 기사가 증가. 전년에는『婦人之友』에 독자로부터 獻立(메뉴)를 현상 모집.
1919년 삼도해운, 유산음료 칼피스 발매	삼도해운이 요거트를 알게 된 것은 13년 전. 그 후 공부를 거듭하여 발매, 칼슘과 醍醐味(버터맛)의 사루삐스와 결합해서「칼피스」라고 명명했다.
1920년 [국립영양연구소 설립]	영양사상이 보급되고, 益田孝(마스다고우)도 1924년 慶應義塾大學(게이오기주쿠대학)에 食養(식양)연구소를 설립하다. 그 후 나라에 이관.
1923년 관동대지진에 의해서 동경의 맛에 변화	관동대지진에 의해 에도의 모습이 송두리째 변해버리고, 유명 요리점에도 관서 풍미가 유입되었다. 익년에는 神田(신사에 소속된 논)에 대중식당「須田町(수다마찌) 식당」이 생기고, 和・洋・中의 식사가 간편하게 제공되었다.
1926년 이 즈음 라이스-카레—서민 사이에서 보급	절충요리의 돈까스, 고로께도 가정의 맛이 되다. 이즈음, 箱膳(하꼬젠)의 대용으로 탁상이 일본사람들의 대표적 식탁이 되었다.
1929년 [국산 위스키 발매]	막말의 개국이래, 비어, 와인 등의 제조가 시험되었다. 그 중에서 디저트 와인의 아까다마포트 와인의 판매에 성공하는 壽屋(고토부키야)이 京都 야마사끼에서 위스키의 양조, 白札위스키의 이름으로 매출하였다.

『四季의 支那(중국) 料理』동경도・味の素(株)소장

- 근대 중국요리의 선각자인 山田政平(야마다 마사히라) 씨가 소장한 소책자에 아지노모도 본포 스즈끼상점 찬(撰 :기록), 1928년에 간행되었다.
  다이쇼 말부터 쇼와 초기에는 전국에서 요리강습회가 빈번하게 열리는 시대였다. 중국요리 보급의 기운에 상응해서 이 책의 활용으로 가정에서의 중국요리 침투에 공헌했다.

1934년 [완전 저작운동이 유행하였다]	미국으로부터 플레처의 사상이 도입되어 일본에서도 共鳴者가 「완전저작동맹」을 결성, 한입의 음식을 35회 씹는 것을 제창하였다.
1939년 [쌀의 배급제실시]	戰時下의 통제경제강화. 식료품의 공정가격 표시를 의무로 하고 쌀의 배급제, 농가로부터 강제 매입이 실시되었다.
1945년 [동경에서 아사대책 국민대회가 열리다]	동년, 11월경, 아사자 속출, 우에노역에서 하루 6명의 사망자가 발생하기도 했다. 그 후도 배급이 지연되서 1947년에 야미 식량을 거부한 야마구찌 판사가 영양실조로 사망하였다.
1950년 [학교급식을 빵으로 실시]	가리오아(점령 지역 구제 기금) 자금에 의한 식료 원조가 행해져서 빵의 완전 급식이 8대 도시의 소학교에서 실시되었다.
1952년 [사탕의 통제 철폐]	1950년에 된장, 간장의 통제가 철폐되고, 이 해에 13년만에 사탕의 통제가 없어지고, 쌀 이외의 통제가 거의 없어졌으며, 식료사정은 옛날로 회복되었다.
1953년 [전기냉장고가 시작되다](가정의 전화(電化)가 시작되다)	믹서기는 1948년 발매, 자동 취반기는 1955년. 1953년에는 TV 방송이 시작. TV · 세탁기 · 냉장고가 3종의 신기라고 하였다.
1958년 [인스탄트 라면 탄생]	치킨라면이 일청(日淸)식품에 의해서 발매, 그 후 해외로도 보급되었다. 1960년에 인스탄트 커피 등, 인스탄트 시대가 시작되다.
1961년 [식품 공해]	그즈음 식품 공해라고 하는 어휘가 사용되기 시작하다. 1953년에 미나마다병이 발생하고 그 원인이 밝혀지기까지 4년이 걸렸다. 근대 공업과 식품의 관계가 환경 오염, 식품 공해라고 하는 면에서 중요한 과제가 되었다.

도시바자동전기솥 제 1호
사진제공－(株)도시바(東芝)

• 전기솥 그것은 다이쇼 연간에 만들어졌으나, 자동식이 아니며, 타임, 스위치를 부착한 전기솥이 도시바로부터 1955년에 발매되었다. 10년 후에는 일본가정의 5할 이상의 가정에서 사용되어 현재는 아시아 각지에서 활용되고 있다.

1965년 [엥겔 계수 38.1%로 내려가다]	엥겔 계수는 1955년에는 46.9%. 1996년에는 23.4%까지 내려갔다.
1966년 [수은 계 농약의 대체]	1970년에 카드뮴 오염 쌀이 문제화. 그 기준량이 발표되어 동 1971년에는 농약규제법이 개정되다.
1968년 [봉카레-발매]	레토르트 식품시대 시작되다. 이해, 高松상점이 냉동rice를 발매, chicken rice, 볶음밥 등 6종을 상품화. 냉동식품도 점차로 본격적으로 보급되기 시작하였다.
1971년 [Mcdonald hamburger-일본상륙]	銀座(긴자)三越 1층에 제 1호점이 개점. 1개 80엔의 햄버거가 하루 100만 엔 팔렸다. fry chicken, 소고기덮밥 등 패스트푸드 유행의 막이 열리다.
1973년 [석유 shock]	설탕 값이 급등하여 슈퍼마켓 등에서 매점매석하는 소동이 일어나다. 식료의 외국 의존이 주목되기 시작함.
1977년 [200해리어업 전관구역 설정]	각국이 전관구역을 선언하여, 일본 어업계가 shock를 받아 생선 값이 급등. 국제포경위원회도 일본의 포경 범위를 반감. 금지방향으로 전개.
1980년 [식의 문화 심포지움 개최]	아지노모도,「인간, 먹거리, 문화」를 테마로 심포지움을 열고 식문화연구가 본격적으로 시작되다.
1995년 [식료 자급률 42%로 하강하다]	1960년에는 80%를 넘어서고 있던 식료 자급률은 1995년에 공급 열량으로는 42%, 곡물 자급률은 30%까지 하락했다.

1956년 8월 26일 촬영
사진－影山光洋(가게야마 고우요우) (제공－影山智洋)

- 사진가 가게야마 고우요우(影山光洋)씨는 스스로 피사체가 되어 한 가족의 역사를 잘 영상화하였다(268페이지 참조). 고도 경제 성장기 이전의 가정. 탁상에는 믹서가 놓여 있고(믹서 발매는 1948년으로 빨랐다). 손쉽게 쥬스가 되는 시대가 되었다. 작은 좌탁은 종전시 사진에도 있었고 또한 가구류 까지는 새로이 주문되지는 않았다. 그러나 식료의 풍부함은 각종 과일로부터 충분히 볼 수 있다.

제 5부

음식의 미학

제1장 음식의 미학

구마쿠라 이사오(熊倉功夫)

I. 넓은 의미의 미학(美學)

「식(食)의 미학」이라고 하는 말에 있어서 미학이라고 하는 말은 식문화와는 너무나 친숙함이 없는 것이 아니냐 하는 의견도 있다. 요는 대단히 논리적이며, 추상화 또한 개념화된 논리 구조의 위에 성립하는 미학이라고 하는 학문이며, 먹거리, 특히 미각 및 먹는 것에 대한 여러 가지의 미적 가치를 말한다는 것은 어렵다. 더욱이 "식의 미의식"이라고 말하는 언어의 표현이 끝맺음이 좋다고 생각되기도 한다. 그러나 너무 엄밀하게 방법론을 정의하지 않고 , 이것은 식문화를 생각하는 하나의 시각이라고 하는 의미로 「식의 미학」이라 사용해 보는 것도 어떠할까 한다.

그렇게 생각해 볼 때 염두에 떠오르는 것은 철학자 다니가와(谷川徹三)가 『차의 미학(茶の美學)[1]』이라는 책을 저술한 것이 있다. 이것은 1944년말 제2차 세계대전 말기에 행한 「차의 미학」이라고 하는 강연이 기초가 되어 점점 구상이 크게 되어서, 드디어 한권의 책이 되었던 것이다. 이것은 전후 차(茶)를 끓이는 탕(湯) 연구의 하나로 출발점이 된 것으로 말하자면, 차를 끓이는 것과 같은 애매한 것이며, 유흥에 관한, 기능과 취미로 통념되어 있던 세계를 철학자가 미학을 대상으로 취급하여 다도(茶の湯)를 예술의 위치에 올려놓게 된 것이 저 패전의 불안 속에 있었던 다도(茶の湯)계의 사람

1) 「차의 미학(茶の美學)」 초판은 1945년. 개판은 1977년에 나와 있다.

들을 무엇인가 원기를 북돋아 주는 바가 있었다. 지금 먹거리(食)는 그와 같은 형편은 아니지만 「차의 미학」과 같은 서적이 있었음을 상기하여, 역시 애매하지만 정의하기 어려운 식문화에 대해서도 「식의 미학」이라고 하는 접근이 있어도 좋은 것이 아닌가.

먹는 것이 있기 때문에 당연히 이것은 논리적인 것보다 어느 쪽이냐 하면 직관적이면서 또한 객관적이라기보다 주관적인 것이다. 보편적이라기보다 특수한 것이다. 그러한 의미로 직관적인 감성을 토대로 하여 食의 美를 생각해 보자. 그 美라고 하는 것도 아름답다라고 하는 문자 그대로의 美는 아니다. 美라고 하는 문자에 대해서, 이전에는 일본 특유의 말씨로 "맛이 좋다"라든지 "좋다"라고 하는 뜻으로 사용하고 있었으며, 참으로 먹거리가 좋은 것, 먹거리가 "맛있다"라고 말하는 것들을 포함한 가치의 세계를 식의 미학이라고 하는 시각에서 생각해 보는 것도 어떠할지 하는 것이다. 여기에는 먹는 것이던지, 본질적으로 가지고 있는 가치뿐만 아니라 식의 문화 주변에 관계되는 여러 가지 가치관이라는 것이 연관되는 것이라고 생각된다.

II. 예능으로서의 식의 문화

그렇게 조금 넓은 의미로 먹거리의 미학을 생각해 볼 때, 나는 예능이라고 하는 개념을 적용해 보고자 한다. 요는 식의 예능이라는 개념을 결부시켜서 그 미학을 생각해 보고자 하는 시도인 것이다. 예능이란 무엇인가. 예능이라고 하는 어휘는 어찌되었던 번역하기가 어렵고, 중국에서도 서양에서도 일본에서 말하는 예능에 적합한 어휘가 없다. performing art 라고 번역하지만 영어에서 그것은 일부 무대 예능을 지칭하는 어휘에 불과하다. 예능의 본질은 신체의 몸동작을 매개로 하여 연주자와 관객의 관계에서 일종의 공동환상적인 image 세계를 만들게 되는 것이다.

예능이라고 한다면, 이것은 당연한 것으로 일회로 소멸해 버린다고 한다. 결국 같은 것으로 될 수는 있어도 온전히 같은 것으로 반복할 수 없는 것이라고 하는 의미로 일과성, 일회성이라고 하는 특질(特質)이 거기에서 지적될 수 있다. 형체를 남길 수는 없으므로 그것은 형체가 없다. 때로는 전통 예능편이 더 많이 인간국보·무형문화재로 지정된다. 그 무형이라고 하는 의미는 그와 같은 의미인 것이다. 요리, 음식물도, 먹어 버리면 끝이고, 그 자리에서 사라져 버린다고 하는 의미로 일과성(一過性), 또는 무형성(無形性)이라고 하는 성질을 가지고 있다고 할 수 있을 것이다.

그러므로 이것을 정확하게 기록한다는 것은 대단히 어렵다. 따라서 「美味의 표현」

으로서 영상 및 문예의 방법을 음미할 필요가 있으나, 결론적으로 어휘사용이 허락하는바, 그것은 맛이 좋아, 맛이 훌륭해 라고 하는 것을 어떻게 기록해서 남겨둘 수 있는가, 어떤 의미로서는 헛수고에 가까운 시도의 재검토이기도 하다. 그러나 기록에 의해서 심지어 여러 가지 음식이 남겨져 있는 상태에서, 연극의 연구를 하고도, 또한 꽃꽂이의 연구를 했어도 그와 같은 신뢰할 수 없는 기록에 의존하지 않는다는 점에서는 대단히 비슷한 연구 상황인 것이다. 그 중에도 요리는 가장 복잡한 것일 것이다. 결국은 맛의 record, 혹은 냄새의 recorder가 있었으면 좋겠으나, 그 소멸되어가고 있는지, 덧없는 것일 거라는 점은 일반의 예능 이상의 것일 것이다. 이러한 성격은 예능과 식의 문화가 비슷한 상황인 것을 증명한다.

예능에는 연기자와 관객이 있다. 보게 된다고 하는 의식이 연기를 연마하고, 또한 무대를 창작하는 것이 되지만, 요리도 만드는 사람과 먹는 사람이 있다. 손님을 정중히 응대하는 사람과 응대되는 사람이 있다는 의미로서는 참으로 양자의 관계가 있으므로 비로소 성립되는 것이 아니겠는가. 물론 자기가 만들어서 자기 스스로 먹는다는 뜻도 있겠으나 이것은 지금 제외해두고 보자. 요리를 취급하는 사람과 취급되는 사람은 정말로 예능에 있어서 연기자와 관객과 같은 관계를 갖고 있는 것이 아니겠는가.

예능으로서의 식의 문화를 취급할 경우, 그 궁극에 위치하는 가치는 무엇인가라고 생각했을 때, 먹는 음식의 맛의 그 자체, 다 된 요리 그 자체가 식 문화의 목표가 아니며, 어찌 됐든 먹는 것에 대한 여러 가지 요소를 포함한 미학이 목표가 되는 것이 아니고, 포함한다기보다는 오히려 맛의 우수함을 동등하게 중요시 하는데 있는 것이 아닐까 라고 생각된다.

그 제일의 요소로서 "장식하다"라고 하는 것부터 논하고자 한다. 꾸민다고 하는 것은 요리의 본질과 관계없다. 요리에는 필요치 않다는 생각이 있을 것이다. 특히 근대화라고 하는 시대는 장식을 쓸모없는 것으로 해서 그것을 생략하고서 먹는 것을 발달시켜왔다고도 할 수 있다. 그럼에도 불구하고 역시 먹는 것은 장식하지 않으면 안 된다. 그 "아름답게 장식하다"라고 하는 것이 "맛"과 같을 정도로 중요시되고 있다.

결국 음식은 영양가의 문제이며 혹은 맛의 문제라고 말해버리면 이 논의는 성립할 수 없다. 그렇게 말하는 본질론을 한편에 두고서 그 표현론이라고나 할까, 눈에 비치는 그대로 혹은 음식물을 둘러싼 환경 그대로에 무게를 두고서 생각해 보면 어떨까.

예능으로서 요리를 생각하는 전제로서, 예능에는 4개의 요건이 있다는 점으로부터 설명을 진행하고자 한다. 무대 예능을 생각하면 제일 알기가 쉬우나 먼저 예능에는 무대가 필요하다. 무엇이든 상설무대가 아닐지라도 강연할 때 사용되는 연단도 하나의 무대이며, 연단이 만약 없으면 연기자는 대단히 체면이 서지 않으며 지껄일 수 없게 되리라 생각된다. 테이블이나 연단이라도 그것이 있으므로 해서, 청중과의 사이에 구분이 되어서 연기자의 기분이 되기 때문이다. 이와 같은 무대 장치가 되는 "장치"가 예능의 제1의 요건인 것이다.

무대에 등장하면, 평소 할 수 없는 행동도 할 수 있다. 부끄러움도 없어지고 사람들 앞에서 말을 잘하게 된다. 크게 우러러 보는 연기가 된다. 결국 연극이 된다. 이것은 예능의 제2의 요건의 "접대"이다. 그러면 제3의 예능에는 갖가지의 소도구가 필요하며, 마이크로폰도 그 하나이다. 소도구뿐만아니라 도구라고 하는 어휘는 충분치 않지만, 도구를 포함한 연기자를 치장하는 장치가 필요하다. 화장이라든가, 의상, 소도구, 큰 도구라고 하는 출연자를 장식하는 각양각색의 "복장"이 거기에 등장한다. 그러한 것이 없으면 결국, 민낯으로 무대에 서게 된다는 것은 배우로서는 대단히 부끄러운 것이며, 화장하고 꾸미는 것이 일상을 벗어나게 할 수도 있으므로 이 "치장(꾸미는 것)"이 제3의 요건이 된다.

더욱이 거기에 message(인사말)가 들어온다. 예능에는 무엇인가 message가 내포되어 있는 것이 많다. 예를 들면, 그것은 신으로부터 message가 되기도 하고 혹은 작가의 message가 되기도 하고 여러 가지가 있겠으나 무엇인가 생각을 전하게 될 때가 있다. 이 "생각" 이라고 하는 것이 예능의 제4의 요건인 것이다. 음식의 세계에도 역시 그 메시지라고 하는 의미가 대단히 중요하다.

4개의 요건을 생각했을 때, 바로 요리의 세계에 생각이 떠오르는 것은 "의식요리(式庖丁)"의 세계이다. 의식요리(式庖丁) 그 자체가 "예능"이라고 할 수 있다. 스이칸(水干) 의복을 입고, 요리칼과 젓가락을 손에 쥐고 도마를 향하여 마치 춤을 추는 것과 같이 요리를 해 보인다. 의식요리를 보면, 이것은 예능 이외의 아무것도 아니라는 기분이 든다. 사실 요리(조리하는 것)는 이전에는 예능에 들어가 있었으나, 16세기에 일본에 온 통역사인 "로드리게스"가 쓴 『일본교회사[2)]』라고 하는 책 가운데, 일본인이 예와 능이라고 하는 두 개의 언어로 학예, 유럽에서 말하는 아트를 표현하고 있다. 라고 기록하고 있다. 예능이라는 것, 그것을 예능이라고 말하지 않고 예와 능으로 분류하고 있다는 것이 재미있다.

예란 무엇인가, 능이란 무엇인가하면, 예라고 함은 전문적인 예능인 것이다. 이쪽은 많이 존경받지 못한다. 여기에 대해서 능은 고귀한 인간이 교양으로서 즐기는 것이며 그 자체가 명예가 되며, 대단히 중히 여겨진다. 그래서 로드리게스는 7芸(예) 10能(능)을 열거해서, 중히 여기고 존경받는 쪽의 10의 能 제3번째에 식칼(庖丁)로 먹을

---

2) 『일본교회사』 일본어에 뛰어난 죠안・로드리게스・シジ는 기독교의 일본 포교를 위해서 일본 정보를 종합 정리하여 본서를 저술했다. 먹는것(음식), 마시는 것의 기사가 특별히 상세하다. 번역본은 1967년, 岩波書店刊이 있다.

것을 끊고 나누는 것을 예를 들어서, 그들 중에서는 상품(上品)이며 상용적인 일이라고 쓰고 있다. 당연히 "式庖丁"은 존경받는 예능의 하나로서 예를 들고 있다.

"式庖丁"과 같이 요리의 "접대 동작"을 보여준다고 하는 감각이 일본의 counter 요리나, 혹은 미국에서 성공한 베니하나의 스테이크처럼 손님 앞에서 보이는 독특한 요리점이라는 형식으로 현대에 살아있는 것이다. 그러나 여기에서 나는 강조하고자 하는 점은 式庖丁(의식요리)도 사라져감으로써 일본의 식문화 일반이 상당히 예능적 성격을 가지고 있는 것이 아닌가 하는 데 있다.

역시 음식물이라는 것은 요리만을 먹는 것이 아니고 거기에 둘러싼 다양한 속성을 먹는 것으로서, 이와 같은 식의 문화의 예능성을 전제로 하고, 여기서는 요건 중에서 "장치" "꾸밈새" "뜻"을 실마리로 해서 음식의 미(美)라고 하는 것을 조금이라도 넓게 생각해 보고자 하는 데 있다.

<사진 1> 학(鶴)의 庖丁式
궁중에서 시작된 요리의 의식이며 후에 무가(武家)에 전해졌다.
(京都・万龜樓藏 平凡社 제공)

III. 식(食)에 있어서 장식

자, 그러면 식의 문화를 예능으로서 생각해 보면, "장식"이라고 하는 것이 대단히 중요한 의미를 가져온다. 예능은 꾸민다는 것이 전제하고 있다. 단지, 문화 일반의 가운데는 장식하는 문화와 장식하지 않는 문화가 있으며, 당연히 먹는 것에도 장식한(꾸미는) 음식과 장식하지 않는 음식이 있다. 이것을 대치한다면 다음과 같은 것이 된다.

```
일상---비예능성---꾸미지 않는 식의 문화
 |                  |
 |                  |
비일상---예능성--- 꾸미는 식의 문화
```

꾸미지 않는 식의 문화・꾸미는 식의 문화라는 말과 같이 모두 헛되나 물론 일상 먹고 있는 것에 일일이 예능성을 운운할 수는 없다. 여기에서 취하고자 함도 당연 축일의 음식이며, 드러나게 화려한 장소에서 우리들의 먹는 행동에 대해서이다.

비일상의 축일의 식사이면, 특별히 다양한 "장식"이라고 하는 것이 준비되어질 것이다. 단, 꾸미는 식의 문화라고 말하였지만 모든 것이 휘황찬란하게 꾸민다고 말하면, 그 중에는 꾸미는 것을 거부하는 꾸밈이란 것도 있다. 꾸미고 있는 것같이 보이지 않게 꾸미는 방법도 있으므로 장식을 이미지화한 식의 문화도 한편에 두고 생각할 필요가 있겠다.

장식한다는 말은, 비일상성의 가장 단적인 표현이겠으나, 먹는 것에 관해서도 장식한다는 말을 사용한 음식이 많이 있다. 예를 들면 "장식용 과자"라든가, "장식용 곶감" "장식용 새우" "장식용 밥" 등과 같은 것이 있으며, "무엇무엇의 장식"이라고 말하는 것도 많이 있다고 생각한다. "장식용 과자"라고 하는 것은 축하할 때도 있으며, 궂은일의 경우도 있다. 무엇이든, 관혼상제적이며, 혹은 연중 행사에 있어서 장식품이란 것이 등장한다. "장식용 밥"이라고 하는 것은 밥 위에 여러 가지 어육과 채소로 꾸민 것으로서 이것은 호우한(芳飯, 그릇에 담은 밥 위에 여러 가지 익힌 음식을 얹어 밥을 보이지 않게 하고 국물을 부은 것)인 것이다.

그러므로 이와 같이 꾸민다는 것이 지금 왜 문제가 되는 것인가라고 하는 것을, 먼저 조금 말해두고자 한다. 근대의 우리들은 꾸민다는 것에 대해서 대단히 부당한 평가를 하여 왔다는 것은 아니지만, 반드시 근대에 한정되지 않으므로 꾸민다는 것이 대단히 경박한 표면적인 것이라고 하는 것같이 마이너스 평가를 동반하는 경우가 많았다.

저 사람은 꾸미지 않는 사람이다, 꾸미고자 하는 마음이 없는 사람이다, 라고 하는 표현을 생각해봐도 무엇인가 꾸민다는 것은 좋지 않다는 이미지를 받게 된다. 그것은 근대에 와서 더욱더 강해져 왔다고 생각된다.

예를 들면, 독일의 근대 건축가 부루노 타우트가 닛코 도쇼구(日光東照宮)를 매도하고, 가츠라리큐(桂離宮)를 대단히 높이 평가했다. 거기에는 장식이라는 것에 대해서 근대건축의 매우 확실한 평가축(軸)이 있었다고 말하고 있으나, 확실히 근대화라고 하는 문명은, 말하자면 장식이라는 것이 불필요한 것이라고 생각하므로서 전개될 수 있는 것이다.

그러나 아무래도 지금의 시점에서 생각하고 보면 그렇지도 않다. 역시 장식한다는 것이 축제가 있는 세계에서는 반드시 필요하다. 모르는 사이에 우리도 몸을 치장한다. 극단적인 예이지만 연구하는 사람들도 논문을 쓸 때 가급적 많이 주(注)를 붙이면 뭔가 훌륭한 논문으로 보이며, 이는 주(注)로 논문을 꾸미는 것은 아닐까라고 생각하는데 어떨까. 이렇게 장식한다는 행위에 그다지 흥미를 느끼지 않고 꺼림칙한 행위를 하고 있다고 생각하지 말고 더 당당하게 장식해야 한다. 장식이라는 것을 정면으로 파악해야 한다는 식에 대한 생각이 최근 미술계의 사람들에게서 나오고 있다.

음식의 장식도 합리주의적으로 음식의 맛을 추구하고 있다면 필요 없을지도 모른다. 지나친 장식은 불쾌하고, 악취미라고 말할 수 있지만 역시 장식은 필요 불가결하다는 그 점을 파악해야 한다.

우선 음식을 먹는 장소나 자리를 장식하는 것이 있다. 『고사기(古事記 ; 현존하는 일본 최고의 역사서)』 속에 다음과 같은 구절이 있다.

かれ、出雲に到りて、大神を拝み訖へて還り上ります時に、肥の河の中に黒き巣橋を作り、仮宮を仕へまつりて坐せたり。しかして、出雲の国の造が祖、名は岐比佐都美、青葉の山を餝りて、その河下に立てて、大御食献らむとする時に、その御子の詔言らししく、
「この、河下に青葉の山のごときは、山と見えて山にあらず。もし、出雲の石硐の曾の宮に坐す、葦原の色許男の大神をもちいつく祝が大庭か」と問ひたまひき。

그리고 이즈모(出雲)에 도착하여 대신(大神)에 참배를 마치고 도읍으로 돌아오는 길에 비(肥) 강 가운데에 검은 새집다리를 만들어서 행궁을 만들어 체류하였다. 그런데, 이즈모(出雲) 나라를 만든 시조인 키히사츠미(岐比佐都美)가 신록(新綠)의 산을 장식용으로 강하류에 세워서, 아침저녁의 공물을 헌상하려던 때 후무쯔와키 (品牟都和氣王)왕은 말씀을 내리고,
「강 하류에 신록(新綠)의 산처럼 보이는 것은 산으로 보이지만 산은 아니다. 혹시나 이즈모(出雲)의 석굴의 모임(會)에 궁에 계시는 아시하라시코오(葦原色許男)의 대신(大神)을 제사하고 신관(神官)의 대정(大庭)인가?」라고 물었다.

이는 스진(垂仁) 천황의 호무치와케(本牟智和氣)라는 왕이 입이 불편한 신으로, 그 이유가 이즈모(出雲)의 대국주신(大國主神)의 의지에 따른 것이라고 하기 때문에, 이즈모 (出雲)로 가는 대국주신(大國主神)을 경배하였다. 돌아올 때, 이즈모(出雲) 지방을 만든 선조인 키히사츠미(岐比佐都美)가 신록(新綠)의 산을 장식하고, 그곳에서 신의 음식을 모셨다는 대목이다. 그러면 호무치와케(本牟智和氣) 왕이 「이 신록(新綠) 산은 산으로 보이지만 산은 아니다. 혹시나 이즈모(出雲)의 이와쿠마(石硐)궁에서 만나 앉아 아시하라시코오(葦原色許男)의 대신(大神)을 제사하는 제장(祭場)이 아닌가」라고 물었다. 거기에서 기적이 일어나 모두가 매우 기뻐했다 라는 이야기인데, 신의 음식을 준비하는데 있어서 신록(新綠) 산 같은 장식을 꾸민 점이 재미있고, 동시에 그 장식은 제장(祭場) 장식에서도 있었던 것이다.

제사 정원과 음식을 모시는 장소는 장식이라는 점에서 공통점이 있었다. 즉 먹는 문화 속에는 음식을 돋보이게 하는 장식이라기 보다는 음식 자체가 제례를 위한 축제를 위한 장식이라는 것이 먼저 있었을 것이다. 음식이 장식의 일부가 되는 측면은 잠시 두고, 음식을 준비하는 장소와 제장(祭場)의 공통되는 "공간 장식" 이라는 측면을 좀 더 생각해 보자.

장소를 꾸미는 것은 시대가 내려감에 따라서 점점 대중화된다. 대중화되는 것과 동시에 이른바 제례의 장(祭場)을 모방한 다양한 다다미 방에 장식으로 등장하는 것이다. 『태평기(太平記 ; 역사서)』에는 「"이국"의 보배나, "이국"의 곡록(曲彔)이나 표호의 껍질을 이용하여 "이국"의 귀현(貴顯)에 약한 바람을 넣은 것이다. 수북하게 쌓은 복의 불상으로 꾸민 마루 위에, 천불(千仏)의 빛을 견주어 앉아 공급하는 것은 다르지 않다[3]」라는 표현이 나오는데 이런 연회에 여러 이국과 일본의 귀중한 보물을 장식하려는 것과 같은 자리 장식이 중세에 나왔다. 이는 나중이 되면 『오나리기(御成記)[4]』와 『군대관좌우장기(君台觀左右帳記)[5]』, 『오카자리키(御飾記)』와 같은 다다미 방을 꾸미기 위한 다양한 책이 만들어지는 것처럼 집회소의 장식이라는 것이 중요한 의미를 가지고 온 것이다. 물론 그것은 음식 때문이 아니라 의례(儀礼)를 위한 장식이지만, 동시에 그것은 식사 자리 장식에서도 있었다는 것이다.

장식이라는 말의 어원은 「수많은」 혹은 「수차례」가 아닐까 짐작하고 있으나 수차례나 수많은이라는 말은 가급적 많은 것을 늘어놓는다는 것으로 그것이 장식하는 것의 기본

3) 『태평기(太平記)』에는 남북조 시절의 내란을 그린 문학. 당시 활약했던 바사라 다이묘(バサラ大名)의 살아가는 모습이 생생하게 기록되어 있다. 이는 사사키도요(佐々木道譽)의 연회의 모습을 적은 일부이다.

4) 『오나리기(御成記)』에는 주군이 가신의 저택으로 행차했을 때의 기록. 미요시의 저택으로의 행차 기록 등 『群書類従(에도 시대 후기의 총서(叢書)의 하나』에 담겨있다.

5) 『君台觀左右帳記』에 15세기 말부터 16세기 초기에 걸쳐서 이루어진 것으로 보이는 다다미 방 장식의 서적 『群書類従』에 수록.

원칙일 것이다. 장식과 깊은 연관 관계를 가진 단어는 일본어 중에 많이 있다. 예를 들어「풍류(風流)」라는 말이 있다. 풍류(風流) 라는 말에는 아름답게 장식한다는 의미가 있었다.「수기(數寄)」라는 말이 있지만, 이 또한 물건에 집착하고 애완(愛玩)한다는 의미에서 역시 물건을 많이 장식하는 것과 연결된다. 혹은「기울어지다」나「과차(過差, 분에 넘치다)」나「파사라(婆娑羅)」라는 말이 모두 장식이라는 것과 관련되어 오는 말이다.

IV. 담는다 · 쌓는다 · 세운다 · 늘어놓는다.

이렇듯이 장식하는 것을 구체적으로 음식 속에서 생각하면, 예를 들어 우선 담는다, 쌓는다, 세운다, 늘어놓는다 라는 것이다. 담거나 쌓거나 세운다는 것은 수직 방향으로 물건을 꾸며서 보여주는 것으로, 이것은 핫토리(服部幸雄)가『큰오두막집[6]』이라고 하는 에도(江戸) 시대의 소극장(芝居小屋)의 일을 쓴 책에서 언급하고 있다. 오두막(小屋)이라고 하지만 소극장이라는 것은 큰데, 큰 오두막이라고 하는 것은 왜일까 라고 하는 꽤 재미있는 문제 설정으로 논의되고 있다. 즉, 그것은 "임시로 지은 작은집(仮屋)"이라고 하고 있는데, 임시로 지은 작은집이란 비일상의 세계이기 때문에 다양한 장식이 거기에 출현한다. 그 장식 속에 "쌓는 장식"이 있다.

신춘 대가부키라고 하는 극장 앞에는 술통이 수북이 쌓여 있다(그림1). 이는 마츠오(松尾) 신사 등 신사의 장식도 마찬가지이다. 술통만이 아니라, 에도 시대를 살펴보면 숯가마나 쌀 가마니를 쌓거나 찜통을 쌓거나 하며, 다양한 음식도 "쌓는다". 이러한 쌓는 장식은 음식에도 많고, 성찬 요리 이 후에 보이지만 그 하나는 6월 초엿샛날의 경사스러운 잔치 등에서 "먹고 쌓고"라는 관습도 되었다. 그 수북이 쌓은 것을 위에서부터 차례로 먹는 것은 음식의 오래된 그림을 보면 다양하게 나온다.『시죠이에시치고산식방(四條家七五三飾方)[7]』이라는 것을 보면 수북하게 음식을 쌓아, 담는다는 것이 종종 있었음을 알 수 있다.

왜 담거나, 쌓거나 하는 것 일까. 이는 사치스러움을 표현하는 하나의 방법이기도 하지만 역시 한편으로는 "세운다"라는 것과 연관이 있지 않을까. 가급적 높게 세우려면

---

6) 근세의 가부키 극장론으로 뛰어난 책에서, 큰 건물인데 왜 "오두막"이라고 쓰는가 라는 문제에서 출발해서 장식된 축제의 예능 공간과 그 가설성에 대해서 논하고 있다.

7)『시죠이에시치고산식방(四條家七五三飾方)』혼례의 장식에 대해서 기록하고 있는 중 향선(饗膳)의 기사가 상세하다. 상권은 덴쇼(天正)1년(1573), 하권은 게이초(慶長)17년(1612)에 성립되었고 17세기 중기의 사본이 남아 있다. 상하 두권. 이와세(岩瀨)문고 소장.

단순하게 쌓는 것 만이 아니라 토대 그 자체를 쌓아 주어야 한다. 이 『四條家七五三飾方』에도 밑으로 거북껍질 형태의 받침대가 있고, 그 위에 거북껍질 형태의 다리가 붙어있는 테두리 높은 그릇이 있다(그림2). 받침대를 몇 겹이나 해야 할 뿐만 아니라 그 위에 "카이시키(改敷 ; 요리를 담을 때 그릇 밑에 까는 나뭇잎이나 종이)"라는 것을 깐다. 이 카이시키(改敷)에 대해서는 『포정문서(庖丁聞書)8)』를 보면 "카이시키(改敷) 물건들"이라고 해서, 카이시키(改敷)에는 이런 것이 있다는 것이 적혀 있다.

<그림 1> 극장 앞에 숯가마니를 쌓는 그림『극장 무대 뒤의 그림(劇場樂屋図繪)』의 삽화)
(국립 국회 도서관 소장)

一改敷品之事

鮑。海草。鱸。榎葉。海松。榎葉。桃花鯉。桃花。生鰹。庭床。鮎。藤葉。雁。水
草。雀。芦葉。鴨。芦。鴫。をもだか。鶉。振笹。雲雀。又蔦芝草。地草。

하나
카이시키(改敷) 물건들

전복에는 해초, 농어에는 팽나무 잎, 해송에는 팽나무 잎, 도화잉어에는 복숭아 꽃,
생가다랭이에는 딱총나무, 은어에는 등나무 잎, 기러기에는 수초, 참새에는 부들 잎,
집오리에는 부들, 도요새, 메추라기에는 조릿대, 종다리에는 지초나 갈대지초.

8) 『포정문서(庖丁聞書)』『군서류종(群書類從』에 수록. 단편이면서 중세의 전승을 잘 남긴 요리책.

이것은 현대에도 이어지는 습관이라고 할 수 있다. 우선 받침대를 놓고 접시를 놓고 종이를 깔고, 카이시키(改敷)를 놓아 요리를 담는 것과 같이 무거운데도 몇 겹씩 쌓는 것은 역시 이 담는다・쌓는다 라는 의식과 어딘가 연관되고 있다.

다음의 세운다 라는 것은 신령이 나타날 때 매체가 되는 것(나무가 대표적)으로서의 의미를 가질 것이라고 쉽게 추정된다. 가령 「타테모노(たて物 ; 세운 물건)」라는 말이 요리 쪽에서 나오는 예로 타테모노(たて物)는 역시 『四條家七五三飾方』의 「타테모노(たて物)의 물건」을 들 수 있다.

たて物の事

二重　置鯉　置鳥　ひらいくり　ありのみ　さゝのあけ物　かや　さくろ

みかん　いゝの山　松のあけ物　たちはな　くしかき　こふ　へいち一揃口

をつゝみて、てうし松口はつゝむましき也、ひや酒をつきて御座敷の次の間に

可立也

以上

타테모노(たて物)의 물건

이중 잉어・새・밤・배・조릿대 비자나무 귤 이이노야마(飯野山) 소나무 귤나무 곶감

입구가 작고 목이 긴 술병의 입을 감싸고 주기(酒器)의 입구도 감싸,

찬술을 고배에 따라 잔치 좌석의 다음 칸에 세운다

이상

위의 조목이 시죠이에의 비전견가비이다(右之條々四條家の秘伝堅可秘也)

「입구가 작고 목이 긴 술병의 입을 감싸고」라고 나온다. 이것은 입구가 작고 목이 긴 술병의 입을 감싸고 거기에 종이를 세우는 것으로, 예를 들어 동대사(東大寺)의 결해(結解) 요리[9]는 병풍을 세워 그 앞에 입구가 작고 목이 긴 술병을 놓고 그 술병에 40~50㎝ 간격으로 봉서(奉書)를 막대 모양으로 감아 세우는데, 이를 「보우노모노(棒のもの)」이라고 한다. 높이 세우거나 봉곳한 것을 세운다. 그것은 다분히 신령이 나타날 때 매체가 되는 것이라는 의미를 갖는 것이다. 이것이 요리 중에 여러가지 형태로 나온 장식의 한 형태이다.

9) 결해(結解)는 수지 결산으로 사원에서 수확이 끝나고 무사히 연공(年貢)을 바친 후에, 담당자를 위로하기 위해 열리는 잔치 음식이라고 한다.

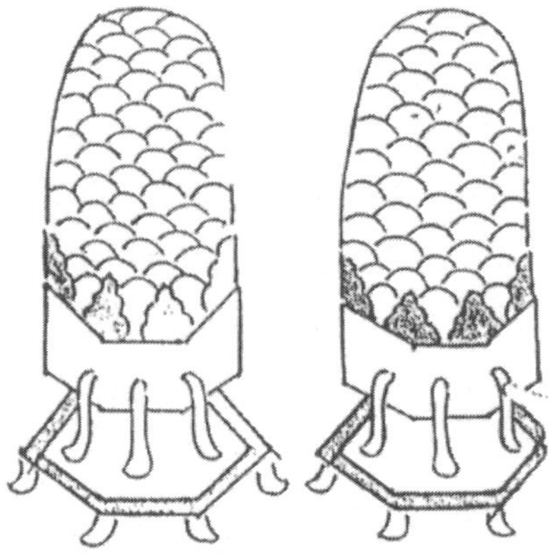

<그림 2> 七五三膳部飾方 ; 일본 요리의 정식 상차림 (으뜸 상에 7찬, 둘째 상에 5찬, 셋째 상에 3찬을 내는 성대한 요리)」(『續群書類從』 속군서류종(續群書類從) 완성판에 의함)

관련된 것으로서, 「타테마츠의 일(立松の事)」이라는 것이 있었다. 『当流節用料理大全[10]』에 「타테마츠의 일(立松の事)」에서 「향선(饗膳)과 스기모리(杉盛)만이 꾸밈없이 그대로이다. 향선 나무는 소나무가 되고, 스기모리((杉盛))의 나무는 적송이 되며, 그런 마음가짐이 있어야 한다」라는 식으로 소나무를 세우고 그것에 녹황색의 실을 연결해서 건다 라는 것이 나온다. 이것은 들쭉날쭉한 대(台) 위에 소나무, 대나무, 매화나무, 인형, 거북 따위의 모형을 벌여놓은 결혼식용 장식품과 마찬가지로 분명한 축의의 상징이다. 그리고 삼봉첨(三峯尖)이라고 하는 불가사의한 음식이 있었다. 이것은 칡을 세 개의 봉우리로 자르고 색을 칠해 나누고, 위에서 양념 된장을 뿌린다는 것과 같다. 이것은 수미산(須弥山 ; 세계의 한가운데에 높이 솟아 있다고 하는 산)을 본뜬 것이라고 되어있다. 봉래산(蓬莱山)이나 수미산(須弥山)이나 신을 불러내는 장소를 상징하고 부처님이 앉을 곳을 상징한다고 하는 장식이 나온 것이다.

동시에 거기에는 색깔이 문제가 있을 것이다. 이 삼봉첨(三峯尖)에 대해서 『정장잡기(貞丈雜記)[11]』에는 다음과 같이 기록되어 있다.

---

10) 『当流節用料理大全』 판본 5권중 5번째 책. 쇼토쿠(正德)4년(1714) 간행. 기성의 요리책에서 발췌가 많지만 편리한 요리책.

11) 『貞丈雜記』 이세사다타케 지음. 16권. 호레키(宝暦)13년(1763)부터 20년 정도 걸쳐서 완성한 故實書. 『故實叢書』에 수록.

一三峯尖とも三峯膳とも云はかん(羹)の名なり葛の粉にて作り五色に色をそめて三つの山の形を作りてもり、たれみその汁をかけぬきくるみを前の方に入て出す也、山の色は三色づゝ一つかわらけにもる也、此色に両説あり、一説には須弥山の色にかたどり黄北冬青南夏白東春赤西秋とする也、歌に北は黄に南は青く東白西くれなゐにそめいろの山、蘇命路山とは須弥山の事也、又一説には五行の色を用る也、青木色東春赤火色南夏黄土中央色土用白金色西秋黒水色北冬四季によりてもよりよふ喰様替る也、

"하나. 삼봉첨(三峯尖)이나 삼봉선(三峯膳)은 국이름이라든지 칡가루를 만들어 다섯 가지의 색으로 물들여 세 개의 산의 형태로 만들어 담고, 미소를 넣지 않고 호두를 넣어 낸다. 산의 색은 세 가지씩 있으며, 하나는 토기에 담는다. 이 색에는 두 가지의 설이 있으며, 하나의 설은 수미산(須弥山)을 본떠서 황색의 북동(黃冬北) 청색의 남하(青南夏) 백색의 동춘(白東春) 적색의 서추(赤西秋)가 된다. 노래에 북은 황색, 남은 청색으로 동은 백색, 서는 적색으로 물들인 산으로, 소명노산(蘇命路山)은 수미산(須弥山)인 것이다. 그리고 또 하나의 설은 오행(五行)의 색을 사용한다. 청색의 나무색은 동춘, 적색의 불(火)색은 남하, 황색의 흙색은 토용, 백색의 금색은 서추, 흑색의 물색은 북동으로 4계절에 따라서도 식사의 모양을 바꾼다."

색을 매우 선명하게 칠해 나누고 있다. 보기에 아름답게 채색하는 감각이 아니라 상징으로 원색에 가까운 색이 각각 나란히 있었던 것이다. 혹은 떡국 위에 올리는 것 등에서도 황색, 청색, 백색, 검정색, 빨간색과 같은 이른바 음양도에서 말하는 사계와 중앙, 토용(土用)을 상징하는 듯한 색이 그곳에 칠해져 나뉘어 있는 예가 있었다 (『당류절용오리대전(当流節用料理大全)』)

그런 선명한 것으로 요리를 장식하는 것은 "풍류 가면무도회의 무대 장치"의 종류이다. 다양한 가면무도회의 무대 장치로 음식을 장식한 사례로서 『当流節用料理大全』의 바닷가 모래톱을 본 뜬 모양의 대(台)를 들 수 있다(그림3). 여름은 우라시마(浦島; 전설속의 거북의 안내로 용궁에 다녀온 어부), 봄에는 타카사고(高砂 ; 다정한 노부부의 전설을 담은 노래의 하나) 형태로 가면무도회의 무대 장치를 들쭉날쭉한 모래톱을 본 뜬 모양의 대 위에 놓고 있다. 굽이 높은 그릇, 들쭉날쭉한 모래톱을 본 뜬 모양의 대는 원래 식사 자리에 있었던 것이 아니라, 노래짓기 겨루기에서 옛부터 쓰던 것으로 보인다. 헤이안(平安) 시대의 노래짓기 겨루기의 기사를 보면, 작은 책상에 바닷가 모래톱을 본 뜬 모양의 대를 그려서 그 위에 풍류는 바닷가 모래톱을 본 뜬 모양의 대를 심고 아침 이슬에 구슬을 관철하며, 소나무를 세우고 밤 바람에 거문고를 타게 한다는 의미의 기술이 있기 때문에 역시 바닷가 모래톱을 본 뜬 모양의 대 위에 소나무나 대나무를 가면무도회의 무대 장치로 하고, 그것을 장식하고 거기서 노래짓기 겨루기를 하고, 승리로 판정된 종이(懷紙)를 올릴 것으로 하고 있던 것이다.

아무래도 뒤로 가면서 작은 책상과 바닷가 모래톱을 본 뜬 모양의 대(台)가 노래짓기 겨루기에서 분리되어, 작은 책상에는 아무것도 두지 않고, 책상 그 자체가 되었다. 들쭉날쭉한 모래톱을 본 뜬 모양의 대는 "장식"으로서 남아 왔다는 흐름이 있었던 것 같고 요리 쪽에는 그것이 이른바 음식을 두는 장소로서 또는 식사 자리의 상징으로 남아 온 것이다.

이 "풍류"라는 말은 중세적인 말로 흔히 사용되지만, 정신적인 면의 뜻을 포함하면 "후우류우(ふうりゅう)"라고 하며, "후류우(ふりゅう)"로 읽을 때에는 "풍류 가면 무도회의 무대장치"란 뜻으로, 사람들의 눈을 깜짝 놀라게 하는 조작물을 말한다. 사람의 의표를 찌르는 듯한 장치나 취향을 가지고, 모형과 조화를 만드는 것이 "가면무도회의 무대 장치"였다.

<그림 3> 풍류 가면무도회의 무대 장치의 바닷가 모래톱을 본 뜬 모양의 대(台)
(『当流節用料理大全』에 의함)

말로는 일본 예능 무대에서 흙무더기를 이미지화한 장치도 작품이고, 꽃으로 꾸민 삿갓 춤 등의 아름다운 머리장식이나 등 기구도 작품인 것처럼 여러 세계의 "작품"이란 것이 나온다. 그러한 "작품"이 매우 유행했던 것이 중세였다. 그중에는 "작품" 자체를 음식으로 만들어 버리는 일이 있었다. 지금도 많은 교토(京都)의 과자가게에서 거대한 고쇼차(御所車 ; 옛날 귀인이 타던 지붕 있는 수레)등을 과자로 만드는 곳이 있지만 그것도 "풍류"의 전형적인 것이다. 『간문어기(看聞御記)[12]』의 오에이(応永) 23년(1416) 3월 이렛날에 음식의 풍류가 등장한다.

12) 『看聞御記』 사다후사 친황(貞成親王)의 일기.
오에이(応永)23~분안(文安)5년(1416~1448)에 걸쳐서 풍속과 예능 기사도 많다.
『群書類従』에 수록.

御会所室礼。屏風立廻。(絵以下餝略之。) 御湯殿上庭前ニ敷仮板敷引幕搆雑掌所。剋限舁長櫃種種御肴置雑掌所。次風流之懸物自南面門舁入広廂置之。先大黒天神。(以種々精進物大黒ヲ作。肩ニ懸ル袋足ニ踏蓑二茶也。形勢真大黒不相替。) 又著束帯官人帯剣笏。柳桜下ニ立。桜枝ニ星ヲ懸。(星食物霰也。) 柳枝ニ露ヲ置。(露食物雪也。) 旗一流枝ニ懸。(旗以昆布作之。) 地盤沙ヲ敷。(沙食物雪。) 官人モ以食物作之。是詩心云々。

御會所室禮. 屛風立廻. 御湯殿上庭前二敷仮板敷引幕搆雑掌所. 剋限舁長櫃種種御肴置雜掌所. 次風流之懸物自南面門舁入廣廂置之. 先大黑天神.
이상의 종류들이 육류·어패류를 사용하지 않은 (채소류로 만든) 음식의 대흑천(大黑天 ; 칠복신(七福神)의 하나)을 만든다. 어깨에 매달린 자루의 겉면을 디딘다. 形勢眞大黑不相替. 또한, 著束帶官人帶劍笏. 柳櫻下二立. 櫻枝二星ヲ懸. 星食物霰也. 柳枝二露ヲ置. 露食物雪也. 旗以昆布作之. 地盤沙ヲ敷. 沙食物雪.
官人モ以食物作之. 是詩心云々.

병풍을 세워 돌렸을 뿐 아니라 조정(朝廷)들이 나란히 있는 집회소에는 여러 장식이 되어 있어「목욕탕 위에 있는 뜰 앞에 임시로 마루방을 깔고 넓은 천을 당겨, 잣쇼(雜掌, 신사나 불사에 소속되어 연공(年貢) 기타의 용무를 담당하던 사람)의 집을 짓는다」정해진 시간이 되면「기다란 밥통을 여러개 짊어지고서」와서,「술안주는 잣쇼의 집에 두고」있었다.「다음으로 풍류는 남면의 문쪽에서 짊어지고 들여」그리고「넓은 행랑방에 이를 둔다」우선 대흑천신(칠복신의 하나),「여러 가지 채소류의 음식만을 가지고 대흑천을 만든다」라고 하기 때문에, 무라든지 인삼이라든지, 그러한 채소류를 사용해서 대흑천님을 만들어 보인다. 그것이 "풍류"였다.

「형세 여전히 진정한 대흑천」이라고 하니깐, 모양, 모습이 바로 대흑천님처럼 생겼다[13]. 또「정무를 볼 때나 의식 때 입던 정장을 입히고 관인 홀(笏)을 쥐다」와 버들 나무, 벚꽃 아래에 이를 세운다. 그리고 그것에는 역시 벚꽃 가지에 별을 걸어「별, 싸락눈이 되고, 버들가지에는 이슬을 두고 이슬 눈이 된다」, 또는 깃발을 다시마로 만든 등등 여러 가지 나오는데「관인도 음식을 가지고 이것을 만들다」라고 하듯이 음식에서 다양한 "풍류"를 하고 있다.

13) 지금의 교토(京都)의 "즈이키제(芋茎祭)" 때의 신여(神輿)는 일종의 정진(精進)으로 만든 "풍류"라고 생각된다.

이런 음식으로 장식한다는 것은 오늘까지 계속 이어지고 있으며『여러 지방 명산물의 무요리 비법초(諸國名産大根料理秘伝抄)[14]』에는 양귀비 꽃을 무로 만드는 방법이 적혀 있다. 책에는 양귀비 꽃뿐만 아니라 백합 꽃이나 창포나, 여러 가지 꽃을 무로 어떻게 만드는지 등의 방법이 적혀 있다. 이처럼 "깍는 것"이라고 해야 할지 "작품"은 오늘날의 요리 속에서 많이 나온다. 이른바 이것도 "음식의 풍류"로 만든다고 하는 장식 방법 중 하나이다.

이런 가운데는 조화나 이쑤시개 같은 것도 있다. 음식을 쌓으려면 쏟아져 버리기 때문에 쏟아져서 흐르지 않도록 사방이 접힌 종이로 누른다는 "간다쓰(神立)"라는 것이 있다. 그리고 조화라는 것은 매우 선명한 색종이로 꽃을 만들어 장식한다. 또는 "키소쿠(龜足)"란 요리를 만드는 이쑤시개의 장식이 있다. 그 예로서 칸에이(寛永) 3년(1626)의『二條城行幸獻立』중에 키소쿠(龜足)가 많이 나타난다(사진2).

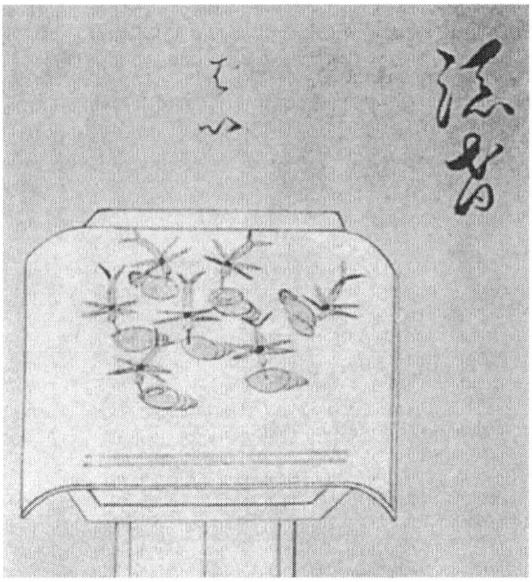

<사진 2> 키소쿠(龜足)
『二條城行幸御成之御膳部繪卷』에 의함
교토(京都)·만카메로(万龜樓) 소장 오오타 요시아키 씨 촬영

14)『여러 지방 명산물의 무요리 비법초(諸國名産大根料理秘伝抄)』의 저자는 키도도우. 2권 중 1번째 책. 천명(天明)5년(1785) 간행. 무 요리 외에 무를 썰어 여러 가지 형태를 만드는 법을 담고 있다.

V. 음식과 취향

마지막으로 적어 둘 것은 「취향」의 세상이다. 음식이 메시지란 것을 앞서 언급했지만 만드는 이가 먹는 사람에 대해서 언어 외의 음식을 통해서 어떠한 메시지를 전달하려는 의사, 혹은 "생각"이라는 것이 취향이 됐다. 그것은 장식하는 것과 어긋나는데 "마음의 장식"이라고도 말할 것이다. 앞의 봉래(蓬莱)산의 장식이나 결혼식 때의 장식품이나 모두 「취향」의 일종인데, 그 경우에는 오히려 상징으로서의 의미가 강하다. 그것이 점점 대중화되는 가운데에서 에도(江戸) 시대적 감각으로서의 「견해」로 변했다.

원래 렌가(連歌 ; 두 사람 이상이 서로 번갈아 읽어나가는 형식의 노래), 하이카이(俳諧 ; 짧은 형태의 시) 등은 보고 판단하는 예능이지만 『콘다테센(献立筌)[15]』에 나오는 예를 인용해 둔다.

一爰に近比年忘などに趣向を題して能狂言 或は浄るり会又は旅行のおもかげを献立にて作りもてなす事当時儘あるよし此類珍らしくもあらんかと聞出して二つ三つ左にしるす

年わすれ
能番組献立

加茂
座着　すりこのぜんざい
吸物　寒さらしの　みたらしだんご

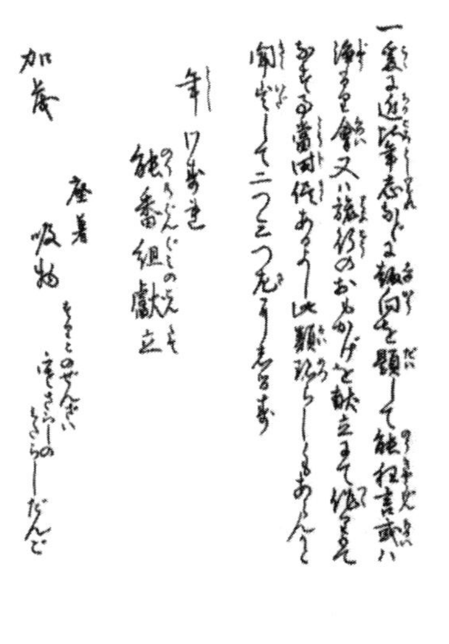

하나. 당시의 송년회 등에서 취향이라는 제목으로, 가면무도회 막간에 상연하는 희극이나 인형극 또는 여행의 모습을 메뉴로 만들어 대접한 몇 가지 "취향"의 메뉴를 캐물어서 두, 세 가지를 기록하였다.

15) 『콘다테센(献立筌・식단책)』 저자 산가넨무. 호레키(宝暦)10년(1760) 간행. 1권. 가면무도회, 인형극등의 취향을 보고 만든 메뉴가 적혀 있다.

向ニ小皿
かぶらくき
酢を少しかけて

伊勢海老
青のりのひどり

い文字 取さかな
いとより赤い所を見せて
染しら藻の上をき

實盛 吸もの みそ
鯛のはまやきの丸切
牛房のにしめのあしらい

惣 八 取さかな
むし大根のあんかけ
玉子の黄身斗おろしかけ

江口 茶碗
せうかす
なまこ
めいたかれい
ふじかは

三人かたは 小皿
鳥貝のしほしたて
吸口 なたまめ

船弁慶 吸もの
蛸のくハんとう煮と
飯たこのにしめと

宗論 とり さかな

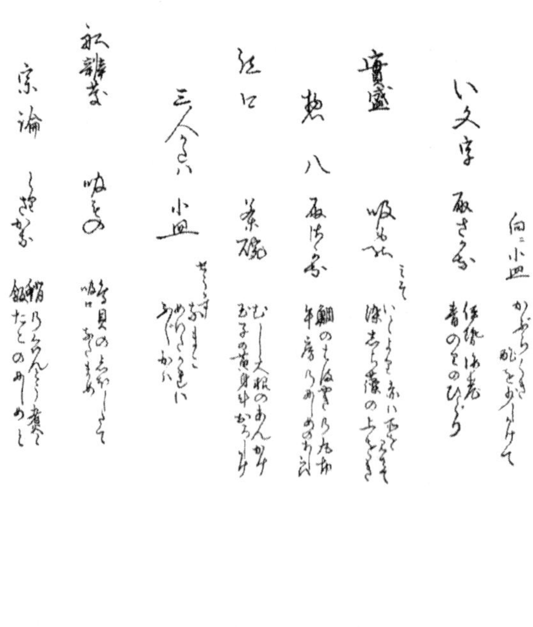

邯鄲　本膳　四季

鱠 夏　ほし瓜　鱧の皮　漬しそ　はりくり　せうか

汁 春　白魚　よめな

めし

坪皿 秋　かも瓜のふろふき

貝焼 冬　かも　あはひ　きんなん　きくらけ　なめたけ　玉子とち

初献

一　雪　もみひたら

二　月　さといも　青まめ

三　花　吸物　さくらの実　盞の裏に花塩

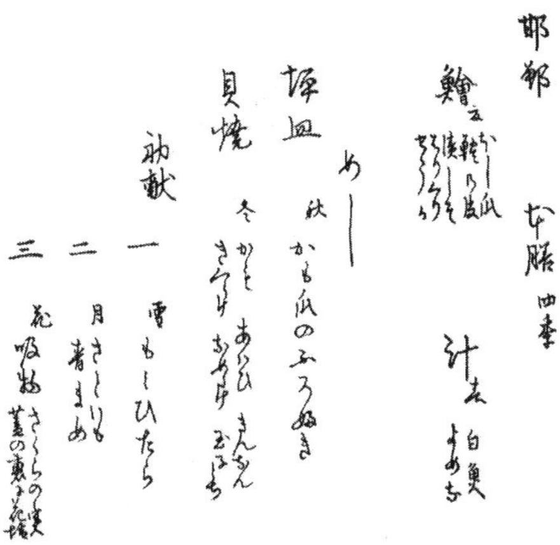

당시의 송년회 등에서 취향이라는 제목으로, 가면무도회 막간에 상연하는 희극이나 인형극 또는 여행의 모습을 메뉴로 만들어 대접한 몇 가지 「취향」의 메뉴가 기록되어 있다. 이것을 보면, “카모(加茂)”나 “이모지(い文字)”, “지츠모리(實盛)”나 “에구치(江口)”, “산닝가타와(三人かたは)” “센벤케이(船弁慶)” “슈론(宗論)” “간단(邯鄲)” 등이라고 하는 것이 전부 가면무도회 막간에 상연하는 희극의 제목으로 되어 있다. “카모(加茂)”라는 것과는 별개로 이는 취향이니까 겉으로는 쓰여 있지 않기 때문에 먹는 사람이 카모(加茂)의 취향이라고 생각하면 되지만 모르는 사람은 모르고 끝난다.

“이모지(い文字)”는 예를 들어 「그리워도 빨리도 오지 않는 이세(伊勢) 나라[16]」 라는 노래와 연관되어 있어 이세(伊勢)새우, 또는 “지츠모리(實盛)”는 백발을 염색하는 이야기이므로 그 위에 염색하지 않은 수초를 놓아 왔다. “소우이리(惣入)”라는 것은 가면무도회 막간에 상연하는 희극에서 요리를 좋아하는 스님과, 스님이 된 요리사가 주인이 부재 중일 때 역할을 바꿔 좌충우돌하고 있을 때 주인이 돌아와서 혼이 난다는 이야기인데, 그때의 소우이리(惣入)가 도미 통구이를 등줄기에서 두 쪽으로 가르고 있었기에 그 도미 통구이를 가르는 것이 이에 해당된다. 이 밖에 “산닝가타와(三人かたは)” “센벤케이(船弁慶)” “슈론(宗論)” 등이 있는데 이것은 생략한다.

이처럼, 아는 사람은 알 수 있다는 메시지, “핵심을 찌름”이라고 할까 그러한 「취향」이 음식 속에 다양하게 나온다. 이는 지금도 고급 요리일수록 한창 뜨고 있다는 것이다.

요리 장식을 “세운다” “담는다” “쌓는다” “만든다” “꾸민다”와 같은 세계에서 생각해보면 매우 폭이 넓고 함축성이 있어서 재미있다. 오히려 그런 재미라는 것이 요리에서 잃어져 버린다는 것은, 어쩌면 섭섭한 것일지도 모른다는 생각이 든다. 다만 실제로 그것을 눈앞에 정렬해보면 이는 그렇게 하지 못하는 요리도 있지만 그 균형 사이에 미의식이 발휘될 것이다.

16) 서녀(瞽女)의 희극 하나로 아내를 구하며 키요미즈(清水寺) 절에 참배한 남자가 관음에 고하여 “그리우면....”이라는 노래를 받았지만 넷째와 다섯 번째 구절이 생각나지 않았고, 읊조리지 않으면 통과시키지 않는 관물을 만들어, “이(い)”가 붙는 지명을 묻는 이야기.

그릇에 담는다와 쌓는다[17]

요시다(吉田) 동남아시아에서는 공양물을 높게 쌓아 올린 것처럼 길가의 시장에서 과일, 건어물 등을 실로 보기 좋게 쌓아 팔고 있습니다. 손님의 눈길을 끌고 공간을 절약하는 등의 뜻이 있다고 생각합니다만, 상품으로서 팔리고, 먹는 물건들의 마지막 축제의 장이라는 의식이 있을까라고 생각하는데요.

구마쿠라(能倉) 그처럼 높이 쌓는 것은 대륙 계열일 것이라고 생각합니다. 그렇기 때문에 동남아시아도 그 주변 국가들과 같은 풍습이 있는 것이라고 생각합니다. 다만 일본의 경우는 음식뿐만 아니라 술통이나 솥가마, 쌀 가마니 등을 쌓아 올리기도 하며, 그것은 장식의 하나의 패턴이 아닐까 생각합니다. 이러한 풍습도 대륙에서 온 것인지는 알 수 없습니다.

이시게(石毛) 발리섬에서 힌두 관계의 축제 때 각 가정에서 일본이나 한국의 신에게 바치는 음식과 같이 공양물을 높이 쌓아 올린 사례가 있습니다.

요시다(吉田) 실제로 본 것은 스리랑카, 태국, 인도네시아 등의 시장입니다. 스리랑카에서는 특히 팔미라야자의 새싹이 수천 개나 아주 멋지게 쌓여 있었습니다.

사하라(左原) 고고학의 입장에서 말씀 드리자면, 일본에서 높게 쌓아올려 담는다는 것은 그리 오래 전부터 시작된 일이 아닌 것 같습니다. 아마 조몬(縄文) 시대는 아니라고 생각합니다. 야요이(弥生) 시대에는 다른 의미에서의 "높게 담기"가 있습니다. 전(前) 1세기 북부 큐슈(九州)에서 stand=器台(중국 고고학에서는 器座)가 나와 있는데, 이것은 그 후 사라지지만 2세기의 것이 오카야마(岡山)에서 크게 발달한 형태로 발견됐으며 이 흐름이 매우 큰 것으로 되고 "식륜원통(埴輪円筒)"이 되어 그 중에는 그릇을 얹은 상태의 "나팔꽃(朝顔)"이라 불리는 것도 있습니다. 그렇기에 신에 대해서 공양물을 바치는 것은 높은 받침대 위에 올려놓는 것에 중점이 있고 공양물을 높이 쌓는다는 것은 고분(古墳) 시대보다 이후 또는 아스카(飛鳥) 시대 이후 불교의 영향일지도 모른다고 생각합니다.

간자키(神崎) 한대(一台)마다 높게 담기(高盛り)라고 하는 것은 역시 불교에 따른 대륙, 반도계의 전통일 것이라고 생각합니다.

---

17) 구마 쿠라 이사오, 이시게 나오미 찌(편집) 1991 『식의 미학』 pp.66~68에서 발췌
요시다 요시코 (사가미 여자 대학·식생태학) 이시게 나오미찌(국립 민족학 박물관·문화 인류학)
사하라 마코토 (나라 국립 문화재 연구소·고고학) 간자키 노리타케 (칸자키 연구실·민족학)

요시다(吉田) 신도 주위에서 만들어진 문화의 「축사」을 보면, 신에게 바치는 음식은 「밥, 술, 떡, 산과 바다의 잡물을 횡산(橫山) 같이 늘어놓는다」라고 되어 있고, 신도에서는 지금도 불교의 밥 정도로 높게 담지 않습니다. 춘일대사(春日大社)의 신에게 바치는 음식의 형식은 특별하고 여기에는 대륙의 계통이 강하게 남아 있는 것이라고 생각합니다. 신도계의 민간 행사에서는 높게 담기(高盛り)보다 오히려 「걸다(掛ける)」라는 것이 상징적 의미가 있는 것이 아닐까라고 생각합니다.

이세(伊勢) 신궁에서는 전국에서 봉납하는 햇곡식을 현재는 가마니로 쌓고 있습니다만, 전까지는 「장대에 걸어 말리는 벼이삭(掛け穗)」으로 전하고 있었습니다. 어촌 지역에서는 「장대에 걸어서 말리는 물고기(掛け魚)」라고 지금도 잔존 사례가 있는데, 예를 들어 동북의 일본해(海) 측에서는 산사에 두 마리의 대구를 묶어 걸어 봉납한 예가 있습니다. 이 「걸다」라는 것은 발원(發願)을 할 때 소원이 이루어진 사례로 말 대신에 신사나 절에 봉납하는 말 그림의 액자를 걸다 라는 것과도 일맥 상통하고, 더 넓은 의미로 해석하면 신들에게 소원을 빌어 공물을 봉납하고 「소원을 걸다」라는 것에도 통하지 않을까... 이 일을 좀 더 생각해보고 싶다고 최근 생각 중입니다.

제2장 요리의 미학, 동서비교론

오쿠무라 아야오(奥村彪生)

I. 향, 색, 맛으로 보는 요리관

1.1 향기의 문화

세계의 대표적인 나라의 음식을 비교할 때, 프랑스 요리는 향(후각), 중국 요리는 맛(미각), 그리고 일본 요리는 눈(시각)으로 맛을 보는 것으로 알려져 왔다.

향기는 향신료나 허브의 사용법에 의하여 결정되지만 그 향신료나 허브의 향기 자체를 즐기는 것은 인도와 인도의 영향을 받은 동남아시아 국가이다.

프랑스 요리가 대표적인 유럽의 요리는 향기가 우아한 반면 인도 요리의 향기는 맵고 자극적이다. 동남아시아의 요리(특히 태국)는 자극적이지만, 청초한 향기를 풍긴다. 그러한 맑은 향기를 풍기고 있는 것은 레몬그라스나 민트 혹은 라임이다. 이것들은 동남아시아 요리의 조미료로 빼놓을 수 없는 생선 소스의 냄새를 없애는 데 적합하다.

요리에 향을 붙이는 것은 이들 국가뿐 아니라 세계적인 것이다. 향신료나 허브의 사용 목적은 요리의 주역으로서 사용하는 육류나 어패류가 가진 고기 특유의 냄새나 생선 냄새를 강제적으로 숨겨 주기 위함이다. 로마 시대에는 이미 향신료가 요리에 이용되고 있지만, 고기 냄새나 생선 냄새를 제거할 뿐 아니라, 가룸(garum)이라고 불리는 어장 냄새를 지우기 위해서이기도 하며, 이 점은 동남아시아의 사용 목적과 일치한다.

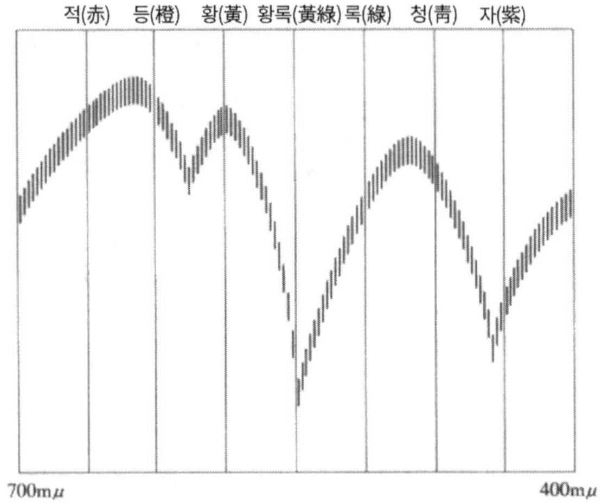

<그림 1> 스펙트럼에 대한 식욕 유발색

〈 참고 〉 이 그림은 식욕 유발 색채를 나타내고 있다. 빨강, 주황, 황색, 녹색에서 보이는 피크점, 그리고 연두색, 보라색의 최저점을 주목해라. 파란색은 직접적으로 음식을 연상시키지 않지만 음식을 돋보이게 하는데 뛰어난 색채로 간주되고 있다.
(좋은) 빨강 주황과 주황의 영역...가장 기분 좋은 감각을 환기하다
(약간 좋은) 황색 주황...약간 저하된다.
(좋은) 황색...회복
(불쾌) 연두색...최저로 떨어져 있다.(옷이나 가구에 유행성, 음식에 혐오감)
(좋은) 녹색과 파란색……기분 좋은 감각
(불쾌) 보라...최저
(약간 좋은) 단파장의 끝……약간 회복
[노무라 준이치 1983『컬러 마케팅론』千倉書房 p.221에 의함)

사실 일본에서도 향신료나 허브를 요리에 사용하며, 이는 일반적으로 양념이라 불리고 있다[18].

일본의 향신료와 허브는 세계 각국과 비교했을 때, 향기도 매운맛도 매우 부드럽고 가볍게 터치된다. 이것은 기후 풍토와 관계가 있으며, 일본의 과일이나 야채의 향기가 적은 것은 품종 개량 때문만은 아니다. 요리와 마찬가지로 사용하는 향신료나 허브에

18) 요시다 요시코 씨에 따르면 같은 식물이라도 식물 그대로의 상태는 허브, 건조품은 향신료라 한다. 예를 들면 산초나무의 새싹과 꽃, 녹색 과일은 허브라고 하며, 가을에 익은 열매를 건조시키면 향신료라고 부른다는 것.

도 계절감이 있다. 유자를 예를 들면, 신록(新綠) 때의 새싹에서 꽃, 풋 열매, 새끼 손가락 끝 마디 크기 정도의 유자 열매, 그리고 한여름의 푸른 유자, 가을에서 겨울에는 황유자와 같이 계절에 따라 다르게 사용한다.

그 사용법은 재료가 가진 향기와 맛을 해치지 않을 정도의 풍미를 더하는 정도로 대륙 계처럼 연금술적 수법으로 식재료의 향을 바꾸어 버리는 향수적 사용은 하지 않는다.

1.2 요리와 색채

향신료나 허브는 일종의 약으로 사용되며, 식욕 증진을 도모하는 작용도 있다. 그리고 맛을 눈으로도 느낄 수 있도록 향신료에 황색이나 적색, 녹색 등으로 요리를 착색한다. 스페인의 대표적 음식인 "파에야"는 향신료의 여왕으로 평가받는 사프란을 사용해 해바라기 색으로 물들이며, 인도와 동남 아시아에서는 터메릭(turmeric)을 사용하여 카레를 노랗게 물들인다. 인도에서는 황색뿐 아니라 빨간색, 녹색, 흰색, 검은색의 카레가 있다. 황색 계통의 색상은 따뜻한 색으로, 사람의 마음을 들뜨게 만드는 작용이 있고, 그 작용으로 식욕을 돋운다. 붉은 계통의 색상은 자극적으로 황색과 마찬가지로 식욕을 돋운다(그림1). 한반도의 붉은 김치[19]에는 마늘이나 생강 이외에 매운 고추와 달콤하고 강렬한 붉은 색을 발하는 파프리카계의 고추가 사용된다.

쌀을 착색시키는 것은 스페인과 인도, 중국의 운남성(雲南省)뿐만이 아니다. 일본에서는 팥 삶은 물, 치자 염액으로 찹쌀이나 멥쌀을 물들인 고두밥과 시루카케밥(汁かけ飯 ; 국에 밥을 만 형태)이 있다. 팥을 넣은 찰밥은 경사스러운 일이 있을 때 쓰인다. 팥의 붉은 계열의 색은 액막이의 색으로 경사스러운 자리를 더럽히지 않도록 소원을 담아 제공하는 것이다. 시즈오카현(静岡縣)의 황색의 고두밥은 우란분재(음력 7월 15일) 불교행사 때에 만들며, 오이타현(大分縣) 우스키시(臼杵市)의 황색 밥은 양념한 재료와 국을 밥에 얹어 먹는 것이다. 이처럼 음식의 향과 매운 맛, 채색하는 것도 「음식의 미학」의 한 요소이다.

---

19) 김치에는 마늘과 고추가 사용되는데, 마늘은 맛료(味料)로서 더해지는 새우나 멸치젓갈의 냄새를 지우기 위해서와 보존성을 높이기 위한 것이다. 고추는 상하는 것을 막고 겨울에 부족한 비타민C를 보충하기 위해서도 이용되고 있다.
또한 고추의 캡사이신 생리 작용에 대해서는 제1권 283~285페이지를 참고하기 바란다.

식욕과 색채20)

요시다(吉田) 보라색은 식욕을 돋우지 않는다는 이야기가 있었지만, 열대 지방에서는 상당히 짙은 보라색 쌀을 쪄서 떡을 만든다. 마와 비슷한 종류인 짙은 보라색의 우비(일종의 호박고구마)라는 것이 있고, 보랏빛의 나비 콩으로 보라색으로 물들인 과자를 만든다는 것에 동남아 사람들은 아마도 보라색이 식욕을 돋구다……라고 생각하는 건 아닌가 싶었는데 이는 어떤 감각의 차이로 생길까요?

오쿠무라 나도 자주 보라색 쌀을 사용합니다만, 보라색이라고 해도 주홍색에 가까운 붉은 빛을 띤 자주색이에요. 확실히 엷고 칙칙한 보라색은 식욕을 감퇴시키지만 보라색 쌀의 경우는 먹음직스럽게 느껴집니다. 보라색은 고귀한 색으로 기렸던 시절도 있었으니 식욕을 돋우는 색으로 이어지는 면도 있을 것이고, 진한 보라색의 그릇이나 바이올렛 피즈(보랏빛 칵테일)는 관능적으로 느껴집니다. 보라색이 식욕을 감퇴시킨다는 생각은 색채 심리학으로 알려져 있는 것입니다.

요시다 옅은 보라 색이 식욕을 감퇴시킨다는 것은 어떨까요. 유럽에서는 제비꽃을 캔디로 만들어 먹으며, 반대로 우비(일종의 호박고구마)로 만든 아이스크림은 색이 진한 보라색으로, 일본인은 처음 봤을 때 대체적으로 좋아하지 않습니다. 나 역시 어릴 때부터 많이 봐왔던 「습관」에 의한 취향이 바뀌는 것이 아닐까 라고 생각합니다.

스기타 예를 들어 일본에서는 가지 절임은 보라색을 강조하는 것이 먹음직스럽고, 검은 콩은 그런 색깔이라고 생각하고 있으니 다른 요리가 검은 것과는 다른 셈이죠. 같은 녹색에서도 예를 들어 시금치가 큰 접시 한 장에 산더미처럼 쌓여서 나오면 식욕을 느낄 수 없고, 파슬리는 한 줄기 곁들임으로서 요리를 돋보이게 하는 것처럼 상대적으로 그 소재를 어떻게 사용하는지, 그리고 어떻게 어울리게 내는지가 무엇보다 아름답고 기쁘게 하는 것이 아닐까 생각합니다.

오오츠카 런던 동물원의 데스먼드 모리스(Desmond Morris)가 「인류가 과거 과일에 의존하고 숲 속에 살던 시기에, 먹으면 몸에 활력이 생기는 열매는 녹색의 덜 익은 것이 아닌 황색, 빨간색 또는 오렌지색으로 된 것으로 오늘날의 말로 하면, 잘 익어 달달해진 것임을 알았다. 따라서 이런 따뜻한 계통의 색에 우선 식욕을 느끼게 됐다」는 의미의 말을 하고 있습니다. 그것들은 달콤하니까, 인류 공통

20) 구마쿠라 이사오, 이시게 나오미치(편집) 1991 『음식의 미학』 pp.72-74에서 발췌
요시다 요시코(스모 여자대학·음식 생태학) 스기타 고이치(쇼와 여자 대학 조리학) 오오츠카 시게루(무코가와 여자 대학·음식 문화론) 사하라 마코토(나라 국립 문화재연구소·고고학) 이시게 나오미치(국립 민족학박물관·문화 인류학)

의 미각으로 단맛이 사랑 받게 됐다는 게 그의 설입니다.

오쿠무라 눈으로 보는 것은 형태도 있지만 역시 가장 강한 것은 색채일 것이라고 생각합니다. 식욕을 촉진하는 색이라는 것은 오오츠카 씨의 말처럼 따뜻한 계통의 색, 그것도 붉은 계통의 색입니다. 하지만 전부 빨간색으로 하면 역효과로, 빨간색·흰색·황색·녹색·검은색과 오색을 잘 조합해가는 것이 시각에 호소하는 근본이라고 생각합니다. 그리고 냄새, 향기도 중시해야 합니다. 향기는 색채나 형태 이상으로 식욕을 증진시킵니다.

사하라 꽃을 감상할 경우 「꽃구경」이라는 말로 상징시키도록 일본인에게는 보는 것인 시각적인 것을 중시하지만 서양 사람들은 냄새를 중시합니다. 저도 최근에 알았지만 「냄새」라는 말 자체가 일본의 옛 말에서는 「빛난다」라는 시각적인 것을 의미하는 표현이었던 것이 이후에 후각적인 것을 의미하는 단어가 되었다는 것입니다. 특히 본토 일본인에게 「냄새」의 감각은 비교적 약하고 시각이 매우 강하다는 것을 말할 수 있습니다.

이시게 인간은 다른 동물에 비해 시각이 발달해 있고 입체감과 색채를 식별할 수 있습니다만, 후각은 개의 수천분의 일 정도로 매우 능력이 낮다. 그러므로 오감을 모두 동원해도 인간의 경우는 시각적인 요소가 강조된다는 것이 인간에게 보편적인 현상으로 인정됩니다.

II. 맛의 평가의 차이

맛은 중국요리라고 하지만 세계의 사람들에게 가장 맛있는 것은 본인의 나라 요리로 어려서부터 익숙해진 것이다. 음식 문화는 익숙한 것과 학습에 의해 폭이 넓고 깊어진다. 중국요리는 싸고 맛있다고 하지만 그 맛을 지탱하는 것은 지방과 화학 조미료이다. 프랑스요리도 지방(주로 버터)과 생크림, 와인으로 짙은 화장을 하고 있다.

그리고, 프랑스 이상으로 지방을 사용하는 곳이 인도이다. 이 나라에서는 요리를 만드는 데 물을 사용하면 「깨끗하지 못하다」, 지방을 사용하면 「깨끗하다」라는 사상이 있다[21]. 중국과 프랑스 인도 같은 대륙계 요리는 지방의 힘을 이용해서 맛있게 먹을 수 있게 하는 것이다.

21) 제1권 233페이지, 코니시 논문 「힌두음식의 사상」을 참조하기 바란다.

반면 일본 요리는 식재료가 가지고 있는 본연의 맛을 살리고, 가능한 불을 사용하지 않는 방향으로 발전했다. 게다가 지방을 많이 사용하지 않는 것이 특징이 있다. 세계에서도 보기 드문 지방분을 제거하는 조리 문화를 가지고 있다. 튀김의 지방분 제거를 하거나, 농어와 잉어를 얇게 썬 것을 씻어내는 것[22] 등이 그 좋은 예이다. 이러한 문화를 가지고 있는 것은 원래 일본의 물이 안전하고 양질(良質)이였기 때문이다. 그 양질의 물로 육수를 내고 간장이나 된장으로 맛을 내면 아미노산이 많아지면서 지방이 없어도 요리는 맛있으며, 식어도 맛이 좋다.

Ⅲ. 일본 요리의 기술

3.1 음식 문화의 기본은 할선(割鮮 ; 새로운 것으로 만든다)

불을 사용하지 않는 대표적인 요리는 사시미(刺身)이다. 사시미라는 말은 무로마치(室町) 시대부터 사용되었으며, 그전까지는 나마스(膾)라 불리고 있었다. 이 두 가지의 차이는 사시미는 짐승고기·어패류를 썰어 소스를 찍고, 나마스(膾)는 소스에 버무려 먹는 등 약간의 차이가 있다. 나라(奈良) 시대에는 멧돼지나 사슴의 회가 있었고 그것을 나마시시[23](生シシ ; 생고기)라고 불렀다.

어조수(漁鳥獣) 고기를 날것으로 먹는다고 하면 신선도가 좋지 않아서는 안 된다. 짐승 고기나 참치는 어느 정도 숙성을 시키지만 그 외의 많은 생선은 신선도가 최우선이어야 한다. 바다에서 멀리 떨어져 있는(중국과 아랍 유럽의 내륙과는 전혀 다른 거리이지만) 교토(京都)에서는 아즈치 모모야마(安土桃山) 시절 꽃구경 등을 할 때 들고 다니는 찬합을 운반하고 즉석에서 샘을 만들어, 거기에 잉어나 붕어, 그리고 때에 따라서는 은어를 넣어 그것들을 요리사가 생선회로 만들어 벚꽃 구경이나 단풍놀이 손님에게 제공하고 있다(사진1). 이러한 문화는 꽃구경이나 단풍 놀이뿐만 아니라 다도에 관한 일에서도 이용됐다. 『소큐타회기(宗及他會記)[24]』는 「요정(料亭)을 세우고, 은어,

22) 얇게 깎아 썰어서 만든 생선살을 얼음 물에 풀어 놓아, 잘 섞어 여분의 지방을 제거하고 몸을 튀기게 한다.

23) 시시(シシ)는 고기를 뜻하며, 만엽집(万葉集)에는 열여섯이라고 쓰여 있으며 거기에서 시시(宍)라는 문자를 만들고 있다. 『일본서기(日本書紀)』에 따르면 유랴쿠(雄略) 천황이 요시노의 별궁으로 행차한 자리에서 토지의 사냥꾼이 사냥에서 얻은(아마 사슴이다) 동물을 요리해보라고 권유했는데, 천황은 스스로 칼을 가지고 그것을 요리하고 싶었으나 요리를 하지 못한 것에 화가 나서, 종자의 마사(馬飼)를 단칼에 죽였다.

잉어, 붕어 연못을 바로 준비하여 물고기들을 풀어놓았다. 그것도 칠, 오, 삼 색 등의 여러 가지 종류가 있다」(덴쇼(天正)9년 [1581] 4월11일 아침). 이것이 일본인들이 좋아하는 수조 활어 요리의 뿌리이다.

<사진 1> 즉석에서 만든 연못에 생선을 넣고, 그 옆에서 생선회를 만들다
[伝永納 "東山遊樂図屛風"에 따르면] (高津古文化會館 소장)

생선회는 사용하는 재료의 가장 좋은 부위를 사용한다. 게다가 신선한 것을 사용하며, 도마에 얹어 칼로 아름답게 써는 것이 기술이다. 그렇기 때문에 나라(奈良) 시대는 「선·할(鮮·割; 새로운 것을 만든다)」이라고 했다. 할선(割鮮)이라고 쓰는 요리사도 있지만 그 경우는 거꾸로 읽는다. 생선회를 건축물에 비유하면 이세(伊勢)의 신궁 구조이다. 노송나무는 좋은 재료를 깎아 세우고 나뭇결을 살리며, 일절 장식을 하지 않으며, 그 건물은 매우 고요한 산림 속에 있다. 일본 요리(조리) 문화의 기본(古層)은 여기에 있는 것이다. 특히, 그것이 가지고 있는 맛을 살린다.

24) 『소큐타회기(宗及他會記)』 화천계(오사카부(大阪府))의 호상(豪商)인 텐노지야(天王寺屋津)의 츠다가 (津田家)인 소타츠(宗達), 소큐(宗及), 소후(宗風) 삼대 차 회기의 하나로 세 가지를 합쳐 텐노지야회기(天王寺屋會記)라고 한다. 그 대부분은 소큐(宗及)의 차회기(茶會記)에서 『소큐차유일기(宗及茶湯日記)』라 불리고 있다.

3.2 「쌀을 물에 잘 씻는다」는 마음

이러한 미의식(美意識)은 일상에서 먹는 밥에서도 통한다. 일본은 외국과 비교해, 매우 자연스럽게 먹는다고 해도 쌀을 그대로 물을 이용해 짓는 것이 아니라 쌀을 물에 잘 씻는다. 세계 여러 나라의 쌀의 취급 방법을 보면, 씻지 않는 문화권(아랍과 인도의 일부), 가볍게 씻는 문화권(유럽과 미국, 동남아시아, 동아시아), 그리고 물이 깨끗하고 맑아질 때까지 씻는 것은 일본. 이것은 물만으로 밥을 짓고 그 밥의 윤기와 은은히 풍기는 향기와 맛, 단맛을 맛보기 위해 밥그릇에 가볍게 담아 젓가락으로 먹는다. 예를 들어 돈부리나 카레라이스라 해도 한국, 동남아시아, 인도 사람들처럼 숟가락 또는 손으로 섞고, 섞어서 계속해서 마구 섞어 먹는 행동은 결코 하지 않는다. 밥을 더럽히지 않고 깨끗하게 먹는 것이 일본의 음식 문화의 미학이다. 그 이유 중에 하나로 쌀은 벼의 영혼이 깃들어 있고 깨끗하게 먹는다는 사상이 강하기 때문에, 그 전통이 현대 일본인에게 무의식 중에 전해지고 있는 것이다.

사시미 감각으로 먹는 재료는 쌀만이 아니다. 두부와 곤약, 메밀국수나 차가운 소면 등도 그 종류이다. 두부와 곤약의 제조법은 중국에서 헤이안(平安) 시대에 일본으로 전해졌으며, 일본은 양질의 물이 있기에 먹는 방법은 냉두부나 뜨거운 물에 살짝 데친 두부, 곤약회까지 승화시켰다. 수질이 좋지 않은 중국에서는 지금도 볶거나 튀기거나 삶아 먹으며, 냉두부 등은 어차피 먹을 수 없는 것이다.

3.3 스시는 일본에서 승화

스시는 동남아시아를 기원으로 하는 민물고기를 절인 음식으로, 밥이 밑바닥에 잠기게 되어 있다. 나라(奈良) 시대에 일본에 전해져(그 이전에 있었는지도 모른다), 은어, 도미, 멍게, 정어리 등 외에도 멧돼지나 사슴 고기까지 스시로 절여졌다. 밥은 젖산 발효에 의해 산미와 저장성을 높였는데 먹을 때까지 상당한 기간이 소요되고, 냄새도 강하며 맛은 복잡했다. 동남아시아에서는 예전대로 절이거나 굽거나, 국으로 만들어 먹지만 일본에서는 그것을 세련되게 만들어 초밥에 사시미를 얹어 바로 먹을 수 있는 한 입 크기의 스시로 승화시켰다. 그것을 자극시킨 것이 간장이다.

스시가 일본에서 단순화되는 요인은 사시미를 좋아하는 것과 함께 쌀의 성질과 밥 짓는 방법이 크게 관여하고 있다. 일본인이 먹는 단립종의 쌀은 점성이 강하다. 밥으로 짓고, 그 밥이 식어도 최소한 두 시간은 맛있게 먹을 수 있다. 밥을 지어말리기 때문에 쌀에서 나오는 맛이 밥에 베어 들어, 식초를 넣을 때 부채질을 하면 끈기가 생기고 반

건조되어 더욱 장력이 강해져서 가볍게 쥐어도(압력80~120g) 잘 만들어진다. 반면, 장립종의 쌀은 끈기가 적어, 밥이 섭씨 16도 이하로 되면 흩날리고, 더구나 밥물을 버리고 뜸을 들이기 때문에 만들기 어렵다. 때문에 동남아시아 스시는 옛날 그대로 밥이 기본이 되는 중요한 것이다.

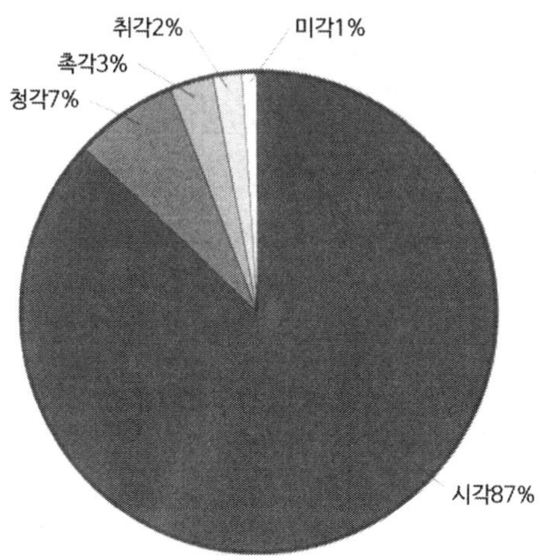

<그림 2> 오감의 작용
[노무라 준이치 1983『컬러 마케팅론』
千倉書房 p.215을 기초로 작도]

Ⅳ. 보기 좋게 담는 미학

4.1 시각이 최우선

노무라 준이치(野村) 씨에 따르면 인간이 가지고 있는 오감의 작용으로 맛을 느끼는 것은 시각이라고 한다. 시각이 차지하는 비율은 87%로 발군의 수치가 되어 있다. 그 다음이 청각으로 7%, 그리고 촉각 3%, 후각 2%, 미각은 겨우 1%에 불과하다(그림2). 노무라 설에 따르면, 요리를 맛있게 먹으려면 시각이 우선시된다는 것이다. 요리 자체의 모양, 색조. 그 음식을 담은 옷으로서의 그릇과 보기 좋게 담는 법이다. 요리를 배치하는 식탁과 조명, 조도품이나 꽃·음악 그리고 대화 등의 식생활 공간의 전체적인 코디네이트가 맛을 증폭시키는 중요한 요소이다.

다시 노무라의 설에 따르면, 요리를 맛 보는 환경에서 눈에 보이는 범위의 공간을 100%라고 하면, 요리가 차지하는 비중은 불과 5%라고 한다. 이를 그릇에 담아 식탁에 놓으면 25% 향상되고, 바닥이나 벽면, 가구, 창문에서 보이는 풍경 등이 나머지 75%를 차지한다(표 1). 그렇기 때문에, 고급 식당이나 레스토랑에서는 무대 장치로 식사 공간의 컬러 코디를 하는 동시에 식탁의 요리를 담는 그릇에도 제공하는 음식에 맞게 배려를 하고, 종업원들의 몸가짐도 신경을 쓴다. 가정에서는 고급 식당이나 레스토랑처럼 식사 공간을 마련한다는 것은 무리라고 해도, 적어도 탁자와 조명의 코디네이터를 하면 비록 이미 만들어진 요리라고 해도 식사는 더욱 맛있고, 즐거운 대화를 이어갈 수 있을 것이다.

<표 1> 음식(요리)의 색채 면적 효과

색채관	음식을 중심으로 한 색채	식생활의 색상	그 구성
색상을 …….	액센트 · 컬러 5%	순색(신선한 세가지 식품, 음식 그 자체 고유의 색) 중간색(완성된 요리의 색) 흰색	요리 그 자체
보기 위한	서브 · 컬러 25%	보색(주홍색 칠이나 황색 유약 등) 중간색(유약 등) 유채색 무채색의 흰색, 회색, 검정 주홍과 검정(국 그릇 등의 칠그릇) 금 · 은[금박(金箔), 시회(蒔繪), 상안(象眼) 등]	식기류 작은 소품
……색	베이직 · 컬러 70%	중간색(따뜻한 계열의 색상 내지 차가운 계열의 색상에 회색을 섞어 얻은 중간밝기의 색) 일본 종이 색상 나무 색상 염색한 색상 직물 색상, 백열전구의 등불빛 색	좌탁(식탁), 식탁보, 다다미 벽면, 사용 기구, 꽃과 꽃병, 조명 기구와 백열 전구, 방석, 좌석, 그림, 천장 재료, 에어컨, 개구부(창문), 애정있는 분위기

[노무라 준이치 1994 『증보색의 비밀 — 최근 색채학 입문』 네스코 p.148에 의함)

4.2 사시미(刺身)의 풍경

일본에서는 칼을 쓰는 솜씨가 훌륭하고(칼 사용이 능숙한 것), 젓가락 사용(그릇에 모양 좋게 담는 것)이 능숙한 요리사를 일류라 부른다. 조림, 튀김, 구이, 무침을 준비하는 경우에도 칼의 기술을 들먹인다. 그 기본은 바른 방향으로 칼집을 내, 가지런히 자르는 것이다. 고등학생과 단기 대학생을 대상으로 한 요리 검정 시험의 초급에서는 오이 한 개를 시간 내에 얼마나 같은 두께로 일정하게 자르는지를 겨루게 한다. 프로들의 요리 콘테스트에서도 심사위원은 맛보다도 자르는 법이나 그릇에 담는 법을 우선시해서 점수를 매긴다. 중국과 프랑스에서도 아름답게 그릇에 모양 좋게 담는 법을 평가하지만 맛과 향이 우선시 되고, 프랑스에서는 얼마나 새로운 요리를 창작했는지를 묻는다. 일본 요리는 칼에 의존하는 문화이다. 그 때문에 식도(庖丁道)라고 부르고 그것을 예술화시켜, 사람들 앞에서 나무 도마에 생선·짐승 고기의 모습 그대로를 두고, 칼과 긴 젓가락만을 사용해, 아름답게 그릇에 담아내는 음식 문화를 구축했다.

이 요리 문화 중 하나가 바로 사시미이다. 사시미는 먼저 말했던 것처럼 양질의 어조수육(魚鳥獸肉)을 오로지 칼만을 사용해 먹기 편하게 잘라 먹는 모노 칼로리 쿠킹이다. 그것을 소금 또는 간장과 초된장, 매실, 폰즈소스 등을 찍어 먹는다.

다만 어조수육을 칼로 썰어 그릇에 담아내는 것만으로는 되지 않기에, 생선살과 거기에 곁들이는 야채와 해초류, 양념, 깔개(나뭇잎이나 종이, 改敷) 등으로 새롭게 꾸며 하나의 풍경을 그릇 위에 그리게 됐다. 그리고 간장이 사시미의 소스가 된 것은 에도(江戶)는 겐로쿠(元祿) 시대 이후의 일이다. 그 동안은 식초를 기본으로 한 소스를 사용하였다. 에도(江戶) 말기의 풍속 연구가인 키타가와 모리사다(喜多川守貞)는 그의 저서 『모리사다만코(守貞漫橋)』에 가미가다(上方 : 옛 京阪 지방 이름)과 에도(江戶)의 사시미 담는 방법을 기록하고 있다(그림3).

<그림 3> 가미가다(上方)와 에도(江戶)의 생선회 담는 방법
[『모리사다만코(守貞漫稿)』 후집(後集) 권1에 의함](국립 국회도서관 소장)

여름에 에도(江戶)의 사시미를 그릇에 담을 경우에는 유리 발을 까는데, 그것은 어육에서 피가 나오는 참치나 가다랑어를 쓰기 때문이다. 그릇에 담는 모양을 보면 위쪽은 높게 보이게 하고 사시미는 평평하게 그릇에 담지만, 그 형식은 산수(山水)이다. 에도(江戶)는 일단 안쪽을 조금 높게 보이게 하고(실처럼 자른 무), 실처럼 자른 두릅, 생김, 생 방풍(防風), 애기여뀌 등 3~4가지 종류를 같이 놓고 있다. 신선도가 좋지 않은 「변변치 못한 물건에는 황국(사카모토(板本) 국화), 두릅, 갈아으깬 무 등을 사용한다」라고 「守貞漫橋」에는 쓰여 있다. 오늘날에는 실처럼 자른 무를 맞은편에 놓고 푸른 자소의 잎을 바닥에 깔고, 이들을 배경으로 사시미를 담아 홍 여뀌와 직접 내린 와사비, 황국을 앞에 놓는다. 때에 따라 석이 버섯과 바쿠다이카이(莫大海)를 곁들인다. 예를 들어 생선회를 붉은 참치와 오징어를 담는다고 하면 정말 아름다운 컬러 톤이 된다. 무와 오징어의 백색, 참치의 붉은 색, 푸른 자소의 녹색, 황국의 황색, 바쿠다이카이(莫大海)와 석이버섯, 생 김 등의 갈색이나 검정색의 오색이 하나의 접시 위에서 경연한다. 그 풍경이 바로 사시미의 삼림욕이다.

흰색은 깨끗하고 녹색은 안정감을 주며, 빨간색은 식욕을 돋우고 황색은 빨간색과 마찬가지로 식욕을 자극시키면서 사람 마음을 들뜨게 하고 검은색 계통의 색깔은 전체를 또렷하게 만든다.

일본 요리에 있어 그릇에 담을 때의 꽃은 전채(前菜) 모듬과 사시미인데 교(京) 요리의 타키아와세 (焚き合わせ ; 따로 익힌 생선과 야채를 한 그릇에 담은 음식) 또한 아름답다. 사시미나 타키아와세(焚き合わせ)와 같이 그릇에 담는 방법은 외국에서는 볼 수 없는 양식이다. 소스와 버무려서 먹는 것이 맛있는 믹스샐러드조차 사시미풍으로 그릇에 담는 것이다.

4.3 일본 요리의 그릇에 보기 좋게 담는 형태

일본 요리에 있어 그릇에 담는 방법을 크게 구분해 보면 타카모리(高盛り;산처럼 높게 쌓은 모양), 헤이모리(平盛り; 중간정도 담은 모양), 코야마모리(小山盛り;낮은 산처럼 쌓은 모양), 스기모리(杉盛り; 겹쳐서 쌓은 모양), 산수(山水) 등이 있다(그림4). 그 외에도 그릇에 따라 명칭이 붙는다. 타카모리(高盛り)는 신에게 바치는 음식과 불전에 올리는 공양물의 경우가 많고, 헤이모리(平盛り)는 복어와 얇게 만든 쑤기미(虎魚)를, 코야마모리(小山盛り)는 밥과 야채 조림, 그리고 스기모리(杉盛り) 는 무침이나 다도카이세키(茶事懐石) 안에 들어가는 실처럼 얇게 썰은 초회 등이 있다. 일본에서 음식을 그릇에 담는 방법으로 가장 특징이 있는 것은 산수(山水) 담기[25]이다. 안쪽을 높게하고, 앞쪽은 낮고 넓게 펼쳐서 산과 강의 흐름을 표현한 것이다. 에도(江戶)시대의 요리서『카센오쿠미이토(歌仙の組糸) (간엔(寬延)원년) (1748) 간행』는 자르는 법을 바로잡는 것과 동시에 膾(사시미)의 담는 방법을 산수(山水) 담기로 하라고 가르치고 있다.

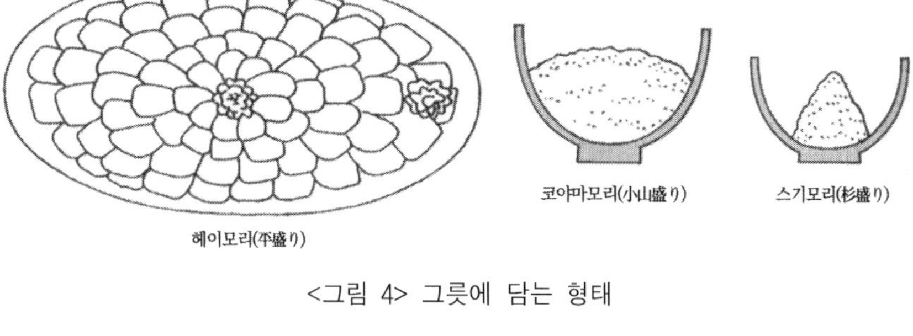

<그림 4> 그릇에 담는 형태

25) 안쪽을 높이, 앞쪽을 낮고 넓게 펼쳐 담는다. 그 모양은 정면과 위에서 봤을 때 부등변 삼각형으로 안정감이 있다. 그 부등변 삼각형도 각 측면을 황금 비율로 하면 밸런스가 좋다. 그리고, 스기모리(杉盛り), 코야마모리(小山盛り), 타카모리(高盛り)는 대칭적이다.

4.4 수북히 담아 쌓는 것과 그릇에 보기 좋게 담기(모리츠케)

담는다(盛る)는 글자는 음식이 접시에 가득차 넘치도록 산처럼 높게 쌓는 것이다. 전에도 조금 언급했듯이 신에게 바차는 음식이나 공양물의 경우에도 타카모리(高盛り)로 담으면서 장엄함을 연출하는 것이다. 헤이안(平安) 시대, 궁정(宮延)의 바라보기 위한 요리인 차려놓은 수라상과 대향연 요리는 타카모리(高盛り)로 담으며 천왕이 가장 먼저 어떤 요리를 어람하셨는지가 가장 중요한 것이다. 타카모리(高盛り)의 형식은 대륙계열로, 한국의 공양물도 빛깔 곱게 타카모리(高盛り)로 담고 연회 때 등은 짙은 맛의 요리를 접시에 드라마틱하게 담아 내어 테이블 위에 여백이 전혀 없다. 이처럼, 상다리가 부러지지 않을까 걱정할 만큼 빽빽하게 늘어 놓는다. 잘 보면 그 테이블의 다리는 처음부터 휘어져 있으며 탁자의 다리가 휘어질 정도의 진수성찬을 차렸다고 말하는 듯하다.

이 양(量)감의 사상은 중국, 동남아시아, 인도, 아랍권에 공통된다. 그림으로 예를 들면 대륙계의 요리는 맛도 담는 방법도 유화적이며, 무게(두께)감이 넘쳐나고 있다. 그에 반해 섬 나라인 일본은 수채화적이고, 그릇에 담는 요리의 양은 적으며, 참으로 드라마틱한 모습은 없지만 청초하다. 그 양식은 서예의 빈 공간처럼 그릇의 여백이 눈에 띈다. 때와 경우에 따라 다르지만 여백이 60% 내지는 40%를 차지하며, 요리는 그릇에 조금 올려져 있는 정도이다. 그렇기 때문에 「모리츠케 (盛り付)」라고 한다. 교(京)의 요정요리에서도 그렇듯이 요리보다는 그릇을 먹는 느낌이 없지 않다.

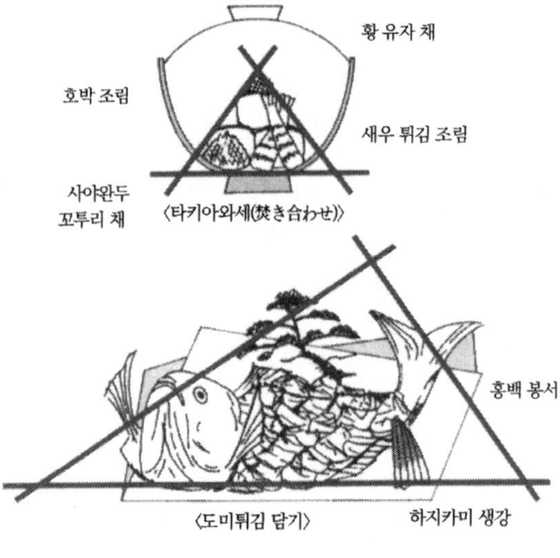

<그림 5> 정삼각형과 부등변 삼각형으로 담기

<표 2> 음식과 그릇의 경중감(색의 세 가지 속성에 따른 차이)

①색상에 따른 경중	색상이 다른 황색과 보라색에서 황색이 가볍고 보라색을 무겁게 보인다.
② 명도에 따른 경중	밝은 색(옅은 색)는 가볍고, 어두운 색(짙은 색)은 무겁다. 예를 들어 분홍색이 가볍고 그것에 비하여 빨간색은 무겁게 느끼게 한다.
③ 채도에 따른 경중	동일 명도의 경우라면, 채도가 높은 색이 가볍고, 채도가 낮은 색은 무겁다. 예를 들어 맑은 빨간색(순색에 가까우면 가까울수록)는 가볍고 칙칙한 빨간색(채도가 낮아질수록)은 무겁게 보인다.
④ 명도(무채색)에 따른 경중	흰색은 가장 가볍고 흑은 가장 무겁다.

[노무라준이치 1994『증 보색(補色)의 비밀 — 최신 색채학 입문』네스코 p.154에 의함]

교(京) 요리는 아름답게 만들어 조형미 있는 그릇에 아름답게 담아 보이는 장식 과잉형이다. 다시 말하면 모드(mode)파이다. 마치 공작 수컷이 꼬리 깃털을 펼친 듯한 느낌으로 볼륨감이 넘치는 음식에 익숙한 외국 사람들이 보면, 전채요리가 계속해서 나오고, 메인 음식은 없다고 생각한다. 필자는 유럽에서 그런 말을 들었던 경험이 있다.

4.5 요리와 함께 그릇을 감상하다

다도(茶事)는 다례(茶礼)와 식사예절이 합쳐진 문화이다. 녹차(抹茶)를 뜨거운 물을 이용해 걸쭉한 농도의 진한 차로 만들어 살롱인 찻집에서 돌려 마시는 일종의 세레머니로, 그러한 의식으로 모임에서 친구가 되고, 서로의 소통을 위한 장치가 되어 있다. 녹차에는 카페인이 많이 함유되어 있기 때문에 공복시에 갑자기 마시면 위벽에 자극이 강하다. 그 자극을 완화시키기 위해 먼저 소량의 음식을 먹고 위벽을 보호한다. 이 다도에서의 농도가 짙은 차의 전주곡적 존재인 소량의 요리를 가이세키(懐石)라고 한다. 이것은 몸을 양육 목적의 식사가 아니라 차가 주역이 된다. 요리 수는 국물 요리가 한 종류, 채소가 두세 종류라는 양식으로, 아즈치 모모야마(安土桃山) 시절 일본의 다도를 완성시킨 센노 리큐(千利休)에 의해서 확립되었다. 그 이전에는 탕진적 차 모임에서 사사키 도요(佐佐木道譽) 등은 산해진미를 다섯 척(尺)의 네모난 쟁반에 늘어놓고 노름을 하고 유흥을 즐기고 있다. 그것을 선(禪)적인 간소하고 차분한 아취의 차로서, 음식도 검소하게 만든 것이 리큐(利休)이다. 그릇에 담는 요리의 양이 적기 때문에 그릇의 여백이 많아지면서 말차 다완처럼 그릇까지 감상할 수 있게 되었다.

4.6 대륙 계의 그릇은 캔버스

앞에 적은 다도카이세키(茶事懷石)는, 차창의 풍경이 계속해서 변하듯이 그릇이 바뀐다. 에도(江戶) 시대의 요리서인 『신센호쵸카케하시(新撰庖丁梯)[26]』는 "그릇은 그 음식의 모습에 따라 고르는 것, 갖추어지지 않아도 오히려 풍취가 있음.... 일그러지고, 약간씩 비뚤어진 것 들은 흥도 약해지기 때문에 아름다운 그릇은 처음이자 끝이며 중간은 없다"라고 가르치고 있다. 이것은 대륙계 요리에서 사용하는 전체적으로 갖추어진 미학에 반하여 갖추어지지 않는 미학인 설월화(雪月花), 그릇에까지 사계절의 아름다운 경치를 친구로, 그 것을 조화시키는 방법의 묘를 즐긴다. 그것의 뿌리는 헤이안(平安) 시대의 노래짓기 겨루기이다.

이러한 일본적인 그릇의 사용법에 반하여, 대륙계 요리에 쓰이는 그릇에 사계절의 변화는 없다. 기껏해야 한국에서 겨울에는 실버나 금동, 여름은 청자나 백자 그릇을 사용하는 정도이다.

근세 유럽에서 사용하는 접시는 대부분 가장자리에 무늬가 있어, 음식을 담은 중심부는 보통 흰색으로 되어 있다. 이는 마치 캔버스에 비유할 수 있으며, 그 캔버스에 유화 도구로 그림을 그리듯 음식을 담아낸다. 그래야 그릇의 테두리가 액자가 되는 것이다. 일본의 그릇은 그 자체가 하나의 완성된 예술품으로 그려져 있는 도안과 모양을 살리려고 생각하는 대륙계의 그릇의 사용법과는 자연스럽게 달라진다.

4.7 왜 담는 것인가?

사람은 몸을 치장하고, 아름답게 얼굴이나 손톱을 화장하여 스스로 즐기고 보는 사람들도 즐겁게 한다. 요리도 아름답게 담고 보다 맛있게 보이게 노력한다. 상업으로 되면 더욱 좋은 볼품이 어려운 시기가 있다. 그것은 멋부림, 성장(盛裝) 사상이다.

왜 아름답게 담는가. 그 시작은 신불(神仏)에 대한 사람의 기원을 들어주는 것과 감사의 뜻을 표현하기 위해 먹는 것을 아름답고 높게 담아 올린다는 것에 의한다. 산다는 것은 먹는 것이 있기 때문에 풍부한 열매와 풍어(豊漁), 사냥(獵), 가내 안전, 상업 번성을 기원한 것이다. 또한, 선조의 영혼이나 개조(開祖)의 영혼을 제사 지내기 위해서도 음식물을 조정하고, 색을 아름답게 장식하고, 쌓아 올리는 것이다. 접객업인 요정이

26) 『신센호쵸카케하시(新撰庖丁梯)』 형화3년 (1803)판 쿄과3년(1803)판. 저자는 아사노야헤. 한자가 섞인 히라가나 문자이다. 삽화도 있으며, 끓이는 법이나 물고기・조류 균이나, 덜 마른 야채의 방사능 독 금기, 본초(本草)도 적혀 있으며 메뉴는 글자 순으로 음식을 올려 음식에 대한 적절한 설명을 하고 있다.

나 식당에서는 그것에 의해 경영이 좌우된다. 때문에 요리인 이라 말하더라도 단지 요리만을 만들어 내면 좋은 것이 아니고 조명이나 음악, 향, 꽃에까지 기(氣)를 나눈다. 카운터-형식의 가게에서는 요리인은 솜씨도, 말도, 뛰어난 연기자로 되지 않으면 안 된다. 요리를 보기 좋게 담아낸다고 하는 것은 make up이나 dress up으로 통한다.

4.8 보기 좋게 담기의 美에 대하여[27)]

가와하다(川端) 담아내는 美는 현실적으로는 천차만별하다고 생각되나 거기에는 무언가 공통하는 법칙성이 있는 것은 아닌가. 결국은 인간 가운데 있는 식에 대한 미의 의식 이다. 라고 생각합니다만 문화나 경험의 차이, 혹은 현재 라는 것과 정보의 영향 등도 크다고 생각됩니다.

이시게(石毛) 얼마간의 법칙은 많이 있다고 생각합니다. 조금 전 색채심리학에 얽힌 말이 나왔습니다만 색채라는 말도 의외로 어딘가에 보편적인 질서가 있어 식욕을 꾀하는 색과 그렇지 않은 색이 있을지도 모릅니다. 혹은 그릇에 담을 때도 어느 질서를 가진 늘어 놓는 방식의 정연함에 대한 공통의 美의식이라는 것이 있는 것이 아닐까라고 생각합니다.

오쿠무라(奧村) 일본의 경우 다소 형식화된 것도 있습니다. 그러나 최종적으로는 개인이 갖고 있는 sens에 의해서, 특히 유럽의 경우는 그 경향이 강하고, pattern화하고 있는 점에서는 일본 쪽이 큰 기세입니다.

요정으로 수업에 들어가면 지도자의 하는 방식을 훔쳐보면서 깨달아가는 것이 보통이나 결과로서는 누구에게 배우나, 어느 류파(流派)로 배운다고 하는 것으로 될 수 있습니다. 또 그릇의 형에 따라 담는 패턴이 변화하나 그것은 그것대로 자유로이 개인의 재치로 바꾸는 것이다. 감성이라고 하기보다 지성의 문제라고 생각합니다만, 일본 전통의 담기의 기본은 청초하게 담는 것입니다.

시요우(尙) 담기의 미(美)라는 점에서 일본은 세계 중에서도 특수하다고 생각합니다.

오쿠무라(奧村) 다른 나라와 비교하면 일본이 특수성을 보인다고 생각하나 일본에서 다른 나라를 보면 또한 특수성이 보인다고 생각합니다. 우리가 비교하는 것은 당연하다고 생각합니다. 결국 담기도 각국의 문화다라고 인식해도 좋다고 생각합니다. 일본은 자르는 문화가 우선적이고, 담기는 대단히 신경을 사용하는 것이어서 특수하다고 생각

---

27) 態倉功夫 · 石毛直道(편) 1991「食の美學」p88~89에서 발췌
川端晶子 (東京농업대학 · 조리학) 石毛直道(국립민족학박물관 · 문화인류학) 尙 弘子(류쿠대학 영양학) 小川紀男(농림수산성식품 종합연구소 정보학) 山下光雄(경응의숙대학 스포츠의학연구센터 식사요법사)

합니다. 그 때문에 위궤양이 되는 요리인도 있습니다.

오가와(小川) 요리 재료 선택이나 담아내는 의미는 美의식에 호소하여 식욕을 돋운다는 것 이외에 아름다운 쪽이 위생적으로 안전하다고 하는 느낌을 주어, 요리 만드는 손의 성의를 commumicate 한다는 수단으로도 되어 있다고 생각합니다.

야마시다(山下) 나라대(奈良台) 등의 장식이나 밑바닥에 조금씩 담았다고 하는 옛날의 美의식이 그릇 모양이라든가 채색이 향상된 현재, 그 공간을 잘 이용하여 조금씩 담아 상품(上品) 같이 보이게 하는 방향으로 생기를 부여하고 있는 것이 아닐까 합니다.

V. 보기 좋게 담는 법(모리츠케)의 동서(東西) 비교

보기 좋게 담는 법을 건축물에 비하면 어떻게 될까. 저자는 스페인의 바르셀로나에 처음 갔을 때 어느 석조물의 강력함에 압도되어 한참 소리도 내지 못하였다. 역시 요리 담는 법에 있어서도 석조물과 목조 건축의 차이가 있다. 유럽은 석조물로 육감적으로 dramatic하게 담아내는 법으로 하고, 일본은 섬세하고 정서적이다

그런데 네델란드의 암스텔담이나 헤이그 시내의 집들이나 상점이 즐비하게 늘어선 것을 볼 수 있는 것과 같이 균형의 아름다움. 그것은 대칭미이고 수학적 미이다. 이것에 대하여 일본은 비대칭적이고 또한 부조리의 미. 그 비대칭적과 부조리가 교묘하게 조화되어 지적으로 청결감을 자아내고 있다. 프루노 다우트(プルーノ·タウト)가 예찬한 이세신궁(伊勢神宮)의 흰목조물 같이 산뜻하게 그 위에 식품 재료의 좋을 맛을 보이면서 담아낸다. 동시에 화려하고 아름다운 것에 의해 능무대(能舞台)와 같은 simple하게, 신성하고 장엄하다. 그것은 예스럽고 아취가 있음. 좋아하는 색조는 기후 풍토에 따라 결정되는 면도 있으나 된장이나 간장색의 영향도 있다.

그릇에 담기를 정원(庭園)적으로 비추어 보면 유럽의 symmetrical에 대해, 일본은 비대칭적이다. 유럽의 대칭적인 정원으로 유명한 프랑스의 베르사이유 궁전으로, 전체가 전망된다. 그것에 대하여 교토의 궁(宮)은 시계(視界)는 부분적이고 징검돌을 따라서 걸어들어 감에 따라 풍경이 변화되어 간다. 대칭에 대한 비대칭, 모순이나 부조리를 내포하고 있다는 학자도 있으나, 말차 다완에서 볼 수 있는 비뚤어짐 가운데의 균형미 같고, 단정한 정서로 가득차 있다. 그 담는 방법을 대표하는 것이 회(刺身)의 산수(山水) 담기이다.

색채상으로 조망하면 유럽의 경우는 총체적으로 colorful 하나 프랑스는 파스텔 colour적, 이탈리아나 스페인은 dynamic하고 명랑한 밝은색, 황색과 오렌지색, 녹색의 3원색이 잘 조화되는(어울리는) 나라. 여기에 대해 독일은 게르만 민족 특유의 삼림인의 어둠을 갖고 있다. 독일의 게르만에서 항공기로 알프스를 넘어 이탈리아에 들어갔다고 해도 단지 눈에 들어오는 태양의 밝기와 하늘의 푸르름은 완전히 차이가 있다.

황색을 좋아하는 것은 인도 문화의 영향을 받은 동남아시아나 아랍의 일부. 그 황색은 turmeric으로 염색된다. 황색은 인도에 있어서는 정토(淨土)의 색이고, 또한 열반(涅槃)의 색인 것이다. 중국은 오행음양설에 의거하여 적, 백, 황, 녹, 흑의 5색을 중요시한다. 한국도 중국의 영향을 받아 5색을 큰 기본으로 함과 더불어 원색을 좋아한다.

일본도 5행 사상은 있으나, 원색을 좋아하지 않는다. 산자수명(山紫水明)의 풍토와 조미에 된장, 간장을 사용하기 때문에 요리 그 자체의 색은 유한적적(幽閒寂寂)하다.

조형적으로 보면 유럽은 기하하적, 추상적이고, 근대는 평면담기가 많다. 역으로 일본은 구상적(具象的) 입체적으로 담아내고 있다. 그래서 큰 쟁반 담기의 경우에는 유럽이나 중국에서는 어디부터 보아도 좋은 것 같은 담는 방법을 하는 일이 많으나, 일본의 경우는 생화 모양과 같이 한 방향성이다. 생화도 역시 화기를 중시한다.

담기(모리츠게)의 미학(美學)　이노우에×구마쿠라×이시게×오쿠무라 (井上×熊倉×石毛×奧村)

이노우에(井上) 구마구라 씨는「차려진 음식」을 공간의 performing·art의 하나라는 관점에서 이론화된 것이고, 매우 흥미 깊게 들었습니다. 하지만「담기의 미학」의 3대 요소는 실은 쌓는다. 담는다. 늘어놓는다가 아니라는 인상을 가졌습니다. performing art의 축을 생각해보면 세로축의 방향에는 위로 점점 높아집니다. 가로(평면)축에는 점점 넓어져 간다는 2개의 방향이 있다고 생각합니다. 세로축의 높은 방향에는 "담는다"와 "쌓는다"가 있고, 요컨대 그 2가지가 "세운다"고 하는 것으로, 가로축의 한 방향은 "넓힌다" 다른 방향은 반대로 "좁히다" 조금 전 구마쿠라 씨는, "차린다(飾る)"의 어원은 "數이다" 내지는 "數供"이 아닐까 합니다. 그렇다면 그림의 좌하의 사선 부분은 처음부터 존재하지 않는 것

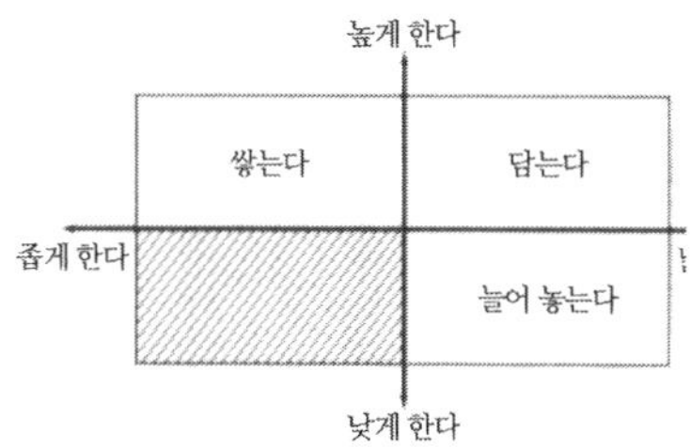

<그림 1>

으로서 "쌓는다" "담는다" "늘어놓다"가 3대 요소가 아니라고 저는 생각된는 것이 어떻습니까.

또 하나의 사선 부분에 범주가 있다고 하면 예를 들어 "모우다"라든가 "compact로 하다"라는 그러한 차이는 방식의 가치관 내지 미학이 과연 이차원에 있을 수 있을까. "數이다" 라는 것과 낮게 해서 "좁히다"는 것과는 어휘 모순이겠지요만 본래 이 사선 부분은 없고, 오히려 3대 요소로 설명 가능할까. 혹은 "compact로 하다"라는 것의 적당한 표현이 있을까 하고 생각해 보는 것일까요?

구마쿠라(熊倉) 이것은 대단히 흥미있습니다. 바꿔 말하면 "담다"의 각에서 사선의 각으로 대각선을 끌어서 위를 장식합니다. 아래를 장식하지 않는다고 한다면, 이것은 중요한 일본적 미의 세계로 되어 가는지도 모르겠습니다. 결국 회석의 어떤 재료 종류의 방향이라는 것은, 3개를 주목하면서, 생략하는 것이었을지도 모르겠습니다.

이시게(石毛) 나는 이 사선의 부분에도 미학이 있다고 생각하는 것입니다. 결국 「炊き合わせ」라든가 「8寸」에 가지각색의 것을 모우는 경우라든가가 그렇다. 「幕の內 弁当の美學」이라는 책도 있지만, 이것도 이 장소에 오는 것은 아니겠지요.

오쿠무라(奥村) 「다키아와세(炊き合わせ)」나 「모리아와세(盛り合わせ)」, 「마구내우치 벤토(주먹밥에 반찬 곁드린 도시락)」 등은 색 조합이라 해도 좋습니다. 요리를 만드는 사람의 입장으로서는 "조합하다"라는 요소도 활용했다는 쪽이 좋다고 생각합니다.

토론을 받은 나의 안(私案) = 오쿠무라 아야오(奥村彪生)

「담는 법의 미학 3요소」의 원안(그림1)에는 일본의 신찬이나 불공, 요정의 담는 방식이 적합한 것으로 생각되어 담는 방식의 pattern(그림2)를 만들어 보았다.

①은 넓으면서 높다. 기본형은 원주. 이것이 각주(4각, 6각, 8각)로 된다. 다음 井자 모양이 있다. 3개, 4개, 6개와 조합하면서 겹쳐 간다. 원주의 꼭대기 부분을 넓혀서 겹치면 역원추형으로 된다. 나라의 談山신사에서는 꼭대기를 山담기형으로 해서, 작은 새나 벌레를 모방한 조화를 꽂는다.

②는 좁으면서 높다. 기본형은 杉담기 나 高山담기나 山담기. 4각이 변형한 台형 담기도 있다.

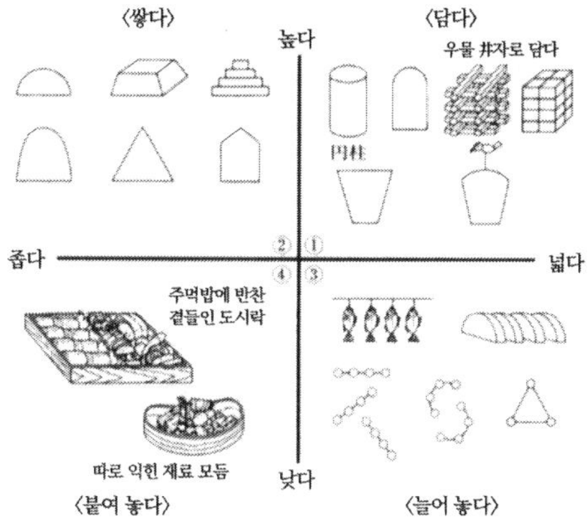

<그림 2>

③은 낮으면서 넓다. 신찬에서는 현어(懸魚)나 현조(懸鳥)이다. 혹은 회(刺身)의 평(平) 양식이나 8중(重) 양식 등, 더욱 넓혀 가면 흩트려 담기로 된다. 그 흩트려 담기 방식은 직선, 곡선 2개로 집약된다. 이 2개를 조합한 것으로 여러 가지 pattern이 생긴다.

이노우에(井上) 씨는 담기의 미학의 3대 요소는 이 3개다 라고 서술 ④는 조합, compact로 한다는 형이 타당하다고 한다. ①과 ②의 높게 담기는 신찬이나 불공에서 많이 볼 수 있는 담기 방식이다. 요정이나 가정에서는 平담기나 山담기가 이용된다. 많이 이용되는 담기 방식은 ③과 ④, ③은 일본의 전채(前菜)의 경우의 한 접시에 여러 음식을 담는 차림에 많이 이용된다.

담아내기로서 으뜸으로 이용되는 것은 ④이다. 회석의 완(椀) 담기나 다키아와세(焚きあわせ)도 이 부류에 속한다. 山水로 담는 회, 나무상자나 찬합에 담기는 가장으뜸으로 가는 것. 그 이외에는 풍경을 상자 안에 만든 상정(箱庭)적으로 보아서 담는 방법도 일본에서는 있다. 중국에 있어서는 전채(前菜)를 화조(花鳥)로 보아서 담는 수법은 근년에 왕성하다.

높이담기는 대칭적으로 한국이나 중국, 발리 섬 등의 신찬(神饌)에 공통하는 대륙계의 담는 방법이다. 높게 포개어 쌓는 것은 장엄함을 자아내고 있다. 위의 그림을 생화로 예를 들면 ①은 장엄의 꽃 「眞」이다. 常의 꽃 「行」은 ②로서 ③은 草의 형. 그래서 ④는 새로운 양식의 꽃 「오브제」에 해당할 것이다.

* 熊倉功夫 · 石毛直道 (편) 1991『식의 미학』pp.76-78에서 발췌
井上忠司(甲南대학 · 사회심리학) 熊倉功夫(筑波대학 · 일본 문화사)
石毛直道(국립민족학박물관 · 문화인류학) 奥村彪生(요리가 · 식물사)

제3장 음식에서의 예술성

이시게 나오미치(石毛直道)

I. 요리는 예술인가?

일본사회에 문화로서, 食생활을 취급하는 시점이 정착하고 있다. 저자들은 食과 문화를 고찰하는데 있어서의 기초 작업을 행하고 있으나, 이 개척 하고 있는 분야는 사회적으로 인지되어 왔다고도 한다.

「食의 문화」라는 말이 정착한 후에, 「食의 예술」이라고 하는 것이 말해지기 시작하고 있다. 그것은 상업적인 catch praise로 등장해 왔다. 저자의 집 근처에 최근 개업한 staek house 간판에 「食의 예술」이라는 슬로건이 크게 붙어 있다.

예술은 넓은 의미로의 문화의 한 분야로서 위치를 부여할 수 있다. 食이 문화인 것의 사회적 인지가 성립한 후에는 食의 예술성이 강조 되게 되는 것도, 그 결과로서 당연한 것일지도 모른다. 또한 gurume라는 단어로 대표되는 食의 향락성이 공인된 세상 가운데 식사에 높은 부가가치를 부여하게 될 때, 예술이라는 말이 나오기 시작했다고 생각될 수 있다.

食의 예술성이란 여러 요소가 결합한 총합적 연출에 의해서 높아진 美적 가치관의 문제인 듯하다. 그것을 구성하는 요소에는 요리 그것뿐만이 아니고 식기, 인테리어 디자인 exterior designs, service의 방법 등 여러 가지가 있다. 여러 갈래에 걸친 요소가 결합하여 성립한 식사 system의 표현하는 감각적 분위기가 美적 가치관이 높은 것으로 인식될 때, 食의 예술성이 평가되게 된다.

식사 system을 구성하는 여러 가지 요소에 대하여 하나하나씩 검토할 예술성에 대하여 생각해 보기로 한다.

「요리는 예술이다 라 할 수 있는가」「다른 예술과 요리가 다른 점은 무언가」라는 것을 통하여 食의 예술성의 역사와 그 현대적 의의에 대하여 전망하는 것을 시험해 보는 것이다.

II. 예술의 개념을 찾아서

요리가 예술인가 어떤가는, 어떠한 사항을 가리켜서 예술이라 하는가 라는 정의(定義)로 따르는 것이다.

예술학이나 미학책에 씌어 있는 예술의 규정 개념은 난해한 설명이 많다. 간결한 설명의 예로서는 「平凡社大百科事典」에서 예술이라는 말을 다음과 같이 해설하고 있다.

「(예술이란) 독자적인 가치를 창조하는 인간 고유의 활동의 하나를 총칭하는 말」

이 개념규정에 엄밀히 따르면 요리는 예술의 한 분야로 인정하는 것은 곤란하다. 브리아 사바랭은 『미식예찬』에서 다음과 같은 유명한 아포리즘(aphorism)을 서술하고 있다.

「새로운 맛있는 음식의 발견은 인류의 행복에 있어서 천체(天體)의 발견 이상의 것이다[(1)]」

그것은 요리라는 것은 모방, 혹은 선행하는 요리 응용의 연속이고 전혀 새로운 요리의 창조라는 것은 거의 있을 수 없는 것을 가리킨다. 요리의 분야에 있어서 「독자적 가치의 창조」는 없다고 한다면 요리는 예술로는 인정이 어렵다는 결론이 된다.

그러나 이 백과사전의 개념 규정은 지나치게도 「독자적 가치의 창조」를 지향하는 「예술을 위한 예술」에 지나치게 잡혀있는 것 같이 생각된다. 더욱 관대한 개념을 찾아서 예술이라는 말의 유래를 간단히 소개한다.

라틴어계의 예술을 가리키는 어휘는 영어, 프랑스어로는 art, 이탈리아어, 스페인어는 arte로, 라틴어의 ars에 어원을 둔다. ars는 그리스어로, 「제작, 기술」을 의미하는 techne를 라틴어로 번역 가능한 말이다라고 말해진다.

르네쌍스가 일어나고, 18세기가 되면 예술의 원리학으로서 미학(美學)이 성립하고 예술의 본질은 美의 창조에 있다고 말해지게 된다. 그래서 예술은 fine arts, beaux-arts 라는 말로 표현되어 「아름답다 arts」가 예술이라는 것으로 되었다. 19세기에는 「아름답다」라는 형용사로 받아들여져, 현재 응용법으로 되었다는 것이다.

중국의 고전에 예술이란 숙어가 표현되나, 그 의미 내용은 「學芸」나 「卜祝巫匠の技」를 가리키는 것이었다. 현재의 한자로의 예술이란 말은, 메이지 20년(1887)경 art의 번역어로서 일본에서 성립한 용법이라고 한다.

이러한 내규 마찰에 의해 일본에서는 예술이라는 말이 엄격한 미학적 정의로 충실한 용법으로 사용되는 경향이 강하다. 그러나 서구에서의 art계의 말에는 「제작, 기술」이라는 원뜻의 뉘앙스가 남아있다. 그런데 일본에서 말하는 예술보다도, 넓은 의미로서의 용법을 지니고 있다.

내용에서 보면 『요리기술』로 번역되는데 어울리는 책의 제명이 the art of cuisine으로 해서 출판되는 예가 얼마라도 있다. 유명한 셰프(cheff)에 대한 칭찬하는 말로서 「위대한 아티스트」라는 표현을 하는 일도 있다.

요리에 art계의 말을 사용할 때는 가정의 일상요리에서는 아니고, 고급요리에서이다. 프랑스어에서 말하는 haute cuisine을 가리키는 것이 많아서 일본에서의 예술에 가까운 관념도 인정된다. 그러나 요점으로서는 「독자의 가치의 창조」로 엄격한 정의(定義)에는 잡히지 않게 요리를 art의 한 분야로서도 이의(異議)를 일컫지 않는 기품이 있다.

이렇게 보면 「요리는 예술이라 할 수도 있지 않을까?, 어떤가」는 예술이라는 개념의 적용 범위의 폭 문제로 돌아가는 것으로 된다. 예술이란 말에 구애되어, 시비를 논해도 꽤 생산적 의론으로는 되지 않는 것이다.

III. 정신성과 육체성

예술도 요리도 감각적 가치관에 의존하는 점에는 공통한다. 근대 미학에서 말하는 「예술성을 중시하는 예술」과 요리의 다른 점은 무엇인가.

예술 없이도 인간은 사는 것이 가능하나 「요리를 하는 동물[28]」인 인간은 요리 없이는 생존할 수 없는 존재로 되어 버렸다. 인간에 있어서 예술은 정신적 자극이나 요리는 육체적 신진대사에도 관계를 가진다. 美에 관한 사항은 감성적 존재로서의 인간정신에 있어 가치관의 문제이나, 요리는 육체와 감성의 양방향으로 작용한다.

28) 요리를 하는 것과 공식(共食)을 하는 것에 의해서 인간의 食의 영위는 다른 동물과는 구별된다.

그림1에 「예술성이 높은 식사」와 「생존을 위한 식사」를 모식적으로 대비시키고 있다.

예술성이 높은 식사	일상의 식사	생존을 위한 식사
정신 ←	●	→ 육체
예술의 level		생존의 level
미적 감동으로서의 食		영양소로서의 食
영양 불필요		요리 불필요(영양액)
예술가		생리학자

<그림 1> 「예술성이 높은 식사」와 「생존을 위한 식사」의 대비[1]

「일상의 식사」에 비하면 「예술성 높은 식사」는 정신에 작용하는 가치관을 중시한다. 이 예술 level의 식사에도 멈추게 하는 것은 미적 감동으로서의 食이고, 극단의 경우는 영양을 희생해도 좋은 맛이나 아름다움을 추구하는 것이다. 이 level의 식사를 만드는 요리인은 예술가의 입장에 있다.

그 반대에 위치하는 「생존을 위한 식사」에 있어서는 육체를 생존의 레벨로 유지하기 위해서는 맛있음까지도 포함한 식사의 미적 가치관을 무시하고 먹는 것을 신진대사에 필요한 영양소 level로서 가치 판단을 하는 입장이다. 극단적인 경우에 있어서는 요리라는 행위도 불필요하고, 점적(点適)에 따른 영양액의 보급으로 육체를 살린 상태로 유지하는 것도 있다. 이 level에 관여하는 것은 생리학자나 영양학자이다.

예술의 level이 극단적으로 과장된 「예술을 위한 식사」를 매일 먹고 있으면 건강을 유지할 수 없다. 한편, 생존을 위한 영양 보급으로서 명확하게 「요리 불필요」의 식사를 계속 먹는 즐거움이 없는 생활에도 인내할 수 없다. 이러한 예술 level과 생존 level의 양방향의 성격이 요청되어 어느 쪽 한 방향만으로 해결할 수 없는 것이 식사이다. 그래서 「예술을 위한 예술」같은 순수 예술로서의 요리는 성립하기 어려운 것이다.

Ⅳ. 식사의 기호(記號)성

모든 예술은 기호화 된 존재라고 말한다. 예술의 소재는 자연이나 사회에서 구해진다. 그러나 예술이라는 활동에 의해 표현된 것은 있는 것 그대로의 자연이나 사회를 강조해 보인 것이 아니고, 감상하는 사람의 감성에 호소해서 소재를 가공하여 기호화한 것이다.

문학은 말이라는 기호에 의해 표현된다. 작은 새의 재잘거림을 표현한 음악에도 즐거운 음이라는 기호 체계 가운데 표현되어, 그것은 현실의 작은 새가 내는 음과는 다른 것이다. 무용이나 연극에도 상징적 행위, 몸짓으로 표현되어 그것은 신체를 기호적으로 조작하여 있는 것이다. 한편 자연을 충실히 묘사하고 있다고 생각되는 사진이나 영화에서도 3차원의 존재인 소재를 2차원으로 추상화하여 표현한 것이고, 이러한 화상 예술은 기호론이라는 아이콘(icon)이라는 기호의 하나로 포함된다.

예술에 표현된 기호를 감성을 구사하여 해독하는 것이 예술의 감상이라 하겠지요. 그것을 해독함에 의해 감상자는 imagination을 만들어 낸다. 즉 기호로 촉발되어 마음속에 어떤 이야기를 만들어 낸다.

저자는 앞에서 요리는 기호 조작으로서의 측면을 가진 것을 지적했다(2) 그렇다면, 요리의 기호성에 착안하여 「예술성이 높은 식사」와 「생존을 위한 식사」를 설명하는 것도 가능하다. 그 시도를 모식도로 한 것이 그림2이다.

문학, 영화, 사진, 연극, 무용과 같이 예술 가운데는 사회에서 소재를 얻는 것도 있다. 요리의 경우는 소재는 자연계에 존재하는 것으로부터 얻고 있다.

일반적으로 소재에 부가되는 기호성이 높을수록 바꿔 말하면, 인공성이 높을수록 이야기성이 감지하기 쉽게 되고 예술성이 높은 요리로 된다.

전통적 일본요리에 있어서는 소재가 가진 맛을 중시하고 가공도 높은 요리 기법을 지나치게 평가 하지 않는 경향이 있다. 그렇다고 해서 일본요리가 예술성을 날려 버린다는 것은 아니다. 얼핏 보기에, 소재에 손을 대지 않는 요리인 회(刺身)에 재료, 예술성이 높게 평가되는 요정에서 제공되는 때에는 그 자른 자리의 단정함, 곁들여진 향미료(유자등)의 세공, 담기, 식기 등을 자세하게 관찰하면 기호성이 매우 높은 것에 기(氣: 맛이나 향기)가 생기는 경향이다.

예를 들면 3월 초순의 요정요리에는 채소의 꽃무침을 조개와 섞어서 대합껍질에 담고 국그릇에는 능병 모양의 신죠(糝署; 다진생선·고기·강판에 간 참마를 넣고 만든 장국 건더기)를 넣기도 한다.

채소 꽃, 대합, 능병이라는 것은 「봄」「축제」를 상징하는 기호이다. 그 기호에 氣를 쫓은 손님은 마음에 이야기를 묘사할 수 있다. 일본의 heut・cuisine은 인공성이 높아도 상관없이 그것을 드러내지 않고, 한편 소재의 종류, 담기, 다양한 식기 등의 기호로 계절성에 관한 이야기의 연출에 교묘함이 있다는 특징을 가진다.

그림 2의 생존성, 자연성, 물질성의 축은 그림1의 「생존을 위한 식사」에 대응한다. 그것은 음식의 물질성의 측면을 중시하는 식사이다. 나무에서 얻은 과실을 그대로 베어 먹는 행위에는 요리가 가진 기호성은 부가되지 않으나 생존을 위한 식사로서는 의미를 가진다. 이 level에 있어서 의미를 가진 기호는 물질로서의 먹는 것에 본래 갖추어져 있는 영양이라는 기호일 뿐이다.

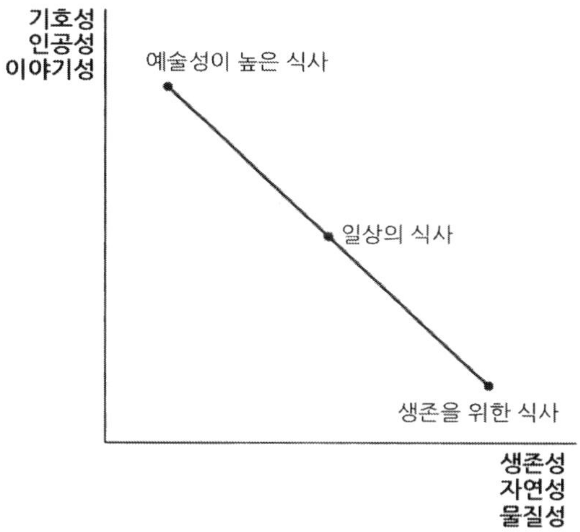

<그림 2> 「예술성이 높은 식사」와 「생존을 위한 식사」의 비교[2]

V. 예능으로서의 성격

예술을, 조형예술, 문예, 예능의 3분야로 분류한다.

예능이라는 말은 일본의 독자적 용법을 갖고 있다. 백과사전에서의 예능이란 말의 해설을 인용해 보자.

> 「메이지 시대에 예술을 영어로 art나 독일어의 kunst의 번역어로 사용하면서부터는 구미적 견해에서 하는 창조성이 풍부한 기예를 예술이라 부르고 전승성이 중요한 전통적 또한 민속적인 기예를 예능이라 부르는 경향이 생겼다.[3]」

요리라는 행위에는 전승(傳承)성, 민속성이 매우 높은 것으로, 일본에서는 예술이라 말하기 보다는 예능의 분야에 근접한 성질의 것으로 생각한 쪽이 좋다. 민속성이 높은 것에 주목한 경우에는 특정 개인의 창조성을 중시하여, 창작자로서의 예술가상(像)을 존중하는 근대 예술에 대하여, 혹시 예술이라는 말을 사용한다면 ethnic · art, 즉 민족 예술에 도달한 것이다. 프랑스 요리, 중국요리 등 어느 정도 보편성을 획득한 것 같이 보이는 요리 체계도 있으나 그 본질은 ethnic한 것이다.

우메사오(梅棹忠夫)의 이론에 「예식(芸食)」과 「민식(民食)」의 대비가 있다. 음악에 있어서 민중의 일상생활에 밀착한 소박한 「민요」에 대하여서는 매우 고도의 수련을 필요로 한다. 예술성이 높은 노래를 「예요(芸謠)」라고 부르는 것이다. 이와 같이 고급 레스토랑이나 요정의 식사를 「예식(芸食)」으로 부르고, 일상가 정의 반찬 요리를 「민식(民食)」이라 부르는 것이다.

앞에서 예술의 3분류로 말하면, 음악은 예능이라는 분야에 들어갈 수 있다. 「예식(芸食)」은 예능과 비슷한 성질을 가진 식사라는 것이 된다.

무용, 노래, 연극 등의 예능의 기원은 종교에도 영향을 끼친다는 설이 있다. 인간과 신의 교류 수단으로서 예능이 성립했다고 하는 것이다. 식사도 또 신과의 communication 수단의 하나로서도 이용되었다. 신 앞의 공물로 음식물이 사용된다. 희생 종교에 있어서는 희생 짐승의 피나 희생 짐승을 굽는 연기가 신과의 교신 수단으로 되어 있다. 일본의 제사음복 연회는 본디부터 신 · 인 공식의 장(場)이었다. …. 등등은 그 예의 일부를 가리키는 것이다[29].

「예식(芸食)」은 비일상적인 식사로 행사식에 잘 나타난다. 행사의 배경에는 신이 있다.

거기에는 「예식(芸食)」의 초원적(初原的) 형태는 행사의 공물에서 볼 수 있다. 일본의 신찬(神饌), 한국의 의례적 식사의 가장 공물적인 음식, 발리섬의 공물에도 공통하는 것은 산더미 같고 symmetrical한 형으로 조형하여 담고, 인공적 착색을 가한 여러 가지 종류의 음식물을 늘어 놓는 것이다. 담는데 있어서 인공성, 양과 종류의 다양함을 강조하는 것이다. 그것은 요리에 있어서 예능성을 주장하는 연출 수단의 하나의 원형이다[30].

종교 행사에 관계를 가진 식사 형식은 후에 세속적 권력의 기본으로서의 향연에도 계승된다. 일본의 고대나 중세의 의례적 성격이 강한 연회는 제사의 최고 식사 형식과 같은 구성 원리를 가진다는 것은 알려져 있다. 제사장에 강림하는 신을 대접하는 음식 형식과 같은 것이 세속적 향연에 계승되어 주객은 예전부터 신과 같은 대접을 받았다. 종교행사에 시작되는 「芸食」은 세속적 향연에 계승된다는 것이다.

---

29) 음식을 통하여 神과의 communication의 예에 대하여, 상세한 것은 문헌(4)의 책에 저자가 씀 「먹는 방법과 마시는 방법」의 章을 참조하기 바람

30) 본권 161page 이와이(岩井) 논문 「신찬(神饌)에서 보는 일본화한 외래食」을 참조바람

VI. 예능(芸能)인과 요리인

세속적 권력이 발달하면, 가무 등의 예능 전문가는 궁정이나 귀족, 영주 등에 예속하게 된다. 예능자가 권력의 고용인화하는 것은 세계적 현상이라 해도 좋다. 같은 일이 요리인에 대해서도 마찬가지였다.

언제나 예능이 행해져 그 전문가에게 끊임없이 연기의 기회를 제공한 것이 이러한 권력자의 관(館)이었다. 「예식(芸食)」을 제공하는 행사가 행해진 것도 같은 장소이다. 향연에 있어서는 예능을 즐기는 가운데 「芸食」을 먹었다는 것이다. 예능과 「芸食」은 밀접한 관계를 유지해 왔다는 것이다. 서구에서는 르네상스기부터 예술의 지위가 높아, 화가 조각가 등이 권력에서 자립해온 것에 보조를 맞추어서 예능자의 지위가 향상한다. 그러나 권력에서 완전히는 벗어나지는 않고 인신 지배를 받은 예속민으로서의 지위에서 왕후 귀족을 후원자로 해서 관계로 이행한 것이다.

서구에서는 근세가 되면 극장이 성립한다. 왕립 극장이나 오페라 하우스 등, 그 성립 배경에는 권력의 후원자의 존재를 노리는 것도 많다. 그러나 권력자의 관(館)에서는 익숙하게 되어 도시에 극장이나 연극 소극장 같은 상연장이 가능함에 따라 예능이 상업화하고 흥행 제도에 의해 운영되게 된다. 서구에서 극장이 성립하는 것과 대개 같은 시기에 일본에서도 연극 소극장이 가능, 그것은 문명사에 있어서 병행 현상으로서 받아들이게 된다.

「예식(芸食)」의 상업화는 예능의 상업화보다 늦다. 서구에 있어서는, 프랑스혁명에 의해 권력자의 주방에서 실직한 요리인들이 도시에서 레스토랑을 개업한 것이 고급 요리의 상품화의 시초였다고 말해지고 있다. 거의 동시에 일본에서는 요정이 출현하였다.

예능이나 「예식(芸食)」이 상업화한 배경에는 신분적 사회 질서의 붕괴와 더불어 시민계층의 성장이라는 사건이 있다. 사회의 실력을 부르주아지 등이 잡고 있던 흥행 제도나, 레스토랑, 요정을 떠바치고 있었던 것이다. 시민혁명 중에 요정이 출현한 18세기 후반의 일본은 사실상 시민사회가 성립하였다고 생각해도 좋다.

시민사회의 기초로, 권력으로부터 독립한 「자유스런 예술가」 등이 출현한다. 그러나 서구사회에도 예술가로서의 요리인의 지위가 인정되는 것은 후의 일이다.

19세기 프랑스에는, 저널리즘에 요리를 예술로 모방하게 되었다. 그것을 체현(体現)한 것이, 현대로 이어지는 고급 프랑스요리를 체계있게 만든 것은 「요리장의 왕, 제왕의 요리장」으로 불리는 에스코피에(Escoffier)[31] 일 것이다. 19세기 후반에서 금세기

---

31) Auguste Escoffier(1846-1935)
프랑스의 명요리장, 「조리지침」, 「menu · book」, 「나의요리」 등 우수한 저술도 많다. 또 옛날 조

초두에 활약한 에스코피에는 리츠 등의 고급 호텔을 직장으로 하여 거기에는 그들의 식사를 즐긴다고 하는 왕후 귀족이 모였다. 이 즈음에서, 실력 있는 요리장은 개인의 관(館)에서 주인에게 시중드는 것은 아니고 손님 쪽이 유명한 요리장이 있는 레스토랑이나 호텔로 나가게 되었다. 에스코피에는 유명한 예술가와 같이 프랑스에서 훈장을 받는다. 자유인으로서의 요리 예술가가 사회적으로 인지되게 되었던 것이다.

일본에서는 다이쇼14년(1925)에 초판이 간행된 기노시다(木下謙次郎)의 「美味求眞」의 본문 모두 각주에 「至味는 예술이 되고」라는 말이 기록되어 있어 이즈음 일부의 사람은 요리의 예술성에 대한 관심이 있었다는 것을 알 수 있다. 요리인 가운데 요리의 예술성을 가장 주장한 것은 아마 기타오지 로산진(北大路魯山人)일 것 같다. 다만 로산진은 요리에 관심을 향하기전부터 글씨, 전각(篆刻), 도예 등의 예술 분야에서 권위 없었던 인물이었다는 것에 유의할 필요가 있다. 요리의 예술성을 강조하는 요리인이 출현한 것은 현대에 와서이다. 그때까지 보통의 요리인은 스스로 직인으로 위치를 부여해왔다. 이 경우의 「직인(職人)」이란 예능자인 「예인(芸人)」과 비슷한 존재로 보아도 좋겠지요.

VII. 요리 만드는 퍼포먼스(performance)

예능이란 말을 영역할 때 performing art라 한다. perform이란 청중, 관중 앞에서 연기하는 것이다.

예능과 요리의 차이점은 요리에 있어서는 사람 앞에서 기술을 보이는 연기성이 희박한 것이다. 보통 요리는 관중이 없는 주방에서 만들어진다. 그것은 회화나 조각 등의 시각에 예술이 관중이 없는 아트리에에서 만드는 것과 같다. 가능한 요리는 「작품」으로서 별실의 회화, 조각의 작품과 다른 것은 요리라는 「작품」은 보존되지 않고, 바로 위장에서 소화하여 버리는 것이다. 이 점에서 작품의 공간성에 기초를 둔 시각 예술과는 다르다. 시간성에 의존하는 음악 같은 청각 예술과 요리는 공통점을 갖는다.

본질적으로는 요리인과 「작품」이 분리하고 있는 요리라는 분야에 있어서 일본의 「회식」은 performance로서의 연기를 강조하는 방향을 가진 것이다. 예능적 측면이 강한

리법을 현대적으로 고친 것만이 아니고 pêche Melba(桃, 멜바풍)를 비롯하는 새로운 요리를 다수 창작하고 「요리를 알고 새로운 프랑스 요리를 만들기 위해서는 Escoffier의 기본을 우선 공부를 마치지 않으면 안 된다.」고도 말했다.

요리인 것이다. 교겐(狂言)의 「스즈키 보쵸(鱸庖丁)」와 같이 사람 앞에서 귀여운 젓가락과 부엌칼을 사용하는 연기를 보이는 것이 행해져, 그것이 의례화 한 것이 「시키보쵸(式庖丁)[32]」이다. 그 계보에 연계 되어, 요리를 show화 한 것이 미국에서 평판되었다. 곡예와 같이 knife를 다루는 베니하나 류(流)의 철판구이이다.(사진1)

예전부터 야다이(이동식 포장마차)의 음식이었던 주먹밥, 덴뿌라는 예능으로 말하면 대도예(大道芸)에 들어맞는 것이었다. 이것이 상점이라는 무대로 연기를 하게 되면 counter에서 sushi를 쥐어 만든다든지 접대 덴뿌라라는 performance를 중히 여기는 요리로 되게 하여, 그것이 해외 일본요리의 유행의 하나의 요인으로 되어 있다.

주방과 객석을 격리시키지 않고 요리에 있어서 performance를 연출하는 것, 즉 요리의 performing art화는 장래의 「예식(芸食)」을 찾는 하나의 방향을 시사하고 있다. 유럽에서도 하나의 공간 가운데에 주방과 객석이 마련된 고급 레스토랑이 출현하기 시작하고 있다.

<사진 1> 베니하나는 미국에서 성공한 철판 스테이크 체인점이다.
손님 앞에서 요리인이 나이프로 신나게 자른다.(필자 촬영)

32) 본권 281page 구마쿠라(熊倉) 논문 「食の美學」을 참조바람

VIII. 요리의 가라오케 화

창조성을 강조하는 종래의 미학에 있어서는 예술을 즐기는 사람측 보다도 예술가 측에 대한 논의가 많았던 것 같다. 예술을 논하면 바로 작가론으로 되어버리는 것이다. 그것은 상품으로 말하면, user 측보다도, maker 측의 논리를 존중하는 입장이다.

산업혁명 이래의 산업사회에서는 물건(물품)을 대량 생산하는 것이 사회 기반을 마련하고 근대화로 이어지는 것으로 되어 있었다. 근대라는 시대에 있어서는 물건(물품)을 소비하는 측, 즉 user 측의 논리가 강조되게 되었다는 것이다. 만드는 것보다도 소비하는 것이 사회에 있어서 중요하게 되었다는 것이다.

예술에 대해서도 같다고 말할 수 있지 않을까요. 예술의 대중 소비가 시작되었다는 것이다. 예술가의 서명이 들어간 작품을 소수의 후원자가 감상하는 것은 아니고 대중이 예술이나 예능을 즐기게 되었다는 것이다. 소위 복제 예술의 시대로 되었다는 것이다.

사진, 영화, 비디오, 레코드, 음악 테이프, 인쇄 등의 복제 가능한 미디어의 출현에 따라 대량의 예술, 예능 작품이 민중의 생활에 들어오게 되었다는 것이다. 이러한 복제 예술에 있어서는 오리지널한 작품과 복제의 구별은 없다. 복제인 것에서 안작(贋作, 가짜 작품)이라 하는 것은 당찮은 일이다.

요리에 있어서도 같은 사태가 시작하고 있다. 유명 요리인이 페시피를 만들어 그 처방에 따라서 그 유명한 요리인의 감수 아래 공장에서 같은 요리를 대량으로 생산하는 것이 시작하고 있다. 프랑스에서는 그렇게 하여 만들어진 auto cuisine을 파티 때 오-드블에서 디저트에 이르기까지 배달하는 기업이 있다. 일본에서도 유명 요리장의 페시피에 의한 retorte 식품이 인기가 엷어지고 있다. 복제 예술로서의 요리가 대중 가정의 식탁에 뒤섞이고 있다.

한편 유명 요리인의 페시피가 TV 요리 프로그램이나 잡지에 소개된다. 요리는 저널리즘의 한 분야를 형성하여 팽대한 정보가 출회하고 있다[33].

레시피는 음악으로 말하면 보면(譜面)에 상당한다. 대 작곡가의 작품을 연주하는 것과 같이 유명 요리장의 레시피에 의거하여 가정에서 취미 요리를 만드는 것을 즐기는 사람도 있다. 프로의 연주가가 아닌 사람이 음악을 연주하는 것이 왕성하게 된 것 같이 요리 만드는 performance를 향락하는 사람이 증가하기 시작하고 있다.

performance의 프로인 음악가, 무용가, 배우 등에 있어서는 입장료를 지불하고 그 연기를 감상해주는 관중이나 청중은 필요하다. 그러나 초보자(素人)가 연주하는 예능

33) 제5권에 수록되어 있는 무라카미(村上) 논문 「mass media와 食」을 참조바람

에 있어서는 관중과 청중은 반드시 필요하지는 않다. 연주 이콜(equal) 감상자이다. 자기의 퍼포먼스에 자신이 취해도 좋다는 것이다. 그러면 연주자와 청중, maker와 user의 구별은 없게 되어 버린다.

이러한 예술의 대중화 시대를 상징하는 것은 가라오게이다. 가라오케는 자신이 노래하는 것에 의미가 있어 가수에 있어 청중의 존재는 제2 의적(義的)인 것이다. 연자와 감상자가 일체화한 가라오케는 예능의 궁극 형태일지도 모르겠다.

흔적도 없이 소비되어 버리는 요리라는 작품을 가장 잘 감상할 수 있는 것은 요리 만드는 손이다. 요리가 예술인가 어떤가는 별도로 가사 노동에서 풀려난 취미 요리 만드는 것은 예술 작품의 창조에도 통하는 「만드는 즐거움」을 갖고 있다.

취미의 요리를 자신이 만들어 자신이 먹는 것은 요리의 가라오케화라고도 말할수 있는 현상이다. 지금 일본에는 요리의 대중 예능화가 진행되고 있다고 말할 수 있겠지요.

[문헌]

(1) ブリア・サヴアラン 1967 『美味禮讃』(上) (關根秀雄・戸部松實譯) 岩波文庫
(2) 石毛直道 1985「調理の社會史的考察」杉田浩一・石毛直道 (編)『調理の文化』ドメス出版
(3) 中村茂子・三隅治雄 1984「げいのう 藝能」『大百科事典』4 平凡社
(4) 梅棹忠夫 1980「食事學入門」梅棹忠夫・石毛直道・中尾佐助・杉本尙次・小山修三福井勝義・辻靜雄 (共著)『食事の文化』朝日新聞社

제 6부

세계 속의 일본

제 1 장 식생활과 풍토

다무라 신하치로(田村眞八郞)

I. 풍토론의 계보(系譜)

1.1 풍토와 문명

일찍이 아메리카의 지리학자 헌팅턴(Huntington)1)은 그의 저서 『기후와 문명[3]』(초판 1915)에서, 문명이나 문화는 그 지역의 기후에 영향을 많이 받는다고 하였다. 즉 기후조건에 따라 문화가 번창하기도 하고 쇠퇴하기도 한다고 한다. 이와 같은 기후 근원설은 현재에는 통용될 수 없다고 생각되지만, 문명, 문화는 그렇다 하더라도, 농업 생산력, 식료 공급력은 그 토지의 기후, 풍토에 크게 의존하고 있다는 것은 사실이다.

아메리카의 생물학자 카터(Cater)2)와 농업학자 데일(Dale)3)은 공저 『흙과 문명[2]』

1) Ellsworth Huntington(1867-1947) 아메리카의 지리학자, 탐험가. 예일 대학 교수. 『기후와 문명』에서는 생활에 쾌적한 기후보다는 조금 자극성이 있는 기후 쪽이 문명을 발전시킨다고 밝혔다. 그 외에도 『인문 지리학 원리』 등의 저서 다수.

2) Vernon Gill Cater 아메리카의 토양보전교육에 종사했던 생물학자. 전국 야생생물 연맹의 교육위원회 사무국장을 맡았다.

3) Tom Dale 아메리카의 농업경제학자로 아메리카 토양보전국의 교육. 정보의 전문가.

(초판 1955)에서, 지구상의 대문명의 흥망에 대하여 각각의 풍토 속의 토양의 생산력의 저하가 거의 모든 문명을 멸망하게 한다고 결론을 내린 바 있다. 2인의 저자의 근본적으로 생각하는 방법은, 인류의 문명은 어떤 문명에서도 그 문명 자체가 이용하고 있는 농경지(자국 내에 있거나 식민지에 있거나)의 토양에 의존하고 있다고 하였다. 따라서 토양의 식료 생산력이 약해지면 문명도 쇠퇴하고 서서히 멸망해가는 것이다.

메소포타미아, 지중해 지역, 크레타, 레바논, 시리아, 팔레스타인, 그리스, 북아프리카, 이탈리아, 시칠리아 등 과거에 번영했던 지구상의 문명은 하나의 예외를 제외하고 「문명인은 지구의 표면을 걸어서 나아가는, 그 흔적을 황야에 남김」, 2000년 이내에 멸망한다고 보고하고 있다.

예외의 한 나라는 나일강 지역, 즉 이집트이다. 이집트는 기원전의 고대부터 현대까지 5,000년 이상에 걸쳐서 문명을 발전시켜왔 다. 그 이유는 요행이라고 해도 좋을 만큼 나일강의 자연지리학적 구조에 달려 있다. 나일강 유역의 [토양의 내구력은, 유역의 유니크한 특색에 있다.......(매년의 범람에 의한) 얇은 침적토의 퇴적은 작물 중에 흡수되는 무기물을 복구하는 데 충분했다.] 그러나 장래는 위험하다고 본다. 즉 아스완·하이 댐의 건설이 물의 공급을 안정시킨 반면, 한편으로는 매년의 범람에 의해 운반해 오고 있던 침적토의 보급을 잃어버렸기 때문이라고 한다.

산업혁명 이후의 근대 과학을 발전시킨 아메리카, 유럽, 일본 등의 현대 문명도 역시 필연적으로 멸망하는 것일까. 이것에 대해 저자의 한 사람인 카터는 자기 자신의 나라 아메리카합중국에 대해서 상당히 비관적이며, 다음과 같이 기술하고 있다.

「...... 환경의 열악화는 우선 불가피하기 때문에 저자는 역사의 반복이 연극을 하고 있을 공산이 크다고 하는 생각에 빠져 있다.」

1.2 하작(夏作)과 동작(冬作)

식료 생산력에 관해서는, 근본이 되는 작물이 여름작물이나 겨울작물에 의해서 변해왔다. 일반적으로는 여름이 겨울보다 낮 시간도 길고 태양 광선도 강하므로 생산력은 크다. 이 점에서는 일본은 서유럽[4]보다 유리한 풍토를 가지고 있다.

일본의 주 작물은 여름작물인 벼이지만, 유럽에서는 여름에 강우량이 적어 겨울작물의 밀류가 주류를 이루고 있다. 가을 파종으로 겨울을 넘어서, 봄의 마지막에서 여름

4) 현재에는 서유럽의 밀의 수량은 1헥타르당 7톤에 달하며, 여름작물인 일본의 쌀은 5톤을 넘어서고 있다. 이 경우의 밀은 가을부터 다음 해의 여름까지 밭에 있으며, 겨울작물이라고 하기보다는 일년 작물이라고 하자.

초에 수확한 밀과, 봄 파종으로 장마로부터 여름을 지나 논에서 키워, 가을에 거두어들인 벼는 커다란 풍토상의 차이를 나타내고 있다.

유럽과 같이 겨울작물의 밀 지대에서는, 여름은 비가 오지 않기 때문에, 농민은 여름에 일을 해도 소용이 없다고 느껴져 여름휴가(바캉스)도 즐길수 있는 것이다. 그러나 여름작물 벼는 인과(因果)로서 김매기를 세 번하였다. 제초제[5]가 없었던 옛날에는 봄부터 여름까지 잡초와의 싸움, 김매기를 하지 않으면 안 되었던 것이다. "허리의 통증으로, 이 논의 넓음(広), 4월 5월의 김(長)" 같은 원망하고 한탄함이 담긴 노동 동요도 남아있다. 지금은 일본의 벼, 왕겨에는 거의 날카로운 까끄라기는 남지 않았다. 그러나 야생의 벼는 새와 멧돼지 등에게 먹히지 않기 위해, 날카롭고 긴 까끄라기를 기르고, 동물이 접근하지 못하게 방어해 왔던 것이다. 그 결과 논의 벼농사 노동은 눈을 찔릴 우려가 있었다. 에도 시대가 되면 보우즈(중머리)라고 하는 까끄라기가 없는 품종이 나와 노동은 안전할수 있으나, 참새들의 폐해 지역이 늘어가는 가는 것이다.

어쨌든 벼농사는 여름이야말로 일을 해야 하기에 유럽 사람들로부터 "일본인의 지나친 일하기꾼"이라고 여름철의 비교로 되어왔다. 하지만 겨울철의 정월 휴일은 일본이 유럽보다 훨씬 길다. 이러한 것도 여름작물인지 겨울작물인지에 따라 풍토 차이로부터 오는 것은 틀림없다. 옛날에는 농민 인구가 80%에 이르고 있었기 때문에, 이와 같은 농업 생산을 기반으로 장기간 생활한다면, 정신적 풍토라 말할 수 있는 생활 감각이나 미의식 등도 동서양에서는 꽤 달라지기 마련이다.

1.3 풍토와 신앙

일본에서도 와츠지(和辻哲郎)[6]의 『풍토』를 포함해서 많은 풍토론이 있지만, 근래에는 스즈키(鈴木秀夫)[7]의 『삼림의 사고, 사막의 사고[(4)]』(1978년)가 있다. 이 중에서는 풍토를 삼림과 사막의 두 가지로 나누어 고찰하고 있다. 필자의 아마추어적 생각에도,

---

5) 제초제 개발의 경위 - 전쟁 전의 1930년대부터 식물 생장 호르몬, 옥신의 연구가 행해져 왔지만, 전후(戰後) 그 본체가 인돌 아세트산(IAA)라는 것이 해명되었다. 뒤이어 합성 화학물질 2, 4, 디클로로 페녹시 아세트산(24D=이사디)에 옥신 작용이 있다는 것을 알고, 이것이 제초제로 사용되었다. 쌍떡잎 식물은 너무 생장하면 말라 죽는 것이다. 또 강력한 제초제로서 245T(2, 4, 5, 트리클로로 페녹시 아세트산)이 개발되어, 이것이 베트남 전쟁에 이용되어 다이옥신이 불순물으로서 포함되어 있었던 것으로부터 큰 문제가 되었다.

6) 와츠지 테츠로 和辻哲郎 (1889-1960) 효고현 출생, 쿄토대, 도쿄대 교수. 문화철학적인 윤리학을 확립했다. 주요 저서 『윤리학』, 『고찰순례』 등.

7) 스즈키 히데오 鈴木秀夫 (1932-) 카나가와현 출생, 도쿄대 교수, 지리학자. 주요 저서 『초월자와 풍토』, 『에티오피아 표준어 입문』 등.

초원이나 사막이라고 하는 풍토에서는 통찰이 가능한 것으로, 종교도 일신교가 생겨나고, 유대교, 그리스트교, 이슬람교 등이 보급된 것 같다고 생각한다. 그것은 신이 위에서부터 모든 것을 보고 있는 독수리나 매와 같은 무서운 신이 된다. 그에 대조되어 삼림이 많은 풍토에서는 나무가 무성해 있어서 전망이 듣지 않아, 단일의 신이 되지 않고 각지의 다수의 신이 세력권을 가지고 할거(割據)하고 있는 다신교가 된다. 한 명의 신에게 점 찍히면 타관으로 도망가서 도움을 받는 것이 가능하다. 일본에서는 신에 부탁하는 경우에도 「어제 저쪽의 신님께 부탁했습니다만 아무래도 역량이 부족한 것 같아 걱정이 되어서 오늘은 이쪽의 신님께 부식물(錢)을 가져와 바칩니다. 잘 부탁드립니다.」와 같이 신끼리의 의욕을 이용하는 노하우도 있다고 한다.

담합 사회, 투명성 없는 사회라고 비판하는 것도, 일본의 삼림성의 풍토에 기원이 있는 것인지도 모른다.

1.4 풍토와 육식의 시비(是非)

식생활에 관련해서는 육식의 시비에 대해서도 풍토와 관계되어 있는 것처럼 생각된다. 즉 중동 및 유럽의 풍토는 열대 삼림성 원숭이가 없었다. 그 때문에 사람과 소, 돼지 등과의 사이에 선을 긋기 쉽고, 크리스트교의 구약성경 창세기에 있듯이 「인간 이외의 모든 동물을 먹어도 좋다」라고 하는 것이 가능하였던 것이다.

그에 대비되어 인도나 중국 남부 등에서는 원숭이가 있기 때문에, 사람과 원숭이의 사이는 끊어도 원숭이와 소, 돼지 사이를 끊는다 해도, 경계선은 별로 설득력을 가지지 못한 것이다. 그 때문에 인도에서는 불교와 같은 육식 금지의 가르침이 일어나는 것이 있었던 것 같다. 필자는 중학교의 한문 선생님으로부터 다음과 같은 이야기를 들었던 기억이 있다. 「일본에서는 요리에서 털(머리카락)이 나올 경우, 어머니나 요리사의 머리카락이 떨어져 음식에 섞였다고 생각하는 것이 보통이다. 그러나 중국에서는 이 요리의 원료 고기가 인간이 아닐까 하고 의심한다」고 하는 것이다. 식인은 사람과 원숭이 사이의 경계선을 확실히 끝내지 않았기 때문이다.

일신교의 세계에서는 한 사람의 신이 있다면 그 신의 생각이나 행동양식을 잘 관찰, 연구하면 알 수 있다고 하는 것에서, 박물학이나 연금술로부터 자연과학이 발달하고, 이윽고 그것이 기술화되어, 산업혁명 이후의 근대 세계를 형성하는 것이 되었다고 할 수 있다.

II. 풍토의 현재 · 과거

2.1 「바람」과 「흙」

원래 풍토라고 하는 말은 매우 함축이 있는 말처럼 생각되었다. 왠지 바람(風)이 붙는 말에는 정취가 있다. 「저 사람은 인격자다」라기보다는 「저 사람은 풍채와 풍격(風格)이 있다」고 말하는 쪽이 많은 일본인은 기뻐하는 것 같은 기분이 든다. 또 「용모」보다 「풍모」의 쪽이 훨씬 실감이 나는 것은 아닐까. 오랜 세월이 만들어 낸, 풍설을 견디어온 조상처럼 생각되기 때문이다.

풍토라고 하는 말 중에는 「바람(風)」은 기후를 표현하고 있는데, 더욱 크고 불가피적인 무언가를 표현하고 있다고도 할 수 있다. 이것에 대하여 「흙(土)」은 불가피하지 않을 무언가, 인간의 노동과 역사 속에서 나온 무언가를 표현하는 것처럼 필자에게는 느껴진다. 몇 대(代)의 사람들이 노동하고 농사 작업에 흘린 땀이 배어있는 대지, 때로는 하늘을 우러러보며 흘리지 않으면 안 되었던 눈물을 빨아들인 대지라고 하면 좋을까. 그와 같은 감촉이 흙에는 있는 것이다.

상징적 의미로는 풍토 속에 「바람」은 자연적인 것을 의미하고, 「흙」은 인간적인 것을 의미한다고 해도 좋을지도 모른다. 그 일본의 풍토, 즉 일본의 국토의 자연적 조건과 인간적 조건이라던가, 우리들의 식생활과 어떻게 관련되어 있느냐 하는 것이 된다. 실제로는 풍토에서 생산되는 식료라고 하는 것이 되지만, 구체적으로 말하면 쌀, 대두, 어패류가 중요하다. 또 일본의 국토는 가늘고 길며, 다양하게 있으므로 각지에서 사계절의 야채, 과일이 일본인의 계절감, 제철의 감각을 키운 것도 빼놓을 수 없다.

2.2 풍토와 식생활

일본의 풍토라고 하면, 논벼농사라고 입에서 나오는 것이 보통이므로, 논과 쌀의 중요성은 명백하다. 밭농사, 논농사, 목야(목축) 등이 식료 생산용 토지 이용의 방법으로 식생활에 관련되어 있는 것과 동시에, 경관으로 인간 생활에 미치는 영향도 무시할 수 없는 것이라고 생각된다. 필자의 희망으로는 근래, 생태학적으로 높이 평가되고 있는 논, 예를 들면 아메리카합중국 정부 특별 조사 보고『서기 2000년의 지구(그림 1)』(1980년)의 중에서 「경사가 아닌 수평식 계단식 농지(논)에서의 벼 재배는, 토양 보전상, 가장 탁월한 경지 형태이다. 중국, 일본, 한국 등지에서의 벼 재배에서는, 토양이 씻어지며 흐르는 것 보다 관개수로의 물이 토양을 논에 채어 올리는 쪽이 많고, 실질로서 토양이 증가하고 있다고 추정되고 있다」고 평가되고 있는 논을 경관적으로도 재검토하고 싶다고 생각하고 있다. 즉 메이지 이후의 일본에서는 논의 경관은 아시아 몬순적 정체(停滯)의 상징으로 보라는 경향이 있었지만, 오히려 안정된 성숙 사회의 심볼이라고 평가하고 싶다고 생각하고 있다.

콩에 관해서는, 두부, 청국장(낫토) 등의 가공식품으로도, 또 된장, 간장 등의 조미료로도 일본인의 식생활에 중요한 역할을 하고 있다. 하지만 현재의 일본에서의 콩의 생산은 얼마 되지 않는 것으로 자급률은 약 3%, 수입이 97%인 점을 생각한다면, 풍토와 식생활과의 관계를 이제 다시 한 번 되물을 필요가 있다고 생각한다.

쌀 과잉의 문제가 일본에 있어서 식생활이 탈농업한 것에 원인이 있다고 한다면, 콩의 수입 의존의 문제는 반대로, 농업 쪽이 식생활의 이탈을 일으킨 것이 원인이라고 말할 수 있을지도 모른다. 풍토와 농업과 식생활과의 관계가 단순히 풀리는 것이 아닌 일면을 보이고 있는 사례라고 말할 수 있다.

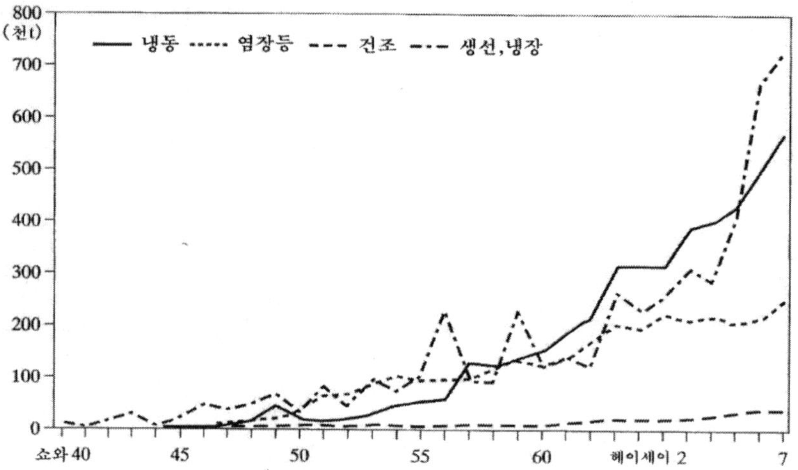

<그림 1> 채소 수입량의 추이(쇼와 40년(1965년)~헤이세이 7년(1995년))
[대장성(大藏省) 「통관총계」로부터 작성]

어패류에 관해서도 비슷한 것이 있다. 확실히 죠몬 시대 이래, 일본인은 어식 민족이었고, 현재도 어식 민족으로서 틀림이 없다. 그러나 풍토와의 관계는 꽤 모호하게 되어 온 것 같다. 참치, 뱀장어, 새우, 문어 등 많은 어패류가 우리들의 국토의 주위에서 어획된 것이 아니고, 또, 어제, 오늘 양륙(잡은 물고기를 배나 뭍에 올림)된 것이 아니게 되어가고 있다. 또 판어묵, 대롱 어묵 등 수산 어묵의 대부분도 지역의 어패류에서 만들어진 것은 아니다. 원양에서부터의 냉동 연육을 원료로 하고 있는 것도 많이 있다. 즉 여기서의 문제점은 이미 풍토와의 관련이 눈에 보이지 않게 된, 손으로 만질 수 없게 되어버렸다는 것인지도 모른다.

이것은 어패류에 한정된 이야기가 아니라고 생각한다. 고구마・감자류 등이 주역인 토란도, 여름의 풍물시(詩)에 있는 풋콩도 냉동 수입품이 많다고 한다. 식생활의 모든 분야에서, 대부분의 소비자, 대도시의 소비자에게 있어서는 풍토와 식생활과의 관련이 자명한 것이 없어져 가고 있다. 일찍이 자명했던 풍토가 인지할 수 없는 토지가 되어가고 있다. 식생활과 풍토와의 자명한 관계를 되찾는 노력이 필요한 시대가 지금부터 21세기에 걸친 시대라고 할 수 있는 것이다.

III. 일본형 식생활론

3.1 일본형 식생활론은 풍토론

「인간이 건강하게 살아가기 위한 영양 밸런스를 가진 식생활을, 일본의 풍토에 맞는, 공급하기 쉬운 식료 자원을 기본으로 하여 조립한다…」 이와 같은 풍토론적인 형태로 일본형 식생활론은 제기되었다.

「일본형 식생활」이라 하는 용어가 공식에 제출된 것은, 1980년 가을의 농정심의회의 총리대신에 대한 답신 가운데 있다. 물론 공식적인 것이 아니라면 그 이전부터 사용되고 있었고, 필자도 식생활에 관해 「새로운 일본형」이라고 하는 말을 사용했던 적도 있다. 그런데 본격적인 논의나 활동이 이루어지게 된 것은 회신 이후이므로 10년 가까이 이전의 답신 속 문장을 인용한다.

1980년의 농정심의 회신의 제1장은 「일본형 식생활의 형성과 정착—식생활의 미래상—」이 되었으며, 그 서론 부분은 이하와 같이 되어있다.

> 「종래 우리나라는 서구의 식생활을 모델로 해 왔지만, 최근에는 구미 여러 나라의 식생활은, 영양의 치우침이 문제가 되고 있다. 한편, 우리나라의 식생활은 구미 여러 나라에 비해 열량 수준이 낮고, 그 중에 차지하는 전분질 비율이 높은 등 영양 밸런스가 잡혀있고, 또 동물성 단백질과 식물성 단백질의 섭취량이 상반되고, 또한 동물성 단백질에서 차지하는 수산물의 비율이 높은

등 서구와 다른 이른바 『일본형 식생활』이라고도 할 수 있는 독자적인 패턴을 형성하고 있다. 영양적 관점에서도, 종합적인 식료 자급력 유지의 관점에서도, 일본형 식생활을 정착시키려는 노력이 필요하다.」

당시, 필자는 농림수산성 식품종합연구소에 근무했던 때, 이 일본형 식생활론의 이론 구축에 노력했지만, 일본형 식생활론은 풍토론에 있는 것으로 이해하고 있었다. 당시도 식생활에 관련있는 논의는 많이 이루어지고 있었지만, 반드시 문제 의식이 명확하지는 않았던 것 같다고 생각한다. 물론 현재처럼 사회경제적인 문제도 자원환경 문제도 첨예화되지 않은 시대였으므로 당연하다. 「너무 문제 의식을 끌어내는 것이 문제이다.」라는 견해도 설득성이 있는 시대였다.

그러나 정부기관이 얼마간의 제안을 하는 경우에는 명확한 건설적인 문제 의식을 제시하지 않으면 국민에게 호소하는 것이 불가능하다. 거기에 일본형 식생활의 이론 구축을 할 필요성이 있었던 것이다.

<표 1> 영양소 등 섭취량 (전국, 1인 1일)

			쇼와 45년	쇼와 50년	쇼와 55년	쇼와 60년	헤이세이 원년(元年)	헤이세이 2년	헤이세이 3년	헤이세이 4년	헤이세이 5년	헤이세이 6년	헤이세이 7년
총 에너지	에너지량	kcal	2,210	2,226	2,119	2,088	2,061	2,026	2,503	2,058	2,034	2,023	2,042
	전년비	%	98.6	101.8	98.6	99.1	100.2	98.3	101.3	100.2	98.8	99.5	100.9
단백질	총량	g	77.6	81.0	78.7	79.0	80.2	78.7	80.2	80.1	79.5	79.7	81.5
	동물성단백질비	%	44.1	48.0	49.8	50.8	52.9	52.6	53.2	53.0	53.1	53.4	54.5
지질 (지방)	총량	g	46.5	55.2	55.6	56.9	58.9	56.9	58.0	58.4	58.1	58.0	59.9
	동물성지질비	%	44.9	48.7	48.4	48.5	48.0	48.3	49.0	48.8	48.7	49.1	49.7
탄수화물	총량	g	368	335	309	298	290	287	288	289	285	282	280
	곡류에너지비	%	55.6	49.2	48.3	47.2	45.1	45.5	45.3	44.8	45.1	44.8	40.7

주 : 쇼와 45년의 수치는 5월의 것, 그 외는 전부 11월의 발표에 의한다.
[후생성 공중 위생국 영양과 엮음 「국민 영양의 현상」쇼와 55년판,
후생성 보건 의료국 감수 「국민 영양의 현상」헤이세이 9년판(동시에 첫 출판)에 의함.]

3.2 세 개의 식생활론

식생활론은 세 종류 정도 있는 것 같다고 생각한다.

그 첫째는 건강이나 장수나 영양, 거기에 안전성의 문제 등도 포함해서 「생리적인 문제와 식생활」을 다루는 것에 있다. 건강하고 장수를 즐기고 싶은 것은 누구나의 소원이기 때문에 TV, 신문 등의 저널리즘에서도 한창 거론되고 있다. 그러나 단편적이거나 또

너무나도 미시적이거나, 국민 생활에 유용한가 의문이 드는 정보도 많은 것 같다.

둘째는 「자원 · 환경 문제와 식생활」을 다루는 것에 있다. 자원이란 무언가 어려운 문제이지만, 현재 부족한지, 장래 부족해질 물자에 대한 논의로서 좋다. 환경도 부족하다 생각한다면 환경 자원으로 여겨진다. 인류의 식료 자원은 곡물이 가장 중요하다. 20세기는 제법 윤택하게 곡식을 증산해 왔지만, 21세기의 중반까지를 감안하면 증대하는 세계의 인구에게 충분한 식료를 공급할 수 없게 된다는 우려가 있다.

20세기에 곡물을 증산하는 수법은 농경지의 확대와 주로 화학 질소 비료의 투입에 의해 반수(反收, 1단보당 평균 수확량)의 증대에 있었지만, 이 양자 동시 효과 체감의 법칙이 작용하고 있는 21세기에는 순조롭게 곡물의 증산을 할 수 없을 것이라고 생각된다. 또 환경도 지구 그 자체가 커지면 안 된다는 것을 생각한다면 21세기에는 점점 부족해 질 것이 명백하다. 그 같이 생각하면 자원 · 환경문제는 현재라고 하는 것보다는 장래의 문제겠지만, 그 장래는 극히 가까운 장래에 다가오고 있는 것으로 생각한다.

세 번째 식생활론은 「문화에 관련된 식생활론」의 분야이다. 문화는 인류 사회의 거의 모든 사상을 포함하고 있는데, 식문화론도 넓게 잡는다면 모든 분야에 연결되어 있다. 좁게 잡아도 음식의 좋고 나쁨을 결정하는 가치관의 서열, 또 조리 양식, 요리, 거기에 테이블 매너 등으로 확대되고 있다.

또 한편으로 현대의 일본에서는 영양학적으로 보면 식생활이 충족된 상황이고, 식품 산업 사이드에서는 식료의 총 소비량의 증대가 없는 가운데 어떻게 자신의 기업의 셰어(시장 점유율)를 확대할 것인가가 과제이며, 극심한 경쟁을 버티지 않고, PR, 광고 선전에 힘을 들일 수 밖에 없다. 그 중에서 차를 마시는 이야기 정도에서도 식문화론을 도입하는 경우도 많아지고 있다고 할 수 있다.

이상의 세 개의 식생활론의 구분에 대해서 일본형 식생활론은, 첫째의 건강과의 관련에 대해서는 전체적으로는 일본인의 식생활을 「…영양 밸런스가 잡힌…」이라며 양호하다는 판단 위에 올려놓았다. 그리고 두 번째 식료 자원과의 관계에서는 「…총합적 식료 자급력 유지…」로서 기본적인 풍토론의 위에 있다고 말하는 것이 가능하다.

세 번째의 식문화론과의 관계에 대해서는, 농정 심의 답신의 안에는 들어있지 않지만, 일본형 식생활론을 정착시키기 위한 실천활동중에서 문화론도 불가결하다고 인식하고, 그 면으로부터의 접근(approach)에 노력해 왔던 것이다.

3.3 식문화론의 필요성

일본형 식생활의 형성과 정착을 목표로 한 실천활동은, 식생활의 서구화로의 움직임을 완전히 끊었다고는 할 수 없고, 대폭 감속시키는 것으로부터, 영양·건강의 면에서 상당한 성공을 거두었다고 말해도 좋을 것이다. 그러나 총합적 식료 자급력에 관해서는, 제창된 해부터 현재에 걸쳐 공급 열량 자급률은 53%에서 42%로 낮아졌다. 풍토론의 관점, 풍토에 알맞은 식료를 기본으로 건강한 식생활을 구성하는 것의 의도로부터 말하면, 이 20년 정도의 노력도 충분한 성과를 주었다고는 말할 수 없다고 생각하는 것이다.

21세기를 전망하는 때, 풍토에 뿌리를 내리고 있는 식생활에의 노력을 이어가는 것은 당연하지만, 그 목표로서는 식료 자급력의 유지 향상과 동시에 풍토에 기반을 둔 식문화의 형성 자체를 의식적으로 목표에 내세우는 것이 필요할지도 모른다.

세계 각국이 모여서 문화의 올림픽이 있다고 하자. 그 경우의 행진에서 일본 대표는 백파이프나 바톤 걸이나 수자(미국의 작곡가, 지휘자)의 행진곡 「성조기여, 영원하라」 등은 쓸 수 없다. 식문화의 콩쿨에 무엇을 출품할까를 생각한다면, 풍토 위에 피어 있는 식문화가 없으면 안 되는 것은 명백한 것이다.

IV. 풍토로부터의 이탈과 풍토에의 회귀

4.1 도구에서 기계로

식생활도 시대, 사회와 함께 변하고 문명화 되어 왔다. 문명화란 물질적인 기술을 다용(多用)하는 방향이라고 생각하고 있다. 누구라도 수렵 채집 시대의 생활을 해 보고 싶다 등을 몽상한다. 아메리카 민요 「언덕 위의 나의 집(Home on the Range)」에 있어-계곡 물에 목을 축이고 짐승을 쏘아 지내자(一谷水にのどうるおし けものを射て 暮さんー)-인 것이다. 그러나, 언덕 위의 집까지 계곡의 물을 긷는 것은 상당한 노동인 것이다. 중국 고대의 요순(堯舜) 시대에는-밭을 갈아 먹고 우물을 파서 마시고-라고 해서, 정치 등은 없어도 좋다고 생각하는 쪽도 있다. 그러나 우물을 판다고 하는 것도 꽤 나아간 기술로, 전문기술자가 필요한 경우도 있다. 어쨌든 풍토의 가운데 살아가는 것은 어떤가 밖에는 없었던 옛날의 생활은, 기술이 있을 정도로 발달하기까지 결

코 순탄치 않았고, 목가적이지 않았던 것이다. 따라서 대부분의 사람들은 풍토로부터의 이탈을 바라고 기술의 발전에 맡길 것이라고 생각된다.

1만 년 정도 전의 농업혁명 이후의 물질적 기술의 커다란 비약은 18세기 말의 산업혁명 때문이다. 이것은 탄광의 물을 퍼올리는 기술에서 시작되었다. 석탄을 캐는 경우에 지하에서 파 나가면 물이 솟아난다. 이 물을 퍼내기 위해서 증기기관이 개발되었다. 이 증기기관을 돌리기 위해, 캐낸 석탄의 일부를 써서 더 파 나간다고 하는 형태로 확대 재생산이 가능하게 되었다. 이것은 기술의 승리이며, 이와 같은 형태로 가속도적인 근대 기술에 의한 문명화가 진행된다.

<표 2> 곡류 • 감자류·콩류의 자급률

	1960년	1965년	1970년	1975년	1980년	1985년	1986년	1987년	1988년
쌀	102	95	106	110	100	107	108	100	100
소맥(밀)	39	28	9	4	10	14	14	14	17
대맥(보리)	104	57	28	8	13	14	14	14	15
나맥(쌀보리)	112	123	73	98	98	100	88	87	107
보리·쌀보리 계	107	73	34	10	15	15	15	15	16
잡곡	21	5	1	1	0	0	0	0	0
감자류	100	100	100	99	96	96	96	94	93
전분(녹말)	76	67	41	24	21	19	20	18	15
콩류	44	25	13	9	7	8	8	9	8
대두	28	11	4	4	4	5	5	6	6
그 외의 콩	90	70	65	45	30	40	36	37	34

	1989년	1990년	1991년	1992년	1993년	1994년	1995년	1996년
쌀	100	100	100	101	75	120	103	102
소맥(밀)	16	15	12	12	10	9	7	7
대맥(보리)	14	12	10	10	10	8	8	8
나맥(쌀보리)	100	92	70	92	100	86	70	78
보리·쌀보리 계	15	13	10	10	10	8	8	9
잡곡	0	0	0	0	0	0	0	0
감자류	93	93	91	91	89	88	87	85
전분(녹말)	13	13	12	13	12	12	12	10

콩류	9	8	7	6	4	5	5	5
대두	6	5	4	4	2	2	2	3
그 외의 콩	38	41	33	27	19	30	36	30

[1996년도 『식료 수급표』로 부터, 농림수산대신관방조사과 편집]

탄광의 벌이로부터, 19세기에는 수송을 위한 증기선(티 클리퍼라고 불리는 뛰어난 범선도 있었지만), 그 위에 증기기관차로 발전한다. 이 수송의 기계화는 큰 의미를 가진다. 그 전은 사람, 말, 소의 힘에 의지하고 있었기 때문에 수송력을 내기 위해서 그 대가로 식료, 사료를 소모하고 있었으나, 그것이 석탄으로 해소되었기 때문인 것이다. 산업혁명의 특질의 하나는 「도구에서 기계로」가 되었다. 요컨대 도구는, 동력원을 인간의 손발이나 말, 소 등 역축(役畜)의 동력에 의존했지만, 기계는 석탄을 동력원으로 하는 엔진에 의존하는 것이 되었던 것이다.

이 같은 상황에 재빨리 대응한 산업혁명의 선진국 영국에서는 식료를 세계 각지로부터 수송해서 식생활을 영위하는 형태로 산업 구조를 바꾸어 갔다. 식생활의 풍토 이탈을 하게 되었다고 말하는 것이다.

20세기가 되면 석유 채굴 기술이 발달한다. 제2차 세계대전 후는 에너지가 싼 석유로부터 공급되게 되어, 대형선을 사용하면 수송비는 매우 싸진다고 말하는 시기였던 것이다. 일본은 태평양전쟁의 패전 후, 이 석유를 잘 이용하고, 무역입국이라고 하는 것으로 해상 수송을 풀(full)로 활용한 것이다. 일본은 결코 농업 생산에 부적합한 국토라는 것은 아니지만, 과거의 세력권을 잃은 커다란 인구를 안은 패전국 일본은 외화도 충분히 없어서, 싼 해외의 식료를 수입해서 먹겠다는 길을 택한 것이다. 가축의 사료는 물론, 식료도 쌀 이외는 아메리카나 오스트레일리아로부터 수입하는 편이 좋다고 생각하는 쪽이 경제계, 산업계, 정계 등에서 다수파였다고 말하는 것도 있고, 국산의 비싸게 치이는 밀이나 콩은 경시되었다. 일본의 식생활은 패전 후의 식생활 개선 운동 중에 축산물이나 기름을 더 먹거나, 쌀 이외에 빵 먹기를 하자고 하는 운동이 있었던 것과 동시에, 공급의 면에서도 국제 분업에 진행한다는 방향이 있었던 것이다. 즉 일본의 풍토에서 어느 정도의 이탈이 추진되고 있었다고 말할 수 있는 것이다.

4.2 풍토에의 회귀

그런데 1973년의 에너지 위기로 석유의 가격이 4~5배로 오른다고 하는 사태가 되어서, 근대 문명을 지탱해 왔던 기술에 대해서 의문이 생겼다. 산업혁명 이후, 인류가 사용해왔던 근대 기술은 연료가 매우 싸게 손에 들어온다고 하는 조건 중에서만 기능하지 않는 것은 아닌가, 라는 의문인 것이다. 석탄이나 석유의 수명이 50년인지 100년인지는 별개로 하고, 화석 자원은 유한한 것임에는 틀림이 없기 때문에 오늘날과 같은 세계 전체에 걸친 생산과 유통의 분업체제는 장래에 유지가 불가능하게 되는 것은 아닐까. 또 환경 문제도 있다. 현재의 60억 인으로부터 21세기에는 100억 인에 이를 것으로 예상되고 있는 인류의 생활을 마련하기 위해 국제 분업으로부터 농업, 공업의 생산을 하고, 그것을 전 세계의 소비지에 화석 연료를 태우면서 수송한다면, 지구 자체의 환경을 점점 악화시켜서, 이대로는 지구온난화로부터 대기의 온도가 상승해 버리는……. 이와 같은 반성으로부터, 더 풍토에 밀착한 사람의 신장(背丈)의 기술, 조직을 연구하는 것이 좋지 않을까, 이와 같은 형태로 풍토에의 회귀가 일어나 온 것이다.

그러나 풍토로부터의 이탈이라고 하는 확대 노선이 잘 할 수 없게 되어서 풍토에의 회귀, 즉 축소 노선을 잡았다고 말하는 것은 아니다. 그것은 오히려, 풍토에의 회귀의 쪽이 인간이라고 하는 생명체의 더 좋은 발전에 적합해 있었기 때문에라는 적극적 이해가 이루어져야 한다.

V. 가치관의 정리(유토피아 SF를 예로 들어)

식생활에 있어서도 각자가 가지고 있는 취향이 있다. 각자의 취향이라거나, 가치관을 비교해 보자고 하는 경우, 하나의 분류축으로, 문화와 문명은 어느 쪽에 우위(優位)가 있는지를 세워 보자. 필자의 생각으로서는 문화 우위의 쪽이 풍토에의 회귀에 가깝고, 문명 우위의 쪽이 풍토로부터의 이탈에 가까운 것 같다고 생각한다. 문명은 물질적인 기술을 선행시키고, 문화는 어느 정도의 가치관을 선행시킨다……라고 생각하고 있다.

또 하나의 분류축으로서 변화는 진보인지 퇴보인지, 플러스(+)라고 생각하는지 마이너스(-)라고 생각하는지를 세우자. 인류는 오랫동안 퇴보적·비관적 역사관을 갖고 있었던 것이다. 특히 종교에서는 옛날은 좋은 시대였던 것이 점점 나빠지고, 최종적으로는 말세가 되어간다고 한다는 생각이 지배하고 있다. 근대가 되면, 즉 이곳 200년 정도 동안은 「바뀐다」는 것은 진보라고 하는 낙관적인 생각이 강해져 왔다. 마르크스 주의 라던가 진화론도, 진보하고, 진화하고, 플러스가 된다고 생각하는 쪽으로 되어 있다. 그러나 현대는, 이 진보적 역사관에 대한 의문이 상당히 나오고 있다. 이 점은 필자가 『유토피아와 식생활[(5)]』에서 유토피아 문학의 역사를 더듬으면서 해설을 시도한 적이 있었다.

지금 가로축의 문명 우위⟷문화 우위, 세로축의 변화에 대한 낙관론⟷비관론을 취해, 유명한 유토피아 SF 소설의 네 작품을 두고 보면 그림 2처럼 된다.

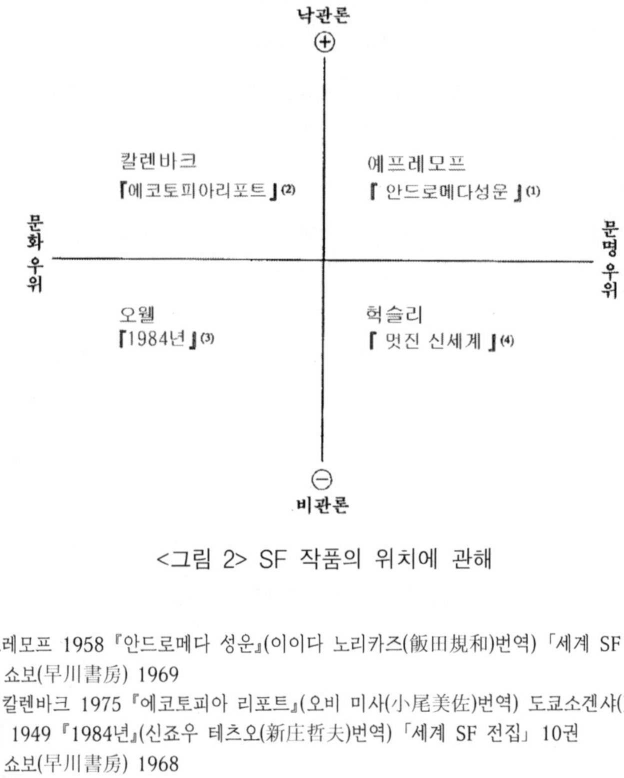

<그림 2> SF 작품의 위치에 관해

‹주›
(1) 이반·예프레모프 1958 『안드로메다 성운』(이이다 노리카즈(飯田規和)번역) 「세계 SF 전집」 22권 하야카와 쇼보(早川書房) 1969
(2) 어니스트·칼렌바크 1975 『에코토피아 리포트』(오비 미사(小尾美佐)번역) 도쿄소겐샤(東京創元社) 1981
(3) 조지·오웰 1949 『1984년』(신죠우 테츠오(新庄哲夫)번역) 「세계 SF 전집」 10권 하야카와 쇼보(早川書房) 1968
(4) 올더스·헉슬리 1932 『멋진 신세계』(마츠무라 타츠오(松村達雄)번역) 「세계 SF 전집」 10권 하야카와 쇼보(早川書房) 1968

간단히 설명하자면, 오른쪽 위의 제1상한(象限)에는 문명 우위, 진보해서 좋은 방향으로 향한다고 하는 낙관론의 SF, 예프레모프[8)]의 『안드로메다 성운(星雲)』. 이것은 인

8) 예프레모프는 옛 소비에트 러시아의 고생물학자로, 고비사막에서 다수의 공룡 화석을 발견했던 것으로 유명. 1907년 페테르부르크 출생. 제2차 대전 중에 병상에 있으며, SF를 쓰기 시작했다. 소비에트의 중심적 작가였다.

류가 혼혈되어 통일 인류, 동일어가 되어, 식료 생산은 아열대에서 진행하고, 인간은 기후가 좋은 지역에서 살고, 나아가서는 우주식민도 생각한다고 하는 내용이다. 또한 예프레모프의 명예를 위해 말해두지만, 무조건적인 낙관론이 아니라 깊은 사색의 결과로써의 낙관주의이며, 그 때문에 현재에도 읽히는 SF가 되어 있다.

다음에는 왼쪽 위의 제2상한, 즉 문화 우위로, 낙관론적인 SF로서의 칼렌바크[9]의 『에코토피아 리포트』. 이것은 환경 문제에의 반성으로부터 아메리카 서부의 세 개주(워싱턴 주, 오리건 주, 캘리포니아 주)가 합중국으로부터 독립하여 이콜로지(생태학)에 따른 나라를 만들어 간다는 것으로, 물질의 리사이클(재활용)의 중시(重視)에서 석유화학계의 기술을 폐하고 목재를 이용하는 기술로 인류를 포함한 자연을 파괴로부터 지킨다고 하는 내용이다. 최근 급부상해온 이른바 환경호르몬의 악영향을 회피하기 위해서는 이 정도로 과격하지 않으면 때를 놓치게 될지도 모른다.

제3상한, 즉 왼쪽 아래는 문화 우위이지만 비관론의 입장으로서는 오웰[10]의 『1984년』. 이것은 나쁜 가치관이 기술을 나쁜 면에만 이용한다고 하는 SF. 소련의 스탈린 시대, 나치 독일의 히틀러 시대 같은 권력이 보다 강고(强固)하게 되고, 기술을 악용하여(인간은 부채꼴의 방에 살게 되어 쌍방향의 TV에 의해 감시되고 있는), 최고 절대의 권력을 유지할 뿐인 사회가 된다고 하는 악몽과 같은 SF인 것이다.

최후의 오른쪽 아래의 제4상한은 문명 우위, 즉 기술 선행이지만 비관론, 아무래도 좋은 방향으로 가지 않는다고 하는 것은 헉슬리[11]의 『멋진 신세계』. 이것은 제2차 세계대전 전에 쓰여진 것으로 이미 인공 자궁(배양 병)에서 클론(복제)인간을 생산하는 기술이 실용화되어 있고, 인류는 이것에 적응하여 아이는 낳지 않고, 섹스는 즐거움으로서 장려되지만, 부부나 친자 등의 가족관계는, 인간답지 않은 짐승적인 관계라고 생각하는 것처럼 되어 있다. 식생활에서는 행복의 약(소마)을 마시는 것으로 늘 행복을 느끼고 있다는 것처럼 말하고, 인류가 물질적 기술에 종속되어가는 스토리로 되어 있다.

---

9) 칼렌바크는 아메리카의 생태학자로, 1929년 출생. 시카고 대학 졸업 후 캘리포니아에서 작가, 편집자로써 활약하고 있다. 또한 『에코토피아 리포트』와 『에코토피아국의 출현』의 두 개는, 1992년 『녹색의 나라 에코토피아 상하권』으로서 마에다 쿠미(前田公美) 감역(監譯)으로 책의 나무(ほんの木)에서 출판되고 있다.

10) 오웰은 1903년에 태어난 영국의 작가. 인도에서 태어났다. 인류사회의 많은 모순, 차별을 고발했다. 『동물 농장』 『카탈루냐 찬가』 등이 유명.

11) 헉슬리(1894-1963)는 영국의 소설가로 SF를 많이 썼다. 『멋진 신세계』는 제1차와 제2차 세계대전의 사이, 1932년에 쓰여진 것이기 때문에, 지금으로부터 60년 이상 전의 작품인 것이다. 그러나, 이미 클론 인간의 대량 생산이 상정(想定)되어 있다. <담가(擔架) 제1호에서는 다음 세대 화학 공장 노동자들이 죽 늘어서서, 납이나 가성 소다나 타르나 염소에 견딜 수 있도록 단련되어 있었다.> 『멋진 신세계』의 멋진은 반어적으로 쓰이고 있는 것이다.

문화와 문명의 대비, 세상속의 변화는 진보인가 퇴보인가 등을 생각하기 위한 자료의 일조(一助)로서 SF의 네 작품을 소개해 보았다.

대부분의 독자는 제2상한이 바람직하다고 생각한다고 하는데, 필자도 동감이다. 그러나 현실은 제4상한에 나아가는 것 같다고 생각한다. 칼렌바크는 후일의 저서 『에코토피아국의 출현12)』의 일본판에서 「일본의 독자에게」로서 다음과 같은 메시지를 쓰고 있다.

「어떤 나라에서도 그 역사, 문화, 풍토에 맞는 독자적 방법으로 새로운 사회에의 길을 개척하지 않으면 안 됩니다. 일본에서는, 저도 영향을 받아 우아하고 간소한 전통미, 사용자 본위의 정밀(精緻)한 엔지니어링, 배려의 기분에 뒷받침된 인간관계의 지혜 등이 있습니다. 일본도 아메리카도 각각 『에코토피아』에의 길을 찾아낼 수 있기를, 간절히 바라 마지않습니다. 21세기에 있어서는 그것이야말로 진정한 의미의 "넘버 원(No.1)"이 되는 것이니까요—」

필자는 유토피안과 비슷한 인간이라고 생각하지만, 유토피아는 19세기 말에 엥겔스의 『유토피아 사회주의에서 과학적 사회주의로』가 출판된 이래, 100년간 최근까지 완전한 공상으로서 햇볕이 들지 않는 창가에 밀려나 왔다. 그러나 과학적 사회주의의 실천이 러시아, 동유럽에서 파탄난 현재, 인류는 또 유토피아를 바라게 되는 것은 아닐까. 그것이 풍토론의 위에 쌓이는 것을 기대하고 있다.

[문헌]

(1) America 合衆國政府特別調査報告 1980『西紀2000年の地球』逸見謙三・立花一雄(監譯) 家の光協會
(2) Carter, Vernon Gill&Tom Dale 1995『土と文明 (1973改訂版)』(山路健 譯) 家の光協會
(3) Ellsworth Huntington 1938『氣候と文明(1915年版)』(間崎万里 譯) 岩波書店
(4) 鈴木秀夫 1978『森林の思考, 砂漠の思考』(NHKブックス) 日本放送出版協會
(5) 田村眞八郎 1981『ユートピアと食生活』 農山漁村文化協會

12) 미와노 타에코(三輪妙子) 번역으로 1986년, 다이아몬드사에서 간행.

제2장 이문화(異文化)와 식사 시스템

이시게 나오미치(石毛直道)

I. 시스템으로서의 식사를 잡다

식사를 시스템론으로부터 잡는 것도 가능한 것이다.

시스템이란 요소가 결합하여 구성된 전체상의 것이다. 식료나 식품과 조리법, 모리츠케(盛りつけ, 음식을 그릇에 보기 좋게 담는 것)와 식기, 먹는 방법과 식사 예절, 식탁과 배선(配膳, 상을 차려 손님 앞에 돌림)법 등 다양한 요소로부터 식사의 시스템은 구성되어 있다. 현실에서는 식료나 식품의 수를 매기는 것만으로도 방대한 것이어서, 식사 시스템을 구성하는 요소의 수가 너무 많고, 요소 상호 간의 결합 관계를 분명히 하는 것은 어렵다.

식사 시스템의 전체상(像)을 분석하기 위한 이론적 모델은 아직 해명되지 않았지만, 각각의 문화마다 다른 시스템이 존재하는 것은 분명하다. 일본인의 식사와 외국인의 식사가 다른 점을 추구(追究)해 간다면, 젓가락을 사용하는지 어떤지, 회와 같은 생선을 식용으로 하는 관습이 있는지 어떤지, 등과 같은 요소 단위의 차이뿐만 아니라, 요소를 결합한 전체상에 있어서의 차이가 존재하는 것을 눈치 채는 것이다. 이 인류의 식사 시스템에서의 보편성과 문화마다 다른 차이점을 밝히는 것이 음식 문화 연구에 있어 최종 목표의 하나에 위치하는 과제인 것이다.

시스템의 전체상을 나타내는 것은 곤란하지만, 몇몇의 유형적으로 다른 시스템이 존재하고 있는 것을 실증(實証)하는 것이 가능하다. 시스템의 부분을 구성하는 요소 상호 간의 결합 관계의 차이를 패턴으로서 추려낼 수 있다. 이처럼 식사 패턴의 차이는, 바꿔 말하면 식사의 시스템에는 여러 유형이 존재하는 것을 이야기하는 것이다.

그 시스템의 다름은 이(異)문화 상호 간뿐만이 아니라, 동일 민족 간에도 존재하고, 동일 가정에 있어서도 조식에 빵 먹기를 하는 젊은 세대와 일식을 선호하는 연배의 세대라고 하는 것처럼 세대 간의 차이로서 인정되고, 또 가정 내의 식사인가, 외식인가 등의 식사의 성격에 의해서도 생긴다. 때에 따라 여러 유형의 시스템을 선택하면서 우리는 식사를 하고 있는 것이며, 분석의 레벨에 의해 다양한 시스템을 들 수 있다. 동일 문화의 경우에, 그 변이차(変異差)를 가진 시스템 상호간의 최대공약수가, 한 문화의 식사 시스템의 핵심을 구성하는 것으로 자리매김 되는 것이다.

그와 같은 식사 패턴의 분석의 실례(實例)로 일찍이 내가 행했던 식단 조사의 결과를 들어보자. 이것은 50명의 피조사자에게 7일간의 매끼 식단을 극명하게 기록하고, 그때 하나하나의 요리에, 그 요리가 「일본풍」「양풍(양식)」「중화풍」「그 외」의 어느 것에 해당하는지를 기입하고, 그 결과를 통계적으로 만들어 본 것이다.(1)

이 조사 결과, 현재의 일본인의 식사 식단은 엉터리인 매치 라인으로부터 성립하는 것이 아니라, 일정한 요소 상호 간의 규칙적인 매치 라인—패턴을 가지고 있다는 것이 판명되었다. 예를 들면 아침밥의 경우에는 평소 빵을 먹고 있는 사람과 쌀밥을 먹는 사람으로 이분되어, 쌀밥인가 빵인가 하는 주식의 선택에 따라서, 그것에 대응하여 부식물이나 음료수의 종류가 한정되어 규칙성을 가지고 있다.

조식(朝食)형	일반형
R · P (J) J d	R (J · W · C) J d
B · T (W) W d	B (W) W d

<그림 1> 식사 패턴 유형

R : 쌀밥 B :빵
J : 일본풍 부식물 W : 양풍 부식물
C : 중화풍 부식물 P : 절임 T : 버터, 잼, 치즈 등
Jd : 일본차 Wd : 커피, 홍차, 우유 등

그림 1의 조식형의 R · P (J) Jd라고 표현한 패턴에 보이듯, 쌀밥이 주식인 경우에는 보통 절임(漬物)과 일본차를 따라가며, Wd에서 표현한 커피, 홍차, 우유 등 사람들이 양풍을 의식하는 음료를 따라가는 것이 없다. 괄호 내의 도시(図示)한 부식물은 일본

풍의 반찬이 주류이지만, 때로는 양배추 버터 볶음, 고로케 등의 양풍 반찬, 슈마이(찐 만두의 일종)등의 중화풍 반찬이 출현하는 것도 있지만, 그것들은 전날 밤에 남은 것이다. 거기에, 쌀밥, 절임, 일본차를 기본적인 요소로[13] 괄호 안에 위치하는 반찬이 일본풍을 기조(基調)로 하면서도 양풍, 중화풍의 변이를 갖고, 때로는 이 삼자의 매치 라인이 되거나, 괄호 안이 제로(0)가 되기도 한다. 이 괄호 안의 변수가 제로(0)가 되는 때 그것은 오차즈케(밥에 더운 차를 부은 것)에 수렴한다.

아침밥에 빵을 먹는 경우는, B・T (W) Wd에 표현되는 패턴이 된다. 빵에는 빠뜨릴 수 없는 요소로 T의 기호로 나타낸 버터, 잼, 치즈 등 빵에 붙이는 것을 동반하여, 음료에서는 양풍인 Wd가 결합해, 일본차를 동반하는 것은 아니다. 또, 괄호 안의 반찬은 햄에그, 샐러드 등의 양풍의 부식품에 한정되어 일본풍, 중화풍의 반찬을 함께 먹는 것은 대체로 없다. 잇따라 이 경우, 괄호 안이 제로가 되면, 다방(喫茶店)의 모닝 서비스의 식단이 된다.

조식을 떠나서, 석식에 나타나는 것처럼 주식과 부식, 비알코올성 음료와 일반적인 조합 상태의 패턴을 표현한 것이 그림 1의 일반형인 것이다. 이때 쌀밥을 주식으로 할 때는, R (J · W · C) Jd가 되고, 쌀밥의 식사는 일본차로 마무리한다는 원칙을 가지고 있을 뿐, 괄호 내의 부식물의 매치 라인은 일본풍, 양풍, 중화풍의 어떠한 매치라인도 자유이다. 그 반면, 빵을 먹는 식사 때는[14], 아침의 빵 먹기와 같은 B (W) Wd로 부식물, 음료같이 양풍의 계통으로 완결하는 것이 보통이다.

주목해야 할 점은, 중화요리의 계열이라고 할 식사 패턴이 출현하지 않은 것이다. 조사 자료에서는, 중화 요리점에서 외식했을 때의 출현이 한정되고, 가정에서의 식사에서는 중화풍의 반찬은 잘 출현하는데도 불구하고 한 끼 식사의 전 식단을 중화요리로 통일하는 것은 대체로 없고, 일본풍, 양풍과의 혼재인 것이다. 또, 만일 그러한 식단이 있다고 해도, 최후에 일본차를 마시는 것으로써 계열의 일관성을 잃어버리는 것이 된다.

이렇게 보면, 현대의 일본의 경우 일상의 식사에 있어서는 세 개의 시스템이 공존하고 있다고 말할 수 있다. 즉, ① 일본풍으로 완결하는 식사의 시스템에서, 그것은 쌀밥을 주식으로 하는 조식에 대표된다. ② 일본풍 패턴을 기조로 하면서, 외래의 부식물을 요소적으로 선택해서 받아들인 쌀밥을 주식으로 하는 일반 가정의 일상 식사 시스템. ③ 외래의 시스템을 그대로 받아들인 빵이 나오는 식사로, 가정에 있어서는 조식에 많다.

즉, 일본의 전통적인 식사와 외래의 식사의 관계를 시스템론의 입장에서 생각하면, 이문화가 가진 시스템을 그대로 채용하는(혹은 일시적으로 이문화의 식사 시스템에 타

13) 쿄토, 오사카, 코베에서의 조사이므로 미소 시루의 출현 빈도는 적지 않지만, 동(東)일본에서 같은 조사를 했다면, 기본 요소에 미소 시루가 덧붙여진 것이다.

14) 가정의 석식에서는, 빵을 먹는 것은 드물고, 외식 때에 있는 것이 보통이다.

려고 하는)것과 이문화의 식사 시스템을 요소로 분해해, 재래(在來)의 시스템에 포함된 시스템이 전통적인 시스템과 공존하고 있다고 하는 것이 된다.

II. 역사 속에서의 외래 음식

세계 속의 모든 문화에 있어서, 각각의 문화 내부에서 창조한 문화 요소보다 외부 문화로부터 차용된 문화 요소의 쪽이 훨씬 많다고 말하는 것은, 문화 인류학에서는 의심의 여지가 없는 사항으로써 인정되고 있다. 식사 문화도 그 예외는 아니다.

우리 나라의 식사 문화가 외부의 문화로부터 영향을 받으면서 어떻게 독자의 시스템을 형성해왔는지를 극히 대략적으로 더듬어 보자.

일본인의 식생활의 역사에 있어, 최대의 변화가 일어난 것은 본격적인 농경 문화를 수용했던 야요이 시대이다. 수렵, 어로, 식물성 자원의 채집에 의존했던 죠몬 시대의 식생활에 있어서는 주식과 부식의 뚜렷한 구별은 없었을 것이라고 상상된다. 벼농사가 개시됨으로 해서 주식과 부식의 분리가 시작되고, 주식의 중심이 된 쌀밥을 초점에 둔 식사 문화의 시스템이 형성된 것이다. 이때 쌀로 만든 주조법 등 현재로 이어지는 식사 문화의 기층이 되는 문화 요소도 도입된 것으로 생각된다.

농업만이 홀로 걸어서 일본에 왔을 리 없으므로, 벼농사를 가져온 집단은 그 고향 땅에서의 식사 시스템의 한 세트를 가지고 들어온 것이다. 즉, 죠몬인으로부터 보면, 전혀 다른 식사 시스템을 가진 사람들의 콜로니(집단 거주지)가 있었을 것이다.

야요이 시대로부터 견당사의 시대까지, 외래 음식을 받아들이고 일본 나름의 시스템으로 편성이 이루어 졌다. 젓가락을 사용한 식사법, 누룩을 이용한 발효 식품을 만드는 기술 등이 이 시기에 받아들여져, 동아시아의 식사 문명권의 일원으로서 공통성이 형성되었던 것이다. 이 시기에 있어서의 외래 문화 요소 중에는 유제품이나 숟가락을 사용하는 식사법 등 우리나라에서는 정착되지 않았던 것도 있다[15].

또, 7세기 후반에 시작된 육식 금령은 그 후의 일본인의 외래 음식의 수용에 있어서 결정적인 영향을 미친 사건이다[16]. 이것이, 고기를 주재료로 하는 요리법이나 향신료

15) 율령 시대의 궁정에는 소(蘇)라고 하는 유제품이 공진(貢進)되고, 공식 연회에는 젓가락과 함께 숟가락도 사용되었다.
또한 본권 147페이지, 구마쿠라(熊倉) 논문 「일본의 식사 문화에 있어서의 외래 음식」도 함께 참조 바람.

16) 본권 179페이지, 하라다(原田)논문 「정진(精進)요리와 일본의 식생활」 참조 바람.

이용의 도입에 맞서는 장벽이 되고, 외래 음식을 거절하는 최대 원인으로서 후세에 작용하는 것처럼 되었다. 그에 따라, 표면적으로는 고기를 이용하지 않은 우리나라 독자의 식사 문화 시스템이 만들어지게 된다.

뒤이어, 무로마치 시대 후반에 시작되고, 아즈치 모모야마(安土桃山) 시대를 정점으로 에도 시대 초기까지 계속된 일본 식사 문화의 전환점을 맞이한다. 그것은 중세적 질서가 붕괴되고, 봉건제의 재편성이 이루어진 사회 변혁의 시대였지만, 외래 음식이라는 것으로 말하면, 일명(日明) 무역(명일 무역), 남만 무역을 통해서 이문화로부터의 영향을 받는 시대라고 말할 수 있다. 호박, 고구마, 고추, 수박은 이 시기에 도입된 작물이며, 카스테라, 콘페이토(별사탕), 알헤이토(막대사탕), 계란 국수, 타르트 등의 남만 과자, 요리로 말하면 중국에 기원한 켄친(두부, 우엉, 표고 등을 기름에 볶아 조미한 음식)이나, 아마도 남만 요리에 기원을 가진다고 생각되는 튀김도 이 시기에 해외로부터 전래되었다.

다만, 그것은 고전적인 일본의 식사 시스템에 구조적인 변혁을 가져온 것은 아니었다. 새로 도입된 작물에는 그때까지 존재한 요리법이 응용되었고, 기름에 튀긴다고 하는 새로운 요리 기술도 일본적인 변형을 한 튀김이 되어 정착했고, 본래는 포르투갈의 과자였던 filhos가 두부 제품이 되고, 나아가 유부에 변형하여 남은 것이다. 그래도 남만 과자는 비교적 변형의 정도가 적게 전승되었지만, 이 시기까지 우리나라의 식사 시스템에 있어 과자가 미발달된 것이었으므로, 공백의 분야를 메우는 것으로서 채용된 것이었다. 그러고 보면, 이 시기의 경우 외래 음식은 시스템 전체로서 받아들여진 것이 아니라, 요소마다 분해해서 우리나라의 기존 시스템에 결합하고, 기존 시스템을 풍요롭게 하는 것으로 받아들여진 경향이 두드러진다.

에도 시대에 외래의 시스템을 요소로 분해하지 않고 비교적 하나로 뭉쳐진 전체로 받아들인 것에는 중국류의 정진(精進)요리인 보차 요리(중국식의 소찬(素饌)요리)가 있지만, 그것은 중국에서 온 승려가 상주하는 황벽종(黄檗宗)의 승원(절)이라는 한정된 콜로니에 있었던 것이다. 또, 나가사키의 싯폭(국수나 메밀국수에 송이버섯, 표고버섯, 생선묵, 야채 따위를 넣어서 끓인 음식) 요리는, 외래의 요리뿐 아니라 싯폭대를 사용한 식사 양식이 되어, 에도 시대에 있어서는 외래의 식 시스템을 가장 받아들인 것으로 주목되지만, 그것도 상당히 일본적 변형을 한 것이며, 또, 일상의 식사와는 다른 레벨의 것이었다.

<그림 2> 당인 연회 탁자 요리도 [『나가사키 명승 도회』로부터]

쇄국이 끝나고 문명개화 시대가 되자, 이른바 서양식화가 시작된다. 의식주에 있어서 서양식화가 되는 것은 모두 공적인 자리로부터 시작된 것이다. 의복에서는 메이지 5년(1872), 공식 예복으로 양복을 채용해, 양장(서양식 옷)이 관, 군, 학교 등의 공적인 자리에서의 복장이 된다. 관청, 학교, 병사 건축으로 양관(서양식 집)이 채용되게 된다. 또한 외국인과의 공적인 회식, 군대식(食)에 양식이 도입되었다. 마찬가지로 외래 요리에서도 공적인 것으로 채용되지 않았던 중화요리의 보급은 늦어진 것이다.[17)]

막부 말기부터 대도시의 일부 주민은 고기를 먹었지만, 육식 보급은 정부의 개화 정책에도 관계를 가지면서, 메이지가 되고 나서 진행된 것이다. 서양식화는 곧 근대화라고 생각되어져, 고기와 우유를 식용으로 하는 양식이 문명 식사의 견본으로써 받아들여졌던 때가 있다. 또, 위정자 측으로부터는 고기를 먹고, 우유를 마시는 습관이 부국강병으로 이어진다고 받아들여졌다.

육식의 부활과 양식이라고 하는 새로운 시스템의 출현에 대해 프로인 일본 요리사들은 그것을 받아들여 전통적인 일본 요리 시스템을 재편성하는 것을 하지 않았다. 막부 말기의 시스템을 그대로 고정화하여 스스로를 화석화(化石化)함으로서, 전통적인 시스템을 지키는 방향으로 향한 것이다. 이후, 카레라이스와 크로켓 등을 거두어들이기 시작하는 가정의 식사 시스템과 전통적 소재와 기술에 구애되는 일본 요리 전문점과의 차이가 두드러지게 되기 시작한다. 전문가에 의한 고급 요리인 오트 퀴진과 가정 요리

17) 본책 212페이지, 다나카 논문 『일본화한 중국 음식과 요리』 "수용이 늦어진 중국 요리"의 항을 참조해주기 바람.

의 차이점은 요리 문화를 세련되게 한 여러 나라에게 보여질 수 있는 것이지만 그 차이가 우리나라만큼 두드러지는 것은 아니다. 화, 양, 중화, 한국 불고기와 김치 등이 놓여 있는 현재의 가정 식탁과 요정의 일본 요리는 언뜻 보아서는 거의 다른 시스템으로 보일 것이다.

쇠고기전골과 그 발전 형태인 스키야키는 고급스러운 전통 요리를 만드는 쪽이 아니라 민중의 전통적인 시스템 안에 고기라고 하는 새로운 소재를 집어넣어 만든 요리이다. 마찬가지로 나중에는 돈가츠, 튀김 등의 외래 요리를 채용해 현재에는 스파게티와 라면도 일상의 가정에서의 음식 시스템에 포함되게 되었다.

이러한 새로운 음식의 채용 과정에 있어서 전통적인 식사 시스템에 육식과 유지를 사용한 요리 기술이 결여되어 있었으므로, 외래 요리가 그들 자신의 결여 부분을 채우는 역할을 다한 것을 고려해 넣을 필요가 있다. 흔히 말하는 양식은 고기 요리로서 받아들여졌고, 중화요리는 젓가락을 사용해 먹을 수 있는 기름과 고기를 사용한 요리로서의 이미지를 가지면서 보급되었다. 제2차 대전 후에 유행하게 된 한국 요리계의 이른바 곱창 요리에 의해 고기 요리 안에서 마지막까지 손대지 않았던 내장을 먹기 시작한 것이다.[18] 즉, 우리나라의 식사 시스템에 육식이라고 하는 거대한 분야가 없었으므로 그 틈을 보충하는 것으로써 메이지 시대 이후 다른 문명국의 유례없는 만큼의 외래 음식이 뒤섞인 여지가 남겨져 있었다고도 할 수 있다.

이것을 일본인의 식생활이 서양식화 또는 중화식화 되었다고 파악할 수 있는 것인지, 구미와 중국의 식사 요소가 일본인의 시스템 안에 도입되어 일본식화되고 있는 것인지로 의견이 다른 바이다. 앞의 가정에서의 식단 조사에 있어서 쌀밥, 녹차, 절임 음식 등의 일본인의 식사의 핵심이 되는 음식 사이에 끼어 나오는 외래 요리는 지금 귀화하고 있는 것이라고 받아들여도 좋은 것은 아닐까. 두부와 튀김도, 처음에는 외래 음식이었지만, 가까운 시일 내에 일본의 전통적인 음식으로써의 위치를 차지하게 되었다. 같은 사항이 지금 극적으로 전개되고 있는 것이다.

우리들의 가정에서의 일상 식사에 외래 식문화 요소가 대폭 받아들여지게 된 것은 1955년 이후부터이다. 양식과 중화요리는 메이지 이후, 도시적 생활양식 안에서 서서히 보급되기 시작했다고 해도, 1945년대까지는 일본 대부분의 가정에 있어서 식사 식단은 에도 시대 연장선상에 있었다. 그것은 의복과 거주 생활에 있어서도 같다. 일본옷과 나막신이 양복과 구두로 바뀌고, 콘크리트 집합 주택 단지가 계속 세워질 수 있게 된 것도 1955년대가 되고 나서이다.

생활의 물질적 기반에 있어서의 「화」와 「양」을 비교하면, 오랫동안 서양식의 양식은

18) 본책 227페이지 아사쿠라(朝倉) 논문 「일본화된 한국 음식」을 참조해주기 바람.

전통적인 양식보다도 비싸게 쳤다. 일본 옷을 가정에서 바느질하는 것에 비교하면, 양복을 양복점에 부탁해 만들게 하는 편이 비쌌고, 읍내의 목수에게 목조 전통 가옥을 짓게 하는 편이 콘크리트 양옥집을 짓는 것보다도 훨씬 싸게 쳤다. 따라서 고액의 투자가 가능한 「공(公)」에 관계되는 것에 「양(洋)」이 채용되어도 「사(私)」의 생활에는 들어가기 곤란했던 것이다. 양복의 보급에는 섬유 산업과 기성복 업계의 발전이 전제가 되고, 콘크리트 집합 주택 보급에는 주택 공단, 건물 매매업자, 대규모인 건축업자의 출현 등, 건축 업계의 산업화가 진행되는 것이 필요하다. 가정에서의 서양식과 중화요리의 보급에는 마가린, 샐러드 오일, 햄, 소시지, 중화면 등을 공급하는 식품 산업의 발달을 빠뜨릴 수 없다. 손으로 하는 부분이 많았던 전통적 생활의 물질적 기반이 산업화되는 것에 의해 새로운 생활양식이 실현된 것이다.

문명 개화 이후, 약 1세기의 준비 기간을 가지고 그 사이에 도시적 생활양식 안에서 진행된 외래 음식에 관한 정보가 많이 쌓여, 제2차 대전 후의 경제 성장과 그에 따른 산업 구조 변화와 함께 가정 식사의 극적 변화가 일어난 것이다. 전통적인 시스템의 구조를 고수하면서, 외래 요소를 결합해가던 가정 식사에 비해, 외식에서는 외래 시스템을 분해시키는 것 없이 그대로 옮겨 발전시키기 시작했다. 거기에는 외국 문화에 관한 시스템을 변형시키는 것을 거부하는 타입과 기본적으로는 외래 시스템의 구조를 취하고 있지만 거기에 일본인 식사 문화의 요소를 결합시킨 타입인 두 유형이 있다. 구미 기원의 식사로 치면, 전전에서는 호텔과 고급 레스토랑에서의 식사 양식, 현재의 고급 프랑스 요리집 등 고급요리 가게가 전자에 해당한다. 그곳에서는 본국 그대로의 식사를 대접하려고 한다. 또 하나의 유형은 흔히 말하는 서양 요리집이며, 나이프, 포크, 스푼의 테이블 세팅을 하고, 제공하는 요리의 대부분이 구미 기원의 요리인 등 기본적으로는 외래 식사 시스템의 구조를 가지고 있다. 그러나 빵뿐만 아니라 밥도 내놓고, 구미의 간장에 해당하는 우스터소스를 뿌려 먹는 것도 가능하며, 튀김 원리를 도입해 일본식으로 변형한 돈가스 같은 요리가 인기 있는 메뉴이다. 가정에서의 식사가 일본식 시스템에 외래 식사 요소를 결합시킨 것에 대해, 서양 요리집에서는 외래 시스템에 일본 식사 요소를 결합시킨 것으로 되어있다.

고급 요리가 많은 경우에 프랑스요리라고 하는 명확한 견본을 가지고 있는 것에 비해, 「양식」은 특정 구미 요리에 한정된 모델을 가지지 않는다. 그것은 일본인이 막연히 떠올리는 구미의 일반적인 것이며, 말하자면 일본에서 재편성된 외래식의 식사 시스템이다. 식민지가 된 경험이 없는 우리들은 특정 국가와 민족에 한정된 견본을 가지지 않는 구미의 모습을 만들어내고, 그것은 양복, 양관(洋館)의 경우도 그렇다고 말할 수 있다. 돈가스, 프라이, 해시라이스, 오므라이스 등 가정에 받아들여진 양식은, 이 양식(洋

食)집을 발신지로 하는 경우가 많다. 중화요리에 관해서도 마찬가지로 두 유형이 인정된다. 나가사키, 고베, 요코하마의 중국인 집단 거주지에서의 요리집 및 현재의 사천요리, 상해요리 등의 전문화된 최고급 요리의 중화 레스토랑의 유형과 옛날 중국 국수와 찐만두를 판매하는 간편한 식당과 현재의 만두(교자) 가게가 그에 해당하는 유형이다.

2.1 다른 시스템의 공존

야요이 시대 경우의 일본 식사 시스템의 기본적인 개혁 이후, 여러 가지 외래 요소를 결합시키면서도, 외부 영향에 의한 시스템의 구조적 변혁을 경험하지 않고, 자기 증식적으로 성장해온 것이 메이지에 이르기까지의 일본인 식사의 역사였다. 그러나 세계에는 다른 문화 식사 시스템과의 만남에 의해 구조적인 변화를 하지 않을 수 없는 식사 문화도 많이 있다. 역사적으로 소수 민족이 거대 문명과 접촉하는 경우에 의해 스스로 식습관을 대폭으로 변화시키는 사태가 각지에서 일어났을 것이다. 이런 경우, 예를 들면 청대에 중국에 침입한 만주족의 경우처럼 압도적으로 상위에 있는 거대 문명의 식사 문화 시스템에 흡수되어버린 경우와 혼성화된 경우가 있다. 크레올(혼성화) 요리는 카리브 해를 중심으로 하는 중남미에서 스페인인 등의 식민지 이주자인 백인의 요리법이 현지의 식소재에 적용되거나, 원주민의 요리법에 맞춰 만들어내는 것이다. 이 지역에서는 스페인 요리와도, 원주민 요리와도 다른 제3의 요리인 혼성화 요리 시스템이 보급되게 되었다. 언어학에 있어서, 크레올이라고 하는 것은 복수의 언어가 접촉하는 것에 의해 생겨난 혼성어로, 그것을 모국어로 생활하는 사람들의 존재를 전제로 하고 있다. 우리나라의 라면, 돈가스, 명란 스파게티 등은 크레올 요리로 받아들여진 듯하지만, 우리들은 그러한 요리만을 먹고 생활하는 것은 아니고 (즉 모국어는 아니다), 앞서 말했듯이, 이러한 외래의 일본화한 요리는 그것 자체로 하나의 시스템을 구성하고 있는 것이 아니라, 새로운 일본 식사 문화 시스템이라고 해야 하는 것에 흡수되어 있는 것이라 생각하는 편이 좋을 것이다.

메이지 시대가 되기까지는 외래 음식은 요소적으로 분해되어 재래의 식사 문화 시스템 안에 적당한 위치를 부여하는 것으로 정착되었다. 이런 경우의 정착은 가정의 식사에 짜 넣어졌는지 어떤지가 기준이 된다.

그런데 개국 이후, 외식으로서의 외래 식사 문화 시스템이 도입되어, 그것은 가정에서의 정착을 전제로는 하지 않고 계속 존재했다. 예를 들면, 서양 요리인 콩소메 스프는 산업화된 인스턴트 스프가 됨에 따라 점차로 가정에도 받아들여졌지만, 레스토랑의 식사 시스템 안에서는 그 이전에 몇십 년 동안이나 정착해 있던 것이다.

이와 같은 외식으로써의 외래 음식에는 구미 기원의 것이 문명의 음식, 또는 근대화의 상징으로서의 특수한 가치관을 배후에 가지면서, 「공」적인 식사로 받아들여진 것은 이전에 서술했다. 그러한 이데올로기의 배경을 가지지 않는 중국요리는 거류하는 중국인 인구가 많은 항구 도시에서 일본인 고객을 대상으로 하기보다도 주로 그곳에 사는 중국인을 위해 고국의 식사를 제공하는 것이었다. 일본인이 중화 요리집에 드나들게 된 것은 다이쇼 시대 말경부터의 일이다. 한국=조선요리는 1940~50년대가 되고나서 일본인 손님도 먹게 된 것이고 그 당시까지는 오사카의 한반도 출신 사람들이 많은 장소에서의 민족 요리였다. 보통 세계의 대도시는 복수의 민족이 섞여 사는 장소이고, 그곳에 사는 다른 민족을 위해 고향의 식사를 먹을 수 있는 식당이 생긴다. 그것이 민족 요리집의 기원이다. 샌프란시스코의 전화번호부의 옐로 페이지에는 민족별로 레스토랑이 분류되어 실려 있지만, 그것을 헤아리면 36 민족의 요리를 먹을 수 있게 된다(표1). 대도시라고 하는 것은 여러 민족을 포함한 복수의 민족 요리집이 있는 것이 당연한 것이다. 다민족 구성을 취하지 않았던 일본 대도시의 편이 세계에서는 특수하다고 생각하는 편이 좋겠죠. 일본의 중화요리, 한국=조선요리는 민족 요리로부터 발생해, 앞서 말한 일본적 문화 요소에 맞춘 시스템에 변화된 것이 일본인 요리사에 의해 만들어지도록 되어 전국 제패를 한 것이다. 그 외의 민족 요리는 요코하마와 고베에만 있을 뿐이었다.

<표 1> 샌프란시스코의 전화번호부 옐로 페이지(1980년 판)의 각국별 요리 분류 (숫자는 상점 수)

국명	유다야	일본	이탈리아	아일란드	인도네시아	인도	헝가리	그리스	독일	프랑스	영국	체로슬로바키아	쿠바	클레오르[*1]	중국	브라질	아르메니아	아랍	아메리카
상점수	1	32	54	1	4	4	1	7	2	46	3	3	3	1	64	1	2	1	38
국명	베트남	태국	스위스	스웨덴	스페인[*2]	러시아	폴리네시아	포르투갈	폴란드	필리핀	페루	페르시아	니콰라과	모로코	멕시코	레바논	한국		
상점수	11	4	5	1	5	5	1	1	1	5	1	2	1	5	43	1	4		

[*1] 카리브 해 연안의 백인, 흑인, 선주민의 섞인 요리
[*2] 카리브 해 연안의 백인, 흑인, 선주민의 섞인 요리

그리고 현재는 민족 요리가 유행하게 된 것이었다. 그것은 일본에 거주하는 외국인을 대상으로 하는 것이 아니라 처음부터 일본인 고객을 상대로 해 만들어진 레스토랑이다. 이러한 가게가 번성하게 된 배경에는 선뜻 해외여행을 가거나 해서 일본인이 「국제화」를 시작한 것이라 생각할 수 있고, 구미 문화에 가치가 편재된 시대가 지나 제3세계에도 관심을 갖게 된 일본 사회의 동향도 관계가 있을 것이다. 그러나 민족 요리집에 사람들을 끌어당기는 직접적인 동기는 그 「화제성」에 있다. 「식사의 패션화 현상」이라고도 해야 하는 법이다. 가정에서의 식사 시스템 외에 외식의 경우, 복수의 외래 식문화 시스템을 즐기고 있다. 그것은 영양이라든지, 경제성이라고 하는, 살아가기 위한 식사로서의 실질적인 충족과는 다른 측면에서 일어난 일이다. 다른 시스템으로 일시적으로 바꾸는 쾌감을 체험하는 것이다. 그것은 「식사의 정보화」라고 해야 하는 것이 진행되고 있는 것을 이야기하는 것이다.

[문헌]

(1) 石毛直道 1975「食事パターンの考現學」日本生活學會 (編)「生活學 第1冊」ドメス出版
(2) 石毛直道 1984「モデルなき文明」梅棹忠夫・石毛直道 (編)「近代日本の文明學」中央公論社
(3) 石毛直道 1987「衣と食と住と」祖父江孝男 (編)「日本人はどう變わったのか - 戦後から現代へ」日本放送出版協會

제3장 쇼와(昭和) 식사의 변천

도요카와 히로유키(豊川裕之)

I. 들어가기에 앞서

쇼와의 식사 변천에 대해, 식사에 관한 어떤 현상에 주목하는지, 그리고 그것을 위한 방법을 설명하는 것부터 시작하자. 바꿔 말하면, 본론에 대해 논술하는 내용과 문맥을 선택하는 것이다. 식사에는 각양각색의 현상이 있고, 식사를 하는데 있어서 주목해야 하는 것과 먹는 법 (예의범절 포함), 식품, 식기, 식비 (가계), 식탁 풍경, 외식 (음식점), 식료의 생산・가공・유통・폐기 등 다방면에 걸쳐있어서 그 사이의 어느 것을 취해도 음식을 논하는 것이 가능하다. 그러나 그것들 사이의 무엇을 고르는지에 의해 보이는, 쇼와 식사의 국면은 어느 정도 제한된다. 게다가 앞으로 나아가면, 가령 「식탁 풍경」을 선택한다고 해도, 그 틀 안에서 인물에 주목하는지, 식단・식재료를 채택하는지, 식기・식탁, 게다가 식사 행동 등 어떤 것에 주목하는지에 의해 보이는 국면은 전혀 다른 것이 된다. 이렇게 사물의 모양(상태)에 대해 논리적으로 주목하는 소재를 「이론 구성요소(Structural Element of the Methodology)」라고 하지만 여기에서는 약칭으로 「구성요소」라고 부르기로 한다.

구성요소는 이론 체계에 따라 정확히 건조물에 따른 건축재료(건축자재)와 같은 것이고, 어떤 건축자재를 사용하는지에 따라 건조물의 구조・외관・거주성・내구성이 거의 결정되듯이, 이론체계도 구성요소에 의해 기능 영역이 설정되어, 문맥과 패러다임도 거의 결정된다[19]. 따라서 쇼와의 식사를 어느 구성요소에 따라 설명하려고 하는지는 논술 하는 데 있어서 몇 개의 선택지 안에서도 근본적인 선택이다. 특히, <食의 문화 포럼>과 같이 학제적인 지적 집단은 문맥과 패러다임을 정하는 구성요소가 명백히 많고, 채택하는 문제도 다영역에 걸쳐지므로, 구성요소가 기존 전제가 되어 형성되는 하나의 전문 영역 학회와는 달리, 구성요소를 사전에 명확히 해 두지 않으면 쓸데없이 혼란을 일으키게 될지도 모른다. 그러한 이유로 경계 영역에 있어서 포괄적인 테마를 복수의 관련 영역에 걸쳐서 논술할 때야말로 구성요소를 명확히 해서 최선을 다해 동일하거나 호환성 있는 구성요소를 서로 채용해서 검토하는 것이 바람직하다. 그렇게 하면 동상이몽이 아닌, 동언이의의 쓸데없는 토론이 일어나지 않고 끝난다.

그런데 본론의 구성요소는 요리(dish)와 식품(food article)을 채용한다. 따라서 영양과학에서는 구성요소의 주역을 하는 영양소(nutrient)도 식재료(food resource)도 채용하지 않는다. 또 먹는 법(예의범절 포함), 식기, 식비(가계), 식탁 풍경, 식재료 생산・가공・유통・폐기 등도 채용하지 않는다. 이 선택에 의해 본론「쇼와의 식사 변천」은 영양 충족률과 식재료 자급률의 변천이 아닌, 요리・식단과 음식 섭취 패턴 변천으로 설명된다. 이에 따라, 개인과 가정 식사의 변천을 직접적으로 다루게 되어 일본 전체의 식사 변천은 개인 식사의 정보 축적에 따라 파악, 설명된다.

이러한 문맥과 패러다임은 다른 논저와는 색다르겠지만 그러한 생각으로 읽어주시면 좋겠습니다.

II. 요리의 변천

쇼와 60년 남짓한 사이에, 일본인이 어떠한 요리를 먹고 있었는지를 자료에 근거해 말하겠다. 자료로써는 쇼와 초기에 관한「聞き書 東京の 食事(듣고 쓴 기록 동경의 식사)[20]」를 채용해, 그 이후는 가장 대중적인 여성 잡지의 하나인「婦人之友[21]」를 사용했다. 그 밖에도 검색해야 하는 자료가 있지만 다년간의 경위를 조사하기 위해서는 편집 방침이 다른 잡지를 여러 권씩 보는 것보다도 한 잡지로 한정하는 편이 좋다고

19) 豊川裕之 1986『公衆栄養』(第二版)光生館,에 의함

20)『일본의 식생활전집 동경』간행위원회(편집)1988『聞き書　東京の 食事』(日本の食生活全集13)農山漁村文化協會에 의함

21)『婦人之友』일본의 대표적인 부인잡지. 婦人之友社간행. 메이지 36년(1903)에『家庭之友』로 창간, 메이지 41년(1908)에『婦人之友』로 개칭하고 현재에 이름.

생각한다. 또한, 현재 실로 다수의 조리・요리・식단 게재지가 발간되고 있지만, 그것들에 실려 있는 식단이 반드시 현재의 식사를 대표하고 있다고는 할 수 없듯이, 상술한 자료도 당시의 식사를 완전히 대표하고 있다고는 생각할 수 없다. 그러나 완전히 맞지는 않더라도 거의 맞은 거나 다름없다고 생각해도 좋을 것이다.

2.1 「현대」와 일즙일채(一汁一菜) (쇼와 원년~쇼와15년)

쇼와 원년=다이쇼 15년(1926)부터 쇼와 15년(1940)경 사이는 다이쇼 데모크라시 풍조에서 서서히, 그리고 마침내 급속히 군국주의의 경향이 강해지는 상황을 식단표에서 알 수 있다 (자료1~2). 말린 정어리, 삼치 소금구이와 햄라이스의 식단표에는 고염분, 저단백질의 결함을 가진 옛날 식사의 모습이 보인다. 즉, 이것이 당시의 필시 손이 많이 가는 이상적인 식단표이고, 해당 잡지 독자의 절반도 이것을 식탁에 차리는 것은 할 수 없을 것이다. 동시에 다리가 낮은 밥상(접을 수 있는 밥상)을 둘러싸는 서민의 인간미 풍부한 식탁 풍경도 상상된다.

쇼와 8년 (1933), 미곡통제법[22]이 시행되어 국제적으로는 일본이 국제연맹을 탈퇴한 연도에 해당하지만 이때의 『부인지우』에 수록되어 있는 식단(자료3)에는 동물성 식품이 없어졌다. 그렇다고는 하지만, 쇼와 10년(1935)의 『부인지우』에 실린 식단에는 오징어, 쇠고기(목심, 삼겹살), 갈치, 해삼 등의 동물성 식품이 사용되고 있다. 해당 잡지가 당시, 지도적 역할을 다하고 있었으므로 이러한 풍조도 있었다고 생각해도 괜찮을 것이다. 실제로 국책으로, 「일즙일채」의 절약이 표방된 것은 쇼와 13년(1938)이었다. 전 국민이 이것을 준수했다고는 생각할 수 없지만, 긴박하게 돌아가는 국제 정세 안에서 나라의 지도자들이 전시 체제를 양성하는 동안 서서히 서민의 식탁은 엄숙하게 되어갔다.

22) 미곡통제법 : 쌀의 수급관계의 조절을 목적으로 하여 다이쇼 10년 (1921)에 공포된 「미곡법」이 대공황 중에 만성화된 농업공황에 도움이 되지 않아 개정한 것. 정부는 쌀의 최고 가격과 최저 가격을 정해 무제한으로 매입하고 매도하기도 했다. 쇼와 14년(1939)의 「미곡배급통제법」은 그것을 중일전쟁이 장기화되는 중에 다시 개정한 것

<자료 1> 다이쇼 말부터 쇼와 초에 걸쳐서의 하루 식단

	식단	식품	섭취량(g)
아침	밥	쌀	120
	된장국	된장	20
		미역	2
	김조림	김조림	20
	채소절임	무청절임	60
		무절임	50
		간장	8
점심	밥	쌀	130
	정어리말림	정어리말림	120
		간장	6
	김조림	김조림	15
	머위조림	머위	50
		식염	2
		간장	5
		설탕	5
저녁	밥	쌀	140
	두부장국	두부	50
		파드득나물	5
		간장	5
		식염	1.5
	삼치소금구이	삼치	80
		식염	1.6
	무침요리	파	30
		미역	3
		된장	10
		설탕	3
		식초	3
	나물무침	대두	30
		간장	3
		무절임	80
간식	사쿠라모찌	사쿠라모찌	70
	쑥떡	쑥떡	70

(다이쇼 15년『聞き書 東京の 食事』농문협)

<자료 2> 쇼와 2년의 하루 식단

	식단	식품	섭취량(g)
아침	밥	쌀	100
	된장국	된장	25
		두부	50
		산파	5
	톳조림	톳	10
		대두	20
		간장	15
	아차라즈케	절임무청	40
	교나절임	교나절임	60
		간장	7
점심	밥	쌀	130
	얼린두부 · 탕엽	얼린두부	20
	표고버섯조림	말린탕채	30
		말린표고버섯	2
		간장	30
		설탕	10
		파	80
		모시조개	80
		된장	20
		설탕	10
저녁	햄볶음밥	쌀	140
		햄	30
		양파	50
		식물성기름	10
		식염	2
		후춧가루	
	무말랭이절임	말랭이	15
		간장	5
	맑은장국	토란	70
		꼬투리완두	20
		간장	10
		식염	1
	조림	다시마조림	10
	매실장아찌	매실장아찌	20
간식	귤	귤	200
	누가	누가	20

(쇼와 2년『婦人之友』2월호 p 259)

자료 3 쇼와 8년의 하루 식단

	식단	식품	섭취량 (g)
아침	밥	쌀	140
	된장국	된장	25
		미역	3
	후쿠진즈케	후쿠진즈케	20
점심	밥	쌀	150
	잠두조림	잠두	150
		설탕	40
		식염	1
저녁	밥	쌀	150
	튀김계란	계란	50
	야채쿠즈니절임	라드	20
		표고버섯	10
		죽순	15
		파	10
		간장	15
		전분	3
		오이	100
		식염	2
		설탕	5
		참깨	10
간식	삶은팥	팥	50
		설탕	40

(쇼와 8년『부인지우』5월호 p177)

자료 4 쇼와 15년의 하루 식단

	식단	식품	섭취량 (g)
아침	메밀가루 핫케이크	메밀가루	90
		우유	40
		물	40
		설탕	9
		식물성기름	5
	귤껍질설탕조림	마멀레이드	30
	모시조개국	모시조개	30
		식염	1
점심	샌드위치	식빵	180
	낫또버터	낫또	40
		버터	10
	귤잼	잼	20
	대두커피		
저녁	냄비난반	삶은국수	200
		떡	160
		파	40
		유부	10
		어묵	30
		간장	13
		설탕	2
		식염	2
		된장	7
	무즙	무	50

(쇼와 15년『부인지우』2월호 p102)

<사진 1> 지역조직배급 쌀을 시작으로 목탄도 성냥도 설탕도 모두 지역조직에서 배급하는 것으로 되어 자유롭게는 무엇하나도 살 수 없게 되었다(쇼와 15년(1940) 2월) (가게야마 미츠히로 씨 촬영)

2.2 통제와 대용식사 시대(쇼와16~쇼와24년)

쇼와 12년(1937)에 중일전쟁이 시작되었고 다음 해에 국가총동원법[23]이 공포되었으며 쇼와 14년(1939)에 미곡배급통제법이 시행되어 일본국은 마침내 전시체제에 들어갔다. 동경부에서는 식당, 요리집에서 쌀밥이 금지되어 거리에서는 다가올 내핍에 대비해 「대용식전」이 개최되었다. 그때부터 『부인지우』의 식사 메뉴에서 고기류가 사라지고 변해서 압맥, 메밀가루가 등장해, 낫또 버터 샌드위치가 소개되었다(자료4). 그 후, 종이 통제에 의해 잡지는 휴간해야 하는 상황에 이르게 되었고, 극단으로 축소되어 식단과 같은 사치스러운 것은 게재할 수 없게 되었다. 쇼와 16년(1941)에는 미곡배급통장제도와 외식권제도가 실시되어 가정용 미곡 통장, 가정용 수산물 구입 통장, 가정용 주류 구입표 등이 없으면 식료품을 구입할 수 없게 되는 식료통제제도가 완성됨과

23) 국가총동원법 : 쇼와 13년(1938) 4월1일에 공포된 전시통제법. 전쟁수행을 위한 인적 자원· 물적자원을 통제하여 운용한 광범위한 권한을 정부에 주었다.

동시에, 그해 12월, 대동아전쟁(태평양전쟁)이 시작되었다.

「사치는 적이다」「이길 때까지는 탐내지 마라」가 국민 표어로써 사람들 입에 오르내리고, 특히 심상소학교에서 국민학교로 바뀐 소년(학동)들이 중국 문화대혁명의 소홍위병과 같이 보급 선전에 전국적으로 이용되었다. 국민학교 3학년에 진주만 공격에 갈채(박수)하고, 중학교 1학년에 종전 조서(옥음)를 눈물 흘리며 청취한 필자도 그렇지만, 필자보다 나이 든 세대는 이 전시 중에 전후에 걸친 식량난 체험을 절대로 잊지 못할 것이다. 그러나 요즘의 식사 기록은 불충분해서 그런대로 자료 5, 6을 예시로 내놓을 수 있던 것에 지나지 않는다. 조식=잡곡 잡탕 죽, 중식=당고, 석식=콩 스프라는 식단에서 식재료 궁핍의 실태를 짐작할 수 있다. 세상의 역사서가 승자만으로, 패자가 드문 것과 같은 이유로 패전 시의 기록은 가령 식사 메뉴라 해도 역사적 자료는 좀처럼 남기기 힘든 듯하다. 그러나 그것과는 반대로 개인적인 기억에 관해서는 궁핍할 때 식사에 굶주린 기억 쪽이 모자람이 없던 때의 식사보다도 선명히 기억되는 것도 이상한 것이다.

패전 직전인 쇼와 20년(1945) 5월의 식재료 결핍은 심했고, 패전 직후엔 식재료 궁핍은 더욱 더 심각해져서 그 궁핍을 보다 못한 점령군의 주력인 미국은 약 수개월 전까지 적대 관계였던 일본에 가리오아 자금[24] 등에 따른 식재료 원조(밀가루・옥수수를 주체로 하는 식재료)를 실시해 주었다. 이것에 도움 받아, 피점령국 일본은 위독한 굶주림과 질병 유행을 미연에 방지할 수 있었다. 쇼와 21～22년경이 되어도 식재료 사정의 회복은 계속 진행되지 않았고, 굶주림, 혼란과 허탈함 속에서 「일본은 영구히 3등국이다」라는 자신감 상실이 널리 퍼져 있었지만, 다시 힘차게 암시장을 열고 물건을 사러 감으로써 늦어진 쌀 배급의 중단을 보완했다. 그 상황 속에서 쿠페 빵과 탈지분유[25]가 대표인 학교 급식에 의해 학동의 영양 상황은 상당히 도움 받았다. 그러나 학교 급식의 빵은 일본 가정의 식사에 빵이 보급되는 원동력이 되었다. 그것이 고도경제성장과 함께 쇼와 38년(1963)을 정점(한 사람 하루 당 약 280g)으로, 쌀밥 감소가 시작되어 쇼와 63년(1988)에는 약 200g까지 감소하였다. 그 후도 쌀 소비량은 계속 감소하고 있다.

---

24) 가리오아 자금(점령지역 구제자금) 제2차 대전 후 미국정부에 의한 점령지구제자금. 점령지역의 질병이나 기아에 의한 사회불안을 방지하여 점령정책을 원활하게 진행하는 것을 목적으로 하였다.

25) 우유의 지방분을 분리하여 분말로 한 것. 요즘에는 꽤 영양적으로 충분한 것이라고 생각지 않지만, 당시에는 맛이 없어서 학교급식에서도 평판이 나빴다.

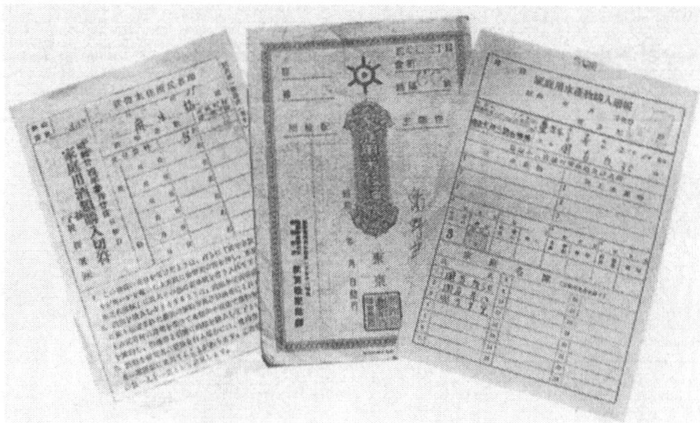

<사진 2> 미곡배급통장과 외식권 (다이토 구립 시타마치 풍속 자료관 소장)

<사진 3> 상징적인 큰 문자를 처음으로 게재하여 가두시위를 하는 주부들 (동경・신교역전에서 쇼와 26년 9월) (주부연합회제공)

자료 5 쇼와 20년의 하루 식단

	식단	식품	섭취량(g)
아침	잡곡죽	쌀	30
		옥수수	40
	즙	무	50
	근대	근대	70
		간장	5
점심	당고	식용가루	70
		대두	20
		식염	1
	감자	감자	150
	쑥갓	쑥갓	40
저녁	콩스프	대두	30
		식염	2
	신선초	신선초	50
	무절임	무절임	30

평균	식품	섭취량(g)
	쌀	110
	대두	
	식용가루	계 220
	우동	
	옥수수	
	고구마	150

(쇼와 20년 『부인지우』 p.8)

자료 6 쇼와 21년의 하루 식단

	식단	식품	섭취량(g)
아침	죽	쌀	30
	된장국	된장	20
		근대	30
	우엉무침	우엉	70
		당근	20
		기름	3
		간장	8
점심	찐고구마	고구마	200
	도로로콘부	도로로콘부	3
	장국	간장	8
	나물무침	근대	100
저녁	스튜	감자	150
		당근	30
		양파	60
		고카브	50
		밀가루	80
		식염	2
		식물성기름	10
	무조림	무	30

(쇼와 21년 『부인지우』 1월호 p.15)

자료 7 쇼와 25년의 하루 식단

	식단	식품	섭취량(g)
아침	빵	식빵	90
		버터	10
	모시조개스프	모시조개	30
		버터	10
		밀가루	10
		양파	30
		당근	10
		우유	40
		식염	2
	토마토	토마토	150
점심	밥	쌀	100

자료 8 쇼와 38년의 하루 식단

	식단	식품	섭취량(g)
아침	토스트	식빵	60
		버터	10
	홍차우유	우유	60
		설탕	10
	햄에그	햄	20
		계란	50
		식물성기름	3
		양배추	40
		소스	10
점심	밥	쌀	130
	꽁치버터구이	꽁치	90

	정어리튀김	정어리	100
		간장	10
		전분	20
		식물성 기름	25
	튀김	고구마	60
	나물무침	고마츠나	80
		간장	5
	채소절임	무	30
저녁	밥	쌀	100
	민스볼	갈은 돼지고기	70
		양파	30
		전분	10
		식염	1
		식물성기름	7
	야채소테	까치콩	80
		당근	40
		버터	3
		식염	1
	무침	미역	5
		오이	40
		설탕	5
		식초	5
		식염	1

(쇼와 25년 『부인지우』 11월호 p.78)

		식염	2
		버터	10
		간장	10
	삶은콩	메추라기삶은콩	40
	양배추	양배추	40
저녁	밥	쌀	130
	돈카츠	돼지목심	100
		밀가루	5
		계란	10
		빵가루	10
		식물성기름	20
	까치콩소테	까치콩	50
		버터	5
		식염	1
	케첩	스파게티	20
	스파게티	식물성기름	5
		식염	1
		토마토케첩	15
	생두부	두부	80
		간장	10
	오이무침	오이	50
		차조기	1
		식염	1
간식	귤	귤	100

(쇼와 38년 『부인지우』 10월호 p.134)

2.3 빈곤으로부터 벗어남(쇼와25~35년)

전후의 정치·경제 기구의 개편이 차츰 실제로 시행되는 쇼와 25년(1950) 한국전쟁이 발발해, 미국·국제연합군 병참지인 일본에 전쟁 특수가 모여 산업 부흥의 활력이 되었다. 게다가 쇼와 26년(1951)에는 대일(對日)강화조약이 체결되어, 다시 독립국으로서 국제사회에 부활했다. 그때 일본의 식탁은 자료7에서 보는 것처럼 식재료가 풍부해져 부식품(반찬)의 종류도 늘어났다. 동물성 식품도 어개류가 주이지만, 매 식사에 반드시 등장하도록 되었다. 쇼와 30년대에 들어서자 가정 전기화 시대, 즉 산업진흥, 경제부흥이 일반 가정에까지 침투했다. 이때 식생활은 한층 풍부해졌지만, 오래된 식사 패턴인 그대로였기 때문에, 곡류의 섭취량은 동일하거나 오히려 증가한 경향이었고, 보리와 잡곡 섭취량이 감소하는 중에, 쌀 섭취량이 늘어나 어개류, 육류의 섭취량이 늘어났다. 이 변화가 쇼와 50년대의 서양화와 다른 것은, 쌀류의 감소가 없는 것 외에 유지류와 우유・유제품 증가를 수반하지 않는다는 것이다. 그러나 간식으로 아이스크림이 아이스캔디 대신 애용되었고, 막과자와 전통과자를 대신해 양과자와 설탕이 많은 과자가 시장에 나왔다.

2.4 경제의 고도성장과 식생활의 다양화(쇼와 36~49년)

「식사혁명시대로서의 쇼와」 (이시게 나오미치)[26] 라고 불리는 식생활의 급격한 변화가 이 시기에 격류처럼 시작되었던 것이다. 쇼와 36년(1961)은 이케다 내각 (이케다 하야토(池田勇人) 총리 대신)이 공약한 소득 배증 계획이 순조롭게 전개되어 가는 과정에서, 근로자의 급료는 계속되는 임금 인상으로 고액이 되어갔다. 진무경기(神武景氣), 이와토(岩戶)경기가 계속되어, 동경 올림픽도 개최되었으며, 일본인의 생활행동은 완전히 바뀌었다.

쇼와 38년(1963)의 식단(자료8)에서는 지금까지와는 달리 식단이 풍부해지게 되었을 뿐만 아니라, 토스트, 햄에그에서 시작해 소테, 스파게티에 이르기까지 가타카나인 요리명이 늘어나고 있다. 이것은 조리법, 식단의 국제화와 다양화를 단적으로 나타내는 것이다. 게다가『부인지우』에 실려 있는 쇼와 40년(자료9), 같은 44년(자료10), 같은 48년(자료11)을 순서대로 따라가면, 쇼와의 식사에 일어난 일대변화의 대부분이 이 시기의 것이라고 깨달을 수 있을 것이다. 특히, 쌀밥을 대신해 토스트, 면류, 스파게티가 등장한 사실에 주목하고 싶다. 그에 따라 육류 식품이 종류・양과 함께 늘어나 이른바 서양화가 일어났다.

이러한 풍부한 식생활은 그것을 떠받치는 산업과 인프라스트럭처가 조화를 이루어야 한다. 사실, 그것만인 배경은 갖추어졌지만, 활발한 경제활동과 산업기반 정비는 앞날을 서두른 것도 있어서, 환경 오염과 파괴를 일으켜, 유기 수은, 농약 등에 의한 환경 오염에 의해 식품의 안전성이 파괴되어, 건강이 위태로워졌다. 어쨌든, 경제적으로 풍부해진 일본인의 식생활은 「사치는 적이다」에서 「소비는 미덕」이라고 불리기까지 변화한 것이다.

그러나 이러한 낙천적인 풍부함에 환경 오염・식품 오염 등에 의한 제동이 걸렸을 때, 다음에 생겨나는 관심은 식문화와 건강에 대한 것이다. 이 새로운 관심은 경제적 풍부함이 받쳐져 비로소 가능하게 되었지만, 경제적 풍부함은 당연한 것으로, 경제성・생산성을 도외시하여 전개되었다. 구체적으로는 미식가, 유기 농법에 의한 산물, 무첨가 식품 등이 그런 것이지만, 한편으로는 일본 풍토에 맞는 식사로의 회귀를 도모하는 일본식 식생활의 재검토도 있었다.

---

26) 石毛直道 1989「昭和の食一食の 革命期」石毛直道・小松左京・豊川裕之 (編)『食の文化シンポジウム '89 昭和の食』pp.9-38을 참조하기바람

자료 9 쇼와 40년의 하루 식단

	식단	식품	섭취량(g)
아침	밥	쌀	120
	된장국	된장	15
		양파	30
		감자	40
	비엔나	소세지	40
	감자조림	감자	80
		간장	10
		설탕	4
	김	김	2
점심	냉면	삶은우동	220
		간장	30
		파	8
	토마토	토마토	80
저녁	밥	쌀	130
	굴프라이	굴	60
		밀가루	10
		계란	10
		빵가루	15
		식물성기름	15
	양배추	양배추	20
		소스	15
	자완무시(달걀찜)	계란	25
		닭고기	10
		표고버섯	5
		어묵	5
		파드득나물	3
		유리네	5
		식염	1.5
	푸성귀겨자무침	푸성귀	70
	귤	귤	100
간식	크래커	크래커	10
	젤리	젤리	30

(쇼와 40년『부인지우』1월호 p.238)

자료 10 쇼와 44년의 하루 식단

	식단	식품	섭취량(g)
아침	밥	쌀	130
	된장국	된장	25
		호박	40
	말린정어리	말린정어리	40
	무즙	무	30
		간장	5
	우엉무침	우엉	60
		당근	30
		식물성기름	8
		간장	10
		설탕	5
		고추	
	후리가케	후리가케	3
	채소절임	양배추절임	40
점심	우동	삶은우동	300
		간장	30
		파	5
		생강	3
	고기야채볶음	돼지고기	40
		양배추	120
		당근	20
		양파	100
		식물성기름	15
		식염	3
		후춧가루	
	간장콩	콩	10
		간장	5
저녁	다키코미밥(채소밥)	쌀	130
		유부	10
		우엉	20
		당근	20
		표고버섯	10
		간장	10
		식염	1
	된장국	된장	25
		두부	60
		파	20
	조림	준치	40
		당근	30

식단		식품	섭취량(g)
		어묵	30
		곤약	50
	채소절임	무청절임	80
간식	찐고구마	고구마	200
	여름밀감	여름밀감	150

(쇼와 44년『부인지우』5월호 p.138)

자료 11 쇼와 48년의 하루 식단

식단		식품	섭취량(g)
아침	밥	쌀	90
	낫또	낫또	30
		파	3
		김	1
		간장	5
	된장국	된장	15
		토란	30
		파	10
	달걀부침	계란	60
	즙	무	30
		간장	8
	채소절임	배추절임	50
	다시마조림	다시마조림	10
		김	1
		식물성기름	3
		식염	1
점심	스파게티	스파게티	100
	미트소스	갈은 돼지고기	50
		양파	80
		마늘	3
		토마토케첩	50
		버터	15
		밀가루	15
		식염	2
		후춧가루	
		치즈분말	2
	과일칵테일	귤통조림	30
		복숭아통조림	20
		사과	40

자료 12 쇼와 58년의 하루 식단

식단		식품	섭취량(g)
아침	크루아상	크루아상	60
	커피		
	햄에그	햄	20
		계란	60
		식물성기름	6
		샐러드야채	10
	그레이프프루츠	그레이프프루츠	70
점심	볶음밥	쌀	80
		새우	30
		햄	20
		양파	50
		양송이	20
		식염	2
		후춧가루	
		버터	20
	샐러드	양상치	30
		떡잎채소	5
		토마토	30
		올리브	5
		건포도	5
		드레싱	15
	스프	식염	1
		파	3
저녁	밥	쌀	100
	샤브샤브	쇠고기	80
		배추	100
		표고버섯	15
		두부	50
		쑥갓	15
		파	30
	조림	토란	80
		간모야끼	50
		죽순	30

	식단	식품	섭취량(g)
		바나나	30
		설탕	20
저녁	밥	쌀	110
	불고기	돼지고기	90
		간장	20
	감자튀김	감자	100
		식물성기름	20
	믹스베지터블	믹스베지터블	40
		식염	2
	샐러드	양상치	40
		토마토	30
		오이	30
		프렌치소스	20
간식	컵케이크	컵케이크	80

	식단	식품	섭취량(g)
		간장	15
		설탕	5
	겨자무침	고마츠나	80
		겨자	
		간장	5
간식	아이스크림	아이스크림	60

(쇼와 58년 『부인지우』를 참고해 작성했다)

(쇼와 48년 『부인지우』 1월호 p.170)

2.5 식문화와 건강(쇼와 50년 이후)

일본식 식생활이 바뀌어 다시 보게 되었을 때, 사람들은 일본의 풍토와 그 안에서 가꾸어 낸 문화의 중요성을 깨달은 것이다. 오로지 구미화를 동경하기만 했던 상태를 지나 자신감을 회복하고, 일본인은 어차피 구미인은 될 수 없다고 깨달았을 때, 일본인의 식문화를 이해하고, 지금부터 지향해야하는 식생활을 스스로 요구하게 되었다. 물론 경제적 뒷받침도 있고, 식품 가공 기술의 높은 수준도 갖추어져 있기 때문에 여러 외국이 부러워하는 사치스러운 식사가 마련되어져 있다. 자료 12에서 보이는 것처럼, 거기에는 고대의 로마 시민도, 세계의 패권을 장악하고 있던 때의 에스파냐의 시민, 그 뒤를 계승한 대영제국의 국민도 결단코 이 정도까지로 풍요롭고 건강한 식생활을 영위하진 않았을 거라고 생각되는 식단이 보인다. 이 자료가 일본인의 식생활을 그대로 나타내고 있지는 않지만, 쇼와 40년(1965)경부터 식생활과 건강과의 연관을 연구해 온 자로서 이 식단이 적어도 손이 많이 가는 식사였다고 생각한다.

여기에 나타나 있는 식단은 경비 면에서 보면 고액이고, 외래의 것을 모방하는 것에 저항하지 않는 국민성을 나타내고, 또 그것을 가능하게 하는 손재주 없이는 실현할 수 없는 내용이다. 그 외양은 확실히 「쇼와겐로쿠」라고 하는 것에 걸맞다. 이렇게 현란한 식생활이 오래 계속되지 않는 것이 세상의 관례이고, 천재와 경제 붕괴 등에 의한 외적 요인 또는 자유가 방자히 타락하는 것에 의해 건강 파탄으로 이어질 위험이 있다. 일본인의 경제 특히, 가계에서는 엥겔 계수가 30%를 밑돌고 있으므로, 이제는 식품을 구입하는 금전상의 제약 없이, 그 시점에서 타락과 건강 파탄을 방지하려면 자제심이라는 방법밖에 남아있지 않게 된다.

그러나 일본인에 한정되지 않고, 인류가 긴 역사를 통해 구축한 식문화는 일조일석으로 변화하는 것이 아니라, 사고방식도 단시일 사이에 무리하게 바꾸는 것은 가능해도 오래 계속되지 않고, 도로 아미타불이 되는 것이 보통이다. 그런 까닭으로 건강에 좋은 식생활을 노력해서 습관화해야 하지만, 생활 환경은 삼엄하다. 예를 들면, 건강식품을 강조해 말하는 판매가 소비자를 안이한 기분으로 만들기 때문에 악화가 양화를 구축하듯이, 안이한 건강식품이 건실한 건강 만들기를 없애버린다. 따라서 물건이 물적, 경제적으로 풍부해지면 건강 만들기도 쉬워진다고 생각하기 쉽지만, 의지가 취약해지면 환경도 유혹에 빠지게 되므로 식생활은 이상으로부터 멀어지는 일은 있어도 쉽게 가까워지지는 못한다. 이러한 상황을 단적으로 「자유는 산정상의 공기와 닮았다. 어느 쪽도 약한 것에는 견딜 수 없다.」[27] (아쿠타가와 류노스케(芥川龍之介))라고 한다. 물적, 경제적으로 풍부해져서 약자(자제심이 약하고, 건강지향도 박약한 사람)와 강자와의 격차는 점점 더 벌어진다. 금후, 일본의 건강 수준이 유지되기 위해서는 한 명 한 명이 강자가 되어야 한다. 그러나 조리 절차 생략이 진행되고, 외식・중식이 늘어나, 인스턴트 식품, 레토르트 식품 등 완조리 식품이 전통 반찬과 함께 가정의 식탁에 자리잡게 되었다.

III. 음식물 섭취 패턴의 변천

식단의 변화를 연도를 따라 종람해 왔지만, 여기에서 총정리하면, 음식물 섭취 패턴 분석이라고 하는 수법[28]에서 쇼와 24년(1949) 이후의 국민 영양 조사[29] (후생성・지정통계)의 자료를 사용해 쇼와 후반의 음식물 섭취 상황 변화를 그림으로 나타낸 것을 보여 준다 (그림1) 또한 그림1의 좌표축은 그림 2의 좌표축과 같고, 가로축(제1인자)은 「반찬 저녁식사 대 반찬 소식 인자」이고, 세로축(제2인자)은 「빵식 중심 대 쌀밥 중심 인자」라는 것을 알 수 있다 (그림2). 그 인자를 이해하는 것(가로축, 세로축이 의미하는 것)의 근거는 그림2에 분포되어 있는 각 식품군의 배치 상황에서 종합적으로 알아낼 수 있는 것이고, 이해가 잘 되지 않는 경우도 있지만, 그림2는 충분히 이해할 수 있는 예이다. 전

27) 「자유는 산정상의……」 아쿠타가와의 경구집 「난쟁이의 말」 안의 한 문장.

28) 이것은 식품군별 섭취량을 구성요소로 하는 방법론이지만, 그 결과를 2차원 공간도 <식품군 또는 인간>에서 도시하는 것으로, 다변량 해석의 하나인 인자분석・주인자법에 따르고 있다.

29) 국민영양조사는, 전후, 쇼와 20년(1945)부터 매년 계속적으로 행해져 왔지만, 영양 개선법(쇼와27년 법률 제248호)에 의해 법적 근거를 얻었다. 수차에 걸친 개선을 거쳤지만, 50년 이상이나 계속되고 있는 세계에 유례없는 것이다.

술한 식단의 변천과 그림1 경우의 음식물 섭취 패턴을 함께 검토하면, 지금까지와는 또 다른 측면이 보이므로, 후에 그것을 서술하겠다. 한국전쟁 이전은 반찬을 적게 먹는 식사였고, 특수로 경기가 좋아지자 급격하게 반찬을 많이 먹게 되어, 1953년(쇼와 28)부터 1957년(쇼와 32)에 걸쳐서는 가장 쌀밥을 많이 먹었다는 사실이 나타나 있고, 이 시기가 「흰밥」이라고 불리는 백미 쌀밥을 실컷 먹었던 시기이다. 전술처럼 쌀 소비량에만 주목하면 1963년(쇼와 38)이 가장 쌀을 많이 먹었던 시기이지만, 쌀 이외의 식품과의 관계도 고려해 넣으면 1957년(쇼와 32)이 가장 쌀밥 중심형 식생활을 했던 시기가 된다.

1960년(쇼와 35)에 이케다 내각이 소득 배증 정책을 내세워, 그것이 순조롭게 진전됨에 따라, 일본의 음식물 소비 패턴은 반찬 다식화 경향이 강해져(그림1에서는 오른쪽 방향으로의 이동이 시작되고), 동경 올림픽 해(1964년)에는 대폭으로 반찬 다식화(오른쪽 방향 이동)해서, 그 후 올림픽 열기가 식자 잠시 원래대로 돌아갔지만, 1968년(쇼와 43)에서 10년간은 반찬 다식을 유지하면서 쌀밥 중심 경향이 약해져 쌀, 밀을 많이 먹는 방향(위쪽 방향)으로 계속 이동했다.

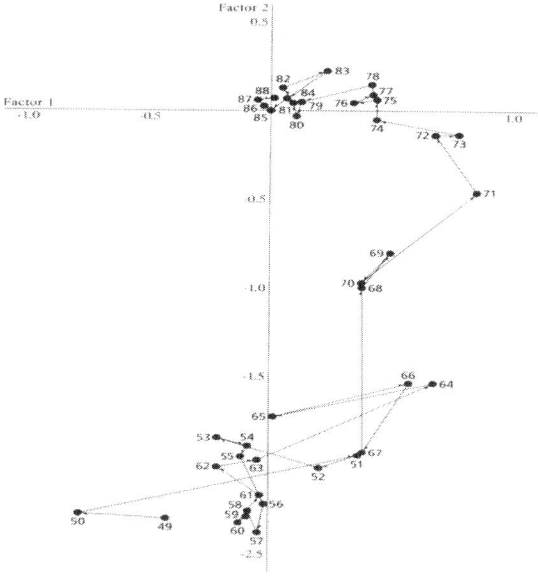

<그림 1> 쇼와 60년도 국민영양조사 자료에 근거한 음식물 소비의 2차원 공간도(식품・전체)에 도시(圖示)한 음식물 소비 패턴의 변천

※숫자는 서력 아래, 두 자릿수를 나타냄

<주> 그림1의 좌표축은 그림2에 의해서 알 수 있다. 67년 이전과 73년 이후에는 음식물 소비 패턴이 현저하게 다른 것을 알 수 있다. 68년부터 72년에 걸쳐, 급격한 변화가 일어난 것도 나타나있다. 73년의 제1차 오일 쇼크로 이 변화에 제동이 걸려, 79년 이후는 쌀 소비 확대 운동 등으로 안정된 음식물 소비 패턴을 얻은 것을 알 수 있다.

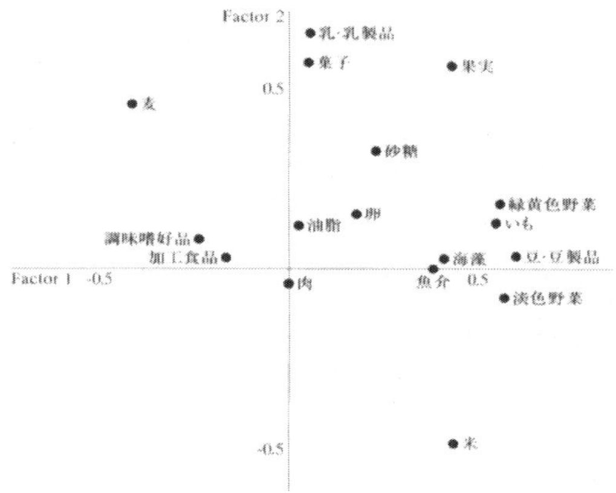

<그림 2> 음식물 소비의 2차원 공간도(식품・전체)

[쇼와 60년도 국민영양조사 결과로부터]

그것이 제1차 오일 쇼크가 세계 규모로 일어나 고도경제성장이 종언된 1973년(쇼와 48), 음식물 섭취 패턴은 역시 마찬가지로 안정된 상황이 계속되었다.

이상으로, 1949년(쇼와 24) 이후를 3기로 구분한다.

제4기 빈곤으로부터 벗어나기를 노력했던 시기(쇼와 24～35년)

제5기 고도경제성장과 식생활의 다양화 시기(쇼와 36～49년)

제6기 식문화와 건강을 지향한 시기(쇼와 50년 이후)

또한 쇼와 24년보다 이전 시기는 수량적으로는 확정할 수 없지만 3기로 구분할 수 있어서,

제1기 다이쇼에 잇따른 진부한 자유 시대(다이쇼～쇼와 11년)

제2기 전시체제 시기(쇼와 12～18년)

제3기 전중・전후의 궁핍 시기(쇼와 19～23년)가 된다. 전3기와 후3기를 합쳐 쇼와를 통산 6기로 구분하고 싶다.

쇼와의 식사 변천을 식단과 식품군별 섭취량에 주목해서 설명했다. 한 여성잡지에 실린 식단이 당해 연차의 식사를 대표한다고 생각할 수 있는지 어떤지가 문제가 될지도 모른다. 글 속에서도 설명했듯이, 편집의 일관성을 신용해 계통적인 변화 안으로 변천을 찾아낼 수 있다고 생각한다. 또, 식품군별 섭취량을 구성요소로 하는 음식물 섭취 패턴 분석은 필자의 30여 년에 걸친 연구 성과에 근거한 것이고, 연구자 생명을 걸고 보증하는 것이다.

제4장 일본형 식생활은 일본인이 지킨다

요시카와 세이지(吉川誠次)

I. 일본 식사의 문화 원점

인간의 여러 가지 즐길 거리 속에서 먹는 즐거움이라고 하는 것은 대단히 크다. 그런데 음식물이라고 하는 것은 과학적으로는 영양소이고, 인간이 살아남기 위해 도입한 석유와 같은, 에너지의 근원이라는 의미가 있다. 에너지원이 되는 탄수화물, 지방, 단백질 이외에 좀 더 미량으로, 음식물을 연소시키기 위한 미네랄이라든지, 비타민과 같은 여러 가지 미량 원소도 음식물로서 받아들이는 것도 알고 있다.

그러나 그것만으로는 인간의 식사는 성립되지 않는다. 그것만으로는 가축 사료, 또는 실험용 동물 사료와 조금도 다를 것이 없다. 그 사료와 음식물을 구분 짓는 것이 어떤 점에 있는가라고 하는, 이른바 문화적인 것이 관능검사에서는 대단히 중요한 것이다.

나는 음식 연구소에 근무해, 관능검사(19)라고 하는 분야를 담당하게 되었다. 맛있다, 맛없다라든지, 이런 것을 먹고 싶다고 하는 것을 계속 연구해 나가면, 역시 근본에 있어서는, 일본인이라고 하는 것을 재인식해서, 옛날에는 어떤 것을 먹고 있었는지 라든지, 어떤 기호가 있었는지라든지, 여러 가지 역사적인 것을 조사할 필요가 생긴다. 일본만이 아니라, 이웃 국가, 또는 세계적으로 봤을 때, 일본의 특징이라고 할 수 있는 면도 조사하지 않으면 알 수 없다.

오늘날, 우리들 일본인은 전 세계의 식사를 받아들이고 있지만, 뭐든지 상관없이 먹고 있는 것이 아니라, 역시 거기에 독자적인 선택이 행해지고 있다. 이것은 먹지만, 이것은 먹지 않는다고 하는 선택을 하는 이유를 조사하면, 역시 동아시아 국가들 또는 동남아시아의 국가들 등 여러 국가의 문화가 긴 역사를 통해 일본에 흘러들어오고 있다는 것을 알 수 있다.

그러면 어느 국가도 비슷한 식문화가 되지 않는가라고 하면, 한반도는 한반도, 중국은 중국, 동남아시아는 동남아시아라고 하듯이, 아주 독특한 음식 취향이 있어서 이것은 좀처럼 하나로 집약되지 않는다. 또, 그밖에 일본인의 원점이 무언가 있는 것이 아닌가라고 하는 것이 아주 마음에 걸린다.

이것은 언어라든지 식품 이외의 경우도 같고, 우리들은 여러 기회로 세계 각국에 가지만, 가장 큰 문제는 언어로, 국가에 따라 상당히 달라서 공통점은 있지만 좀처럼 이야기가 통하지 않는 경우가, 문화 교류 면에서 이따금씩 방해가 될 때가 있다.

그러나 지구상이 전부, 하나의 언어로 괜찮은가라고 하면 그것은 어디에 가더라도 같은 문화가 된다는 것이며, 진보의 면에서는 단일성은 오히려 방해가 된다. 각각의 전통 아래에서 독특한 문화를 가지는 것이 좋다. 문화라고 하는 것은 구별되는 것으로, 식품으로 치면, 지역에서 취할 수 있는 여러 산물을 주체로 한, 일상 음식 안에서의 악센트, 특징이라고 하는 것이 식문화로 불리는 것은 아닐까하고 생각한다.

Ⅱ. 세계 각국에서 보는 식품 섭취 패턴

1998년은 이상기온의 현상으로(異常氣象), 세계 각국에서는 식량 수급 사정이 종래의 과잉 수급에서 (過剩基調)에서 부족 수급 현상으로(緊迫基調) 나타나고 있다. 이러한 변화는 근래에 예언한 대로 가깝게는 1972년쯤에도 이상 기온의 계기로, 세계 각국에서는 식량자급도(自給度)의 유지・향상이 국정 중요 과제로 취급하였다. 국제연합(國連)의 전문기관에서는 각국의 식량의 수급 밸런스의 조사결과를 발표했다. 여기서 문제시된 것은 가축의 사료와 달리, 각국의 식생활 패턴을 고려하지 못한 채, 어떠한 사태에 대해서 각국의 수급 현실에 대응할 수 없다는 것이었다.[30)]

30) 자원조사소 조사관, 츠치야 산노스케(土屋三之助)에 의하면 「내외의 식사영양 사정과 장래의 일본에 있어 식사 필요량 등에 관한 하나의 고찰(一考察)」 문헌(18)을 참조하기 바란다.

당시 농수성(農水省) 식량연구소에서는 주성분 분석법에 의한 국제 식량 공급 패턴에 관한 연구가 추진되어, 쇼와(昭和) 45년(1970)의 연구보고 제24호에 보고되었다. 이 성과는 쇼와(昭和) 29~39년(1945~64)의 수급 동향을 주성분 분석법에 의하여 연구한 것으로 제1주성분은 음식 형태가 곡물 등 경작식품형이나 가축식품형이라 명명하였고 제2주성분에서는 덩이줄기채소(감자류), 물고기, 야채등이 함축되어 있다.

이 연구 보고에 의하면, 식육의 섭취 패턴에 특징이 있는 국가들, 동남아시아・일본(1934, 1967년)・아랍연합 등을 그림 1-(1)로하고, 유럽과 미국의 축산 의존형 국가들인 프랑스, 미국, 오스트레일리아, 노르웨이의 그림 1-(2)을 각각의 대표로서 방향(ベクトル)을 두었다. 이들 국가는 기존 식생활 패턴의 성과인 영양 밸런스 등을 잘 설명하고 있다.

그리고 우리들은 여러 식생활에서 문화적으로 어떻게 파고들 것인지 생각해보았다. 우선 식품의 재료가 있고, 그 재료를 요리하는 여러 가지 수법이 있으며 그것을 짜맞추어보니 매우 다양한 요리가 된다는 것에서 여러 특징이 있는 식품과 요리가 전 세계에 정착하리라 생각된다.

어느 것이든 모두 다룬다는 것은 불가능하므로 각각 마음대로 조합하면서 보는 것이 좋거나, 흔히 육식이나 채식이라고 불리는 유형이 일반적으로는 통념되어 있지만, 나는 식품 재료 패턴이라는 것을 생각해보았다. 「음식 섭취 패턴」(1)(2)이라는 것이 첫 번째 시도의 결과이다.(그림 1)

수직선은 칼로리의 섭취 방법을 가리키는 것으로 중앙의 세로선 아래 절반 부분에 나타난 것은 곡물을 얼마나 먹는지 도식화한 것이다. 가운데에 동그라미가 있는데 이것은 세계 대표적인 40개국의 평균적 섭취량(공급량)[(3)(11)(12)]이며 그보다 많은 국가들의 그림에서는 굵게 표시되어 있고, 그 길이가 양을 가리키고 있다(C). 인도의 경우 가운데가 비어진 짧은 선이 우측 대각선 위쪽에 있는데, 그것은 물고기(F)의 섭취를 나타내며 섭취 방법이 적은 경우이다. 같은 모양의 좌측 대각선은 야채, 과일의 섭취량을 가리키고 있다.

일본은 1967년 무렵의 음식 형태는 세계 각국에 비해 물고기 섭취량이 유달리 많고 야채와 과실도 상당히 많은 것을 알 수 있다.

1934년에는 야채와 어류의 섭취량은 계속 적고 곡물을 많이 섭취하고 있다. 이것은 동남아시아, 동아시아 공통의 패턴이다.

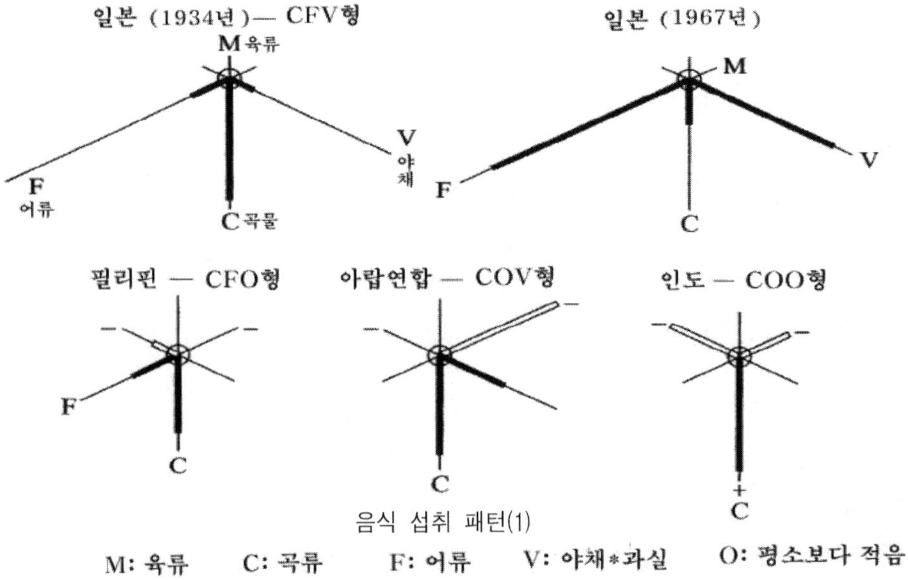

<그림 1> 세계의 음식 섭취 패턴

패턴 (2)에서는, 이번엔 수직선이 위쪽으로 뻗어있는데 이것은 고기를 중심으로 한 식생활을 가리킨다. 그림 (1)의 경우 원점의 아래에 굵은 선이 있었지만, 그림 (2)의 국가들에서는 곡물 대신 육류가 많다고 되어 있다. 이것이 무슨 뜻이냐면, 칼로리를 섭취하는 식료를 육류와 버터, 치즈 같은 유제품을 중심으로 하여 많이 섭취하고 있다는 것이다. 이러한 국가들의 그림을 이른바 유럽형이라고 한다.

오스트레일리아는 북반구의 서구형(西歐型)의 여러 국가(諸國)에 고기를 공급하는 입장으로 고기를 상당히 많이 먹는다. 일본(1934년)의 곡물 선을 육류 선으로 바꾸면 프랑스 형이 된다. 프랑스는 물고기도 야채도 일본만큼은 아니지만 많이 사용하기 때문에 세 가지의 밸런스가 좋다. 노르웨이 등 스칸디나비아의 국가들의 음식 구성은 물고기와 고기가 대부분이며 추운 곳이기 때문에 야채가 매우 적다. 미국은 물고기를 먹지 않고 고기와 과일, 야채의 패턴이 된다(미국형).

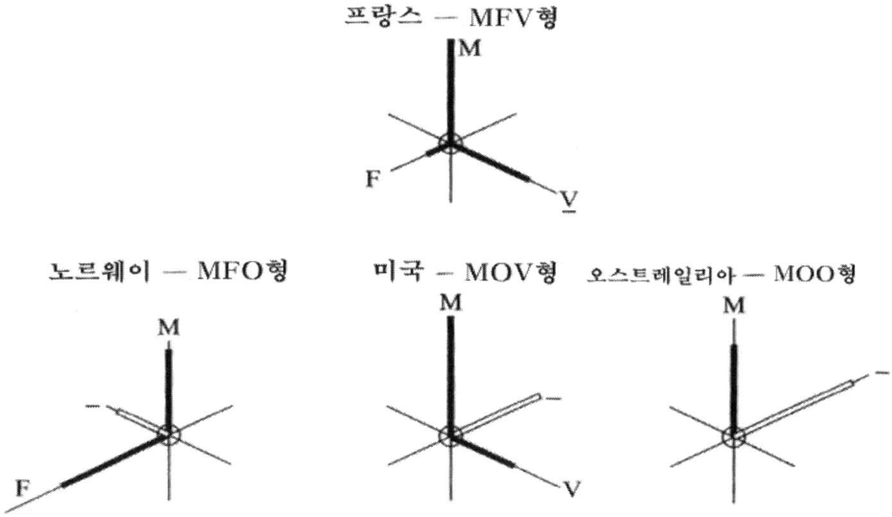

음식 섭취 패턴(2)

최근 문제가 되고 있는 것은 미국형 같이 육류 섭취 선이 매우 긴 나라에서 성인병(생활습관병)이 많다는 것인데, 식생활이 고기에 치우쳐 있기 때문에 이것을 원래대로 바로 잡는 것이 건강을 지키는 「식사 목표」가 되었다. 미래의 음식 구성의 기본 방향, 그 방향으로 유도하는 방법이 큰 문제가 되기 때문이다.

이와 같이, 지구상의 여러 나라의 식생활을 보면 남북 문제라고 할까, 고기에 치우친 식생활은 주로 북반구의 공업화한 나라들에서, 곡물 중심의 나라들은 남반구에 분포되어 있다고 할 수 있다. 이것에는 역사적인, 지리학적인 환경의 문제 등 여러 가지가 있고, 인간이 지구상에 살아가며 삶의 지혜로서 음식 패턴을 선택해 왔다고도 말할 수 있다.

하지만 자연 환경 그대로 식생활이 구성되는 것이 아닌 또 다른 문화적인 것을 생각한다면 종교이다. 종교에는 여러 가지 금기가 있으며, 힌두교도에는 소를 먹지 않는다. 그리고 가축의 소유 차이가 유제품을 사용하는지를 결정짓게 되고, 동아시아 혹은 동남아시아의 나라들에서 젖을 사용하지 말라는 경향이 있어 곡물 중심의 식생활을 하게 된다.

서양풍요리나 중화요리, 일본요리와 같은 대략적인 개념은, 크고 작은 개념상 문제가 있긴 하나, 큰 문제는 오히려 요리 재료를 조리하는 방법, 특히 조미료라는 점이 크게 특징지을 수 있다.

III. 조미료의 계통

레이 타나힐(Reay Tannahill)이라고 하는 영국인이 쓴 『Food in history』에는 1세기경의 로마제국에서는 어장(魚醬)[31]을 많이 먹었다고 하는 것이 나오는데, 이것은 리쿠아멘(liquaman) 혹은 가룸(garum)이라는 이름으로 불리며, 당시의 대표적인 조미료였다. 가룸을 만드는 전문 공장이 있으며, 가정에서 물고기를 소금 절임해서(일본의 숏츠루(しょっつる)나 이시루(いしる)와 동종의 것) 만드는 것보다는 제품을 사서 가정에서 조미를 병행했다고 나와 있다. 이것은 현재는 동남아시아 독특의 조미료[베트남의 누옥맘(nuoc mam) 등]이지만 상당히 오랜 전부터 지중해 연안에도 어장과 비슷한 것이 많이 사용되었다고 추측된다.

일본에서도 콩이나 밀을 사용하며, 식물성의 간장이나 된장을 만들기 전에는 어장이라는 것이 상당히 사용되었다. 이것은 앞에서 서술한 그림을 보아도 알 수 있듯이, 일본인의 식생활의 기본이 되어있는 음식 구성은 생선류가 매우 많고, 세계적으로 봐도 톱클래스라 해도 과언이 아니다. 따라서 생선류를 어떤 식으로 조리할 것인가를 항상 새로운 시점에서 개발했을 것이다.

생선을 먹을까 어쩔가 하는 것은, 문화라고 하는 민족성에 weight가 있어서 일본과 비슷한 환경의 섬나라인 영국에서는 일본보다 생선류를 먹지 않는다. 그것은 아마도 유라시아 동쪽에서부터 나타난 삼림 민족, 게르만 민족이 영국 섬에 상륙한 탓인데, 그들은 본래 대륙의 민족이기 때문에 생선류에 대해 그다지 선호하지 않고 그로 인하여 지금에도 생선류를 즐기지 않는 전통이 남아있다고 생각한다.

생선을 소금으로 절여서 보존한다는 방법에서 어장이 되었는데, 생선은 매우 부패되기 쉬운 것이기 때문에 그것을 보존해서 부패되지 않도록 하는 가공법을 고민한 것이 어장이다. 생선 자체의 효소를 사용해, 부패를 막으면서 식해(熟鮨-ナレズシ)[32]를 만든다. 그 이외에 가열해서 부패를 막거나 소금을 사용해 보존하는 것처럼 점점 세련(洗練)된 방법을 발견할 수 있다.

생선을 보존하는 방법에는 도구가 필요했다. 특히 해안가에 생선을 햇볕에 말리는 것은 꽤나 간단해 보이지만, 비가 오기 때문에 건어물을 만드는 것은 그렇게 간단하지 않았다. 살아 있는 그대로가 아닌 건어물로 만들기 전에 고대에는 어떠한 방법으로 생선을 다루었는지 흥미진진하다. 고토우 카즈타미(後藤和民)의 『죠몬토기를 만들다』[(4)]라는 책이 나왔다.

31) 어장에 대해서는 제 1권 320쪽, 이시게(石毛) 논문 「발효의 문화권」을 참조하기 바란다.

32) 熟鮨(ナレズシ) 식해에 대해서는 제1권 298쪽 「식해와 스시」, 322쪽 「식해」의 항목을 참조하기 바란다.

고토우(後藤) 씨는 치바의 가소리(加曾利) 패총 박물관에 근무하면서 죠몬 토기를 재현시켜보았다. 죠몬 토기는 질그릇으로 유약을 사용하지 않아 물이 새어 나오는데, 그러한 토기로 과연 취사가 가능할지 흥미를 가지고 죠몬 토기를 만들어 실험해 본 것이다. 가소리 패총 인근에 있는 찰흙을 사용하여 새지 않는 토기가 되는지, 또 죠몬 토기를 사용해서 실제로 취사를 해본다는 실험을 한 결과, 대부분 물이 새어나와 취사가 불가능하지만, 찰흙을 잘 사용해 치밀하게 층을 만든 것은 물이 새지 않고 취사가 잘되었다고 한다.

가소리 패총의 근처에서는 조개를 많이 캘 수 있었기 때문에 먹고 남은 음식을 죠몬 토기로 익히고 그것을 말려, 문화 교류처럼 산악의 지역 사람들과 물물 교환을 하였던 것은 아닐까 추측하고 있다.

취사가 가능하다는 것은 식문화에 있어서 혁신적인 것이다. 포토푀(pot au feu)라고 하는 프랑스의 가정요리는 소박하게 지금도 남아있는데, 야채와 생선을 보글보글 끓인 것이다. 그 끓인 것의 건더기와 국물을 나누어, 국물은 바짝 졸여서 소스로 하고, 그 소스를 건더기에 붓는다. 이것이 프랑스 요리 중 하나의 패턴으로, 오늘의 세련된 프랑스 요리에는 이러한 요리법이 많다. 둘로 나눈다는 기술은 간단한 것이지만 대단한 착안으로 나누는 것에 따라서 맛이 농축된, 맛이 좋은 스프를 얻을 수 있는 것이다. 스프를 발견하는 것에는 불로 태운다는 단순한 요리로는 불가능하며, 삶아 익혀서 나누는 것이 중요하고 나눈 국물을 바짝 졸이면 여러 가지 조미료(소스)가 된다. 아마도 그런 식으로 조미료의 역사가 출발한 것은 아닐까.

고기와 유제품을 사용하는 문화인데, 가축의 고기 또는 젖이라는 것은 상당히 정미(呈味) 성분이 많은 것으로, 잠시 내버려두면 발효해서 매우 맛이 좋은 스프를 얻을 수 있다. 이 부용(bouillon)이 조미료의 주체가 된다.

따라서 생선을 먹거나 고기나 젖을 많이 먹는가에서 조미의 방향이 나누어지는 것이다. 하나는 어장의 계통이 되고, 차차 발효 기술에 의해서 식물성 조미료의 발견으로 이어지는 것이 아닐까 생각한다.

IV. 세계의 식성

조금 전의 그림 1을 다시 통일적으로 보고자하여 육면체를 만들어 보았다(그림 2). 위쪽이 북이고 아래가 남이다. 북은 고기 중심으로, 추운 곳이며 기후가 건조하다. 남쪽은 야채, 설탕 같은 것을 취할 수 있다. 성분적으로 어디가 다른가하면, 고기를 중심으로 한 쪽은 나트륨(Na)이 많고, 야채 쪽은 칼륨(K)이 많다는 것이다.

동서로 나누어보면, 대강적인 서식이지만, 우유과 콩이 식성 중에서 상당히 두드러진 특징으로 되어 있다.

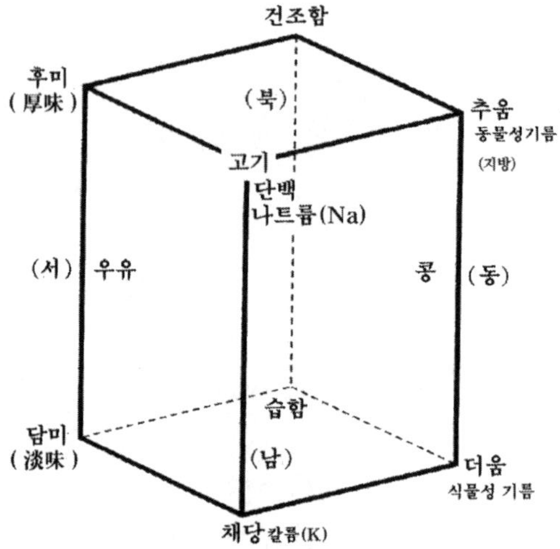

그림 2. 세계의 식성

기름(油)을 말하자면, 북쪽에는 지방(脂)라는 동물성의 포화지방산을 지닌 기름이고, 남쪽의 더운 곳에서는 식물성의 액체 기름이라는 차이가 된다.

맛으로 정리해 보면, 후미(厚味)나 담미(淡味)라는 것이 되고, 이것이 현재 동양, 특히 일본인의 풍미의 기호라는 부분을 지배하고 있다는 느낌이 든다.

이러한 것은 요리방법(조리)에도 미친다(그림 3). 가루로 해서 먹을지 낟알(粒)로 먹을지, 혹은 물을 사용한 경우와 기름을 사용한 경우가 있으며, 기름을 사용한 요리라고 하면 유럽풍의 요리가 된다(점선으로 적혀 있는 쪽에는 기름 요리 선이 있다). 그리고 불을 사용하는지 사용하지 않는지에 대한 것은 생선회와 구운 요리라는 관계로, 구우면 수분이 잡힌다. 또, 왼쪽에는 더욱이 미생물 또는 효소를 일하게 해서 만드는 조미료에 관한 것이 나온다.

어쨌든 이것들을 조합하면 무수한 요리의 변화가 가능하며, 그러한 것 중 기호에 맞는 음식 문화가 조성되어 왔다.

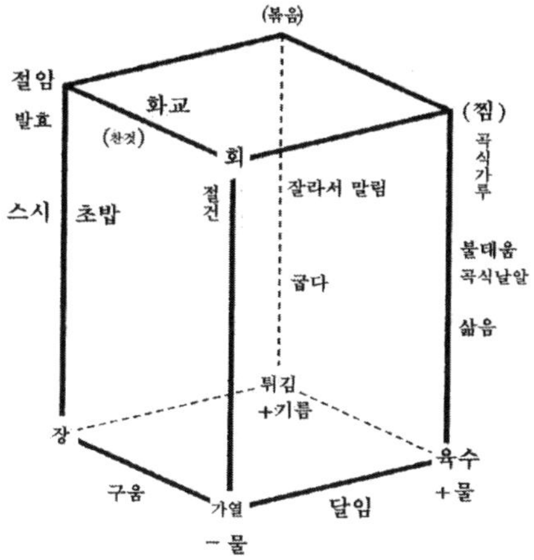

그림 3. 요리방법의 패턴 요소 일본형+(중국형)

그림 4는 서독의 엘리네크(Jellinek, P)가 1951년에 만든 냄새의 연상을 정리한 것인데, 육식의 사람들은 육류의 냄새를 좋다고 생각하는지, 혹은 좋은 식품이라고 생각하는지에 대해 흥미가 있었던 것이다. 엘리네크가 한 것은 여러 가지 양념의 냄새를 맡았을 때, 어떠한 것을 연상하는가에 대한 것이다. 동물들과 식물들을 양극으로 해서 여러 연상을 정리한 그림이다.

동물들 쪽을 보면 알칼리라 쓰여 있는데, 치즈나 기름이 오줌이나 똥 같다는 식의, 동물성의 극이 높은 곳으로 갈수록 상당히 천하고 상스러운 냄새를 연상했다. 그것에 비해 가운데에서 아래쪽의 식물들의 냄새는 비교적 고상하고 향기로운 냄새를 연상시킨다고 한다.

이것은 유럽에서 조사한 것이지만 육식의 사람들 역시 식물성 냄새를 정말 좋은 냄새라고 하며 동물성 냄새는 황화수소 등이 대표되듯이 그다지 탐탁지 않다는 생각이 많았다.

햄의 제조법은 고기를 소금으로 절이는 것인데, 그것만으로는 싫은 냄새를 없앨 수 없어 기분 좋은 맛있는 식사가 불가능하다. 그것을 덮기 위해 여러 가지 향신료를 사용하여 냄새를 커버한다는 점에서 서양요리에 향신료(spice)가 빠질 수 없는 중요성을 가지게 되었다.

그것에 비해서 동아시아, 동남아시아 쪽의 식물성 주체의 식생활을 가지고 있는 경우에는 그만큼 향신료로 냄새를 없앨 필요성이 없다. 냄새의 기호는 상당히 주관적인 이야기이기에 물고기의 냄새가 구리다고도 할 수 있고 고기의 냄새가 구리다고도 할 수 있다.

또 한 가지, 현재의 식품 가공에서는 그것을 어떤 식으로 생각하고 있는지를 가리키는 것이 그림 5이다. 이 허들(huddle) 효과란, 식품이 자연의 미생물에 의해 공격당하여 인간이 그것을 먹기 전에 세균이 번식해버리면 부패해버리기 때문에 그것을 막기 위해서 허들(장해물)을 많이 만들어 거기에 균의 증식을 방지한다는 목적으로 개발된 방법이다. 그 집합으로서 식품 가공이 이루어진다.

그림 4. 향료와 그 연상 [문헌(6)에 의함]

그것을 위한 대표적 방법으로서 온도를 사용하는, 즉 가열해서 죽여 버린다는 방법과 저온을 사용하는 방법이 있다. 또 수분활성(aw, water activity)이라는 것이 있는데, 이는, 균이 이용할 수 있는 곳의 수분이라는 의미로, 건조하면 세균이 증식하는 것에 필요한 물이 잡히지 않게 된다. 이 aw, 즉 수분활성을 낮추면 균이 증식할 수 없게 되는 것이다.

오른쪽에는 산화환원전위나 가산(加酸)이라고 적혀있는데, pH, 산이 강한 부분에서는 세균이 증식할 수 없기 때문에, 이 방법으로도 식품을 보존할 수 있다.

그리고 점선 부분에는 발효라고 적혀있는데, 이것은 변화한 저장법으로, 부패를 일으키는 균과 경합하는 것 같이 해가 없는 균을 먼저 번식시켜버리는 것이다. 유산 발효도 그러한 것인데, 발효와 산을 잘 조합시켜도 식품의 보존이 가능하다.

왼쪽에는 훈연, 훈제(smoke)하여 연기로 균을 죽이는 방법이 있다. 보다 근대화한 방법은 방사선(radiation)을 사용한다는 것도 있다(실용적으로 마령서(감자)의 발아방지에 사용되고 있다).

왼쪽 아래에 있는 IMF라는 것은 「중간수분식품」의 것인데, 가쓰오부시(鰹節)의 중간제품으로 「나마리부시(なまり節)」라고 하는 것이 있다. 나마리부시는 그리 오래는 견디지 못하지만 생가다랑어에 비하면 꽤 오래 견딘다. 최근은 중간수분식품, 즉 절반 정도 수분을 줄인 것을 포장해서 며칠이고 보존할 수 있는 것이 판매되고 있다. 이 방법의 장점은 잘라먹으면 반은 날 생선을 먹는 것 같은 맛이 있다. 가쓰오부시가 되면 그러한 특징이 없어져버리기 때문에 이 부분이 식품 가공 중에서는 특히 중심이 되는 장래성 있는 식품이라 말해지고 있다.

또 수분활성을 낮추는 가염(加塩)이나 가당(加糖)이라는 것은 산을 첨가하는 것과는 다르며 소금이나 설탕을 사용해 균의 발육을 방해하는 것으로, 꽤 오래된 방법이나 소금을 사용하는 쪽이 보다 오랜 방법이다.

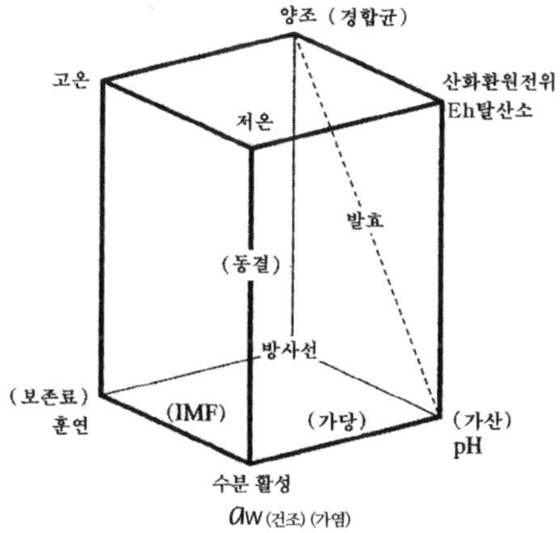

그림 5. 허들 효과설 [문헌(8)에 의함]

이 허들 효과는 독일의 육 연구소 라이스토너라는 사람이 말하고 있는 학설인데, 이것은 경험적으로 찾아낸 가공법이며 인간의 생활의 지혜 속에서 요리(料理), 조리(調理)로부터 발견된 것을 가공법으로서 사용하고 있는 것이다.

건조하거나 소금을 첨가하는 식품이 무수히 많지만, 그러한 것이 요리의 조미법과 함께 현대의 우리들이 먹고 있는 식품 속에서 잘 활용되고 있는 것일까.

지금 과학 기술이 상당히 진보하여 수많은 것이 가능하게끔 되었지만, 혹여 냉동하거나 포장한다는 기술이 없다 하여도, 마찬가지로 식염이나 설탕이 가지고 있는 특성을 사용해 저장식품을 만들 것이 틀림없다. 그것이 중독을 일으키지 않는 건전한 식품이 되기 위해서는, 아마도 수분을 줄이고 식염을 첨가하는 두 가지에 의해 여러 가지 저장식품을 만들었을 것이다.

일본 표준식품성분표의 속에서 고전적인 식품을 골라, 그 안의 수분과 식염분을 구상해보았다(그림 6). 아래부터 실선의 세 번째까지의 부분은 해산물로, 물고기에 소금을 첨가하거나 건조하여 보존한 것이다. 점선이 수분활성(aw)으로, 0.9라는 것이 위에서부터 네 번째에 있는데, 이것보다도 큰 aw의 경우에는 금방 부패해버려, 이 선의 아래쪽으로는 가공식품이 나오지 않는다.

소금을 사용하거나 건조하는 것에 의해 보존되고 있는 중에서도 3가지 선이 나온 것은 어느 쪽인가 하면 언제까지나 먹을 수 있는 것은 아니고, 상당한 기간은 먹을 수 있다. 소금을 조금 적게 하면 왼쪽으로 기울고 싱거운 식품이 되기 때문에, 위에서부터 두 번째 사선의 왼쪽 위에 속한 식품군은 비교적 짜지 않은 것이다. 염분이 10%이상이 되면, 상당히 짜게 되며 먹을 때는 조금씩 밥과 함께 먹는 방법을 하고 있다. 젓갈 등의 위치는 오른쪽 위의 방향에 한정되어 있으며, 매실 장아찌 하나만 특이적으로 오른쪽의 떨어진 곳에 있다.

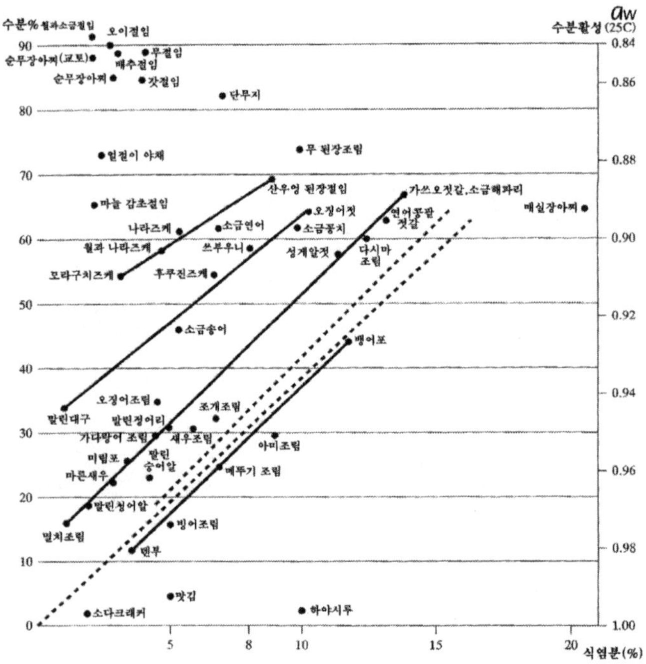

그림 6. 절임과 염장식품의 식염 함유량과 수분

왼쪽 위의 식품은 생선이 아닌 식물성의 절임인데, 소금의 가감이 적고 비교적 수분도 많은 것이다. 동물성이 부패에 의해 단백질로부터 아민(amine)과 같은 독성의 것이 나오기 쉬우므로 조건을 강하게 해두지 않으면 안 된다. 그것에 비해 식물성의 채소는 탄수화물이 주체로, 산은 나오지만 그렇게 나쁜 성분이나 냄새도 나지 않기 때문에 소금을 쳐서 눌러놓는다는 예로부터의 방법으로 만들어져 왔을 것이다.

V. 일본의 「음식문화」는 일본인이 지킨다.

일본의 음식문화의 하나의 특징은, 어느 때에 외래 문화가 많이 들어오고, 그 뒤 쇄국과 단절이 일어나 일시 수입 문화가 멈추며, 거기서 숙성(熟成)하는 기간이 있다는 것이다. 외래 문화의 도입 시기와 외래 문화의 숙성 시기가 있으며, 다시 말하면 원래 일본적인 것과 외래 문화가 융합해 원만해지는 시기가 꼭 끼어 있다. 거기서 일본의 음식문화의 하나의 특색, 독자성이라는 것이 전통적으로 만들어져 오며, 이것이 지금의 우리들의 음식문화의 하나의 커다란 특징이 아닐까 생각한다.

현재, 세계의 음식이 일본에 상당히 많이 들어오고, 식료의 70% 이상이 외국에서 들어온다고 하는 것에, 일본 독특의 음식문화의 그림자가 희미해져가는 경향이 있다. 하지만 생각해보면, 외래의 음식문화・요리는 그것이 태어난 본토의 것이 가장 소중한 것이며, 그 아류(亞流)라고 할까, 흉내를 내어도 진짜와 똑같이 될 수는 없다.

일본의 음식문화는 우리 일본인이 지킬 수밖에 없기 때문에, 그러한 의미로 일본의 음식문화를 재검토할 필요가 있는 것이다. 역사(history)가 어떠한 것이었는지 연구하여 원리(principle)를 파악하는 것이 현대의 우리가 해야 할 일이 아닐까.

앞에서 말한(前述) 북반구의 공업화 국가들의 고칼로리, 고지방식으로 치우친 성인병, 비만 등의 예방법에 대한 식사 목표 문제점. 남반구의 개발도상국들에서의 영양 섭취량과 영양소 밸런스의 향상 목표에 관한 문제점. 그 양자(兩者)에서 보아, 일본형의 식구성은 이상적인 식구성의 모양으로서 세계 각국에서 주목되어 연구되고 있다. 눈부신 경제성장과 이것을 유지하는 건강하고 활동적인 사람들, 또 그 원동력으로서의 식생활에 원점을 찾는다는 생각이기도 하다.

이 혜택받은 패턴을 지금 자유로이 누리고 있는 우리들에게 있어서도, 그 고유한 식문화가 성립한 유래를 이해하고 현상(現狀)의 밸런스를 얼마나 길게 유지시킬 수 있는지 고려해야 하는 것이 아닐까. 절임, 어채류, 염건물(塩干物), 어묵제품(練り製品), 된

장, 간장, 차 등을 포함한 부채류(副菜類), 쌀을 주식으로 한 패턴은, 전승(傳承)의 위에 안주하는 뿐만으로는 쇠퇴하기 쉬운 경향이 있다. 지금이야말로 각종의 식품이 제구실을 다하고 그 총합을 재검토할 때라고 생각한다.

일본의 식사문화의 특징을 생각한 단면을 2~3개로 나누어 보았다.

식생활과 같이 식사문화에서도 나타난다. 고도경제성장기의 전후로서, 1963년도와 1978년도를 들어, 대표적인 80종류의 음식을 각 현, 현청 소재지의 가계조사에 의한 지역적인 변동 경향을 컴퓨터 mapping으로 해석한 것은, 스즈키 히데오(鈴木秀夫) 씨・쿠보 유키오(久保幸夫) 씨의 『일본인의 식생활』[14]이었다. 1983년에는 NHK방송 여론조사소의 『일본인의 식생활』은, 연령별[9]의 생활충실도에 차지한 식생활의 비율이 60세를 넘으면 20%를 넘는 것으로 보고했다.

또 연령별로 본 전통적 가정요리에서, 절임은 16~70세로 공동 1위였지만, 35~70세에서 2위 3위의 「무즙」이 16세에서는 9위까지 전락하고, 「후리카게」와 인기를 역전한다는 이상한 현상을 발표했다.

쇼와부터 헤이세이(平成)에 걸쳐 일본형 식생활을 둘러싼 그 현황 파악을 위한 연구가 시작되었다. 전승식품・향토요리 등 식문화의 대표적인 것들의 연령적인 기호차(嗜好差)는 점점 확대되고, 식생활을 총합적으로 조사 검토하여 그 존속으로 이바지할 필요가 제기되었다.

일본형의 식생활을 현실적으로 실감하고자 한다면, 그것은 일본을 구성하는 지역에 전승된 향토요리에 의한 것이 무엇보다 시급하다. 최근 지역성에 착목(着目)하여 요셉 클라이너 편저(編著) 『지역성에서 본 일본』[5]이 간행, 식생활에 대해서는 호리이 쇼지(堀井正治) 씨, 현대의 향토색 요리에 대해서는 오쿠무라 아야오(奥村彪生) 씨에 의해 지역의 특징이 논해져 일본형을 유지하고 있는 것이 점차 밝혀졌다.

농수성에서 기획된 특별연구 「식생활 및 식료자급의 장기 전망」의 성과의 일부는 농업총합연구소[10]와 식품종합연구소[2]에서 간행되고 있다. 여기에서도 연령계층별의 전통식품의 현저한 기호차(嗜好差)가 존재하는 것이 확인되었다. 예전에는 만인을 매료해 왔던 음식이 차세대로 연결될 청년층에게 글렀다고 생각되어 포기된다는 문화적 비극과 손실은, 현재 어떠한 대책도 세워져 있지 않은 경제적인 손실에 못지않은 데미지가 장래의 일본인에게 일어난다고 예상되는 바이다.

【문헌】

(1) Bateman, Michael, Caroline Coran & Oliver Gillie 1981 The World's Best Food, The Sunday times guide.

(2) 地域食生活研究チーム 1991『日本人の食生活—地域食生活實態調査』農林水産省食品總合研究所

(3) FAO 1946~ Food balance sheets

(4) 後藤和民 1980『縄文土器をつくる』中公新書

(5) 堀井正治 1996「日本人の食生活と地域特性」ヨーゼフ・クライナー (編著)『地域性からみた日本』 新曜社

(6) Jellinek, P. 1951 Practice of modern Perfumery, Leonard Hill

(7) 木村修一・(山口迪夫) 1987『食生活論』新エスカ 21 同文書院

(8) Leistner, L. 1986 History of dry sausage production, Fleischwirtschaft 66 (3)

(9) NHK放送世論調査所編 1983『日本人の食生活』日本放送出版協會

(10) 農業總合研究所 1989『研究資料』第 5号「食生活變動の諸相とその規定要因」に關する報告及び討論記錄

(11) 農林水産大臣官房 1982『食料需給表』

(12) OECD 1979 Food consumption statistics 1964-1978

(13) 奥村彪生 1996「現代における郷土色料理」ヨーセフ・クライナー (編著)『地域性からみた日本』新曜社

(14) 鈴木秀夫・久保幸夫 1983『日本人の食生活』朝倉書房

(15) 田村新八郎・石間紀生・大澤文江・吉川誠次 1970「食糧消費パターンの數量的研究(第2報)」『榮養と食糧』第 23卷, 第 9号

(16) 田村新八郎・大澤文江・宮崎基嘉 1970「食糧消費パターンの數量的研究(第3報)」『榮養と食糧』第23卷, 第9号

(17) タナヒル・レイ 1980『飮食と歴史』小野村正敏 (譯) 評論社

(18) 土谷三之助 1978「內外の食糧榮養事情と將來の我が國における食糧必要量等に關する一考察」『資源調査所 季報』第3卷, 第1号

(19) 吉川誠次 1998「日本の官能評價の原點」『日本官能評價學會誌』第2卷第2号[卷頭]

(20) 吉川誠次・藤澤良知・木村比呂美 1995『食文化論』生活科學雙書 建帛社

(21) 吉川誠次・石間紀生・五十嵐洋子・齋藤說子 1981「主成分分析法による國際食糧供 給パターンに關する研究」『食糧研究所研究報告』第 24号

후기 본권의 구성에 대해서 한마디 말

구마구라 이사오(熊倉功夫)

본 강좌 안에 제 1권을 제외하면 앞으로 6권은 어떤 의미에서 「일본의 식문화」에 포함된다. 이 책은 「일본의 식사문화」로서 어떠한 구성이 요구되어지는가. 하나는 총론적인 자리매김이고, 또 하나는 역사적인 접근(approach)이다.

총론이라고 해도 각권에 총론이 서장으로 마련되어 있기 때문에 중복을 피하는 의미로 또 편저의 주관적 관점을 참착하여 역사적인 접근에 치우친 점을 우선 양해하기를 바란다.

일본의 식사문화란 무엇인가, 라는 물음은, 「음식에 있어서의 일본적인 것」의 추구로 향한다. 물론, 일본이라는 말을 안이하게 사용하는 것에 대한 자계(自戒)를 잊어서는 안 된다. <식사의 문화 포럼(forum)>의 자리에서도 자주 "일본"이란 어떤 한정 속에서 사용하고 있는 것인가가 바로잡혔다. 아이누(Ainu)는, 혹은 오키나와는 일본의 논의(論議) 안에 들어와 있는가, 식사문화의 영역으로 큰 격차를 보이는 양(兩) 지역・민족의 문제를 고려하면서도 많은 경우는 규슈・시코쿠・혼슈를 중심으로 한정적인 의미의 일본이라는 사용법이 되어있다.

그리고 일본적인 것의 역사적 접근으로 두 개의 역사학 이외의 방법이 있다. 하나는 고고학이고, 또 하나는 민속학이다. 근년의 고고학의 발달에는 놀라운 것이 있으며, 그것에 음식의 연구가 진행되고 있다. 그러한 고고학의 연구 정황에 무엇보다 넓게 관심을 두고 살피고 있는 사와라(佐原) 논문을 가지고 책의 첫머리로 하고 있다. 그저 발전된 식료의 연구에 그치지 않고, 식기, 조리도구, 부뚜막(아궁이) 등 음식의 문화를 돌고도는 고고학 상의 지견(知見)이 광범히 가리키고 있다.

민속학에도 여러 가지 방법론이 있는데, 아직 젊은 학문인만큼 논리성보다도 연구자의 자질에 의해 문자자료로 남겨지지 않고 서민의 실상이 마치 영상을 보는 것 같이 묘사되는 표현력에 매료되는 것이 있다. 미야모토 쓰네이치(宮本常一) 씨는 그야말로 무엇보다도 훌륭한 자질을 가진 민속학자였다. 미야모토 씨의 말투 그대로 강연필기가 수록되어진 것은 감사할 일이었다. 다만, 이것에는 사정이 있다. 미야모토 씨와 다음에 수록되어 있는 가와카미 고조(川上行藏) 씨, 이어서 쓰보이 히로후미(坪井洋文) 씨 세 분은 이미 사망하여, 원문을 변경할 수 없기 때문에 초수 당시의 형태로 재록해있다.

가와카미 고조 씨의 강연은 민속학이라고 하기보다 영양학자의 체험담으로부터 출발해서 표면적인 조사로는 엿볼 수 없는 식문화의 실태를 부각시키고 있다. 이 강연을 나는 청중의 한 명으로서 들었는데, 그때의 카와카미 씨의 반들반들하고 온화한 얼굴이 지금도 눈에 선하다.

이 제1부는, 말하자면 본권의 총론적인 측면을 가진다. 즉, 식문화에 있어 일본적인 것은 결코 한결같은 것도 아닌, 또 단계별 발전도 아니었다라는 지적이다. 주식(主食)이라는 개념도 실로 애매하고, 미(米)식 신화부터 한발 떨어진 곳을 걷고 있었던 미야모토 씨의 눈으로 보아, 산민(山の民), 해민(海の民)의 안에는 여러 가지의 주식의 실태가 있었던 것이 입증된다.

제2부는 일본의 식료를 취급한 논문을 중심으로 서술했다. 곡류를 중심으로 한 쓰쿠바(筑波) 논문, 감자류 문화를 논하는 독자(獨自)의 일본문화론을 구축한 쓰보이 논문. 콩을 논한 호시카와(星川) 논문, 물고기를 논한 야노(矢野) 논문. 일본의 주요한 식재를 논한다면 다르게도 거론하지 않으면 안 되는 주제(thema)는 많지만, 이것에 덧붙여 근년의 『일본의 음식・100년 <먹다>』 (다무라 신파치로・이시게 나오미치 [편집] 1998년, 국내 출판 간행)의 공개 토론 논문을 배열하면, 거의 전체를 조감(鳥瞰)할 수 있을 것이라 생각한다.

쓰쿠바 씨는 폭넓은 시야로 쌀을 축으로 하면서 곡류 전체를 멀리 바라보는 커다란 스케일(scale)의 논문이다. 1965년에 쌀의 수급이 일치해 「수천 년 전부터 민족적 소원이 드디어 실현했다」라고 기록한 것을 읽고, 감회를 느꼈다. 왜냐하면, 내가 지금까지의 금년의 쌀의 작황지수를 걱정하는 세대이기 때문이다. 20세기가 끝나는 지금, 40세까지의 연구자에게는 조금이라도 많이 쌀을 먹고 싶다고 하는 민족적 소원이 어떤 것인가 가늠할 수조차 없게 되었다.

쓰보이 씨는 야나기타(柳田) 민속학이 너무나도 쌀 중심으로 치우친 것에 대하여 떡 없는 정월의 전통을 발굴하고, 일본 문화의 기저(基底)인 감자문화를 밝히려고 한 독특한 연구자였다. 본 논문도 그가 건강히 지내셨다면 더욱 가필되었을 거라 생각하지만, 그의 발언을 재록하여 동시에 다른 논문에서 일부 인용하고 참고로 하여 썼기 때문에의 의도하는 바를 잘 전하기 위한 고안으로서 필시 그도 용서할 것이라 생각된다. 충분히 주의해서 읽어보고 싶다.

호시카와 논문도 그가 이미 사망해 있어 가필이 이루어지지 않았지만, 유족 분들의 양해를 얻어 약간의 수정을 통해 전체와의 밸런스를 맞췄다.

제3부는 외래의 식문화가 일본에 정착하는 과정을, 비교적 오랜 역사시대에 대해서 고찰하고 있다. 구마쿠라 논문은 외래의 음식이 일본에 정착하는 과정으로 수용, 선택, 변용(変容), 정착의 과정(process)이 있는 것을 지적하고, 이와이(岩井) 논문은 신찬(神饌)이라는 민속의 안에 있는 외래적 요소를 지적했다. 제2장의 야노 논문과 함께 종교 행사의 음식을 통하여 엿보이는 음식문화의 광대한 영역이 주목되고 있다.

하라다(原田) 논문은 명쾌하고 일본의 사회와 종교와의 관련 속에서 정진(精進)요리가 전개한 것을 더듬고 있다. 엄중한 식재의 제한이 새로운 외래의 음식을 받아들이는 계기로도 되는 것이다.

제4부는 근대의 국제화 속에서 일본의 식사문화가 변용하는 상황을 파악한다. 근대의 새로운 식문화의 중심이 서양문명의 수용에 동반하는 화양절충(和洋折衷)이었던 것은 틀림없다. 오쓰카(大塚) 논문은 종래 그다지 문제가 되지 않았던 향기까지 거론, 기원전의 로마 시대를 예로 하여 논했다. 근대의 음식의 변화라고 하면, 아무래도 서양의 음식의 수용에 눈이 향하기 쉽지만, 실제로는 중국요리, 한국요리의 흡수도 훌륭한 것이었다. 다나카(田中) 논문은 특히 야마다 마사히라(山田政平)의 일을 평가하면서, 중국요리의 가정에서의 수용에도 눈을 향하고 있다. 아사쿠라(朝倉) 논문은 불고기(焼肉)라고 하는 가장 대중(popular)의 한국요리가 일본의 독특한 것임을 말해 상식을 뒤엎고 있다.

제5부는 조금 분위기를 바꿔서 일본요리의 미(美)에 대하여 논했다. 풍속에 일본요리는 눈으로 먹는다, 라고 말해질 정도로 아름답다. 거꾸로 말하면 장식 과다이다. 그 아름다움이란 무엇인가, 라는 주제로 토론을 개최했다. 그 내용에서 말하면, 좀 더 실제로 요리에 종사하고 있는 분들의 이야기를 많이 수록해야 할 것이다. 그런데 이번은 종이 수의 관계로 한정해, 오쿠무라(奥村) 논문에 그 역할을 맡겨보았다. 실제 작가 특유의 감각과 판단, 평가는 독특한 것이었고, 일반 학술 논문과는 다른 차원의 설득력이 있다. 마치 칸제 히사오(観世壽夫)의 노가쿠(能樂論)를 읽는 것 같은 인상이다.

이시게 논문은 음식의 예술성에 대해 다각적으로 다루어 예능성에 대해서도 논했다. 특히 정보 미디어(media) 속에서 음식이 구경거리 화(化)하는 현상을 잡고 있는 것은,

지금 우리의 「요리의 철인」 등의 텔레비전 방송 출현을 예측하고 있는 것이다.

제6부는 일본의 식사문화의 현대를 논한다. 그 중핵이 되는 것은, 「일본형 식생활」의 이론화와 그 국제사회에서의 보편성이다.

다무라(田村) 논문은 풍토와의 관련을 억누르면서, 일본형 식생활의 이론 구축에서 건강과 안전, 자원과 환경, 문화의 세 개의 측면으로부터 접근하는 방법을 제시하고 있다. 그것은 이윽고 풍토론(風土論)의 상위가 되는 유토피아(utopia) 론까지 전개되고 있다.

이시게 논문은 제4부에 놓아도 괜찮지만, 오히려 국제화하는 속에서 이(異)문화를 섭취하는 음식의 시스템(system) 론으로서 본 장에 놓았다. 그는 해외의 일본요리의 조사도 손수 돌봐, 지구 규모의 시스템 론을 전개하는 가능성이 없지 않다.

도요카와(豊川) 논문은 우리들의 무엇보다 근접한 쇼와 시대에 구체적으로 어떠한 음식문화의 변화가 일어났는가를 이론적 구성요소로서 요리와 식품을 들어 분석했다. 본권에 수록할 때 많이 생략할 수밖에 없었지만, 쇼와기의 식단이 그 소재로 되어 있다.

요시카와 논문은 일본형 식생활론의 제언자의 한 명인 그가 그 특질을 논해, 최후에 일본의 식문화는 일본인이 지킨다라고 결론짓고 있는 점이 인상적이다.

이상, 각 부의 목적과 수록논문에 대해서 약간의 의견(comment)을 첨부해 왔다. 본권은 전7권의 강좌 속의 한 권으로서의 역할이 있으며, 그 점으로 말하자면 본권에 부족한 논점, 소재에 대해서는 다른 권에서 보충할 수 있다고 생각한다. 또 한편으론 한 권의 책으로서의 유기적 구조를 가지고 있지 않으면 안 된다.

어찌되었든, 오늘날처럼 일본의 식문화가 격심하게 변화하는 시대를 일찍이 일본인은 경험한 적이 없다. 최근에 넘쳐나는 건강론이나 영양, 오염 등의 정보는 너무도 빠르게 변화해서 무엇을 신용해야 좋을지 알 수가 없다. 이럴 때야말로 우리들이 지켜야 마땅한 음식문화란 무엇인가, 우리들의 목표해야 할 식문화란 무엇인가, 라는 근본적 토대를 확립할 필요가 있을 것이다. 그것을 위해 시사되는 것이 본권에 여러 가지 형태로 넣어져 있다고 나는 확신하고 있다.

더구나 칼라 기획에는 눈으로 보는 일본의 식문화사라는 의도로 도판(図版)을 선택해 그 요약적인 해설을 아랫단에 첨삭했다. 재료는 수없이 많지만 페이지 수가 한정되어 아쉬움이 남는다. 앞으로 확실한 "도록(図録) · 식문화의 역사"라는 식의 단행본이 만들어지는 것을 기대하면서 도판의 게재를 허락해준 각 기관장님에게 뜨거운 감사의 말씀을 드린다.

초출 일람(初出一覽)

서장

구마쿠라 이사오(熊倉功夫) 「일본 식문화사의 과제」 새로 씀

제1부 일본 음식의 원상

사와라 마코토(佐原 眞)

「일본적 식생활의 형성」 구마쿠라 이사오 · 이시게 나오미치 (편집) 1998 『외래의 음식문화』 (국내 출판) 수록 「일본적 식생활의 형성」을 토대로 가필 수정했다.

미야모토 쓰네이치(宮本常一)

「일본인의 주식」 이시게 나오미치 (편집) 1981 『음식의 문화 심포지엄(symposium), 81 동아시아의 음식 문화』 (헤이본사) 수록

가와카미 고조(川上行藏)

「『어머니의 맛』은 살아가기 위한 지혜」 이시게 나오미치 (편집) 1981 『음식의 문화 심포지엄, 81 동아시아의 음식 문화』 (헤이본사) 수록

제2부 일본의 식재료

쓰쿠바 히사하루(筑波常治)

「주식문화로서의 곡물」 다무라 신파치로 · 이시게 나오미치 (편집) 1984 『일본의 풍토와 음식』 (국내 출판) 수록 「농업사적으로 본 주식문화」를 바탕으로 새로 썼다.

쓰보이 히로후미(坪井洋文)

「민속학에서 본 곡물과 감자」 다무라 신파치로 · 이시게 나오미치 (편집) 1984 『일본의 풍토와 음식』 (국내 출판) 수록

호시카와 키요치카(星川清親)

「일본의 콩류」 다무라 신파치로 · 이시게 나오미치 (편집) 1984 『일본의 풍토와 음식』 (국내 출판) 수록의 것을, 유족의 허락 하에 일부 수정했다.

야노 켄이치(矢野憲一)

「물고기와 일본인」 다무라 신파치로 · 이시게 나오미치 (편집) 1984 『일본의 풍토와 음식』 (국내 출판) 수록의 것을 대폭으로 가필 수정했다.

제3부 외래 식문화의 정착

구마쿠라 이사오(熊倉功夫)

「일본 식사문화에서의 외래의 음식」 구마쿠라 이사오·이시게 나오미치 (편집) 1988 『외래의 음식 문화』 (국내 출판) 수록의 것을 수정했다.

이와이 히로미(岩井宏實)

「신찬으로 보는 일본화한 외래식」 구마쿠라 이사오·이시게 나오미치 (편집) 1988 『외래의 음식 문화』 (국내 출판) 수록의 것을 가필 수정했다.

하라다 노부오(原田信男)

「정진요리와 일본의 식생활」 구마쿠라 이사오·이시게 나오미치 (편집) 1988 『외래의 음식 문화』 (국내 출판) 수록의 것을 가필 수정했다.

제4부 다시 태어나는 이문화의 음식

오쓰카 시게루(大塚 滋)

「문명개화와 서양요리」 구마쿠라 이사오·이시게 나오미치 (편집) 1988 『외래의 음식 문화』 (국내 출판) 수록의 것을 가필 수정했다.

다나카 세이이치(田中靜一)

「일본화한 중국의 음식과 요리」 구마쿠라 이사오·이시게 나오미치 (편집) 1988 『외래의 음식 문화』 (국내 출판) 수록의 것을 가필 수정했다.

아사쿠라 도시오(朝倉敏夫)

「일본화한 한국의 음식—불고기를 중심으로」 아사쿠라 도시오 1994 『일본의 불고기 한국의 생선회』(농산어촌문화협회)의 일부를 가필 수정했다.

제5부 음식의 미학

구마쿠라 이사오(熊倉功夫)

「음식의 미학」 구마쿠라 이사오·이시게 나오미치 (편집) 1991 『음식의 미학』 (국내 출판) 수록의 것을 수정했다.

오쿠무라 아야오(奥村彪生)·

「요리의 미학·동서비교론」 구마쿠라 이사오·이시게 나오미치 (편집) 1991 『음식의 미학』 (국내 출판) 수록 「보기 좋게 담는 것에서 동서비교론」을 바탕으로 새로 썼다.

이시게 나오미치(石毛直道)

「음식에서의 예술성」 구마쿠라 이사오·이시게 나오미치 (편집) 1991 『음식의 미학』 (국내 출판) 수록의 것을 수정했다.

제6부 세계 속의 일본

다무라 신파치로(田村眞八郞)

「식생활과 풍토」 다무라 신파치로・이시게 나오미치 (편집) 1984『일본의 풍토와 음식』(국내 출판) 수록「식생활과 풍토론」을 가필 수정했다.

이시게 나오미치(石毛直道)

「이문화와 음식의 시스템」 구마쿠라 이사오・이시게 나오미치 (편집) 1988『외래의 음식 문화』(국내 출판) 수록「외래의 식사문화」를 개제했다.

도요카와 히로유키(豊川裕之)

「쇼와의 음식의 변천」 이시게 나오미치・고마쓰 사쿄・도요카와 히로유키 (편집) 1989『음식 문화 심포지엄, 89 쇼와의 음식』(국내 출판) 수록의 것을 가필 수정했다.

요시카와 세이지(吉川誠次)

「일본형 식생활은 일본인이 지킨다.」 이시게 나오미치 (편집) 1981『음식 문화 심포지엄, 81 동아시아의 음식 문화』(헤이본사) 수록「일본의 음식 문화」를 가필 수정했다.

〈집필자 소개(오십음순)〉

아사쿠라 도시오(朝倉敏夫)

1950년생. 무사시(武藏) 대학 인문학부 졸업. 메이지대학 대학원 박사과정 단위수득.

전문영역・사회인류학

현재, 국립민족학박물관 조교수

저서:『음식은 한국에 있으니 (공저)』『일본의 불고기 한국의 생선회』『변모하는 한국사회 (공편저)』 외.

이시게 나오미치(石毛直道)

1937년생. 교토(京都) 대학 문학부 졸업. 농학박사.

전문영역・문화인류학

고난(甲南)대학 조교수를 거쳐, 현재, 국립민족학박물관 관장.

저서:『주거공간의 인류학』『세계의 식사문화 (편저)』『먹보의 민족학』『논집 동아시아의 식사문화 (편저)』『식사의 문명론』『로스앤젤레스의 일본요리점—그 문화인류학적연구 (공저)』『어장과 식해의 연구－몬순아시아의 식사문화(공저)』『문화면류학의 첫걸음』 외.

이와이 히로미(岩井宏實)

1932년생. 리쓰메이칸(立命館) 대학 문학부 졸업. 리쓰메이칸 대학 대학원 일본사학 석사과정 수료. 문학박사.

전문영역・민속학

오사카(大阪)시립박물관 주임 학예원, 국립 역사 민속 박물관 교수를 거쳐, 현재, 테즈카야마(帝塚山) 대학 교수.

저서:『에마-繪馬(물질과 인간의 문화사)』『신찬－신과 사람과의 향연(주연, 연회)』『지역사회의 민속학적 연구』『민예품의 박물지』『마게모노(물질과 인간의 문화사)』『민예품의 세시기』『환경의 문화지－지역문화의 형성』 외.

오쓰카 시게루(大塚 滋)

1928년생. 오사카대학 이학부 졸업. 이학박사.

전문영역・식문화론・식생태학

동양 식품공업 단기대학 교수, 미국・우스터 생물학연구소 연구원, 무코가와(武庫川) 여자대학 교수를 거쳐, 현재, 오사카 부립 대학・무코가와 여자대학 강사.

저서:『음식 문명고(考)』『음식의 문화사』『음식의 생활학』『맛의 문화사』『[식]의 쇼와사2 주식』『간장세계에의 여행』『빵과 면과 일본인』 외.

오쿠무라 아야오(奧村彪生)
1937년생. 긴키 대학 이공학부 중퇴.
전문영역 · 일본 음식사
전승요리연구가. 현재, 고베야마테(神戸山手) 여자단기대학 교수.
저서 : 『일본의 음식 · 그 역사와 약효를 살피다』 『만요인(万葉びと)의 음식 (공저)』 『논집 동아시아의 식사문화 (공저)』 『식생활론 (공저)』 『일본요리비전 집성 제 9 권 · 19권 (공편저) 제 12권 · 제 13권 · 제 14권 (편저)』 『식문화입문 (공저)』 『면 로드(road)를 가다 (공저)』 『지역성에서 본 일본－다원적 이해를 위하여 (공저)』 『조리문화학(21세기의 조리학) (공저)』 『식단학(21세기의 조리학) (공저)』 『진화하는 면식문화』 외.

가와카미 고조(川上行藏)
1898년생. 모리오카(盛岡)고등농림학교졸업.
전문영역 · 영양학 · 식문화사
이화학연구소 연구원, 만주(滿州)국립대륙과학원 연구관을 거쳐 공립여자대학 교수 · 요리서 원전연구회 주재 · 『음식사림』 주간. 1995년 10월 서거.
저서 : 『요리문헌 해제(시리즈 식문화의 발견5) (편저)』 『영양학범론 (편저)』 『감자밥 시대의 잡기장』 『도설 에도시대 식생활사전 (공감-동반자)』 『유후키(湯吹き)와 후로후키(風呂吹き)』 『차근차근 일본음식사(1～3권)』 외.

구마쿠라 이사오(熊倉功夫)
1943년생. 도쿄 교육대학 문학부 졸업. 문학박사.
전문영역 · 역사학
쓰쿠바 대학 교수를 거쳐, 현재, 국립민족학박물관 교수.
저서 : 『차의 물(茶の湯)』 『칸에이(寛永)문화의 연구』 『차의 물의 역사』 『근대 풍류인의 차의 물』 외.

사와라 마코토(佐原 眞)
1932년생. 오사카 외국어대학 독일어학과 졸업. 도쿄대학 대학원 문학부 박사과정 단위수득.
전문영역 · 고고학
나라국립문화재연구소를 거쳐, 현재, 국립역사민속박물관관장.
저서 : 『즐문토기』 『동탁(銅鐸)』 『야요이(弥生)토기』 『오오모리(大森)패총 (공역)』 『일본인의 탄생』 『유목민(騎馬民族)은 오지 않았다』 『고고학의 산책로 (공저)』 『고고학천야일야(考古學千夜一夜)』 『음식의 고고학』 『도끼의 문화사』 『동탁의 그림을 해석하다 (공저)』 『원시회화』(공저) 외.

다나카 세이이치(田中靜一)
1913년생. 식량학교 졸업.
전문영역 · 식품학 · 중국식문화

도쿄생활협동조합연합회 사무국장, 중국연구소 소원을 거쳐, 현재, 식품・식문화연구가.

저서 : 『만주야채입문서』『만주야채저장가공입문서』『만주의 식용야생식물 (공저)』『중국식경총서 (공저)』『대중야채도감 (역)』『중국 식품사전 (공편저)』『일의대수(一衣帶水)』『중국요리 전래사』『제민요술 – 현존하는 최고의 요리서 (공편역)』 외.

다무라 신파치로(田村眞八郎)

1930년생. 도쿄 대학 농학부 졸업. 농학박사.

전공영역・식품학

농림수산성식품총합연구소 소장, 재단법인 스카이락 푸드 사이언스연구소 이사장을 거쳐, 현재, 농림어업금융공고식품담당기술 참여.

저서 : 『식생활혁명 – 서구형에서 새로운 일본형으로』『유토피아와 식생활』『인류의 식량・농업 시스템 (감역)』『외식의 문화 (공편저)』『그림책 사람과 음식의 이야기 1~5 (편저)』『마루젠(丸善)식품총합사전 (공동편집대표)』 외.

쓰쿠바 히사하루(筑波常治)

1930년생. 도호쿠 대학 농학부 졸업. 도호쿠 대학 대학원 농학연구과 석사과정 수료.

전문영역・과학사・일본농학사

법정대학 조교수, 아오야마(青山)학원 여자단기대학 조교수를 거쳐, 현재, 와세다 대학 교수.

저서 : 『일본농업기술사』『미(米)식・육식의 문명』『일본인의 사상』『자연과 문명의 대결』『농업박물지(1~4)』『일본의 농서』『생명과학사』 외.

쓰보이 히로후미(坪井洋文)

1929년생. 국학원 대학 문학부 졸업.

전문영역・민속학

국립역사민속박물관 교수. 1988년 6월 서거.

저서 : 『감자와 일본인 – 민속문화론의 과제』『벼를 선택한 일본인 – 민속적 사고의 세계』 외.

도요카와 히로유키(豊川裕之)

1932년생. 도쿄 대학 의학부 졸업. 의학박사.

전문영역・공중위생학

도호(東邦) 대학 교수를 거쳐, 현재, 의료법인재단 대성회 이사장・재단법인 순환기학 연구진흥재단 이사.

저서 : 『남자를 위한 식사학 (공저)』『식생활과 건강』『생활 속의 영양학』『공중영양』『「식생활지침」의 비교검토 – 영양소에서 식단으로』『21세기의 건강학 (공저)』『역학 (공편저)』『통계학 (공저)』『식생활론 (공저)』『식생활의 현대적 과제 (편저)』 외.

하라다 노부오(原田信男)

1949년생. 메이지 대학 문학부 졸업. 박사 (사학).

전문영역・역사학

현재, 삿포로 대학 여자단기대학부 교수

저서 : 『마을경관의 사적연구 (공저)』『마을생활의 사적연구 (공저)』『에도의 요리사』『역사 속의 쌀과 고기－음식과 천황・차별』『나무열매와 햄버거－일본식생활사의 시도』『소(小) 지볼트 (Siebold) 에조(蝦夷)견문기 (공저)』외.

호시카와 키요치카(星川清親)

1933년생. 도쿄 대학 농학부 졸업. 도쿄 대학 대학원 농학연구과 졸업. 농학박사.

전문영영・식물발생형태학・작물학

도호쿠 대학 교수. 1996년 4월 서거.

저서 : 『재배식물의 기원과 전파』『식용식물도설』『식물생리학강좌 (공저)』『해부도설 벼의 생장』『요리・과자의 재료도설 1～3』『쌀・벼에서 밥까지』『작물－그 형태와 기능』외.

미야모토 쓰네이치(宮本常一)

1907년생.

전문영역・민속학・민족학

무사시노(武藏野)미술대학 교수・일본상민문화연구소 소장.

1981년 1월 서거.

저서 : 『미야모토 쓰네이치 저작집』『일본서민생활두루마리그림』『일본민중사』『나의 일본지도』『여행의 연구』등의 시리즈 다수.

야노 켄이치(矢野憲一)

1938년생. 국학원대학 문학부 졸업.

전문영역・문화사

현재, 이세신궁(伊勢神宮) 네기(禰宜). 진구지청(神宮司廳) 문화부장, 신궁 징고관(쵸코칸, 徵古館)・농업관 각 관장.

저서 : 『상어의 세계 (전집 일본 동물지24)』『나는 작은 상어박사』『베개 (물질과 인간의 문화사)』『상어 (물질과 인간의 문화사)』『전복 (물질과 인간의 문화사)』『지팡이 (물질과 인간의 문화사)』『물고기의 문화사』『물고기의 민속』『베개의 문화사』『이세신궁』『이세신궁의 의식주』『기록(聞き書)* 3중(三重)의 식사 (공저)』외.

* 들어서 기록

요시카와 세이지(吉川誠次)

1922년생. 도쿄제국대학 농업부 졸업.

전문영역・식문화

농림수산성 식품총합연구소 분석영양부장, 공립여자대학 시간강사를 거쳐, 현재, 식문화 연구가・

일본관능평가학회 부회장.
저서 : 『식품의 관능검사법』 『식품의 품질측정』 『일본요리비전 집성 제2권 · 제7권 · 제8권 (편저)』 『식품영양분석(역)』 『남자의 식채(食彩) - 음식의 역사산책 - (1991~1998년)』 『식생활론(공저)』 『고전요리의 세계』 외.

역자의 말

이 책의 감수자인 이시게 나오미치(石毛直道) 교수는 일본 국립 민족박물관 관장으로서 코오난(甲南)대학교 문화인류학과 교수로 재직하였으며, 세계의 음식문화를 비롯하여 일본의 식문화에 관한 많은 저서를 남긴 식문화의 대가이다. 그는 "먹는 일을 문화로서 생각해가는 것이 식(食) 문화의 입장이다"라고 하면서 식문화의 학문적 연구를 목표로 하여 1982년에 식문화포럼을 발족하여 20개 이상의 분야에서 총120명의 연구자, 실천가, 저널리스트 등이 모여 '식의 문화' 연구라는 새로운 과제에 도전하여 16년이 걸려 7항목에 걸친 책을 펴냈다고 하였다

먹는 것을 맛이나 영양, 위생, 가공, 유통, 식품생산 등에 국한하지 않고 문화로서 다룬 소중한 자료이다. 특히 지금은 세계가 일 일 권, 아니 순간적으로 소통이 되고 있는 시대로서 최근에 한국 음식의 세계화 운동과 더불어 새삼 한국음식이 건강을 위한 기능성이 함축된 음식으로 세계적으로 알려지고 있음을 느낄 수 있다.

본 책 식의 문화 2권 <일본의 식사문화> 는 앞에 나온 5권 <식의 정보화>, 3권 <조리와 먹을거리>, 6권 <식의 사상과 행동), 1권 <인류의 식문화>, 4권 <가정의 식사 공간>에 이어서 나온 책으로 책임 편집한 구마구라 이사오(態倉功夫)는 전문영역이 역사학으로 국립민족학박물관교수이다. 책의 내용은 1부 <일본식의 원상>, 2부 <일본의 식재>, 3부 <외래 식문화의 정착>, 4부 <다시 태어나는 이문화의 음식>, 5부 <식의 미학>, 6부 <세계 속의 일본>의 순으로 전개 되었다. 이 책이 시대의 흐름에 따른 일본음식문화의 변화에 관심이 있는 분들께 조금이라도 도움이 되기를 바란다.

본 책의 번역은 22명의 동아시아식생활학회 연구회 회원들이 바쁜 학교생활 중에도 번역을 하느라 오랜 세월이 걸렸으며 그중 6명의 편집위원들이 7차의 교정 끝에 앞의 책 4권 출판 후 2년 1개월이나 걸렸다.

이 책을 번역하면서 용어의 통일성을 꾀하려하였지만 역사적으로 고어(古語)인 것들은 무척 난해한 점도 있었고, 영어를 일어로 쓰인 것들은 원어를 찾기도 무척 어려웠음을 솔직히 고백한다. 이 책을 읽으면서 난해한 부분은 앞으로 수정 할 수 있기를 바란다.

마지막으로 우리 연구회가 이렇게 번역을 할 수 있도록 부단한 노력을 아끼지 않은 연구회원들에게 감사드리며 7차에 걸친 검토와 수정을 하느라 많은 시간과 정성을 쏟아주신 편집위원인 신미경 교수님, 윤혜경 교수님, 이윤희 교수님, 조은자 교수님, 조정순 교수님께 감사를 드린다.

또한 이 책이 활용도가 적은 책이지만 출판을 기꺼이 맡아주신 광문각 박정태 회장님께 깊은 감사를 드린다.

2020년 9월

역자 대표 우 경 자

〈번역자 및 편집위원(가나다순)〉

- 권순형 : 한양여자대학 교수
- 김종군 : 세종대학교 명예교수
- 노숙령 : 중앙대학교 명예교수
- 양선아 : 계명대학교 조교수
- 유영상 : 동국대학교 명예교수
- 이건순 : 한국농수산대학 명예교수
- 이영남 : 경희대학교 명예교수
- 이춘자 : 명지대학교 강사
- 정희정 : 전 인하대학교 강사
- 조은자 : 성신여자대학교 명예교수
- 한복진 : 전주대학교 교수
- 김애정 : 경기대학 교수
- 김종희 : 서일대학 교수
- 신미경 : 원광대학교 명예교수
- 우경자 : 인하대학교 명예교수
- 윤혜경 : 경원대학교 명예교수
- 이영근 : 전 수원여자대학 교수
- 이윤희 : 한국양조연구소 소장
- 정재홍 : 신안산대학교 교수
- 조정순 : 명지대학교 명예교수
- 최현숙 : 영남대학교 겸임교수
- 허채옥 : 한양여자대학 교수

〈편집위원(가나다순)〉

- 신미경 : 원광대학교 명예교수
- 우경자 : 인하대학교 명예교수
- 윤혜경 : 경원대학교 명예교수
- 이윤희 : 한국양조연구소 소장
- 조은자 : 성신여자대학교 명예교수
- 조정순 : 명지대학교 명예교수

제2권

食의 문화

【일본의 식사문화】

2020년 10월 15일 1판 1쇄 인 쇄
2020년 10월 20일 1판 1쇄 발 행

감 수 : 이시게 나오미치
책임 편집 : 구마구라 이사오
번 역 : 동아시아식생활학회 연구회

펴낸이 : 박 정 태

펴낸곳 : **광 문 각**

10881
파주시 파주출판문화도시 광인사길 161
광문각빌딩 4층
등 록 : 1991. 5. 31 제12-484호
전화(代) : 031) 955-8787
팩 스 : 031) 955-3730
E-mail : kwangmk7@hanmail.net
홈페이지 : www.kwangmoonkag.co.kr

• ISBN : 978-89-7093-400-6 93590

값 28,000원